G.-W. Mainka / H. Paschen
Wärmebrückenkatalog

Wärmebrückenkatalog

Tafeln mit Temperaturverläufen, Isothermen
und Angaben über zusätzliche Wärmeverluste

Von Dipl.-Ing. Georg-Wilhelm Mainka
und o. Prof. em. Dr.-Ing. Heinrich Paschen
Technische Universität Braunschweig

B. G. Teubner Stuttgart 1986

Anschriften der Autoren:

Dipl.-Ing. Georg-Wilhelm Mainka
Beratender Ingenieur und Sachverständiger für Bauphysik
Wiesenstraße 7, 3300 Braunschweig

o. Prof. em. Dr.-Ing. Heinrich Paschen
Prof. Dr.-Ing. Paschen und Partner
Kakteenweg 1a, 6500 Mainz 21

CIP-Kurztitelaufnahme der Deutschen Bibliothek

Mainka, Georg-Wilhelm:
Wärmebrückenkatalog : Taf. mit
Temperaturverläufen, Isothermen u.
Angaben über zusätzl. Wärmeverluste /
von Georg-Wilhelm Mainka u. Heinrich
Paschen. – Stuttgart : Teubner, 1986
    ISBN 3-519-05003-X
NE: Paschen, Heinrich:; HST

Das Werk ist urheberrechtlich geschützt. Die dadurch begründeten Rechte, besonders die der Übersetzung, des Nachdrucks, der Bildentnahme, der Funksendung, der Wiedergabe auf photomechanischem oder ähnlichem Wege, der Speicherung und Auswertung in Datenverarbeitungsanlagen, bleiben, auch bei Verwertung von Teilen des Werkes, dem Verlag vorbehalten.
Bei gewerblichen Zwecken dienender Vervielfältigung ist an den Verlag gemäß §54 UrhG eine Vergütung zu zahlen, deren Höhe mit dem Verlag zu vereinbaren ist.
© B.G. Teubner, Stuttgart 1986
Printed in Germany
Gesamtherstellung: Passavia Druckerei GmbH Passau
Umschlaggestaltung: W. Koch, Sindelfingen

Vorwort

Diese Arbeit entstand im Rahmen eines Forschungsvorhabens, das vom Bundesministerium für Raumordnung, Bauwesen und Städtebau unter den Projektbezeichnungen

        Teil 1:   B I 5 - 800181 - 34
        Teil 2:   B I 5 - 800182 - 7

gefördert wurde.

Eine ehrenamtlich tätige Beratergruppe, bestehend aus den Herren

        Prof. Dr.-Ing. H. E h m
        Dipl.-Ing. H. E r h o r n
        Prof. Dr.-Ing. K. G e r t i s
        Dipl.-Ing. G u t m a n n
        Prof. Dr.-Ing. R. J e n i s c h
        Dr. J.-E. Q u i n c k e ,
        Dipl.-Ing. H. S c h e l l e r
        Prof. Dipl.-Ing. H. S c h u l z e
        Dipl.-Ing. D. T ü m l e r

hat die Arbeit mit wertvollen Hinweisen, vor allem auch durch Anregungen für untersuchenswerte Konstruktionsdetails unterstützt. Ihnen sei an dieser Stelle besonders gedankt.

Ausgangspunkt der Arbeit war eine Umfrage bei Firmen, Verbänden, Bauverwaltungen u.a. mit der Bitte, den Verfassern Wärmebrückenprobleme zu benennen, die nach Meinung der Befragten vordringlich einer quantitativen Erfassung bedurften. Die Reaktion auf diese Umfrage war nach Umfang und Inhalt unerwartet ergiebig. Allen, die mit ihren Anregungen so zu einer auch praxisgerechten Lösung der gestellten Aufgabe beigetragen haben, gebührt deshalb ebenfalls besonderer Dank.

Einige Konstruktionsdetails wurden auch aus der Literatur und aus Firmenprospekten entnommen, so daß schließlich eine Sammlung mit 250 Wärmebrückendetails vorlag. Aus dieser Sammlung wurden unter Mitwirkung der beratenden Arbeitsgruppen diejenigen Details ausgewählt, die im Rahmen der zur Verfügung stehenden Mittel vordringlich bearbeitet werden sollten.

Die gesamte Programmentwicklung und die Leitung der Rechenarbeiten lag in Händen des erstgenannten Verfassers. Bei der Datenerstellung und -eingabe wurde er von Herrn cand. ing. Ch. H a n k e r s , von Herrn Dipl.-Ing. U. S t o c k l e b e n und ganz besonders von Herrn Dipl.- Ing. Th. W i l l i m unterstützt. Die Berechnung selbst wurde an den Rechnern des Rechenzentrums der TU Braunschweig durchgeführt, wobei dessen Mitarbeiter insbesondere bei der Nutzbarmachung vorhandener software, bei der Überwindung hardware-bedingter Schwierigkeiten und bei der Durchführung der Rechenläufe wertvolle Hilfe geleistet haben.

Einige Skizzen wurde uns entgegenkommenderweise vom I n s t i t u t f ü r C o m p u t e r t e c h n o l o g i e , Braunschweig als Übungsarbeiten angefertigt und kostenlos zur Verfügung gestellt. Schließlich war bei dieser Arbeit noch ein Teil des dem I n s t i t u t f ü r B a u k o n s t r u k t i o n u n d H o l z b a u der Technischen Universität Braunschweig angehörenden Personals mittätig.

Ihnen allen sei für ihre Mitarbeit auch hier nochmals herzlich gedankt.

im Oktober 1985
Dipl.-Ing. G.-W. Mainka
o. Prof. em. Dr.-Ing. H. Paschen

Inhalt

		Seite
	Vorwort	5
	Inhalt	7

I TEXTTEIL

1	Einleitung	15
2	Begriffe bei Wärmebrücken	17
2.1	Allgemeine Definition der Wärmebrücke	17
2.2	Ungestörte Bauteile	17
2.3	Störungen in Bauteilen	18
2.4	Formen von Wärmebrücken	18
3	Rechenprogramme, Rechengenauigkeit	19
3.1	FEM-Programme für Wärmeleitprobleme	19
3.1.0	Allgemeines	19
3.1.1	Programm von Johannsen	19
3.1.2	Eigenes Programm	20
3.1.3	Programm Adinat von Bathe	20
3.2	Pre-Prozessor	20
3.2.0	Allgemeines	20
3.2.1	Adinat	20
3.2.2	Supertab	20
3.2.3	Eigene Entwicklung	21
3.2.4	Auswahl	21
3.3	Post-Prozessor	21
3.3.0	Allgemeines	21
3.3.1	Supertab	22
3.3.2	Eigene Entwicklung	22
3.3.3	Auswahl	22
3.4	Elemente in der FE-Struktur	23
3.4.1	Ebene Scheiben	23
3.4.2	Räumliche Quader	23
3.4.3	Lineare Stabelemente	23
3.5	Optimierung des Rechenzeitbedarfes	23
3.5.1	Manuell	23
3.5.2	Bandbreiten- und Profiloptimierer	24
3.6	Genauigkeit	24
3.6.1	Genauigkeit der Berechnung	24
3.6.2	Genauigkeit im Vergleich mit anderen Rechnungen und Versuchen	25
3.6.3	Genauigkeit der Darstellung	25

4	Ausgangswerte der Berechnungen	27
4.1	Art der Berechnung	27
4.2	Vorgaben der DIN 4108	27
4.3	Temperaturen	27
4.4	Wärmeübergangszahlen in Ecken	27
4.5	Relative Feuchte	28
4.6	Rechenwerte für λ	29
5	Rechenergebnisse und deren Benutzung	29
5.1	Temperaturen	29
5.2	Zusätzliche Wärmeverluste	29
5.3	Definition und Benutzung neuer Kennwerte	31
5.4	Vorhandensein mehrerer Wärmebrücken in einem Bauteil	34
6	Darstellung der Ergebnisse	36
6.1	Allgemeines zur Ergebnisdarstellung	36
6.2	Codierung	37
6.3	Gestaltung der Tafelköpfe	40
7	Diskussion einiger Ergebnisse	42
7.1	Bewehrungseinfluß	42
7.2	"Übergangeffekt"	42
7.3	"Kanteneffekt"	42
7.4	"Ausbreitungseffekt"	43
7.5	Fensterleibungen	44
7.6	Punktförmige Wärmebrücken	44
7.7	Dachrandausbildung, Attika	46
7.8	Deckeneinbindung	47
7.9	Balkonplatten	48
7.10	Stützen, Luftgeschosse	48
7.11	Metall-Leichtfassaden bzw. -Dächer	49
8	Wertung der Ergebnisse	50
9	Beispiele	54
9.1	Dachrand	54
9.2	Eckraum	55
10	Literatur	56

II TAFELTEIL

0.	Codierung, Bezeichnungen, Legende	1

0.1	CODE 1: Störungen, Arten der Wärmebrücken	1
0.2	CODE 2: Ungestörte Bauteile: Arten der Bauteile	2
0.3	CODE 3: Ungestörte Bauteile: Typen flächiger Bauteile	3
0.4	CODE 4: Materialien	4
0.5	Bezeichnungen, Abkürzungen	5
0.6	Legende für Materialien	5

1 Änderungen der Materialeigenschaften in einer Schicht

1.1	Inhomogener Aufbau eines Materials	
	FUGEN Mauerwerk: Mörtelfugen	6
	" Stahlsteindecke: Betonrippen	7
	BEWEHRUNG Stahlbeton : Balkonplatte	8
1.2	Wechsel des Materials in einer Schicht	
	RAND Beton-Sandwich-Element	9
	ENDE DER ZUSATZWÄRMEDÄMMUNG "Übergangseffekt"	10
	LOCH IN DER WÄRMEDÄMMUNG	12
1.4	Durchfeuchtungen	

2 Verbindungsmittel zwischen den Schichten eines Bauteils

2.1	Punktförmige Verbindungsmittel		
	BOLZEN durch Wärmedämmung		18
	" "		26
	" Paneel mit Asbestzementplattenbekleidung		27
	" " " Spanplattenbekleidung		28
	" " " Stahlblechbekleidung		29
	" " " Aluminiumblechbekleidung		30
	MONTAGEHALTER Mantelbeton		31
	ANKERSTÄBE Beton-Sandwich-Konstruktion: "Ausbreitungseffekt"		32
	BEFESTIGUNG FÜR DÄMMUNG hinterlüftete Fassade		34
	ABSTANDSHALTER hinterlüftete Schale		35
	ANKERSTÄBE Beton-Sandwich-Konstruktion		36
	" Mauerwerk		37
	TRAGANKER Beton-Vorsatzschale		38
	" hinterlüftete Fassade		39
	BEFESTIGUNG FÜR DÄMMUNG hinterlüftete Fassade		40
	" " " Trapezblech-Dach		41
	ABSTANDSHALTER Kaltdach		42
2.2	Kompliziert geformte Verbindungsmittel		
	MANSCHETTENANKER Beton-Sandwich-Element		43
	TRAGANKER Beton-Sandwich-Element		44
	" Beton-Vorsatzschale		45
	ABSTANDSHALTER hinterlüftete Fassade	Klemmprofil	46
	" " "	Winkel	47

2.3 Lineare Tragelemente
    ABSTANDSHALTER Metalldach 48
    TRAGKONSTRUKTION   hinterlüftete Fassade   Lattung Aluminium 49
        "   "   "   "   Holz 50
    TRAGKONSTRUKTION   leichte Außenwand   Stütze Stahl 51
    TRAGKONSTRUKTION   "   "   "   Holz 52
    METALLSTEGE   Kassetten-Wand 53
    ABSTANDSHALTER   Trapezblech-Wand 54
    ABFANGUNG   Vormauerschale 55
        "   " , Verbesserung 56
    UNTERKONSTRUKTION   leichte Außenwand   Stütze Holz 57
        "   "   "   "   Stahl 58
    ABSTANDSHALTER   Trapezblech-Dach 59
        "   " - " mit "Konterlattung" 60
    SPARREN   ausgebautes Dach 61

3 Fugen zwischen flächigen Bauteilen

3.1 Stöße in Montagebauteilen gleicher Art
    STOSS   Stahl-Paneel 62

3.2 Konstruktions- und Dehnfugen (abgedichteter Luftraum)

4 Dickenänderungen innerhalb eines flächigen Bauteils

4.1 Querschnittssprünge
4.2 Nischen
    HEIZKÖRPERNISCHE 63

4.3 Schlitze
4.4 Vorsprünge

5 Verbindungen von flächigen Bauteilen

5.1 Stöße (in einer Ebene)
    SEITLICHER FENSTERANSCHLUSS außen   Wand monol. mindestgedämmt 64
        "   "   mittig   "   "   " 65
        "   "   innen   "   "   " 66
        "   "   außen   "   monolithisch 67
        "   "   mittig   "   " 68
        "   "   innen   "   " 69
        "   "   außen   "   außengedämmt 70
        "   "   mittig   "   " 71
        "   "   innen   "   " 72
        "   "   außen   "   innengedämmt 73
        "   "   mittig   "   " 74
        "   "   innen   "   " 75
        "   "   mittig   "   kerngedämmt 76
        "   "   innen   "   " 77
    UNTERER   FENSTERANSCHLUSS außen   Wand monolithisch 78
        "   "   mittig   "   " 79
        "   "   innen   "   " 80
        "   "   mittig   "   kerngedämmt 81
        "   "   innen   "   " 82
    OBERLICHTAUFSATZ 83

5.2   Kanten (Winkelanschluß)
      DACHRAND Fensteranschluß   84
      AUSSENKANTE Wände monolithisch mindestgedämmt   85
         "   "   20 mm außengedämmt, l = 0,4 m   86
         "   "   20 mm   "   , l = 0,9 m   87
         "   "   20 mm   "   , kontinuierlich   88
         "   "   60 mm   "   , l = 0,9 m   89
         "   "   20 mm innengedämmt, l = 0,5 m   90
         "   "   20 mm   "   , kontinuierlich   91
         "   "   60 mm   "   , l = 0,5 m   92
         "   "   60 mm   "   , l = 1,0 m   93
         "   "   monolithisch   94
         "   "   außengedämmt, hinterlüftet   95
         "   "   "   ,   "   , Kantenfehler   96
         "   "   kerngedämmt   97
         "   "   Beton-Sandwich   98
         "   "   aus Sondersteinen   99
         "   "   Beton-Sandwich   100
      AUSSENWANDANSCHLUSS Decke über Luftgeschoß   101
      DACHRAND mit Dämmprofil   102
         "   Stahlleichtbau   103
         "   Wand monol. mindestg. Dach Stahlbeton   Randbalken=RB   104
         "   "   "   "   "   "   stirngedämmt RB   105
         "   "   "   "   "   "   "   RB   106
         "   "   "   "   "   "   107
         "   "   "   "   "   "   stirngedämmt   108
         "   "   "   "   "   "   "   109
         "   " monolithisch   "   "   RB   110
         "   "   "   "   "   stirngedämmt RB   111
         "   "   "   "   "   "   RB   112
         "   "   "   "   "   113
         "   "   "   "   "   stirngedämmt   114
         "   " monol. mindestg. "   Gasbeton   RB   115
         "   "   "   "   "   "   116
         "   "   "   "   "   "   stirngedämmt RB   117
         "   " monolithisch   "   "   RB   118
         "   "   "   "   "   119
         "   "   "   "   "   stirngedämmt RB   120
         "   " Gasbeton   "   "   RB   121
         "   " kerngedämmt   "   Stahlbeton stirngedämmt RB   122
         "   "   "   "   "   "   123
         "   "   "   "   Gasbeton   RB   124
         "   "   "   "   "   125
         "   " monol. mindestg. "   Holzleichtbau   RB   126
         "   " monolithisch   "   Holzleichtbau   RB   127
      DACHRAND Wand kerngedämmt   "   Holzleichtbau   RB   128
      TRAUFE Pfettendach   129
      TRAUFE Sparrendach   130

5.3   Einlassungen (T-Anschluß)
      INNENWANDANSCHLUSS Decke über Luftgeschoß   131
      KELLERWANDANSCHLUSS Beton-Sandwich   132
         "   "   -   "   133
         "   zweischaliges Leichtziegel-Mauerwerk   134
         "   Außenwand Holztafeln   Kellerwand Mauerwerk   135
         "   "   "   "   "   136
         "   "   "   "   "   137
         "   "   "   "   Beton   138

OBERER FENSTERANSCHLUSS	außen	mit Rolladen	Wand monolithisch		139
"	"	mittig	" "	" "	140
"	"	innen	" "	" "	141
"	"	mittig	" "	" kerngedämmt	142
"	"	innen	" "	" "	143
"	"	außen	" "	" "	144
"	"	außen		" monolithisch	145
"	"	mittig		" "	146
"	"	innen		" "	147
"	"	mittig		" kerngedämmt	148
"	"	mittig		" "	149
"	"	innen		" "	150
"	"	an Deckenhohlraum		" innengedämmt	151
INNENWANDANSCHLUSS	Außenwand	monolithisch	mindestgedämmt		152
"	"	"	Innenwand schwer		153
"	"	"			154
"	"	"	Innenwand Beton		155
"	"	"	" " tief		156
"	"	außengedämmt			157
"	"	"	hinterlüftet		158
"	"	innengedämmt			159
"	"	kerngedämmt			160
DACHGESIMS					161
ATTIKA Stahlleichtbau					162
" "		Attikainnenseite zusätzlich gedämmt			163
" "		Trennung des Innenprofils			164
" Beton kurz		Ringanker			165
" " mittelhoch		"			166
" " hoch		"			167
" " "					168
" Mauerwerk kurz					169
" " hoch					170
" " " und breit		Ringanker	Decke stirngedämmt		171
" " " " "			" "		172
" " " " "			" kurz eingeb.		173
" Beton gedämmt		Ringanker			174
" " "					175
DECKENANSCHLUSS Wand monol. mindestg. Decke durchgehend					176
" " " " " " unten gedämmt					177
" " " " " " " "					178
" " " " " " stirngedämmt					179
" " " " " " "					180
" " " " " eingebunden					181
" " " " " "					182
" " monolithisch " durchgehend					183
" " " " " unten gedämmt					184
" " " " " " "					185
" " " " " stirngedämmt					186
" " " " " "					187
" " " " eingebunden "					188
" " " " "					189
" " außengedämmmt " durchg. stirngedämmt					190
" " innengedämmmt " " "					191
" " " " "					192
" " " " eingeb. unten gedämmt					193
" " kerngedämmt " durchgehend					194
" " " " eingebunden					195
" " Beton-Sandwich					196

5.4 Durchdringungen (Kreuz)
BALKONPLATTE Wand monolithisch mindestgedämmt 197
" " außengedämmt 198
" " " hinterlüftet 199
" " " " , Leichtbetonbalken 200
" " kerngedämmt 201
" " " Leichtbetonbalken 202
" " " thermische Trennung 203
" " innengedämmt 204
" " monolithisch 205
" " " Leichtbetonbalken 206
" leichtes Außenpaneel 207
" " " Deckenunterseite gedämmt 208

5.5 Sonstige linienförmige Verbindungen flächiger Bauteile
5.6 Räumliche Ecken
OBERE RAUMECKE 1. Außenw. Leichtziegel, 2. Außenw. leichtes Paneel 209
" " Innenwand " , Außenwand " " 210
" " Innenwand Beton , Außenwand " " 211

6 Verbindungen zwischen flächigen und stabförmigen Bauteilen

6.1 Verstärkungen an oder in einem flächigen Bauteil
SPROSSEN Alu-Paneel 212
" Fenster Aluminium 213
" " " , Schraubeneinfluß 214
STREIFENFUNDAMENT 215
STÜTZE IM MAUERWERK eingebunden ungedämmt 216
" " " " innen gedämmt 217
" " " " außen " 218
" " " " außen überlappend " 219
" " " " außen " 220
" " " außen vorstehend ungedämmt 221
" " " " " innen gedämmt 222
" " " innen und außen vorstehend innen " 223
" " " außen vorstehend außen " 224
" " " innen " außen und seitlich " 225

6.2 Verstärkungen an der Verbindung flächiger Bauteile
6.3 Durchdringungen mit konstruktiven Bauelementen
STÜTZE im Luftgeschoß 226
KONSOLEN Stahl 227

I Textteil

1 <u>Einleitung</u>

Wärmebrücken irgendwelcher Art treten bei Außenwandbauteilen fast immer auf. Sie bewirken eine Verschlechterung des Wärmeschutzes, ermöglichen u.a. eine Schädigung der Bausubstanz und vermindern die Wohnqualität. Daher ist es wichtig, sie möglichst zu vermeiden, zumindest aber ihre Auswirkungen quantifizierbar zu machen und wenn möglich abzuschwächen.

Seit der durch die Wärmeschutzverordnung und die Neufassung von DIN 4108 bewirkten Erhöhung der Wärmedämmaßnahmen in der Gebäudehülle treten Wärmebrücken verstärkt in Erscheinung, u.a. durch örtlich erhöhte Energieverluste.

Es kommt hinzu, daß durch moderne, besser dämmende und dichter schließende Fenster mit kleinem Fugendurchlaßkoeffizienten a und durch das vielfach vom Bestreben nach Heizkosten-Einsparung motivierte Benutzerverhalten u.a. ein Anstieg der durchschnittlichen Raumluft-Feuchtigkeit eingetreten ist, der zu einer Verschärfung der Kondenswasserprobleme, d.h. z.B. zu verstärkter Tauwasser - und Schimmelpilzbildung an Wandinnenseiten geführt hat.

Deshalb gewinnt die quantitative Erfaßbarkeit von Wärmebrücken als Grundlage für Beurteilung und gegebenfalls Verbesserung baulicher Detaillösungen, sowie als wichtiges Instrument bei der Weiterentwicklung der Baukonstruktionen besonders aktuelle Bedeutung.

Es gibt zwar eine große Zahl von Veröffentlichungen, in denen Wärmebrückenprobleme angesprochen oder behandelt werden, der Praxis stehen jedoch keine elementaren Hilfsmittel zur Verfügung, um die Auswirkungen von Wärmebrücken, nämlich in erster Linie Beeinflussung der Bauteiloberflächentemperaturen und erhöhte Wärmeverluste, quantitativ erfassen zu können. Zur Lösung selbst sogenannter ebener bzw. kreissymmetrischer Wärmebrückenprobleme ist erheblicher Rechenaufwand erforderlich, der entsprechende Rechenprogramme und eine leistungsfähige Rechenanlage voraussetzt. Das gilt in weit höheren Maße für räumliche Probleme, auf deren Behandlung deshalb selbst hier weitgehend verzichtet werden mußte. Zielsetzung dieser Arbeit war es daher, den in der Praxis stehenden Architekten und Ingenieuren für häufig auftretende Wärmebrückenprobleme fertige Ergebnisse zur Verfügung zu stellen und damit die Lücke somit zum großen Teil zu füllen, die bei der

Neubearbeitung der DIN 4108 diesbezüglich noch bestand und auf die in Teil 2 der Norm in Fußnote 6 hingewiesen wird. Soweit möglich sind auch Verbesserungsvorschläge gemacht und zum Teil ebenfalls quantifiziert worden. In gewissen Fällen aber schien es geboten, systematische Untersuchungen durch Variation einzelner Parameter durchzuführen - im Folgenden Parameterstudien genannt - um Gesetzmäßigkeiten aufzudecken und tieferes Verständnis vom Verhalten der Konstruktionen zu ermöglichen. Bei derartigen Parameterstudien mußten zur Begrenzung des Programmieraufwands und auch, weil die stetige Veränderung von Abmessungen sich zwar konstruktiv nicht umsetzen läßt, aber notwendig war, um die Auswirkung der Veränderung eines Parameters erkennen zu können, Rechenmodelle verwendet werden, die als Konstruktionsdetails unbrauchbar wären und nur als Prinzipskizze verstanden werden dürfen. Das gilt z.B. für Mauerwerkdetails, bei denen die Wanddicke aus Programmier-Gründen konstant gehalten, innerhalb der Wanddicke aber die Dicke der Dämmschicht und dementsprechend die des Mauerwerks verändert wurde.

Es muß deshalb betont werden, daß sich diese Arbeit nicht als ein Nachschlagewerk für baukonstruktive Lösungen sondern ausschließlich für die Wirkungen von Wärmebrücken versteht, bei welchen die baukonstruktive Detailqualität bzw. Realitätsbezogenheit notfalls ganz in den Hintergrund tritt gegenüber dem Bestreben, die Wirkungsweise einer Wärmebrücke zu verdeutlichen. Baukonstruktive Details hängen oft auch von den Abmessungen ab, die von Fall zu Fall verschieden sein können und hier natürlich sowieso nicht in allen Variationen untersucht werden konnten. Der Benutzer wird daher in vielen Fällen von ähnlichen Gegenbenheiten auf das Verhalten der eigenen Lösung schließen müssen, was oft nicht ohne eigene Gedankenarbeit und eine gewisse Vertrautheit mit den in dieser Arbeit behandelten Phänomenen gelingen wird. Wie schon erwähnt, waren dem Umfang dieser Untersuchungen aus finanziellen Gründen Grenzen gesetzt. Die Verfasser empfanden es aber doch als sehr unbefriedigend, deshalb viele, als Wärmebrücken wirkende, in der Praxis vorkommende Konstruktionsdetails ganz unerwähnt zu lassen. Soweit sich diesbezüglich wenigstens einige qualitative Hinweise geben ließen, wurden solche Konstruktionsdetails daher auch in den Tafelteil aufgenommen.

Um dem Leser das eigene Studium der Quellen zu erleichtern, ist ein umfangreiches Literaturverzeichnis angefügt.

Auf folgende besonders wichtige Aktivitäten sei aber eigens hingewiesen:
Am Institut für Bauphysik, Stuttgart (Prof. Dr. G e r t i s) wird derzeit daran gearbeitet, für in dieser Weise erfaßbare Wärmebrücken Näherungsformeln zur elementaren Berechnung zu entwickeln. Diese Arbeit basiert wie die vorliegende auf Berechnungen mit der Methode der finiten Elemente.
Die Schweizer Ingenieure K. B r u n n e r und Dr. N ä n n i befassen sich zur Zeit mit ählichen Arbeiten. Deren Veröffentlichung /31/ ist nach Fertigstellung vorgesehen.
Schließlich wäre zu erwähnen, daß innerhalb der ISO - International Organisation of Standartisation - die Arbeitsgruppe ISO/TC 163/SC2/WG1 "Thermal Bridges" existiert, die sich u.a. ebenfalls damit befaßt, Näherungsformeln für einige charakteristische Formen von Wärmebrücken zu erarbeiten.

Um wissenschaftlich interessierten Lesern Anregungen zu bieten, wird im nachstehenden Abschnitt 3 einiges über die Durchführung der Berechnungen ausgesagt. Für die Benutzung des Tafelteils sind die darin gemachten Ausführungen ohne Bedeutung.

2 Begriffe bei Wärmebrücken

2.1 Allgemeine Definition der Wärmebrücke

Wärmebrücken stellen örtlich begrenzte Störungen in flächigen Bauteilen dar, die Bereiche unterschiedlicher Temperaturen trennen. Diese Störungen bewirken eine Abweichung der Isothermen vom oberflächenparallelen Verlauf im ungestörten Bauteil und höhere oder auch niedrigere Wärmestromdichten, die nicht senkrecht zu den Oberflächen verlaufen.

2.2 Ungestörte Bauteile

Als ungestörtes flächiges Bauteil soll hier verstanden werden:
a) eine Platte konstanter Dicke aus einem homogenen Material,
b) eine Platte aus einem inhomogenen Material, deren gemittelte Wärmestromdichte der einer homogenen Platte gleichgesetzt werden kann,
c) eine Schichtung von Platten nach den Fällen a) und oder b).

2.3 Störungen in Bauteilen

Prinzipiell können vier Typen von Wärmebrücken unterschieden werden, die Störungen in das Wärme- und Temperaturverhalten flächiger Bauteile bringen:

a) <u>Geometrisch bedingte Wärmebrücken</u>, die durch eine Vergrößerung der wärmeaufnehmenden oder -abgebenden Oberfläche entstehen. Sie treten vor allem bei einer Änderung der Gestalt oder der Abmessungen des Bauteils bzw. durch die Verbindung gleicher Bauteile unter Einschließung einer Kante oder Ecke auf. Typische Vertreter dieser Gruppe sind die Kühlrippen z.B. an luftgekühlten Motoren, wo der Wärmebrückeneffekt erwünscht ist.

b) <u>Materialbedingte Wärmebrücken</u>, die durch einen Wechsel der wärmetechnischen Leiteigenschaften innerhalb einer oder mehrerer Bauteilschichten entstehen. Sie kommen häufig bei zusätzlichen Traggliedern hoher Festigkeit und der bei ihnen allgemein höheren Wärmeleitfähigkeiten und bei Verbindungsmitteln, die Bauteile oder einige ihrer Schichten durchdringen vor.

c) <u>Massestrombedingte Wärmebrücken</u>, die durch Materialtransport mit Energieübertragung entstehen, wie z.B. Luftundichtigkeiten oder Durchführungen von Wasserleitungen durch Bauteile.

d) <u>Umgebungsbedingte Wärmebrücken</u>, die durch örtlich unterschiedliche Oberflächentemperaturen oder Energieangebote entstehen wie z.B. bei Heizkörpern hinter Außenwänden.

Kombinationen zwischen ihnen können auftreten.

2.4 Formen von Wärmebrücken

Bezüglich der Form können Wärmebrücken wie folgt idealisiert werden:

<u>Linienförmige</u> Wärmebrücken sind schmal gegenüber der Bauteilbreite und erstrecken sich über die ganze Bauteillänge oder über ein Maß, das groß gegenüber der Bauteildicke ist.

Punktförmige Wärmebrücken besitzen nur relativ kleine Abmessungen, die nicht wesentlich über die Plattendicke hinausgehen. Sie kommen meist durch senkrecht zur Bauteilebene angeordnete Verbindungs- oder Befestigungselemente zustande.

Liegen mehrere linienförmige oder punktförmige Wärmebrücken dicht nebeneinander, so können sich deren Wirkungen gegenseitig beeinflussen. Man spricht dann von parallelen Wärmebrücken oder Wärmebrückengruppen.

3 Rechenprogramme, Rechengenauigkeit

3.1 FEM-Programme für Wärmeleitprobleme

3.1.0 Allgemeines

Zur Durchführung der vorgesehenen Berechnungen existieren bereits eine Reihe dazu geeigneter oder dafür entwickelter Programme, z. B. A s k a N a s t r a n , S t r u d l , ein von R u d o l p h i und M ü l l e r (BAM) /161/ und ein von W o l f s e h e r /187/ entwickeltes Programm.

Die im Folgenden vorgestellten Programme waren Grundlage eigener Entwicklungen bzw. wurden für einen Teil der Berechnungen verwendet. Alle nachstehend aufgeführten Programme ermöglichen sowohl eine stationäre als auch instationäre (d.h. zeitlich veränderliche) Berechnung ebener und räumlicher Strukturen. Instationäre bzw. räumliche Berechnungen sind jedoch im allgemeinen erheblich eingabe- und rechenintensiver als die Lösung entsprechender stationärer bzw. ebener Probleme. Der Aufwand für instationäre Berechnungen ist deshalb nur dann gerechtfertigt, wenn es auf die Erfassung zeitabhängiger Phänomene wirklich ankommt. Das ist hier nicht der Fall. Räumliche Probleme treten bei Wärmebrücken des öfteren auf. Aus Gründen der Aufwandsbeschränkung werden in dieser Arbeit aber fast nur ebene oder axialsymmetrisch räumliche Probleme behandelt.

3.1.1 Programm nach J o h a n n s e n /96/

Hierbei wird das Gleichgewicht "Summe aller Wärmen an einem Knoten gleich Null" iterativ gelöst. Bei instationären Verhältnissen entspricht ein Iterationsschritt einem Zeitschritt. Der Übergang von ebenen zu räumlichen Strukturen bedeutet prinzipiell keinen Mehraufwand.

3.1.2 Eigenes Programm

Für jeden Knoten wird ein Wärmegleichgewicht aufgestellt, die Gleichungen werden zu einem System zusammengefaßt und nach einem der bekannten Verfahren gelöst. Für instationäre Probleme ist eine Erweiterung dieses Programmes in Bearbeitung, bei der das Gleichungssystem nach der Methode von C r a n k - N i c h o l s o n /43/ für jeden Zeitschritt gelöst wird.

3.1.3 Programm A d i n a t von B a t h e /14/

Dieses komfortable, am MIT entwickelte Rechenprogramm für Temperaturberechnungen steht seit der Installierung einer neuen Rechenanlage an der Technischen Universität Braunschweig dort zur Verfügung. Da dieses Programm für nahezu alle thermischen Probleme einsetzbar und die Dateneingabe für die Struktur nahezu identisch zu dem statisch / dynamischen Programmsystem A d i n a ist, wird dieses Programm am Institut, dem die Verfasser angehören, jetzt vorwiegend verwendet, so auch hier.

3.2 Pre-Processor

3.2.0 Allgemeines

Das Aufwendigste bei der Dateneingabe ist die Beschreibung der Struktur. Eine Generierung der Knoten und Elemente bei gleichförmiger Elementierung bringt eine erhebliche Arbeitsersparnis und vermindert Datenfehler. Optimal wäre eine graphische Eingabe mit automatischer Elementierung.

3.2.1 A d i n a t

Dieses Programm besitzt eine Generierung in nur einer Richtung. Mit Hilfe komfortabler Editor-Befehle läßt sich jedoch schnell eine beliebige Struktur beschreiben.

3.2.2 S u p e r t a b /33/

Bei diesem Eingabe- und Auswerteprogramm für finite Element-Berechnungen wird interaktiv an zwei Bildschirmen das FE-Netz inclusive Knoten- und Elementnummerierung erzeugt und als nahezu vollständiger Eingabedatensatz für die FEM-Berechnung bereitgestellt. Durch die Generierung nichtregelmäßiger

Viereckselemente ist eine Anpassung an beliebig geformte Strukturen möglich. Für die Übergangselemente müssen die jeweiligen Endpunkte gepickt, d.h. mit dem Fadenkreuz aus der Bildschirmzeichnung aufgenommen werden, was sehr arbeitsintensiv und fehlerträchtig ist. Dieses System benötigt einen hohen Speicherplatzbedarf und hohe CPU-Zeiten. Durch einen Direktanschluß an den Hintergrundrechner ist allerdings auch tagsüber ein effektives Arbeiten mit disem System möglich.

3.2.3 Eigene Entwicklung

Entwickelt wurde ein Programm zur Erzeugung zwei- und dreidimensionaler, rechtwinkliger Netze. Die Beschränkung auf Rechteckelemente ist im Bauwesen unbedeutend, erhöht jedoch die Übersichtlichkeit und reduziert die Rechenzeit und den Aufwand für die Eingabe. An den Kanten sind Mittelknoten zur Verwendung parabolischer Temperaturansätze möglich. Zur Kontrolle der Struktur wird ein vereinfachtes Materialnetz ausgedruckt.

3.2.4 Auswahl

Anfangs wurde des S u p e r t a b - System verwendet. Mit Rücksicht auf die aufwendige Erfassung der Randelemente, nicht behebbare Fehler bei räumlichen Strukturen, sowie die Festlegung auf die zwei Spezial-Bildschirm-Arbeitsplätze im Rechenzentrum wurde das eigene Programm weiterentwickelt und später ausschließlich benutzt.

3.3 Post-Processor

3.3.0 Allgemeines

Ein Post-Processor ist ein Programm, welches die Unmengen Zahlen der Ausgabe aus dem FEM-Programm auf dem Plotter (Zeichengerät) graphisch darstellt. Im Wesentlichen fallen ihm zwei Aufgaben zu:
    a) Darstellung der Struktur zur Auffindung von Datenfehlern,
    b) Darstellung der Rechenergebnisse.

3.3.1 S u p e r t a b

Zur Zeit sind folgende graphische Ausgaben mit dem unter 3.2.2 beschriebenen Programm möglich:

- Darstellung der Geometrie
- Darstellung der Rechenergebnisse als Potentiallinien

Die Bilder werden auf einem hochauflösenden Bildschirm erzeugt, von dem hard-copies möglich sind.

3.3.2 Eigene Entwicklung

Ein Programm wurde für ebene und quasi-räumliche Probleme entwickelt und leistet folgendes:
1. für ebene Strukturen
    a) zur Kontrolle der Eingabe
        - Darstellung der Knotennumerierung
        - Darstellung der Elemente mit Numerierung
        - Darstellung der Materialbereiche
    b) zur Darstellung der Ergebnisse
        - Isothermenverlauf inclusive Beschriftung
        - Vektoren der Wärmestromdichten
        - Verlauf der Temperaturen und Wärmestromdichten entlang von Schnitten und Oberflächen.

2. für räumliche Strukturen
    durch Schnitte werden diese zurückgeführt auf ebene Strukturen
    - wie oben -
    Schnittflächen mit Isothermen-Linien können zu Isometrien zusammengesetzt werden.

Die Flächen zwischen den Isothermen können farbig ausgefüllt werden.

3.3.3 Auswahl

Wegen der beschränkten Darstellungsform der Ergebnisse und der schlechten Bildqualität der hard-copies wurde das Postprozessor-System von S u p e r t a b nicht verwendet, sondern ein eigenes Plotter-System. Dies kann als Hintergrundprogramm einschließlich Erstellung der Zeichnungen ablaufen und ist deshalb wenig benutzerintensiv.

3.4 Elemente in der FE-Struktur

3.4.1 Ebene Scheiben

Beim A d i n a t - Programmsystem werden für ebene Probleme allgemeine Viereckselemente mit Knoten in den Ecken und wahlweise auf den Mitten der Seiten angeboten. Dreieckselemente erhält man durch Zusammenfassen zweier Ecken. Bei dem S u p e r t a b - und dem eigenem Preprozessor besteht nur die Auswahl, Zwischenknoten auf allen Seiten zu verwenden oder nicht.

3.4.2 Räumliche Quader

Analog zum ebenen Problem mit 4 bzw. 8 Knoten kann hier ein räumliches Achteck-Element mit 8 bzw. 20 Knoten verwendet werden.

3.4.3 Lineare Stabelemente

Die Elementierung der Wärmebrücken kann zu recht schlanken Vierecken führen, die numerische Instabilitäten erzeugen können. Mit stabförmigen Elementen, welche über die übrige Struktur gelegt und mit dieser vernäht wurden und die die Leitfähigkeit in einer Richtung erhöhen, konnten gute Ergebnisse erzielt werden.

3.5 Optimierung des Rechenzeitbedarfs

3.5.1 Manuell

Der Rechenaufwand hängt primär von der Feinheit des gewählten FE-Netzes und damit von der Anzahl der unbekannten Knotentemperaturen (Größe der Matrix ab. Bei geeigneten Algorithmen zur Lösung des symmetrischen Gleichungssystems läßt sich der Rechenaufwand und der Speicherbedarf erheblich reduzieren, wenn man durch geschicktes Numerieren der Knoten eine möglichst kleine maximale Knotenzahldifferenz erzielt. Dadurch wird die Bandbreite, d. h. die Breite des Streifens in der Gleichungsmatrix mit von Null verschiedenen Elementen parallel zur Hauptdiagonalen minimiert.

3.5.2 Bandbreiten- und Profiloptimierer

Bei der Elementierung mit S u p e r t a b hat man keinen Einfluß auf die Reihenfolge der Element- Knotennumerierung. Auch ist bei komplizierten Strukturen eine optimale manuelle Numerierung aufwendig. Deshalb wurde der vom Rechenzentrum der TU Braunschweig bereitgestellte Bandbreiten- und später die verfeinerte Version als Profiloptimierer verwendet, der die Knotennummern intern optimal umnumeriert und sie nach dem FEM-Lauf rücktransferiert.

3.6 Genauigkeit

3.6.1 Genauigkeit der Berechnung

Verwendet wurde hier die Berechnung nach der FE-Methode (finite Elemente), welche vom Ansatz her eine höhere Genauigkeit liefert als jene nach der Methode der finiten Übersetzung /161/,/187/, bei der die F o u r i e r-sche Differentialgleichung der Wärmeleitung durch Differenzenverfahren gelöst wird.

Die Genauigkeit der Berechnung hängt wesentlich von der Feinheit des gewählten Netzes und der dadurch vorgegebenen Anzahl der unbekannten Knotentemperaturen ab. Zwischenknoten zwischen den Eckknoten, die einen parabelförmigen Ansatz des Temperaturverlaufes entlang der Elementränder zulassen, ermöglichen eine höhere Rechengenauigkeit bei gleicher Knotenanzahl. Bei gleicher Genauigkeitsanforderung kommt man somit mit einem gröberen Netz, einer geringerer Knotenzahl und damit eine geringere Anzahl der unbekannten Temperaturen aus.

Da bei den im Bauwesen auftretenden Wärmebrücken ein häufiger Materialwechsel auftritt, der durch das FE-Netz abgedeckt werden muß, entstehen von vornherein enge Rasterabstände, so daß hier die Verwendung von Zwischenknoten keine Genauigkeitssteigerung mehr bringt. Sollte sich doch herausstellen, daß die Elementierung zu grob war, was sich durch Knicke in den polygonalen Isothermen- oder Randtemperaturlinien optisch bemerkbar macht, so kann durch die Einschaltung von Zwischenknoten ohne Änderung des bereits erzeugten FE-Netzes (= hoher Arbeitsaufwand) die Genauigkeit wesentlich erhöht werden.

3.6.2 Genauigkeit im Vergleich mit anderen Rechnungen und Versuchen

Um den Grad der Übereinstimmung der Rechenergebnisse zu prüfen, veranstaltete die ISO-Arbeitsgruppe "Thermal Bridges" eine Vergleichsrechnung auf internationaler Ebene. Sie hatte die Ermittlung des Temperaturverlaufs an einer einheitlich vorgegebenen Wärmebrücke mit den in verschiedenen Ländern ausgearbeiteten Programmen und den Vergleich der Ergebnisse zum Ziel. Bild 1 auf der folgenden Seite zeigt oben die vorgegebene - lineare - Wärmebrücke, unten die mit verschiedenen Programmen ermittelten Temperaturverläufe an der Innenseite des Wärmebrückenmodells. Zugrunde gelegt wurden hierbei folgende Klima-Randbedingungen:

innen: $\vartheta = 25\ °C\quad 1/\alpha = 0{,}129\ m^2 K/W$

außen: $\vartheta = -15\ °C\quad 1/\alpha = 0{,}043\ m^2 K/W$

Die Einzeichnung der eigenen Ergebnisse zeigt im Vergleich, daß diese in der Mitte jener der ISO-Ringrechnungen liegen, daß also das verwendete Rechenverfahren ausreichend genaue Ergebnisse liefert.

Sehr gute Übereinstimmung wurde auch bei eigenen Vergleichsrechnungen mit Messungen erhalten, die vom I n s t i t u t f ü r B a u p h y s i k Stuttgart, Außenstelle Holzkirchen (Dr. K ü n z e l) an verschiedenen ebenen und räumlichen Strukturen parallel durchgeführt worden sind.

3.6.3 Genauigkeit in der Darstellung

Für die Ausgabe der Temperatur wird eine Stelle nach dem Komma angegeben werden. Dies mag eine für die Praxis zu hohe Genauigkeit vortäuschen. Der nächstgrößere Schritt, nur volle Grade anzugeben, erschien jedoch zu groß.

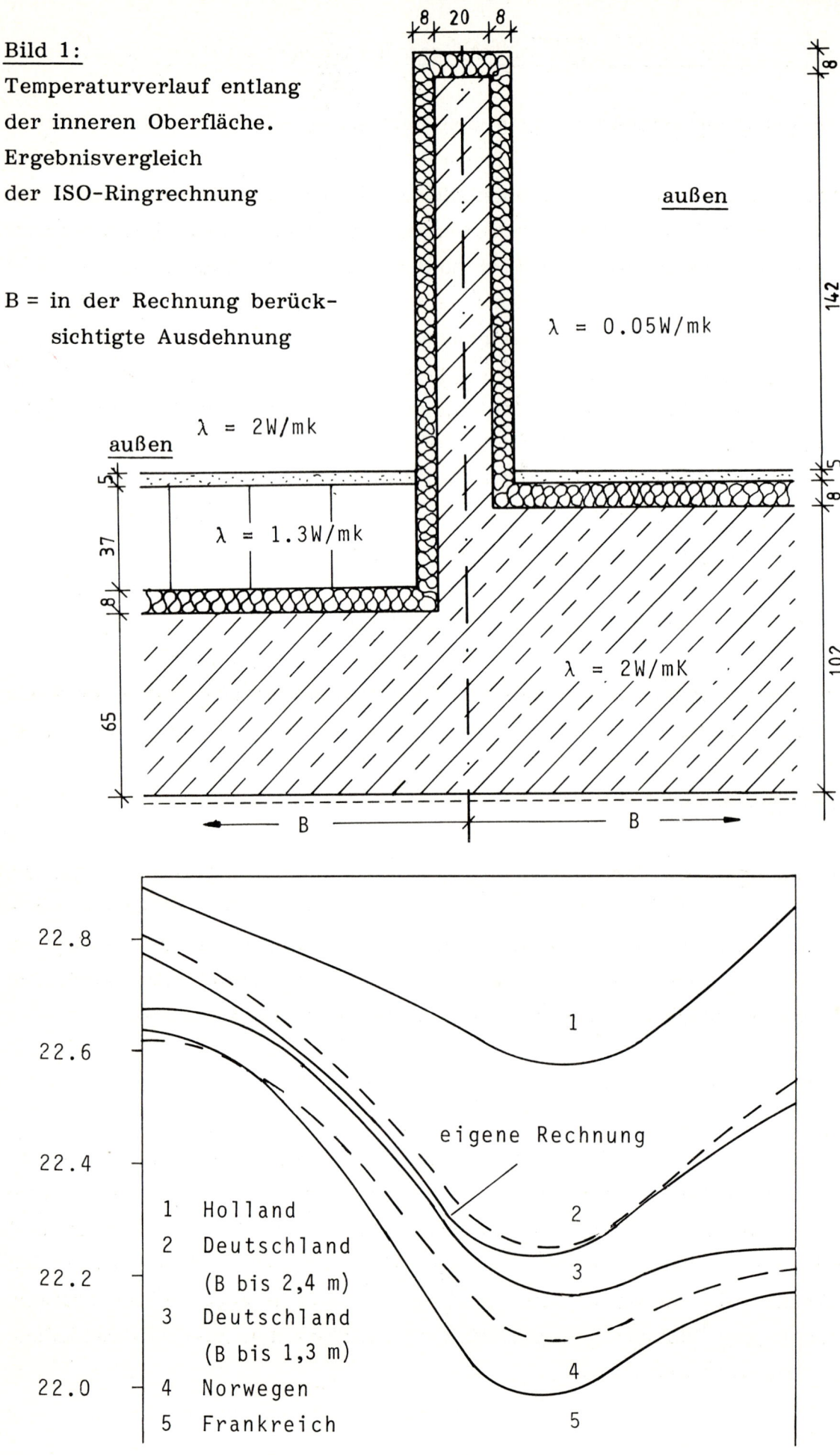

Bild 1:
Temperaturverlauf entlang der inneren Oberfläche. Ergebnisvergleich der ISO-Ringrechnung

B = in der Rechnung berücksichtigte Ausdehnung

1 Holland
2 Deutschland (B bis 2,4 m)
3 Deutschland (B bis 1,3 m)
4 Norwegen
5 Frankreich

4 Ausgangswerte der Berechnungen

4.1 Art der Berechnung

Die Berechnungen wurden für zeitlich stationäre Verhältnisse, d.h. für konstante äußere und innere Klimabedingungen durchgeführt. Dabei wurden die Innenraumtemperaturen auf Raumhöhe konstant angenommen.

4.2 Vorgaben der DIN 4108

Achtung, Außentemp. weicht ab!

Die Klima-Randbedingungen für die ungestörten Bereiche wurden nach DIN 4108 und DIN 4701 gewählt, d.h.

innen: $\vartheta = 20$ °C   für Kellerräume: $\vartheta = 5$ °C
       $\alpha = 6$ W/m²K   für Kantenbereiche: $\alpha = 5$ W/m²K
       $\varphi = 50$ %

außen: $\vartheta = -15$ °C
       $\alpha = 23$ W/m²K   bei Hinterlüftung: $\alpha = 12$ W/m²K

Im Einzelnen wurden diese Parameter mit der beratenden Arbeitsgruppe wie folgt durchdiskutiert:

4.3 Temperaturen

Eine Außentemperatur von -15 °C wurde als auf der sicheren Seite liegend erachtet. Hingewiesen wurde hier auf DIN 4701, deren äußere Bemessungstemperatur, statistisch betrachtet, die Temperatur ist, die an mindestens 2 aufeinanderfolgender Tagen in 20 Jahren 10 mal unterschritten wird. Als Quelle wurden hierbei die Arbeiten von R e i d a t zugrunde gelegt.

4.4 Wärmeübergangszahlen in Ecken und Kanten

Im Bereich von inneren Wandkanten nimmt die Wärmeübergangszahl - bestehend aus konvektivem und strahlungsbedingtem Anteil - auf etwa die Hälfte des Wertes an der ebenen Wand ab, wie es bei K a s t /101/ gezeigt und mit Hilfe der Boundery-Element-Methode /9/ nachgewiesen werden kann. Die Berücksichtigung dieses Verhaltens ist im Programm möglich, jedoch aufwendig, da bei der Diskretisierung an den finiten Elementen jeweils verschiedene Werte anzusetzen sind.

Prof. J e n i s c h war der Meinung, daß ein konstanter Wert von 5 W/m²K ausreichend gute Ergebnisse liefert. Von Dr. K ü n z e l vom IBP in Holzkirchen wurde dieser Wert ebenfalls als ausreichend genau bestätigt. MAN BEACHTE:
IN KANTENBEREICHEN ERGEBEN SICH DESHALB IM TEIL II BEI SONST GLEICHEN VERHÄLTNISSEN NIEDRIGERE OBERFLÄCHENTEMPERATUREN.

4.5 Relative Feuchte

Zunächst war vorgesehen, die innere, relative Feuchte höher als 50 % anzusetzen. Damit sollte den heutigen Gegebenheiten, bedingt durch dichte und besser dämmende Fenster und durch das Benutzerverhalten Rechnung getragen werden. Prof. C z i e s i e l s k i beispielweise verwendet in seinen Untersuchungen /45 bis 48/ $\varphi = 60$ %. Von der beratenden Arbeitsgruppe wurde jedoch argumentiert, daß es nicht sinnvoll sei, mit überzogenem baulichen Aufwand falschem Benutzerverhalten entgegenzukommen, sondern daß langfristig eine Verbesserung der Lüftungseinrichtungen und ein aufgeklärteres Benutzerverhalten angestrebt werden müsse. Deshalb wurde $\varphi_i = 50$ % entsprechend DIN 4108 beibehalten.

Dazu wäre noch Folgendes hinzuzufügen:

Eine vom I n s t i t u t   f ü r   B a u w i r t s c h a f t   u n d   B a u b e t r i e b der Technischen Universität Braunschweig auf breiter Grundlage in Hamburg durchgeführte Untersuchung hat ergeben, daß durch falsches Lüften (Daueröffnung von über Heizkörpern befindlichen Fenstern) innerhalb ganzer, von einem Fernheizwerk beheizter Siedlungen unerwartet hohe Wärmeverluste entstanden. Andererseits ist bekannt, daß bei sehr dichten Fenstern und mangelhaftem Lüften sogar Sauerstoffmangel auftreten kann. Solange allen Erfordernissen genügende Permanentlüftungen nicht Allgemeingut geworden sind, muß daher immer wieder darauf hingewiesen werden, daß mehrmals am Tage und insbesondere nach erhöhtem Feuchtigkeitsanfall wenige Minuten intensiv gelüftet werden muß, am besten durch gleichzeitiges Öffnen gegenüberliegender Fenster. Siehe hierzu auch Abschnitt 8.

4.6 Rechenwerte für λ

Allen Berechnungen sind die λ_R-Werte nach DIN 4108 zugrunde gelegt. Als Wärmedämmaterial wurde einheitlich Schaumkunststoff o. ä. mit $\lambda_R = 0,04$ W/mK angenommen.

5. Rechenergebnisse und deren Benutzung

Rechenergebnis sind einerseits die Temperaturen im untersuchten Bauteil, aus denen Schlüsse über die Tauwasserfreiheit bzw. Schimmelpilzgefahr, Behaglichkeit etc. gezogen werden können, andererseits Kennwerte für die durch eine Wärmebrücke zusätzlich verursachten Wärmeverluste.

5.1 Temperaturen

Für die Temperaturen stehen drei Angaben zur Verfügung:
a) Die Isothermenlinien, die ein anschauliches Bild des Temperaturfeldes in den Bauteilen vermitteln. Sie sind vornehmlich da interessant, wo die thermische Auswirkung der einzelnen Konstruktionsteile erkennbar werden soll, und geben Hinweise für Verbesserungen.
Um die Isothermen leicht identifizierbar zu machen, wurden die Linien für -5°, 0°, +5°, +10°, +15°C gestrichelt gezeichnet.
b) Da den Tafelbenutzer aber in besonderem Maße die Oberflächentemperaturen, insbesondere an den innenseitigen Bauteiloberflächen interessieren, sind diese - teilweise auch die außenseitigen Oberflächentemperaturen - zusätzlich dargestellt, in der Regel über einer Bezugsachse, die der Oberflächentemperatur im ungestörten Bereich entspricht. Zur Übersichtlichkeit ist die Bezugsachse von der Oberfläche abgerückt, die der Bezugsachse korrespondierende Oberflächenlänge ist mit einer gestrichelten Linie versehen.
c) Für die schnelle Entscheidung, ob Tauwasser ausfällt oder nicht, ist im Ergebnisfeld auf jeder Seite oben rechts die minimale innere Oberflächentemperatur min ϑ_{Oi} angegeben, die kritische Taupunkttemperatur (nach Abschnitt 8: 10,0°C) nicht unterschreiten darf.

5.2 Zusätzliche Wärmeverluste

Was die zusätzlichen Wärmeverluste anbetrifft, so gibt es verschiedene Verfahren, den zusätzlichen Wärmefluß an einer Wärmebrücke zu beschreiben und der Wärmebedarfsberechnung zugänglich zu machen. Die einzelnen Kenngrößen sollen deshalb vorgestellt, ihre Vor- und Nachteile beschrieben und die Umrechnung zu den anderen Größen - soweit von Interesse - angegeben werden.

k_m [W/m²K] mittlerer k-Wert "Primitivmethode"

Da der k-Wert eine entscheidene Rolle bei der Berechnung des Transmissionswärmeverlustes spielt, lag es nahe, bei Bauteilen mit bereichsweise unterschiedlichen k-Werten eine Mittelwertbildung mit einer Wichtung entsprechend den jeweiligen Flächenanteilen A_i durchzuführen.

$$k_m = \Sigma\, (k_j \cdot A_j) \,/\, \Sigma\, A_j$$

$$\phi_m = k_m \cdot \Sigma\, A_j \cdot (\vartheta_{Li} - \vartheta_{La}) \quad [W]$$

j = Laufindex der Flächenanteile und der zugehörigen k-Werte

Jedes Einzelbauteil wird für sich als ungestört betrachtet, Wärmequerleitungen werden vernachlässigt. Infolge der Analogie zur elektrischen Parallelschaltung konnte dieser Wert sich schnell einbürgern.

Maßgebende Fläche ist nach DIN 4701 die Innenoberfläche des Außenbauteils eines jeden Raumes, nach der Wärmeschutzverordnung die Außenhülle. Für nachfolgende Untersuchungen wird die Betrachtungsweise nach DIN 4701 gewählt.

$\Delta\phi$ [W]   zusätzlicher Wärmestrom

Zur Verbesserung des so erhaltenen Wertes für den Wärmestrom bietet es sich an, ein additives Korrekturglied zur Berücksichtigung der Wärmebrückenwirkung einzuführen:

$$\phi = \phi_u + \Delta\phi\,, \quad \Delta\phi = \phi - \phi_u$$

ϕ_u = Wärmestrom im ungestörten Bereich

ϕ kann, wie nachstehend gezeigt, auch durch Integration des Oberflächentemperaturverlaufes, d.h. der Differenz zwischen der ϑ_{Oi}-Kurve und ϑ_{Li} ermittelt werden:

$$\phi = \int (\vartheta_{Li} - \vartheta_{Oi}) \cdot \alpha_i \cdot dA \quad [W]$$

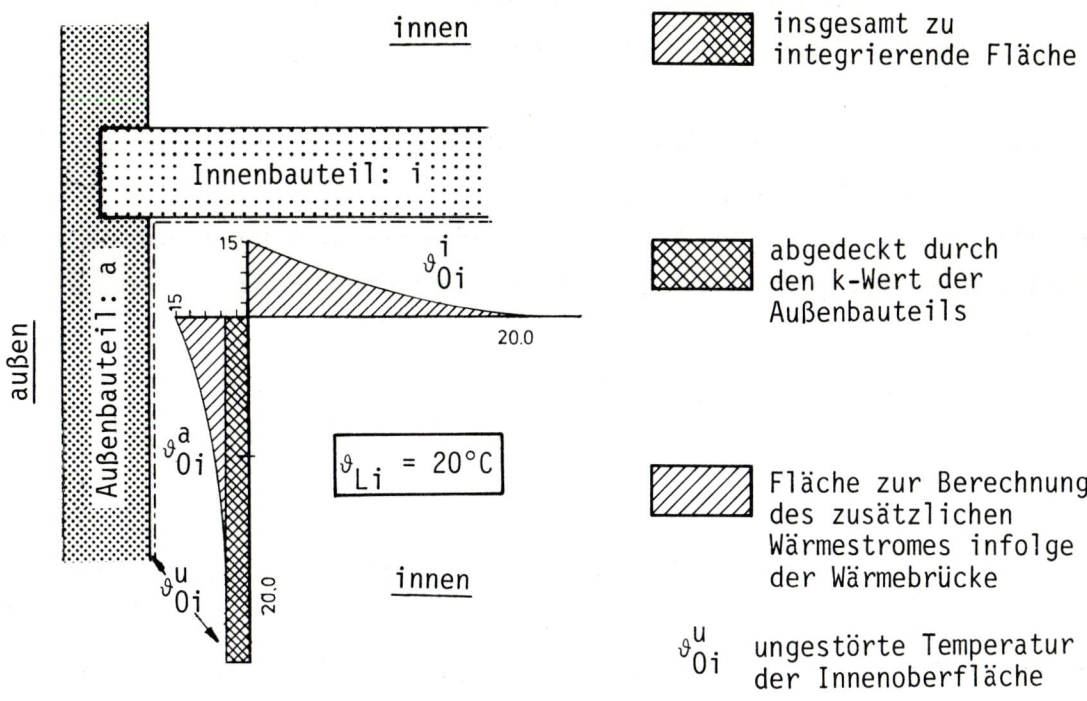

Bild 2: Deutung des Integrals $\phi = \int (\vartheta_{Li} - \vartheta_{Oi}) \cdot \alpha_i \cdot dA$

Dieses Integral muß sich auch auf alle inneren Oberflächen ausdehnen, deren Temperatur von ϑ_{Li} verschieden ist, wie z.B. auf Oberflächen, in die Außenwand einbindender Trennwände oder auf die inneren Leibungen von Fenstern usw. (siehe dazu Bild 2).

Da mit Hilfe der Gleichung

$$\phi_u = k \cdot A \, (\vartheta_{Li} - \vartheta_{La}) \quad [W]$$

der Wärmestrom erfaßt wird, der über die innere Oberfläche in ein Außenbauteil ohne Berücksichtigung einer Störung eindringt, erhält man $\Delta\phi$ als Differenz beider Größen.

5.3 Definition und Benutzung neuer Kennwerte

k_l [W/mK] Wärmedurchgangskoeffizient für lineare Wärmebrücken

---

Wird der so ermittelte $\Delta\phi$-Wert bezogen auf die vorhandene Temperaturdifferenz zwischen innen und außen und die lineare Ausdehnung b der Wärmebrücke, erhält man den Kennwert:

$$k_l = \Delta\phi \, / \, (b \cdot (\vartheta_{Li} - \vartheta_{La})) \quad [W/mK].$$

Bei Vorhandensein einer linearen Wärmebrücke von der Ausdehnung b ergibt sich dann der Gesamtwärmestrom zu:

$$\phi = (k \cdot A + k_l \cdot b) \cdot (\vartheta_{Li} - \vartheta_{La}) \quad [W]$$

In den Fällen, in denen die Wärmebrücke zwei Bereiche mit verschiedenen k-Werten (z.B. bei verschiedenem Schichtaufbau) trennt, geht die vorstehende Formel über in:

$$\phi = (k^{li} \cdot A^{li} + k^{re} \cdot A^{re} + k_l \cdot b) \cdot (\vartheta_{Li} - \vartheta_{La}) \quad [W]$$

worin k^{li} und A^{li} dem Bereich <u>links</u> von der Wärmebrücke und
k^{re} und A^{re} dem Bereich <u>rechts</u> von der Wärmebrücke
zugeordnete Werte sind.

In diesen Fällen findet sich im Tafelteil unter dem Tabellenkopf rechts oben der Hinweis, auf welchen Bereich sich die angegebenen Werte k und Δl beziehen. Der k-Wert des anderen Bereiches ist dann nicht angegeben und muß gegebenenfalls selbst ermittelt werden.

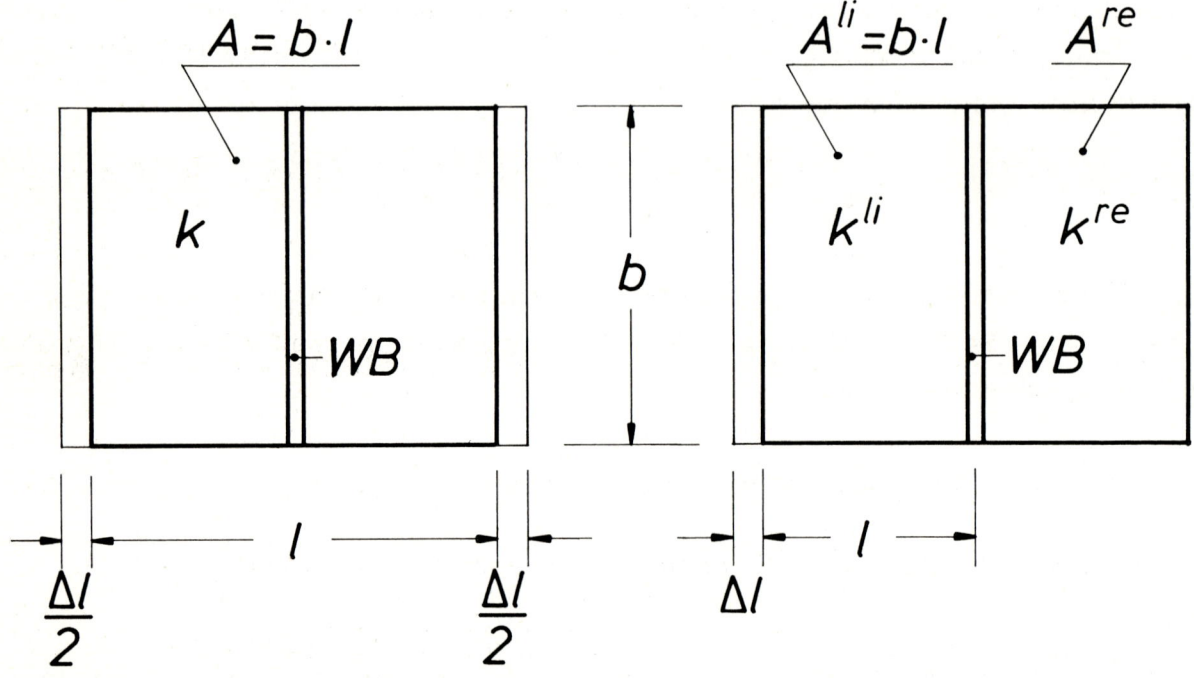

Bild 3: Bezeichnungen bei einer linearen Wärmebrücke (WB)
        linkes Bild: WB in einem Bauteil
        rechtes Bild: WB an der Grenze zweier Bauteile

Δl [m]   zusätzliche, rechnerische Bauteilänge

G r u b e r berücksichtigte in seiner Dissertation /74/ den erhöhten Wärmeverlust durch eine fiktive Vergrößerung der betrachteten, die Wärme abführenden, inneren Oberfläche unter Beibehaltung des k-Wertes im ungestörten Bereich:

$$k \cdot A + k_l \cdot b = k \cdot b \cdot l + k_l \cdot b = k \cdot b (l + \Delta l)$$

$$\Delta l = k_l / k \quad [m]$$

Damit ergibt sich:

$$\phi = k \cdot b (l + \Delta l)(\vartheta_{Li} - \vartheta_{La}) \quad [W]$$

Wenn die Wärmebrücke zwei Bereiche mit verschiedenen k-Werten (z.B. bei verschiedenem Schichtaufbau) trennt, muß in die vorstehende Formel die Abmessung l des Bereiches eingesetzt werden, auf den sich k und Δl beziehen. Ein entsprechender Hinweis findet sich unter dem Tabellenkopf rechts oben.

Der Wert Δl ist sehr anschaulich, weil er erkennen läßt, um wieviel die Wärme abführende, innere Oberfläche vergrößert werden müßte, um rechnerisch bei Beibehaltung von k den durch die Wärmebrücke erhöhten Wärmestrom zu liefern. Δl wurde deshalb ebenso wie k_l in die Tafeln mit aufgenommen.

k_P [W/K]   Wärmedurchgangskoeffizient für eine punktförmige Wärmebrücke

---

Ganz analog läßt sich ein Kennwert für eine punktförmige Wärmebrücke angeben:

$$k_P = \Delta\phi / (\vartheta_{Li} - \vartheta_{La}) \quad [W/K]$$

Bei Vorhandensein einer punktförmigen Wärmebrücke ergibt sich daher der Wärmestrom zu:

$$\phi = (k \cdot A + k_P) \cdot (\vartheta_{Li} - \vartheta_{La}) \quad [W]$$

ΔA [m²]   zusätzliche, rechnerische Bauteilfläche

Entsprechend läßt sich hier ein Zuschlag ΔA für A definieren, um rechnerisch unter Beibehaltung von k den erhöhten Wärmestrom zu erhalten:

$$\Delta A = k_P / k \quad [m^2]$$

Damit ergibt sich:

$$\phi = k \cdot (A + \Delta A)(\vartheta_{Li} - \vartheta_{La}) \quad [W]$$

Relative Kennwerte

Neben anderen, in der Literatur anzutreffenden Möglichkeiten zur Veranschaulichung des, durch eine Wärmebrücke zusätzlich verursachten Wärmeverlustes käme auch der Prozentsatz infrage, um den die Fläche A vergrößert werden müßte, um rechnerisch bei Beibehaltung von k den erhöhten Wärmeverlust zu erhalten.

Bei einer linearen Wärmebrücke würde dann gelten:

$$k \cdot A + k_1 \cdot b = k \cdot (A + \Delta A) \qquad \Delta A = \frac{k_1 \cdot b}{k} \quad [m^2]$$

$$\frac{\Delta A}{A} = \frac{k_1}{k \cdot l} \cdot 100 \ \%$$

und bei einer punktförmigen Wärmebrücke:

$$k \cdot A + k_P = k \cdot (A + \Delta A) \qquad \Delta A = \frac{k_P}{k} \quad [m^2]$$

$$\frac{\Delta A}{A} = \frac{k_P}{k \cdot A} \cdot 100 \ \%$$

5.4 Vorhandensein mehrerer Wärmebrücken in einem Bauteil

Sind mehrere (n) lineare und mehrere (m) punktförmige Wärmebrücken vorhanden, so würde sich der Gesamtwärmestrom ergeben zu:

$$\phi = \left(\Sigma \ k \cdot A + \sum_m k_{1,n} \cdot b_n + \Sigma \ k_{P,m} \right) \cdot (\vartheta_{Li} - \vartheta_{La}) \quad [W]$$

jedoch nur unter der Veraussetzung, daß die einzelnen Wärmebrücken sich gegenseitig nicht beeinflussen, was aus den, in den Tafeln dargestellten Temperaturverläufen im Einzelfall erkennbar ist.

In den Fällen, in denen im Tafelteil nur die Details von Wärmebrücken dargestellt sind, ohne daß dazu Berechnungen durchgeführt wurden, kann das Bedürfnis auftreten, durch die Wärmebrücke bedingte Wärmeverluste abzuschätzen. Das gelingt nur dann, wenn sich die Wärmebrücke in einem hoch dämmenden Material befindet (s. Bild 4).

Die Skizzen zeigen eine punktförmige (metallische) Wärmebrücke, einmal in einer Tafel aus Beton und dann in einer Dämmschicht. Die Skizzen sollen folgendes veranschaulichen:

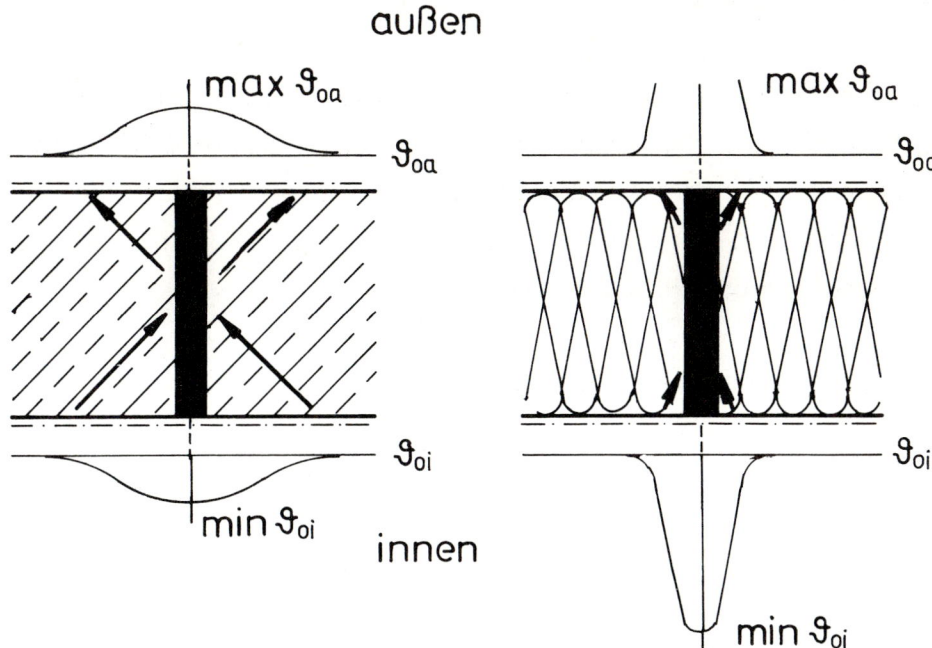

Bild 4: Punktförmige Wärmebrücke, links: im Beton
rechts: in einer Wärmedämmschicht

In der leitfähigen Betonplatte findet in der inneren Hälfte ein starker Wärmefluß aus dem umgebenden Beton zur Wärmebrücke, in der äußeren Hälfte von der Wärmebrücke zum umgebenden Beton statt. Es ist also ein sehr viel größerer Bereich der Oberfläche an Wärmeaufnahme und -abgabe beteiligt, wie auch an den Oberflächentemperaturen erkennbar und der Gesamtwärmestrom ist viel größer, als sich aus dem Querschnitt der Wärmebrücke allein ergeben würde. Bei der Wärmebrücke, die in Dämmstoff eingebettet ist, ist das nicht der Fall. Hier wird die Wärme im wesentlichen in der Wärmebrücke transportiert. Daher kann hier, wie in DIN 4108 Teil 5 Abschnitt 10 empfohlen, gerechnet werden:

Ist in einer Wand mit der Fläche A und dem Wärmedurchlaßkoeffizienten k eine Wärmebrücke mit der Fläche A' und dem Wärmedurchlaßkoeffizienten k' vorhanden, so ergibt sich der Wärmestrom zu:

$$\phi \cong (k(A - A') + k' \cdot A') \cdot (\vartheta_{Li} - \vartheta_{La})$$

$$\cong (k \cdot A + k' \cdot A') \cdot (\vartheta_{Li} - \vartheta_{La}) \quad [W]$$

Hervorzuheben ist der starke Einfluß einer, in eine Dämmschicht eingebetteten Wärmebrücke auf die Oberflächentemperaturen im Gegensatz zu derjenigen in einem Bauteil mit leitfähigen Oberflächenschichten. Während Letztere durch den Wärmefluß parallel zur Bauteilebene eine mehr oder weniger starke Glättung der Oberflächentemperaturen - allerdings mit weit größerer Ausdehnung des Störbereichs verbunden - bewirkt, treten bei Wärmebrücken in Bauteilen mit gut dämmenden Oberflächenschichten örtlich konzentriert sehr starke Temperaturänderungen auf.

6   Darstellung der Ergebnisse

6.1   Allgemeines zur Ergebnisdarstellung

Wie bereits erwähnt, erfolgt die Behandlung der Wärmebrücken in unterschiedlicher Form, nämlich:

- Eine Wärmebrücke wird skizzenhaft dargestellt, ihre Problematik angedeutet, ihre Wirkung, so weit möglich, erklärt, eventuell auf Verbesserungsmöglichkeiten hingewiesen und eine speziell dieses Wärmebrückenproblem behandelnde Veröffentlichung angeführt, so eine solche existiert.

- Die Wärmebrücke wurde berechnet. Neben einer Konstruktionsskizze wird das Temperaturfeld durch Isothermen und es werden die Innen-Temperaturverläufe sowie die erhöhten Energieverluste dargestellt.

- Zusätzlich werden in einigen Fällen Alternativen bzw. Verbesserungsvorschläge vorgestellt, durchgerechnet und somit ein quantitativer Vergleich mit der ursprünglichen Lösung ermöglicht.

- In einigen Fällen wurden bestimmte Parameter wie z.B. Dicke oder Ausdehnung einer Wärmedämmschicht systematisch variiert und die Ergebnisse - meist min ϑ_{Oi} und die jeweiligen k-Werte - in Form von Diagrammen aufgetragen. Daraus läßt sich dann ablesen, in welchen Grenzen eine Verbesserungsmaßnahme "noch etwas bringt", d.h. sinnvoll wäre.

Eine besondere Kennzeichnung der unterschiedlichen o.a. Bearbeitungsstufen ist nicht erfolgt.

Auf einer Seite des Tafelteils ist jeweils eine Wärmebrücke behandelt, und zwar enthält eine Tabelle in der oberen Seitenhälfte alle erforderlichen Angaben und Daten.

Es folgt darunter eine Konstruktionsskizze und, falls die Wärmebrücke rechnerisch untersucht wurde, das Isothermenbild (beide, Konstruktionsskizze und Isothermenbild vom Plotter gezeichnet) nebst Diagrammen, aus welchen die innenseitigen Oberflächentemperaturen und ihr Verlauf entnehmbar sind. Gegebenenfalls befindet sich darunter noch ein Diagramm mit den Ergebnissen einer Parametervariation und schließlich folgen noch textliche Hinweise.

Insgesamt werden dem Tafelbenutzer in den Fällen, in denen eine Berechnung durchgeführt wurde, folgende Informationen geboten:

1. $\min \vartheta_{Oi}$ (Tafelkopf rechts oben), also der Wert der niedrigsten Temperatur, die an der inneren Bauteiloberfläche auftritt.

2. Der Temperaturverlauf im Umfeld der Wärmebrücke. Hieraus läßt sich insbesondere ersehen, in welchem Bereich niedrige, oder gar den Taupunkt unterschreitende Temperaturen an der Bauteilinnenoberfläche auftreten.

3. Der Isothermenverlauf. Er vermittelt dem Benutzer ein anschauliches Bild von Temperaturen und Temperaturgefälle wie auch von der Richtung der Wärmeströme (senkrecht zu den Isothermen) im Bauteil. Da Dämmschichten die Isothermen zusammenziehen, kann man sich auch leicht vorstellen, wie sich das Isothermenbild bei Einfügung oder Wegnahme von Dämmschichten ändern wird.

4. Die k_l bzw. Δl-Werte zur Quantifizierung der zusätzlichen Wärmeverluste entsprechend den Ausführungen in Abschnitt 5 bei linearen Wärmebrücken. (S. Tafelkopf oben rechts).

5. Die k_P bzw. ΔA-Werte zur Quantifizierung der zusätzlichen Wärmeverluste bei punktförmigen Wärmebrücken.

Um Schema und Inhalt der Tabelle auf dem Seitenkopf zu erfassen, ist es notwendig, sich einmal mit dem von den Verfassern gewählten Gliederungs- und Codierungssystem zu befassen.

6.2 Codierung

Es gibt verschiedene Ansätze, die in der Praxis auftretenden Wärmebrücken zu systematisieren, je nachdem, aus welchem Blickwinkel man sie betrachtet.

Materialorientierte Systematik

Hierunter wären alle Arbeiten zu verstehen, denen eine eindeutige Ausrichtung auf die einzelnen Gewerke des Bauwesens zugrunde liegt, z.B. auf den Mauerwerks- oder Stahlbau. Eine Auflistung dieser Gewerke ist z.B. Bestandteil der VOB Teil C. Nachteilig bei einer derartigen Systematik ist jedoch, daß Konstruktionen mit unterschiedlichen Gewerken in der Tragstruktur dabei nicht oder doppelt und daß ähnliche Gewerke mit ähnlichen Problemen an unterschiedlichen Stellen angesprochen werden und daß damit die Übersichtlichkeit verlorengeht.

Formorientierte Systematik

Arbeiten auf diesem Gebiet legen primär die Geometrie einer Wärmebrücke als Unterscheidungsmerkmal zugrunde. Eine derartige Systematik bietet sich vor allem für wissenschaftliche Parameterstudien an.

Der ISO-Ausschuß TC 163/SC2/WG1 "Thermal Bridges" /90/ z.B. erstellt Näherungsformeln für die häufigsten Wärmebrücken, die eine ausreichend schnelle rechnerische Erfassung der Wärmebrücken mit einer Genauigkeit von 95% erlauben. Bisher wurden lineare Wärmebrücken behandelt, wobei als erste Variante die Form und als zweite der Schichtaufbau gewählt wurde mit den veränderlichen Parameten Material und Breite der Wärmebrücke.

Eine Systematik der Formen existiert aber noch nicht, die rechnerische Erfassung aller Formen dürfte noch einige Zeit in Anspruch nehmen.

Bauteilorientierte Systematik

Eine Gliederung nach den Bauteilen eines Bauwerkes findet man vor allem in Architekturbüchern, in denen diverse Details mit ihren Schwachstellen, z.B. Wärmebrücken dargestellt sind. Hervorzuheben sind hier die Arbeiten von S c h i l d und Mitarbeitern /167/ mit ihrer Schadensanalyse an Bauteilen.

Die Behandlung der Eigenarten ähnlicher Wärmebrücken - auch wenn sie in verschiedenen Bauteilen auftreten - sollte jedoch an einer Stelle vorgenommen werden, um dort die Wirkungsweise verschiedener Parameter darstellen zu können. Eine Behandlung an mehreren Stellen würde notwendigerweise auch vermeidbare Wiederholungen zur Folge haben.

Materialneutrale Bauteilsystematik nach DIN 276

Als Grundlage einer Gliederung bietet sich auch die DIN 276, Teil 2 (4/81) "Kosten von Hochbauten, Kostengliederung" an. Diese Norm enthält zwar alle Bauteile eines Gebäudes aufgelistet, eine Primärgliederung in tragende und nichttragende Bauteile ist für wärmetechnische Belange jedoch uninteressant.

Das für und wider der genannten Möglichkeiten führte schließlich zu einem Codierungssystem, mit welchem fünf Parameter erfaßt werden, nämlich:

1) Arten der Bauteile

Es wird hier unterschieden nach den Hauptkonstruktionselementen eines Gebäudes wie Fundamente, Wände, Decken, Dächer u.s.w.. Außerdem werden Fenster bzw. Türen einschließlich Zubehör und Leibung als Bauteilgruppe angesehen, da hier besonders viele Wärmebrücken anzutreffen sind.

2) Typen flächiger Bauteile

Flächige Bauteile stellen die Masse der Außenbauteile dar. Für wärmetechnische Betrachtungen kann davon ausgegangen werden, daß Deckschichten wie Putz auf Mauerwerk oder eine Dachhaut bzw. Zwischenschichten wie Klebungen, Dampfsperren o.ä. in erster Näherung vernachlässigt werden können und deshalb nicht als gesonderte Parameter berücksichtigt zu werden brauchen. Die in der Praxis auftretenden flächigen Bauteile lassen sich danach in folgende Typen einteilen:

1 : einschichtiges Bauteil
2n : zweischichtiges Bauteil mit der Wärmedämmung außen als Normalfall
2i : zweischichtiges Bauteil invers, d.h. umgekehrt wie 2n
2h : zweischaliges, hinterlüftetes Bauteil
3s : dreischichtiges Sandwich-Bauteil (Bauteil mit Kerndämmung)
3b : beidseitig gedämmtes Bauteil
3h : dreischichtiges Bauteil mit hinterlüfteter Vorsatzschale

3) Materialien der Bauteile

Die Einteilung der Materialien erfolgt wie in DIN 4108 Teil 4. Auch deren Codenummern stimmen mit denen in Tab. 1 der o. a. Norm überein.

4) Dicken der Bauteile

   Dieser Parameter ist nur für die Quantität der Angaben von Interesse.

5) Arten der Wärmebrücken

   Hierunter sind die in Abschnitt 2 klassifizierten, unterschiedlichen Erscheinungsbilder von Wärmebrücken zu verstehen.

Zunächst war vorgesehen, die Bauteilarten als Hauptparameter zu wählen. Das hätte den Vorteil gehabt, die Wirkungen verschiedener Wärmebrücken innerhalb eines Bauteils leicht vergleichen zu können, jedoch den Nachteil, daß Verknüpfungen von Bauteilarten schwer einzuordnen wären.
Da es um die Wärmebrücken ja geht, wurden schließlich sie als Hauptparameter gewählt. Dafür wurde eine einheitlche Codierung entwickelt, die die zuvor beschriebene, formorientierte Gliederung beinhaltet und eine leichte Anpassung an die ISO-Arbeiten sowohl wie eine problemlose Koordinierung mit den Arbeiten von Prof. G e r t i s zuläßt. Sie hat vor allem auch rechentechnische Vorteile. Ihr Aufbau ist aus Seite 1 des Tafelteils ersichtlich. Der nächst wichtige Parameter sind dann die Bauteile. Seite 2 des Tafelteils enthält deren Aufgliederung. Bei den ebenen Bauteilen, nämlich Wänden, Dächern und Decken - um die es ja fast ausschließlich geht - war eine weitere Unterscheidung verschiedener Typen erforderlich, wie das aus Seite 3 des Tafelteils ersichtlich ist. Seite 4 des Tafelteils läßt schließlich die Codierung der Baustoffe erkennen. Eine Systematik der Abmessungen war nicht möglich und auch nicht nötig. Die individuellen Abmessungen werden jeweils den Wärmebrücken bzw. den Bauteilen und ihren Schichten zugeordnet.

6.3 Gestaltung der Tafelköpfe

In den obersten Zeilen wird das behandelte Wärmebrückenproblem angesprochen. Also z. B. "Oberer Fensteranschluß außen, mit Rolladen, Wand monolitisch". Dann folgt die Kopftabelle. Sie ist horizontal in zwei Abschnitten unterteilt: Der obere Teil ist der Wärmebrücke , der untere dem "ungestörten" Bauteil gewidmet, das durch die Wärmebrücken "gestört" wird.

In der zweiten Spalte ist dann die jeweilige Art - der Wärmebrücke oder des Bauteils - nebst Codenummer angegeben.

Die dritte Spalte dient zur Angabe des Typs des betroffenen ebenen Bauteils gemäß Seite 3 des Tafelteils.

In der vierten Spalte erfolgt die Auflistung aller Materialien - mit Codenummern - deren Wärmedurchlaßwiderstand deutlich von Null verschieden ist und die deshalb in der Berechnung berücksichtigt wurden oder zu berücksichtigen wären.

Die fünfte Spalte enthält die Dickenangaben (grundsätzlich in mm) und

die sechste Spalte die Schichtnummerierung als Legende zur Konstruktionsskizze.

Wie schon erwähnt liegen den Berechnungen die λ_R-Werte nach DIN 4108 Teil 4 zugrunde. Alle Maße sind in mm angegeben.

Rechts neben der Datentabelle findet sich die Ergebnistabelle. Sie enthält
    den k-Wert der ungestörten Anordnung,
    den k_l-Wert und
    den Δl-Wert bei linearen Wärmebrücken
oder
    den k_p-Wert und
    den ΔA-Wert bei punktförmigen Wärmebrücken.

Schließlich ist noch die jeweils niedrigste, innenseitige Oberflächentemperatur des Bauteils $\min \vartheta = \min \vartheta_{Oi}$ angegeben, so daß mit einem Blick die wichtigsten Angaben über die Auswirkungen der Wärmebrücke erfaßbar sind.

7 Diskussion einiger Ergebnisse

Aus den durchgeführten Berechnungen lassen sich einige grundsätzliche Erkenntnisse ableiten, die es verdienen, gewissermaßen als Extrakt dieser Arbeit besonders hervorgehoben zu werden.

7.1 Bewehrungseinfluß

Auf Seite 8 des Tafelteils ist der Schnitt durch eine unbewehrte und eine bewehrte Balkonplatte dargestellt. Bei Letzterem wurde eine oben liegende Mattenbewehrung 6/150 angenommen. Man erkennt, daß durch die Bewehrung keine Beeinflussung des Temperaturfeldes erfolgt. Durch Veränderung von λ_R des Betons kann man einen Beton geringerer Leitfähigkeit, aber auch eine relativ besser leitende Bewehrung, d.h. eine stärkere Bewehrung simulieren. Bei Bewehrungsgraden < 1,0 % ist demnach kein Einfluß der Bewehrung auf das Temperaturfeld im Beton zu erwarten.

7.2 Innenseitig, nur bereichsweise angebrachte Dämmung: "Übergangseffekt"

Der naheliegendste Gedanke, Schwachstellen zu beseitigen ist der, dort einen Streifen des betroffenen Bauteils von angemessen scheinender Breite mit einer Innendämmung zu versehen. Eine dafür beispielhafte Situation ist eine Wandkante (siehe Seite 90 u.a. im Teil II). Wie die Seiten 92 und 93 erkennen lassen, wird die Schwachstelle dadurch nur an das Streifenende verlagert. Mit wachsender Streifenbreite wird der Temperaturabfall zwar geringer, doch besteht an solchen Stellen die Gefahr, sich von der Umgebung abhebender Dunkelfärbung, wenn die Temperatur dort nicht deutlich über 10°C liegt. Siehe dazu auch die Seiten 10 und 11. Ganz vermeiden läßt sich dieser Effekt nur dann, wenn die Innendämmung ganz durchgeführt wird.

7.3 "Kanteneffekt"

Als Kante wird hier z.B. die innere Schnittlinie zweier senkrecht zueinander stehender Außenwände verstanden. Man spricht hier zwar von Gebäudeecke, jedoch wird der Begriff Ecke hier für einen Punkt im Raum verwendet, in dem drei Kanten zusammentreffen. (Z.B. Ecke gebildet von zwei Außenwänden und Dachplatte).

An Gebäudekanten tritt eine beträchtliche Absenkung der inneren Oberflächentemperatur auf, "Kanteneffekt" genannt. Das ist schon lange bekannt. Nicht bekannt war jedoch deren Größenordnung und Abhängigkeit vom Baumaterial. Der Abfall der Oberflächentemperatur kann mehr als 5 K betragen (siehe Seite 85) und ist auch bei 36,5-er Mauerwerk aus Leichthochlochziegeln immer noch größer als 4 K.

Bei einer 36,5-er Kalksandsteinaußenwand - die den Anforderungen des Wärmeschutzes nach DIN 4108 gerade noch genügt - ist die innere Oberflächentemperatur im ungestörten Bereich 11,3° C. Entlang der Kante, die bei einer Gebäudeecke entsteht, beträgt sie aber nur noch 6,2° C! Die Anforderungen des Mindestwärmeschutzes nach DIN 4108 reichen mithin nicht aus, um bei derartigen geometrischen Wärmebrücken zufriedenstellende Temperaturen zu gewährleisten.

An zusätzlichen Dämmmaßnahmen kommen Außen-, Innen- und Kerndämmung infrage. Bei Innendämmung tritt am Ende des zusätzlich gedämmten Bereichs stets der "Übergangseffekt" auf. Die kritische Stelle mit auch meist noch kritischen Temperaturen verlagert sich also dorthin. Zusätzliche Außendämmung sollte eine Ausdehnung von jeweils wenigstens 1,0 m von der Außenkante ab erhalten. Bei wenigstens 40 mm Dämmstoffdicke werden damit befriedigende Verhältnisse erreicht.

Sehr günstig verhalten sich Beton-Sandwich-Elemente, da hier eine reichliche Dämmung und die Verteilungsfähigkeit (siehe 7.4) des Betons günstig zusammenwirken. Hier beträgt die Temperaturabnahme nur noch ca. 2 K (siehe Seite 98).

7.4 Einfluß der Wärmequerleitfähigkeit der Materialien auf die innenseitige Temperaturabsenkung: "Ausbreitungseffekt"

Hier sind die in Abschnitt 5.4 schon einmal erwähnten Phänomene (siehe dort Bild 4) gemeint. Bestehen nämlich im Umfeld einer Wärmebrücke die äußeren und oder inneren Deckschichten aus einem gut leitenden Material (Metall, Beton), so kann die Wärme der Wärmebrücke aus einem größeren Umfeld zufließen bzw. außen von einer entsprechend größeren Fläche abgegeben werden. Das bedeutet natürlich einen entsprechend größeren Wärmeverlust, hat aber gleichzeitig zur Folge, daß Temperaturspitzen (innen die Niedrigst- außen die Höchsttemperatur) abgebaut werden. In Hinblick auf die Gefahr der Tauwasserbildung innen ist das ein günstiger Effekt, denn die Tiefsttemperatur ist in einem solchen Fall nicht so niedrig wie bei einer in gut dämmendem Material eingebetteten Wärmebrücke. Im Gegensatz zur Erwartung wirkt sich daher ein dem Rauminneren zugekehrtes, leitfähiges Material diesbezüglich günstig aus. Das trifft insbesondere für punktförmige Wärmebrücken zu, die als Verbindungsmittel in mehrschichtigen Bauteilen eine Dämmschicht durchdringen und innen in leitfähigen Schichten (Beton!) enden. Erreichen solche Verbindungsmittel die innenseitige Oberfläche nicht, so haben sie praktisch keinen Einfluß auf die innenseitige Oberflächentemperatur.

7.5 Fensterleibung

Auch Fensterleibungen sind als Schwachstellen bekannt, die sich insbesondere dann durch Feuchteflecken und verschimmelte Tapete bemerkbar machen, wenn nicht unter dem Fenster befindliche Heizkörper für Abtransport der Feuchte in der aufsteigenden Warmluft sorgen. Einflüsse vorhandener Heizkörper wurden im folgenden nicht untersucht. Das erklärt die mögliche Divergenz zwischen den Rechenergebnissen und dem Ausbleiben von Schäden in Fällen, in denen sie der Rechnung zufolge auftreten müßten. Die Berechnungen weisen aus, daß sich Mittenanschlag am günstigsten verhält, so daß hier bei 36,5-er Leichthochlochziegelmauerwerk keine zusätzlichen Maßnahmen erforderlich sind. In anderen Fällen sind zusätzliche Dämmaßnahmen an der Leibung dringend zu empfehlen.

7.6 Punktförmige Wärmebrücken

Punktförmige Wärmebrücken können auf vielerlei Art und Weise bzw. in unterschiedlichsten Formen in Erscheinung treten. Die Palette der Möglichkeiten reicht von der einfachen "Nadel", wie sie in Sandwich-Elementen zur Verbindung von innerer und äußerer Betonschale zum Einsatz kommt bis zu Metallaußenbauteilen z. B. aus Trapezblechen, bei welchen Tragprofile durch die Wärmedämmschicht hindurchtreten und sich dort mit der Unterkonstruktion der Außenhaut kreuzen. Der Kreuzungspunkt wäre auch eine punktförmige Wärmebrücke im obigen Sinne.

Wenn man versucht, die in der Praxis auftretenden Varianten theoretisch zu klassifizieren, so lassen sich vor allem die folgenden drei Hauptgruppen unterscheiden:

1. Metallische Verbindung zweier Betonschalen, die durch eine Dämmschicht getrennt sind (Sandwich)
2. Metallische Verbindungen zweier Metalloberflächen, die durch eine Dämmschicht getrennt sind (Metallpaneele, vorgehängte Fassaden)
3. Fehlstellen in Dämmschichten (Stellen, an denen die Dämmung fehlt).

Diese Varianten punktförmiger Wärmebrücken wurden untersucht. Ergebnis:

Bei metallischen Verbindungen zweier Betonschalen, die durch eine Dämmschicht getrennt sind, spielt der "Ausbreitungseffekt" eine entscheidende Rolle. Endet das metallische Verbindungsmittel bereits im Beton in einem größeren Abstand von der inneren Bauteiloberfläche, so hat es auf die innere Oberflächentemperatur keinen Einfluß.

Dringt das metallische Verbindungsmittel jedoch bis zur inneren Oberfläche durch, so ist seine innere Oberflächentemperatur um so niedriger, je weniger leitfähig das umgebende Material ist, je weniger mithin der "Ausbreitungseffekt" wirksam werden kann. Das gilt in extremer Weise für ein metallisches Verbindungsmittel, das nur eine Dämmschicht durchdringt.

Ist jedoch eine hoch leitfähige, innere Oberfläche vorhanden (ein Blech), so wirkt sich natürlich der Ausbreitungseffekt wieder voll aus. Ein wesentlicher Einfluß auf die innere Oberflächentemperatur ist dann nicht mehr vorhanden, wenn das Blech im Verhältnis zur punktförmigen Wärmebrücke (z.B. Bolzen) dick und ausgedehnt ist.

Leitfähige innere und äußere Oberflächen, die durch eine metallische Wärmebrücke verbunden sind, führen aber zu umso höheren Wärmeverlusten, je größer die Querschnitte und Oberflächen sind, insbesondere auch je größer die Querschnitte der Verbindungsmittel (z.B. Bolzen) sind.

Fehlstellen in der Wärmedämmschicht entstehen insbesondere an Stellen, an denen Verbindungsmittel, Anker, Haltekonstruktionen erforderlich sind und die Wärmedämmschicht durchdringen. Unglücklicherweise überlagert sich deren ungünstige Auswirkung dann mit der der metallischen Verbindungsmittel etc. Der Einfluß einer Fehlstelle in der Wärmedämmschicht auf die innere Oberflächentemperatur und den zusätzlichen Wärmeverlust ist nicht unerheblich und steigert sich erwartungsgemäß im ungünstigen Sinne mit zunehmender Größe der Fehlstelle.

7.7 Dachrandausbildung, Attika

Insbesondere bei Flachdächern verdient das Deckenauflager auf der Außenwand besondere Beachtung. Hier wirkt sich ja nicht nur der "Kanteneffekt" ungünstig aus, sondern die Leitfähigkeit der im Regelfall zur Ausführung kommenden Betondecke. Ein möglicherweise vorhandener Ringanker bzw. -Balken, Befestigungselemente für die Dachrandverkleidung in Verbindung mit mangelhaften Dämmmaßnahmen in diesem Bereich können zu extrem ungünstigen Verhältnissen führen, bei welchen Tauwasserbildung so gut wie unausweichlich ist. Untersucht wurde 36,5-er Außenmauerwerk aus Kalksandsteinen und aus Leichthochlochziegeln in Verbindung mit verschiedenen Deckensystemen, ohne und mit Attikaausbildung und mit sehr unterschiedlicher Ausbildung der Dämmung. Die wichtigsten Resultate sind:

Bei Kalksandsteinmauerwerk und Betondecke sind die Temperaturen an der kritischen Innenkante auch bei "ordnungsgemäßer" stirnseitiger Dämmung der Platte noch zu niedrig. Akzeptable Verhältnisse entstehen erst, wenn die Dämmschicht um ca. 20-25 cm über die Betonteile (Decke, Ringanker) hinaus nach unten gezogen wird.

Bei Leichthochlochziegelmauerwerk sind die Verhältnisse natürlich wesentlich günstiger. Hier würde es schon ausreichen, Deckenstirn und Ringanker nach außen zu dämmen. Dringend zu empfehlen ist es jedoch auch hier, die Dämmung noch tiefer zu ziehen.

Deckenkonstruktionen aus schlecht leitenden Materialien bieten natürlich insofern sehr viel günstigere Vorbedingungen für annehmbare Temperaturen, als ja die Decke selbst dann eine Dämmschicht darstellt. Hier verliert eine stirnseitige Dämmung der Decke ihre Bedeutung, es sei denn, es ist ein Betonringanker vorhanden.

Sehr günstig verhalten sich im Verhältnis zur anderen Konstruktion kerngedämmte Außenwände bzw. Sandwich-Wände.

Ein besonderer Fall sind Attiken bzw. auskragende Dachplatten. Hier zeigen die Untersuchungen, daß wirklich befriedigende Lösungen kaum gefunden werden können.

Abschließend ist darauf hinzuweisen, daß jeweils nur die Kante zwischen Außenrand und Dachplatte untersucht wurde. An einer Gebäudeecke aber sind die Verhältnisse noch ungünstiger, zumal dort in aller Regel die günstige Auswirkung von unter den Schwachstellen stehenden Heizkörpern fehlt.

Insofern sind hier alle Lösungen schon mit Vorbehalt zu sehen, bei denen die Kantentemperaturen 12° C oder weniger betragen. Das ist z.B. bei fast allen Varianten mit 36,5-er Kalksandsteinmauerwerk (λ = 0,7) der Fall. Auch daraus kann erneut gefolgert werden, daß der Mindestwärmeschutz in DIN 4108 derzeit zu gering angesetzt ist.

7.8 Deckeneinbindung

Die Schwachstelle, die dadurch gebildet wird, daß die Betondecken in das Außenmauerwerk eingreifen müssen, ist schon sehr lange als solche erkannt worden. Im Vergleich mit der Kante in einer Gebäudeecke oder gar mit den Verhältnissen am Dachrand bei Vorhandensein einer Attika, ist sie aber geradezu harmlos. Selbst wenn es sich um eine Außenwand aus 36,5-er Kalksandsteinmauerwerk handelt und wenn die Betondecke ohne stirnseitige Dämmung die Außenwand ganz durchdringt, ergibt sich eine Minimaltemperatur von 9,8° C, die ganz dicht an der Grenze des gerade noch Hinnehmbaren liegt. Handelt es sich um eine 36,5-er Wand aus Leichthochlochziegeln, so beträgt die Minimaltemperatur bereits 10,8° C. Verbesserungsmaßnahmen sind auf vielerlei Weise möglich. Besonders zu empfehlen ist eine Dämmung der Deckenstirn, die sich über die jeweils oben bzw. unten anschließende Mauersteinlage miterstreckt. (Diese beiden Lagen wären dann als 30-er Mauerwerk auszubilden). Noch wirksamer ist eine solche Dämmung im Mauerkern, wenn das Deckenauflager verkürzt und außen durch eine Verblendschicht kaschiert wird.

Aber bereits ein schmaler Dämmstreifen unter der Decke an der Wand entlang (z.B. als Sanierungsmaßnahme) bewirkt eine Temperaturerhöhung von 1-2 K. (Innendämmung erfordert stets eine zusätzliche Dampfsperre). Die Schwachstelle "Deckenauflager" läßt sich also verhältnismäßig einfach entschärfen.

7.9 Balkonplatten

Meist kragen Betonplatten aus dem vorhandenen Deckensystem aus und stehen mit diesem folglich in monolithischem Zusammenhang. Die Balkonplatte stellt dann eine "Kühlrippe" extremer Art dar. Es wurde schon verschiedentlich der Vorschlag gemacht, solche Balkonplatten rundum in eine Wärmedämmung "einzupacken". Daß damit, vom baulichen Aufwand einmal ganz abgesehen, so gut wie nichts zu erreichen ist, lehrt Seite 175 im Vergleich mit Seite 168. Bewährte Möglichkeiten zur Minderung der Wärmebrückeneffekte sind dagegen:

Thermische Abtrennung der Balkonplatten von den Deckenplatten und Auflagerung auf einem eigenen Tragsystem (z.B. Stützen) oder Auflagerung der Balkonplatten lediglich auf Kragbalken, die ihrerseits gedämmt werden sollten.

Neuerdings gibt es Bauelemente, die eine thermische Abtrennung der Balkon- von den Deckenplatten ermöglichen, ohne die Auskragung aufzugeben.

Für konventionelle Lösungen hat sich folgendes ergeben:

Ohne zusätzliche Dämmmaßnahmen treten bei Durchdringung von 36,5-er Kalksandsteinwänden unakzeptable Temperaturen auf.
Bei 36,5-er Leichthochlochziegelmauerwerk werden an der kritischen Kante schon knapp 10° C erreicht.
Zusätzliche Außendämmung wirkt sich positiv, Innendämmung negativ aus. Auch hier läßt sich durch einen Dämmstreifen unter der Decke entlang der Außenwand eine Verbesserung erreichen. Besonders ungünstig sind die Verhältnisse bei dünnen, hochgedämmten Außenwandpaneelen.

7.10 Stützen, Luftgeschosse

Stützen sind oft in die Außenhaut von Gebäuden integriert, in die Wanddicken einbezogen, oder nach außen bzw. innen vorstehend. Beton- und erst recht Stahlstützen bilden dann natürlich sehr fühlbare Wärmebrücken. In die Wanddicken einbezogene Stützen werden am besten außen gedämmt - um den "Übergangseffekt" zu vermeiden. Treten Stützen weit aus der Wandflucht nach außen heraus, so bilden sie "Kühlrippen", die auch durch kräftige Außendämmung nicht ganz befriedigend gedämmt werden können. Bei nach innen orientierten Stützen gelingt das besser. Stützen, die zum Teil nach außen und nach innen aus der Wand heraustreten lassen sich durch Innen- wie durch Außendämmung etwa gleichwertig abschirmen, wobei Innendämmung jedoch stets eine zusätzliche Dampfsperre erfordert.

Ein Problem stellen Stützen unter Luftgeschossen dar. Dies Problem läßt sich beseitigen, wenn die Decke über dem Luftgeschoß innen gedämmt wird. Dann allerdings entstehen Wärmebrücken an den aufgehenden Außen- und Innenwänden. Bei Außendämmung der Decke über dem Luftgeschoß durchdringen vorhandene Stützen die Dämmschicht und bilden so eine Wärmebrücke. Die Stützen dann auf volle Höhe rundum zu dämmen bringt keinen zusätzlichen Nutzen. Es würde genügen, eine Dämmung auf etwa 50 cm Höhe unterhalb der Decke auszudehnen.

7.11 Metall-Leichtfassaden bzw. - Dächer

Derartigen Konstruktionen ist im allgemeinen ein Aufbau gemeinsam, der gekennzeichnet ist durch eine äußere und eine innere Metallhaut, zwischen denen sich eine Dämmschicht befindet. Die beiden Metallschalen müssen natürlich irgendwie miteinander verbunden sein, sodaß punkt- oder linienförmige Wärmebrücken entstehen, wobei es keine wesentliche Rolle spielt, ob die äußere Metallhaut hinterlüftet ist oder nicht. Oft sind auch Tragelemente in Form von Leicht- oder Walzprofilen integriert, manchmal in mehreren Lagen als "Lattung" und "Konterlattung".

Für die in solchen Konstruktionen vorhandenen Wärmebrücken gilt zunächst das unter 7.6 Gesagte. Sie führen in der Regel zu erheblichen, zusätzlichen Wärmeverlusten, die von Leitfähigkeit, Querschnitt der Wärmebrücke und Größe der äußeren und inneren Metalloberflächen abhängen. Die inneren Oberflächentemperaturen werden sehr stark vom sogenannten "Ausbreitungseffekt" bestimmt, können aber insbesondere bei Aluminiumkonstruktionen extreme Werte (unter 0° C) annehmen.

8 Wertung der Ergebnisse

Durch Wärmebrücken werden hervorgerufen:

a) ein erhöhter Wärmeverlust im Gebäude im Winter,
b) eine Temperaturabsenkung an der inneren Oberfläche im Winter, die dort durch Unterschreiten der Taupunkttemperatur zu einer frühzeitigen Tauwasser- bzw. zu Reifbildung führen kann.

Dies kann die Ursache einer Reihe von Schäden sein wie:
- erhöhte Staubablagerung im Bereich der feuchten Stellen, wodurch die Oberfläche unansehnlich wird,
- Schimmelpilzbildung mit den damit verbundenen unhygienischen Lebensbedingungen für Menschen und mit Schäden an Mobiliar und Inhalt,
- Verminderung der Festigkeit von Baustoffen,
- Zerstörung von Bauteilen durch Korrosion, Frostsprengen etc.,
- Abblättern von Putz, Lacken und Tapeten,
- Erhöhung der Wärmeleitfähigkeit von Dämmstoffen und damit Verminderung der Wärmedämmung eines Bauteils,
- Ausblühen von Salzen.

Wärmebrücken können infolge der entstehenden Temperaturgradienten auch zu Zwängungen und als deren Folge zu Rißbildungen führen. Als Beispiel seien Balkonplatten, Gesimse, Attiken u.a. genannt, die doppelt unangenehm sind, wenn unter sommerlichen Klimabedingungen eine Umkehr des Zwangs eintritt wie z.B. bei Balkonplatten, bei denen sich im Winter entstandene Risse im Sommer in die angrenzenden Deckenplatten hinein fortsetzen können.

Eine ingenieurmäßige Beherrschung des Wärmebrückenproblems kann mithin wesentlich dazu beitragen, eine Reihe weit verbreiteter Bauschäden bzw. -mängel künftig zu vermeiden bzw. sachkundig zu beheben.

Die Ergebnisse dieser Arbeit lassen vor allem erkennen, daß und in welchem Ausmaß die inneren Oberflächentemperaturen unter winterlichen Verhältnissen, die den Rechenannahmen etwa entsprechen, im Bereich von Wärmebrücken abfallen.

Welche Konsequenzen sind daraus nun zu ziehen?
Für den Zustand Innenlufttemperatur +20 °C und relative Feuchte innen 50 % ergibt sich eine Taupunkttemperatur von 9,25 °C. Soll Tauwasserbil-

dung mit allen schädlichen Folgen vermieden werden, so dürfte diese Temperatur nicht unterschritten werden. Man kann einwenden, die den folgenden Rechenergebnissen zugrunde liegende Annahme für die Außentemperatur mit -15 °C sei insofern zu ungünstig, als solche Temperaturen in den meisten Gegenden Deutschlands nur kurzfristig auftreten oder gar unterschritten werden. Während der Winterzeit würden also die inneren Oberflächentemperaturen in der meisten Zeit über den erhaltenen Rechenwerten liegen. In vielen, inzwischen analysierten Schadensfällen hat sich aber gezeigt, daß die relative Feuchte der Innenraumluft weit höher lag als 50 %, weil eben der nach DIN 4701 geforderte Mindestluftwechsel von 0,5 infolge mangelhafter Lüftung nicht vorhanden war (siehe auch G e r t i s /68/). Es kommt hinzu,

- daß in Innenräumen immer ein Temperaturgefälle von oben nach unten vorhanden ist. Während die Temperatur in Deckennähe oft einige Grad über der Durchschnittstemperatur liegt, kann sie in Fußbodennähe 2 bis 3 Grad darunter liegen. Dort liegt dann auch die Oberflächentemperatur tiefer.
- daß die Wärmeübergangskoeffizienten, bedingt durch die Luftbewegungen im Raum kleiner sein können, als in der Rechnung angenommen, was wiederum zu einer Verminderung der Oberflächentemperatur führt.
- daß durch Möbel und Gardinen vor der Bauteiloberfläche Lufthohlräume entstehen, die eine dämmende Wirkung haben und somit die Temperatur an der inneren Bauteiloberfläche herabsetzen.
- daß bei Überlagerung von Wärmebrücken, z.B. des Fensteranschlusses unter einem Flachdachauflager mit Attika oder bei räumlichen Außenecken die Oberflächentemperatur noch stärker als berechnet herabgesetzt wird.
- daß die Raumtemperaturen zur Energieeinsparung zeitweise (Nachtabsenkung, Wohnungen von Berufstätigen) oder sogar ganz (in Schlafzimmern) heruntergefahren werden.

Besonders katastrophal wirkt sich Letzteres aus, wenn die Türen unbeheizter Schlafzimmer zu den Wohnräumen nachts geöffnet bleiben, da dann die feuchtigkeitsreichere Warmluft aus den Wohnräumen auf die ausgekühlten Oberflächen der Außenbauteile in den Schlafzimmern trifft. Man vergegenwärtige sich auch, daß bei einer Feuchteabgabe von 50 g/h je Person in einem mit zwei Personen belegten Schlafzimmer üblicher Abmessungen mit Oberflächentemperaturen um 9 °C (also bei normaler Beheizung!) und dichten Fenstern bereits 4 Stunden nach erfolgter Durchlüftung die Sättigungsfeuchte für 9 °C erreicht wird!

Umso mehr muß zu denken geben, daß zwar bei einer nach DIN 4108 mindestgedämmten Wand mit $1/\Lambda = 0{,}55$ m²K/W für die hier zugrunde gelegten Rechenwerte die innere Oberflächentemperatur $\vartheta_{Oi} = 12{,}3$ °C beträgt, daß diese aber an Kanten, an Fensterleibungen, kurz an den üblichen Schwachstellen erheblich unter 9 °C, z.B. bei 6 °C liegen kann!

Das heißt:

- Die hier gewählten Rechenannahmen liegen keineswegs auf der sicheren Seite!

- Bei Bauten mit Mindestwärmeschutz nach DIN 4108 ist die Gefahr von Feuchteschäden sehr groß. Die Gefahr von Feuchteschäden ist dann aber kaum mehr zu bannen, wenn falsches Benutzerverhalten hinzukommt.

Man kann im Augenblick die folgenden Schlüsse daraus ziehen:

- Bei Neubauten sollte man sich keinesfalls mit dem Mindestwärmeschutz nach DIN 4108 begnügen.

- Bei Altbauten muß an Abhilfemaßnahmen gedacht werden, z.B. an eine zusätzliche Innendämmung, die aber durch eine Dampfbremse gegen Eindringen von Feuchte gesichert werden muß.

- Die Mindestanforderungen an den Wärmeschutz in DIN 4108 sollten angehoben werden. Dadurch könnten zumindest einige der besonders schadensträchtigen Wärmebrücken wie z.B. Kanten und Ecken entschärft werden, ganz abgesehen von der dadurch erreichbaren Energieeinsparung.

Auch der folgende Gedanke scheint erwägenswert:

In früheren Zeiten, als Doppelverglasung noch kaum zur Anwendung kam, waren die Fenster eine natürliche Entfeuchtungsanlage, die inneren Fensterbänke als Rinnen ausgebildet und sogar mit Wasserauffanggefäßen versehen. Wenn künftig die minimale rechnerische Oberflächenteperatur der Außenwand-Innenseiten deutlich über der entsprechenden Temperatur der Fensterflächen läge, d.h. die Wärmedämmung der Wände auch an Schwachstellen besser als die der Fensterflächen wäre, so könnten die Fenster wieder die bewährte Entlastungsfunktion für die Wände übernehmen - vorausgesetzt, sie würden entsprechend ausgebildet.

Unterstellt man eine Isoierverglasung mit k = 2,0 W/m²h, so liegt deren Innentemperatur für die hier gewählten Rechenannahmen bei 8,3 °C. Setzt man dementsprechend die kritische innere Oberflächentemperatur der anderen Bauteile mit 10 °C an, so beginnen die Fensterflächen bereits mit der "Entfeuchtung" bevor die Tauwasserbildung an den Wärmebrücken einsetzen kann. Und dieser Effekt ist unabhängig von den Rechenannahmen, d.h. von den tatsächlichen Klimabedingungen innen und außen. Bei sehr drastischem Feuchteandrang (unterkühltes Schlafzimmer) lassen sich die Gefahren für Wände auf diese Weise nicht aus der Welt schaffen. Aber es ist auf jeden Fall sinnvoller, dafür zu sorgen, daß die Dämmfähigkeit im Bereich von Schwachstellen der übrigen Außenbauteile immer noch höherwertiger ist als die der Fenster. Die Dämmung der Fenster sollte deshalb immer in sinnvoller Relation zur Dämmung der Außenwand gewählt werden. Es ist im hier erörterten Zusammenhang von Nachteil, die Dämmung der Fenster in die Höhe zu treiben, wenn die Dämmung der Wand selbst gering ist. Vielmehr sollte der Wärmedurchlaßwiderstand der Fenster kleiner sein bzw. bleiben als der der Wand. Für Fenster mit k = 2,0 W/m²h wäre daher die kritische Temperatur der inneren Wandoberfläche für die hier gewählten Rechenannahmen bei mindestens 10°C anzusetzen. Das sollte insbesondere für die hier behandelten Schwachstellen gelten.

Vorstehende Überlegung behält auch Gültigkeit, wenn - wie üblich - Heizkörper unter den Fenstern angebracht und in Tätigkeit sind. Hierdurch wird der "Entfeuchtungseffekt" natürlich weitgehend aufgehoben. Bei zeitweiser Temperaturabsenkung (Drosselung der Heizung) oder gar in unbeheizten Räumen, also immer, wenn die Gefahr besonders groß wird, bleibt die positive Wirkung so bemessener Fenster erhalten, während zu gut gedämmte Fenster bewirken, daß zu hohe Raumfeuchte sich - wenn - dann nur an den Wärmebrücken niederschlägt.

Abschließend kann gesagt werden, daß zwar im Blick auf Schwachstellen eine begrenzte Anhebung des Mindestwärmeschutzes angebracht wäre, daß es jedoch keinen Sinn hätte, unvernünftigem Verhalten Einzelner durch einen allgemeinverbindlichen, besonders hohen wärmeschutztechnischen Aufwand begegnen zu wollen, der sonst keinen nennenswerten Nutzen (Energieeinsparung), sondern nur Mehrkosten einbringt. (Vgl. hierzu Abschnitt 4.5).

9 Beispiele

9.1 Beispiel Dachrand (nach Tafelteil II, Seite 114)

Dieses Beispiel möge dazu dienen, die auf den Seiten 32 und 33 bezüglich einer linearen Wärmebrücke zwischen zwei unterschiedlichen Außenbauteilen gemachten Angaben zu verdeutlichen.

Der Wärmestrom im Bereich der Dachkante ist zu berechnen für:

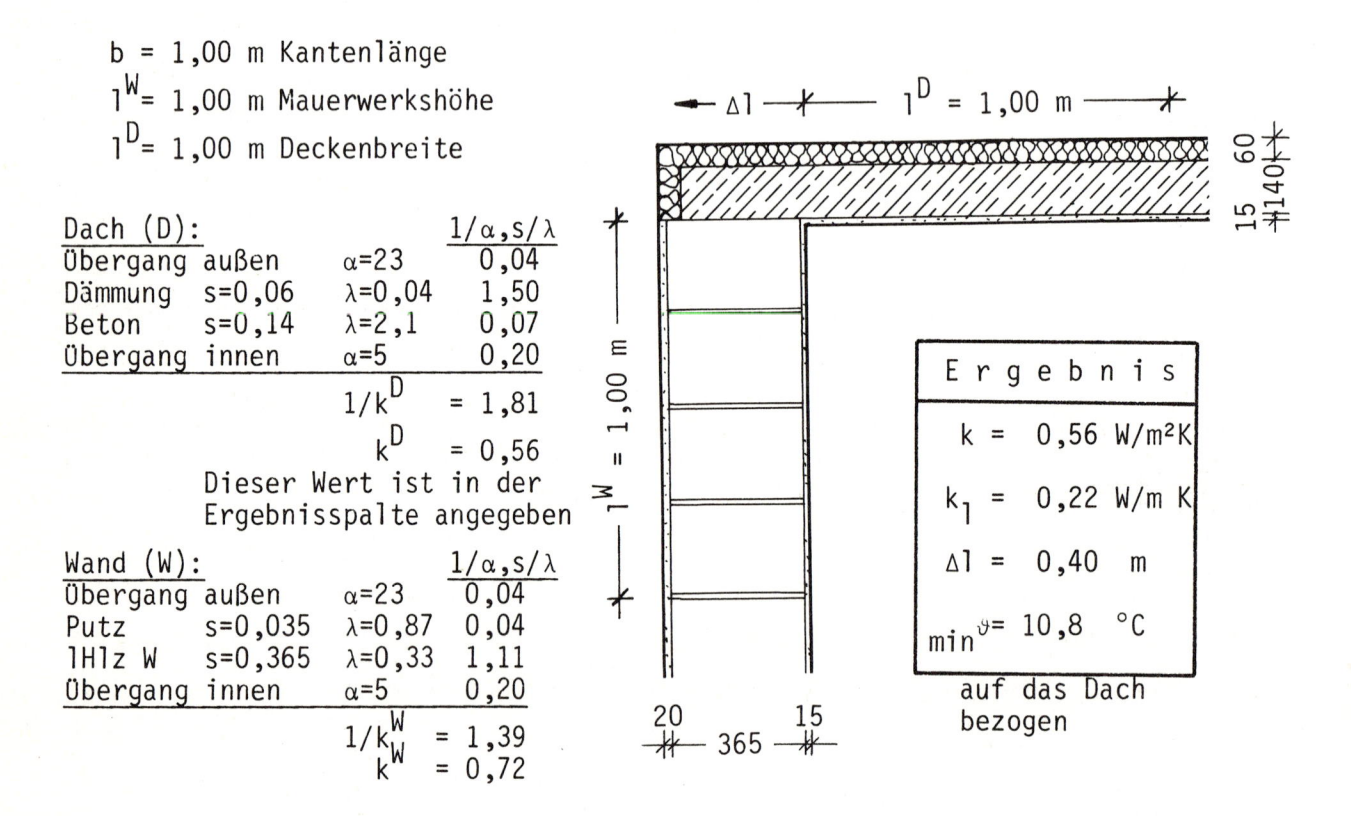

   b = 1,00 m Kantenlänge
   l^W = 1,00 m Mauerwerkshöhe
   l^D = 1,00 m Deckenbreite

Dach (D): $1/\alpha, s/\lambda$
Übergang außen α=23   0,04
Dämmung   s=0,06 λ=0,04   1,50
Beton   s=0,14 λ=2,1   0,07
Übergang innen α=5   0,20
                                        ──────
                         $1/k^D$ = 1,81
                           k^D = 0,56
              Dieser Wert ist in der
              Ergebnisspalte angegeben

Wand (W): $1/\alpha, s/\lambda$
Übergang außen α=23   0,04
Putz   s=0,035 λ=0,87   0,04
1Hlz W   s=0,365 λ=0,33   1,11
Übergang innen α=5   0,20
                                        ──────
                         $1/k^W$ = 1,39
                           k^W = 0,72

Ergebnis

k = 0,56 W/m²K

k_l = 0,22 W/m K

Δl = 0,40 m

$\min \vartheta$ = 10,8 °C

auf das Dach bezogen

a) Berechnung des Wärmestromes ø mit dem k_l-Wert nach Seite 32

Der k_l-Wert wird gleichrangig wie die k-Werte behandelt.

ø = ($k^D \cdot A^D$ + $k^W \cdot A^W$ + $k_l \cdot b$) · ($\vartheta_{Li} - \vartheta_{La}$) =

= (0,56·1,00·1,00 + 0,72·1,00·1,00 + 0,22·1,00) ·   35   = 52,50 W

b) Berechnung des Wärmestromes ø mit dem Δl-Wert nach Seite 33

Die Länge Δl wird der Breite des Daches zugeschlagen.
In diesem Fall entspricht Δl der Breite des Daches über der Wand, die in der normalen Wärmebedarfsberechnung nicht berücksichtigt wird.

ø = ($k^D \cdot b \cdot (l^D + \Delta l)$ + $k^W \cdot A^W$) · ($\vartheta_{Li} - \vartheta_{La}$) =

= (0,56 · 1,00 · (1,00 + 0,40) + 0,72·1,00·1,00) ·   35   = 52,50 W

9.2 Beispiel Eckraum

Der Transmissionswärmebedarf des nebenstehenden Eckraumes soll ohne und mit Berücksichtigung der Wärmebrücken berechnet werden.

Materialien:
Fenster $k = 2,0$
Außenwände: 1Hlz $\lambda_R = 0,33$
 (s = 36,5 cm) $k^R = 0,74$
Innenwände: KS $\lambda_R = 0,70$
 (s = 24,0 cm)
Geschoßhöhe $h = 3,00$
Deckendicke $= 0,25$
lichte Raumhöhe $h' = 2,75$

spezifische Wärmeverluste, bezogen auf $\Delta\vartheta = 1$ K,

über die linearen Wärmebrücken mit k_l-Werten					mit Δl-Werten nach Teil II	
Wärmebrücke	Teil II Seite	k_l (W/m K)	b (m)	$k_l \cdot b$ (W/K)	Δh (m)	Δb (m)
Nordwand/Decke	186	0,41	4,00	1,64	0,58	
Westwand/Balkon	205	0,69	4,50	3,11	0,96	
Nordwand/Innenwand	153	0,14	3,00	0,42		0,18
Westwand/Nordwand	94	0,13	3,00	0,39		0,18
Westwand/Innenwand	153	0,14	3,00	0,42		0,18
Fenster oben	140	0,72	2,00	1,44	1,00	
Fenster unten	79	0,14	2,00	0,24	0,19	
Fenster seitlich 2x	68	0,07	3,00	0,21		0,20
Summe				7,87		

über die Flächen entsprechend DIN 4701								
Wand	h (m)	b (m)	k (W/m²K)	A (m²)	$k \cdot A$ (W/K)	Δh (m)	Δb (m)	A' = A+ΔA (h+Δh)(b+Δb)	$k \cdot A'$ (W/K)
Nordwand	2,75	3,50	0,74	9,63	7,13	0,58	0,36	3,33·3,86	9,51
Westwand	2,75	4,00	0,74	11,00	8,14	0,96	0,18	3,71·4,18	11,48
Westwand Loch	-1,50	-3,00	0,74	-4,50	-3,33	1,19	0,20	-0,31·2,80	-0,64
Westfenster	1,50	3,00	2,0	4,50	9,00	0,0	0,0	4,50	9,00
Summe					20,94				29,35

Gesamtwärmeverlust in W/K 28,81   29,35

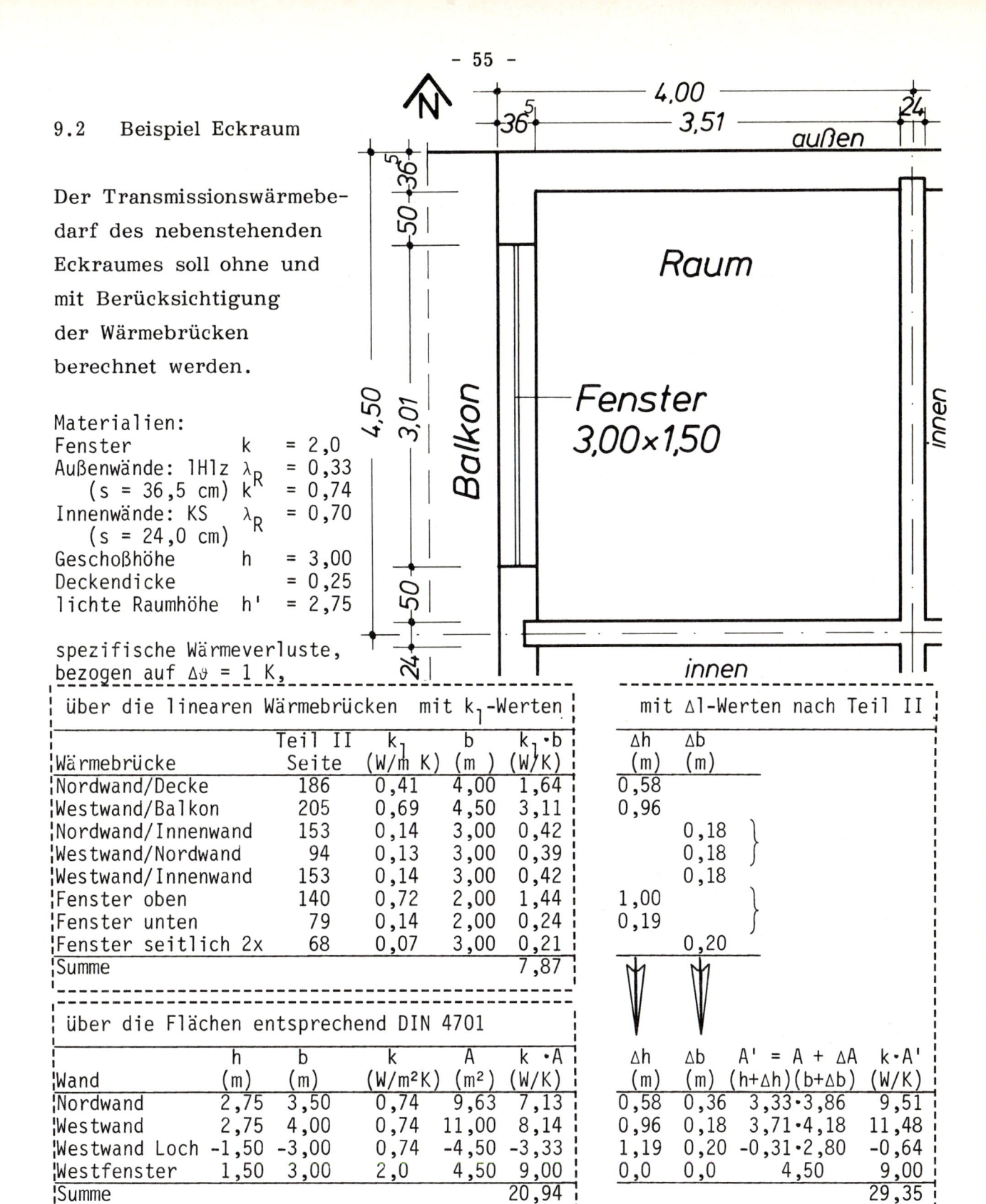

Ergebnis: $\phi = 28,81 \cdot 35 = 1008$ W

Die Wärmeverluste über die Wärmebrücken des vorgegebenen Raumes betragen 7,87 / 28,81 ·100 = 27 % der Gesamtverluste. Gegenüber der üblichen Berechnungsmethode ist ein Zuschlag von 7,87 / 20,94 ·100 = 38 % nötig!
Bei sich überlappenden linearen Wärmebrücken wird die Δl-Methode ungenau.

10 Literatur

1 ACHTZIGER, J.: Die Bestimmung des Wärmeschutzes von Aussenwänden bewohnter Häuser. Boden,Wand+Decke (1968), H.3

2 ACHTZIGER, J.: Einfluß von Wärmebrücken auf den Wärmeschutz von Konstruktionen des Wohn- und Industriebaus
GI 98 (1977), H. 11, S. 289-291; H. 12, S. 353-359

3 ACHTZIGER, J.: Bestimmung des Wärmedurchgangskoeffizienten von Fenstern. GI 102 (1981), H. 5, S. 256-262

4 ANDERSSON, A.-C.: Folgen zusätzlicher Wärmedämmung - Wärmebrücken, Feuchteprobleme, Wärmespannungen, Haltbarkeit
Bauphysik 2 (1980), H.4, S. 119-124

5 ANDERSSON, A.-C.: Insulation and the thermal bridge effect
Building research and practice, (1980), S.222-227

6 ANDERSSON, A.-C.: Invändig Tilläggsisolering
CODEN:LUTVDG/(TVBH-1001)/1-315/(1979)

7 ANDERSSON, A.-C.: Additional thermal insulation of exiting buildings
Lund Inst. of Techn. (1979), S. 296-298

8 ASCHEHOUG, O. / LUND, E.: Kuldebruer i betongkonstruktsjoner
Universitetet i Trondheim, Norges Tekniske Högskole, 1977

9 ATHANASIADIS, G.: Berechnung von Wärmespannungen in Scheiben infolge stationärer Temperaturfelder mit Hilfe der Integral-Gleichungsmethode. Ingenieur-Archiv 52 (1982), S.297-309

10 AUGENRIETH, B. / KUPKE, C.: Tauwasserniederschläge in Räumen und ihre Vermeidung. Forschungsgemeinschaft Bauen und Wohnen, Stuttgart
FBW-Blatt 4/5 1980

11 BALKOWSKI, F.D.: Die Teildämmung häufig auftretender Wärmebrücken
wks (1973),H.4, S. 17-20

12 BALKOWSKI, F.D.: Die Probleme der nachträglichen Außenwanddämmung. Kunststoffe im Bau 11 (1976), H. 4, S. 12-14

13 BALKOWSKI, F.D.: Die Sauna im Dachgeschoß
DDH (1978), H. 3, S. 22-24

14 BATHE, K.J.: ADINAT - A Finite Program for Automatic Dynamic Incremental Nonlinear Analysis of Temperatures
Massachusetts Institute of Technology   Sept. 1981

15 BAULE, B.: Die Mathematik des Naturforschers und Ingenieurs
Bd. VI: Part. Differentialgleichungen
6. Aufl. Verlag S. Hirzel, Leipzig 1962

16 BAUM, P.: Wärmebrücken in Aussenbauteilen
Bauzeitung 34 (1980), Nr. 1, S. 41-45

17 BAUM, P.: Beitrag zur analytischen Berechnung von Wärmebrücken
    3. Bauklimatisches Symposium, TU Dresden, Sektion Architektur
    AID (1980), H.16, S. 5-18

18 BECHTHOLD, K.: Zur angenäherten Berechnung eindimensionaler instationärer Temperaturfelder in ein- und mehrschichtigen, ebenen und gekrümmten Wänden. Dissertation Universität Claustal (1971)

19 BERBER, J.: Außenwinkel als Wärmebrücken
    Bauphysik (1984), H. 4, S. 142-144

20 BERTHIER, J.: Weak thermal points or thermal bridges (Les points faibles thermiques ou ponts thermiques), Reprinted from: Cah. Centre Scient. Techn. Bat. (1960), Nr.334, S.1-20
    Hrsg.: National Research Council of Canada, Div. of Building Research
    Ottawa: Selbstverlag (1964), 38 Seiten

21 BERTHIER, J. / CLAIN, F.: Incidence des points faibles thermiques sur le coefficient "K" des parois sandwiches en beton et isolant leger.
    Cah. Centre Scient. Techn. Bat. (1962), Nr. 57, H. 455, S. 522-530

22 BEUKEN, C.L.: Die Wärmeströmung durch die Ecken von Ofenwandungen. Wärme- und Kältetechnik 39 (1937), S. 1-3

23 BIRKELAND, O.: Energie losses through thermal bridges
    Build. Res. a. Pract. / Batiment internat. 7 (1979), Nr. 5

24 BLOUDEK, K.: The thermal bridges in curtain walls and the energie consumtion for heating (tschechisch)
    Acta Polytechnika (1982), Vol.1, S.193-198

25 BOGOS, C.: Einfluß der thermischen Brücken auf die Kondenswasserbildung an den Innenflächen von Außenwänden
    Bauingenieur 53 (1978), S. 275-277

26 BOUDI, P. / CALI, U.: Numerical calculation of periodical-dimensional heat flow in composite building walls
    in: KLEMENS, P.G. / CHU, T.K. (Hrsg.): Thermal Conductivity,
    Plenum Publishing Corporation, New York, USA 14. Aufl. (1976)

27 BÖTTCHER, B. / WAGNER, A.: Zur Abschätzung der Wirkung von Wärmebrücken. HLH 32 (1981), Nr.4, S. 162-168

28 BROWN, W.P. / WILSON, A.G.: Thermal bridges in buildings
    Canadian building digest, Aug. 1963, No. CBD 44

29 BRUCKMAYER, F: Elektrische Modellversuche zur Lösung wärmetechnischer Aufgaben. Archiv für Wärmewirtschaft und Dampfkesselwesen
    Band 20, (1939), H.1, S. 23 - 25

30 BRUCKMAYER, F: Elektrisches Modellverfahren für die Bestimmung von Wärmedurchgängen. Wärme- und Kältetechnik 43 (1941), S. 28-34

31 BRUNNER, C. U. / NÄNNI, J.: Wärmebrücken - Thermische Untersuchung von Wärmebrücken an Neubauten mit energetischen Folgen.
    NEFF 262.1 Zürich 1985

32 BUO, F.O. / LUND, E. / ENSRUD, M. / BIRKELAND, O.:
    Kuldebroer Energisparing Byggskader
    Norges Byggforskning Institutt: arbeidsrapport 36 (1981)

33 CAE-INTERNATIONAL: Manual zum SDRC-SUPERTAB
    General Electric, Wiesbaden: Version 7.0 (1982)

34 CAEMMERER, W.: Das Problem des Dachüberstandes beim Wärmeschutz
    massiver Dachdecken. GI 10 (1961), S. 301-305

35 CAEMMERER, W.: Die Berechnung des mittleren Wärmedurchlaßwiderstandes von Bauteilen mit nebeneinanderliegenden Bereichen unterschiedlicher Wärmedämmung. GI 86 (1965), H. 7, S. 207-210

36 CAEMMERER, W. / RUDOLPHI, R. / BÖTTCHER, B.: Die Behandlung von Wärmebrückenproblemen im Bauwesen mit einem numerischen Netzwerkverfahren. Materialprüfung 16 (1974) Nr.11 S. 359/360

37 CAMMERER, J.S.: Der Wärme- und Kälteschutz in der Industrie,
    Springer Berlin/Göttingen/Heidelberg 4.Auflage (1962)

38 CAMMERER, W.F.: Wärmedämmung und Tauwasserschutz im Hochbau
    Mitt. aus dem Forschungsinstitut für Wärmeschutz
    München, Reihe IV (1973), Nr. 10

39 CAMMERER, W.F.: Dreischichtplatte (Sandwichplatte) mit Stahlankern
    Gutachten im Auftrag von Dr. Häussler, Essen
    Forschungsinstitut für Wärmeschutz e.V., München, 16.7.1974

40 CARSLAW, H.S. / JAEGER, J.C.: Conduction of Head in Solids
    Oxford at the Clarendon Press 2. Edition (1973)

41 CAUBERG-HUYGEN RAADGEWENDE INGENIEURS B.V.: Comparing study about methods to calculate the heat loss through cold bridges
    Rotterdam, Report-Nr.4263 (1978)

42 CAUBERG-HUYGEN RAADGEWENDE INGENIEURS B.V.: Inventarisatie van Koudebruggen; kwalitative bepaling van de betekenis van koudebruggen voor het warmeverlies. Rotterdam, Rapport Nr. 4455-1 (1979)

43 CRANK, J. / NICOLSON, P.: A practical method for numerical evaluation of solutions of partial differential equations of the heat-conduction type. Proc. Cambridge Phil. Soc. 43 (1947), S. 50-67

44 CROISET, M. / SAXONE, A.: L'appreciation de la qualite thermique de batiments collectifs d'habitation
    Cah. Centre Scient. Techn. Bat. (1963), Nr. 60, H. 491, S. 7

45 CZIESIELSKI, E.: Bauphysikalische und konstruktive Probleme bei Außenwandbekleidungen. Die Bautechnik (1982), Nr.2, S.58-66

46 CZIESIELSKI, E. / MAERKER, B.: Bauphysikalisches Verhalten von Stahl-Kassetten-Wänden. Der Stahlbau (1982), H. 4, S. 109-115

47 CZIESIELSKI, E. / RUHNAU, R.: Auskragende Stahlbetondecken, Tauwasserbildung an Wärmebrücken. DAB 12 (1980), H. 8, S.1039-1040

48 CZIESIELSKI, E. / STEMMER, K.: Einfluß von konstruktionsbedingten Wärmebrücken sowie von Schalungssteinstegen auf den Wärmedurchlaß-widerstand von Wänden der Bauart aus Holzspanbeton-Schalungssteinen Forschungsbericht BMBau (1977), 42 Seiten
Kurzber. Bauforschung 19 (1978), Nr. 7, S. 529-537

49 DAHMEN, G.: Feuchtigkeitsschäden infolge Oberflächentauwasser, Aus Bauschäden lernen - Analysen typischer Bauschäden aus der Praxis Verlagsgesellschaft Rudolf Müller, Köln-Braunsfeld (1979), S.74

50 DEUTSCHE GESELLSCHAFT FÜR MAUERWERKSBAU E.V.: Wärmebrücken vermeiden. Lösungsvorschläge. DGfM Schriftreihe: (1980)

51 DEUTSCHE GESELLSCHAFT FÜR MAUERWERKSBAU E.V.: Außenwandfugen bei Mauerwerksbauten. DGfM Schriftreihe: Febr. 1982

52 DEUTSCHER STAHLBAU VERBAND: Wärmeschutz im Stahlbau
Stahlbau Arbeitshilfe 13, 2. Auflage (1979)

53 DIN 4108: Wärmeschutz im Hochbau August 1981

54 DOPPLER, C.W.: Außenwandkonstruktionen aus zweischaligem Mauerwerk mit Kerndämmung aus EPS-Hartschaum
BBauBl 10 (1982), H. 10, S. 704-708

55 ECKERT, E.R.G.: Wärme- und Stoffaustausch
Springer Berlin/Heidelberg/New York 3. Auflage (1966)

56 ERHORN, H. / GERTIS, K.: Auswirkung der Lage des Fensters im Baukörper auf den Wärmeschutz von Wänden
Fenster und Fassade (1984), H. 2, S. 53-57

57 ERHORN, H. / TAMMES, E.: Eine einfache Methode zum Abschätzen balkenförmiger Wärmebrücken in Bauteilen mit planparallelen Oberflächen
Bauphysik (1985), H. 1, S. 7-11

58 FONTAN, J. / LUGEZ, J.: Nouvelles solutions de sandwiches lourds
Cah. Centre Scient. Tech. Bat. (1978), Nr. 188, H. 1496, S. 140-144

59 FRANGOUDAKIS, A. / KUPKE, C. / MECHEL, F.P.: Berechnung des Wärmedurchganges durch mehrschichtige Wände mit gleichzeitiger Wärmeleitung, Konvektion und Strahlung. GI 103 (1982), H. 1, S. 35-39

60 FREI, O.: Die Berechnung von "Wärmebrücken"
Schweiz. Bauzeitung 93 (1975), H. 44, S. 707-709

61 FRITSCHE, H.: Außenwandecken und Tauwasserniederschlag
DAB 3 (1983), S. 233-234

62 GERTIS, K.: Grundlagen der Wohnungslüftung
Sonnenenergie und Wärmepumpe 8 (1983), H. 5, S. 33-36

63 GERTIS, K. / ERHORN, H.: Jetzt: Wärmebrücken im Kreuzfeuer ?
Bauphysik 4 (1982), H. 4, S. 135-139

64 GERTIS, K. / ERHORN, H.: Thema: Wärmebrücken und Wärmeschutz, Zuschrift zum Artikel von Werner, H. / Künzel, H. im H. 9,
S. 19,20,22. ABZ 54 (1984), H.11, S. 6

65 GERTIS, K. / ERHORN, H.: Neue Überlegungen zum Mindestwärmeschutz. wksb-Sonderausgabe (1985), S. 39-42

66 GERTIS, K. / ERHORN, H.: Vereiteln Wärmebrücken den Wärmeschutz hochgedämmter Mauerwerks- konstruktionen?
Allgemeine Bauzeitung 54 (1984) Nr. 3, S. 9 u. 10

67 GERTIS, K. / HAUSER, G.: Instationäre Berechnungsverfahren für den sommerlichen Wärmeschutz im Hochbau
Berichte aus der Bauforschung, Heft 103 (1975)

68 GERTIS, K. / SOERGEL, C.: Tauwasserbildung in Außenecken. Kritische bauphysikalische und rechtliche Anmerkungen zu einem Urteil des Oberlandesgerichtes Hamm. DAB 15 (1983) H. 10, S. 1045-1050

69 GÖSELE, K. / SCHÜLE, W.: Schall Wärme Feuchte
Bauverlag GmbH Wiesbaden und Berlin 7. Aufl. (1983)

70 GRÜN, W.: Kältebrücken - Theorie und Praxis
DBZ (1974), H.4, S. 751-756

71 GRONAU, J.: Wärmebrücken - Wirkungen und Bewertung
Bauzeitung (1975), H.12, S. 634-636

72 GRÖBER / ERK / GRIGULL : Wärmeübertragung
Springer Berlin/Göttingen/Heidelberg 3. Auflage (1963)

73 GRÖBNER, W. / LESKY, P.: Mathematische Methoden der Physik
2. Band Bibliographisches Institut Mannheim (1965)

74 GRUBER, W.: Wärmedurchgang an Ecken und vorspringenden Bauteilen im Hochbau. Dissertation TU Braunschweig (1969)

75 HAHNE, E. / SCHÄLLIG, R.: Formfaktoren der Wärmeleitung für isotherme Rippen. Wärme- und Stoffübertragung 5 (1972), S. 39-46

76 HAUCK, W.: Berechnung und Auswirkung von Wärmebrücken
VDI-Tagung, Stuttgart, 12/13.11.1982

77 HAUSER, G.: Querschnittsbericht über Wärmebrücken im Holzbau
Bad Kissingen (1981)

78 HAUSER, G. / SCHULZE, H. / WOLFSEHER, U.: Wärmebrücken im Holzbau. Bauphysik 5 (1983), H. 1, S. 17-21; H. 2, S. 42-51

79 HAUSER, G.: Der k-Wert im Kreuzfeuer - Ist der Wärmedurchgangskoeffizient ein Maß für Transmissionswärmeverluste ?
Bauphysik 3 (1981), H. 1, S. 3-8

80 HEBGEN, H. / HECK, F.: Dächer - Decken - Fußböden mit optimalem Wärmeschutz. Bertelsmann Fachverlag Düsseldorf (1975)

81 HEINDL, W.: Zum instationären Wärmeverhalten von Wärmebrücken - Oder: Hat die Wärmespeicherfähigkeit von Bauteilen bei mehrdimensionaler Wärmeleitung einen Einfluß auf die Transmissionswärmeverluste?
Bauphysik 4 (1982) S.145/146

82   HERRMANN, H. / HOFFMANN, J. / MAST, S.: DIGIFEM - Preprocessor
     für FEM-Programme. IWIS-Ingenieurbüro für wiss. Software GmbH,
     Berlin. Bericht Nr. Hb-01-002, Feb. 1982

83   HEYNERT, P. / BAUERFELD, W.L.: Die Behandlung instationärer
     Wärmeleitprobleme in Räumen mit Hilfe der Methode der digitalen
     Simulation. Gesundheits-Ingenieur 93 (1972), H.10, S. 293-301

84   HOFBAUER, H.: Bauphysikalische bauspezifische Problemstellungen und
     Vorschläge zu ihrer konstruktiven Lösung
     fertigteilbauforum (1982), H. 12, S. 7-14

85   HRABOVSKY, J.: Prevention des condensation dans les habitations
     Batiment-Batir 6 (1980), Nr.3, S. 28-32

86   INFORMATIONSZENTRUM RAUM UND BAU: Literaturauslese Nr. 182:
     Wärmebrücken. Stuttgart, IRB-Verlag, 2. erweiterte Auflage 1985

87   INSTITUT FÜR TECHNISCHE PHYSIK, STUTTGART:
     Untersuchung über die Wirkung von Wärmebrücken in Montagewänden
     Kurzber. Bauforsch. 10 (1969), Nr.11, S. 190-193

88   INSTITUT FÜR TECHNISCHE PHYSIK, STUTTGART: Untersuchungen
     über die Temperaturverhältnisse auf Bauteilen mit Wärmebrücken
     Kurzber. Bauforsch. 11 (1970), Nr.6, S. 99-101

89   ISO 7345 INTERNATIONAL STANDARD / NORME INTERNATIONALE
     Thermal insulation - Physical quantities and definitions
     Isolation thermique - Grandeur physiques et d'efinitions
     1985-05-15

90   ISO/DIS 6946/2
     DRAFT INTERNATIONAL STANDARD Thermal insulation - calculation rules -
     Part 2: Beam-shaped thermal bridges in plain struktures
     PROJET DE NORME INTERNATIONALE Isolation thermique - Règle de calcul -
     Partie 2: Pons thermiques en forme de poudre dans les structures simples
     1985-04-25

91   JAHN, A.: Ein Verfahren der finiten Elemente zur Berechnung des
     thermischen Verhaltens von Wänden, Räumen oder Gebäuden
     HLH 28 (1977), H.9, S. 319-330

92   JOHANNESSON, G.: Thermal Bridges in sheet metal constructions
     TK 42 / AG 6 Handling 2, Nov (1981)

93   JOHANNESSON, G.: Köldbryggor i Platkonstruktioner
     Rapport TVBH - 3006, Lund 1981

94   JOHANNESSON, G. / ABERG, O.:Köldbryggor
     CODEN:LUTVDG/(TVBH-3006)/1-76/ (1981)

95   JOHANNSEN, K.: Beitrag zur Ermittlung von Wärmebrückenwirkungen
     im Hochbau. Dissertation TU Braunschweig (1968)

96   JOHANNSEN, K.: Ermittlung von Temperatur und Wärmeströmen in be-
     liebig geschichteten ebenen, zylindrischen und kugelförmigen Wänden
     bei nicht stationären Verhältnissen nach der Methode mit finiten Ele-
     menten. Bautechnik 47 (1970), H.3, S. 3-12

97   KAMPHAUSEN, P.-A.: Planungsfehler des Architekten beim Wärmeschutz von Außenwanddecken eines Wohngebäudes. OLG Hamm, Urteil vom 23.Juni 81 -2 U 225/80-. BauR (1983), H. 2, S. 173-176

98   KAPPLER, H.P.: Baufehler am Balkon
Deutsche Bauzeitung (1976), H.12, S.60-63

99   KASPER, F.-J. / MÜLLER, R. / RUDOLPHI, R. / WAGNER, A.: Rechnerische Ermittlung des Einflusses von Wärmebrücken auf das wärmeschutztechnische Verhalten von Fenstern und Wänden im Anschlußbereich Fenster-Wand.
Forschungsbericht 2.44/20761 BAM Dez. 1983

100 KASPER, F.-J. / MÜLLER, R. / RUDOLPHI, R. / WAGNER, A.: Theoretische Ermittlung des Wärmeduchgangskoeffizienten von Fensterkonstruktionen unter besonderer Berücksichtigung der Rahmenproblematik.
Forschungsbericht 02429 BAM März. 1985

101 KAST, W.: Der Wärmestrom durch die Ecke zwischen zwei Außenwänden
GI 93 (1972), H.8, S. 242-245

102 KLEIN, W. / STIEWE, H.-M.: Schäden an Balkonen und Dachterrassen
DBZ 941 (1980), H.10, S. 1539-1548

103 KOHLER, N.: Verbesserung des Wärmeschutzes bei bestehenden Flachdächern. Bau, Zürich 60 (1981), Nr. 4, S. 25,27,29,31

104 KOMOSSA, H.: Ein Analogie-Verfahren zur Lösung zweidimensionaler Wärmeleitaufgaben. wks (1970), H.3, S.18-23

105 KOSTA, R.E. / JENNY, D.P.: Thermal Design of Precast concrete Building Envelopes. PCI Journal (1978), H. Jan./Febr., S. 60-90

106 KÖHNE, H.: Numerische Verfahren zur Berechnung instationärer Temperaturfelder unter Berücksichtigung der Temperaturabhängigkeit der Stoffgrößen. Wärme 75 (1969), Nr.4, S. 130-136

107 KÖHNE, H.: Das digitale Beukenmodell mit nichtkonstanten Koeffizienten - eine Matrixmethode zur Lösung nichtlinearer Ausgleichsvorgänge
Wärme- und Stoffübertragung, Bd. 3 (1970) S. 243-246

108 KÖHNE, H.: Digitale und analoge Lösungsmethoden der Wärmeleitungsgleichung. Forschungsbericht des Landes NRW (1970), Nr. 2120

109 KÜNZEL, H.: Der Wärmeschutz von Ecken. GI 10 (1961), S. 297-300

110 KÜNZEL, H.: Die Wärmebrücken-Wirkung von Ecken in Bauwerken
Boden Wand + Decke (1963), H.12

111 KÜNZEL, H.: Der Wärmeschutz von Betonmontagewänden mit Dämmung aus Schaum-Kunststoff. Betonstein-Zeitung (1964), H. 5, S. 225-229

112 KÜNZEL, H.: Untersuchungen über Wärmebrücken im Wohnungsbau
Boden,Wand+Decke (1964), H.11

113 KÜNZEL, H.: Verhütung und Behebung von Schäden an Außenwänden und Außenwandverkleidungen
BBauBl (1971), H.6, S. 264-270

114 KÜNZEL, H.: Wärmedurchgang durch die Gebäudeumhüllung im Vergleich zum rechnerischen k-Wert in Abhängigkeit vom Wandaufbau
Ziegelindustrie International (1984) H. 2, S. 59-65

115 KÜNZEL, H.: Richtig heizen, richtig lüften
in Vorbereitung (1985)

116 KÜNZEL / HOLZ : Beurteilung des Wärmeschutzes von Außenbauteilen durch Infrarot-Thermografie. Bundesbaublatt Heft 12 (1977)

117 KÜNZEL, H. / MAYER, E.: Wärme-und Regenschutz bei zweischaligem Sichtmauerwerk mit Wärmedämmung
IPB Holzkirchen B Ho 9/1983

118 KUPKE, C.: Sandwichwände mit Stahlverbindungen
IPB 7 (1979) Mitteilung 46

119 KUPKE, C.: Temperatur- und Wärmestromverhältnisse bei Eckausbildungen und auskragenden Bauteilen
GI 101 (1980), H. 4, S. 88-95

120 KUPKE, C.: Einfluß von Leichtmauermörtel auf die Wärmedämmung von Mauerwerk aus Vollsteinen. Bauphysik 2 (1980), H. 6, S. 217-223

121 KUPKE, C. / TANAKA, T.: Sandwichwände mit Betonstegen
IBP 7 (1979) Mitteilung 45

122 KUPKE, C. / TANAKA, T.: Wärmebrücken
wks (1980), Sonderausgabe August, S. 36-38

123 LIEBMANN, G.: Solution of transient heat-transferproblems by Resistance-Network Analog Method
Transact. of the ASME (1956), S. 1267 - 1272

124 LOGEAIS, L.: L'isolation thermique des facades
Cah. Centre Scient. Techn. Bat. (1980), Nr.29, S. 43-64

125 LUND, E.: Thermal Bridges. in: Energy conservation in built environment. 6. Int. CIB Symposium (Session 2)
Kopenhagen 1979, S. 291 - 300

126 MÜHL, U.: Wärmeübertragungsvorgänge in mehrschichtigen Bauteilen: Analyse - Modellbildung - Simulation
HLH 32 (1981), Nr.11, S. 429-440

127 MARTINELLI, R. / MENTI, K.: Verbesserte Ausführung von zweischaligem Mauerwerk im Bereich des Mauerwerkfußes
Schweizer Ingenieur und Architekt 41 (1980), S. 1011-1013

128 MECHEL, F.P. / KUPKE, C. / TANAKA, C.: Wärmeduchgangskoeffizient eines wärmegedämmten Aluprofils
Gutachten für Heinz Schwamm GmbH, Bielefeld
des IBP Stuttgart vom 10.2.1981

129 MERZ, T.: Holzwolle-Leichtbauplatten
Baugewerbe (1978), H. 8, S. 52-56

130 MIKHAILOV, M.D.: Allgemeine Lösung der eindimensionalen Wärmeübertragungs- gleichung mit Hilfe der Eigenwerte
Forsch.Ing.-Wes. 36 (1970), Nr.1, S.5/6

131 MOSIMANN, M.: Wärmedämmwerte typischer Konstruktionen
Bau, Zürich 26 (1980), Nr. 5, S. 17-24; Nr. 6, S.29-32

132 MOYE, C.: Coefficients K des Parais des Batiments Anciens
Cah. Centre Scient. Techn. Bat. (1980), Nr. 215

133 N.N.: Verankerungselement für mehrschichtige Außenwände
Patentschau: Nr. WP 111 710, Erfinder F. Schulze
Bauplanung-Bautechnik 30 (1976), H. 3, S. 152

134 N.N.: Die Bedeutung des baulichen Wärmeschutzes für die Einsparung von Heizenergie in Gebäuden. Bundesbauministerium Nov. 1982

135 N.N.: Beurteilung des Wärmeschutzes von Fenstern aufgrund von Meßwerten für Rahmen und Verglasung
BMBau Forschungsbericht F 1862   1982

136 N.N.: Warme Wände schwitzen nicht
TEST Energie-Sonderheft (1983), Nr. 3, S.36-40

137 NAUHAUS, G.: Zur Wärmebrückenwirkung auskragender Betonplatten
Bauphysik 4 (1982), H. 6, S. 199-202

138 NEHRING, G.: Über den Wärmefluß durch Außenwände und Dächer in klimatisierten Räumen infolge der periodischen Tagesgänge der bestimmenden meteorologischen Elemente. GI 83 (1962), H. 7, S. 185-216

139 NEN 1068:   Thermische isolatie van gebouwen   August 1981

140 NEUFFERT, E.: Styropor-Handbuch 2.Auflage
Bauverlag Wiesbaden/Berlin (1971)

141 OHRT, U. / TESCH, W.: Energieverlusten auf der Spur
VDI Nachrichten 1977, Nr. 24

142 OSWALD, R.: Kondensationsschäden durch undichte Blendrahmenanschlüsse. Aus Bauschäden lernen - Analysen typischer Bauschäden aus der Praxis
Verlagsgesellschaft Rudolf Müller, Köln-Braunsfeld (1979), S.76

143 OSWALD, R.: Zum Wärmeschutz erdberührter Wände
Bauphysik 3 (1981) H. 5, S.163-166

144 ÖNORM B 8110:   Hochbau Wärmeschutz   September 1978

145 ÖSTERREICHISCHES INSTITUT FüR BAUFORSCHUNG, WIEN: Forschungsprojekt: Konstruktionskatalog zur Vermeidung von Feuchteschäden vorauss. Abschluß: 1987

146 PASCHEN, H. / JOHANNSEN, K.: Zur Problematik von wärmedämmenden und gedämmten Betonfassaden Stahlbetonbau (Festschrift Rüsch)
Berichte aus Forschung und Praxis (1969)

147 PENNEKAMP, H.: Ein analytisches Näherungsverfahren zur Beurteilung mehrdimensionaler, instationärer Temperaturfelder in geometrisch einfachen Körpern. Dissertation TH Aachen (1973)

148 PERREITER, F. / SIMON-WEIDNER, J.G. / WINTER, E.R.F.: Numerische Analyse der Wärmedämm- und Wärmespeicherwirkung der geschichteten Wand bei zeitabhängigen Randbedingungen
HLH 27 (1976), H. 5, S. 158-164

149 POTTER, D.: Computational Physics
John Wiley & Sons, London/New York/Sidney/Toronto (1973)

150 PREISIG, H.R.: Außenwände mit außenliegender oder innnenliegender Wärmedämmung. EMPA-Publikation 37 (1978), S. 150-160, ETH Zürich

151 PROBST, R.: Baukonstruktive Erkenntnisse. 12.Teil von 24 Teilen
db (1984) H. 12, S. 47-50

152 QUINTING, MÜNSTER: Informationsmappe zum "Quinting Thermobalken" 1984

153 REGLES TH-K77: Regles de calcul des caracteristiques thermiques utiles des parois de construction. November 1977

154 ROESER, R.: Berechnungen der Temperaturen und Wärmeströme geometrischer Wärmebrücken des Kühlrippentyps, insbesondere betonierter Kragplatten. Bauphysik (1985), H. 1, S. 1-6

155 ROGASS, H. / DREYER, J.: Wärmedämmessungen an Wänden mittels modifizierter Hilfswandmethoden
3. Bauklimatisches Symposium, TU Dresden, Sektion Architektur
AID (1980), H.16, S. 289-297

156 ROSCHILD, E.: Das "Unterströmen" der Dämmplatten im Umkehrdach (UK-Dach) aus der Sicht der praktischen Anwendung
wksb (1977), H. 5, S. 10-11

157 RUDOLPHI, R. / BÖTTCHER, B.: Netzwerkverfahren
BAM-Berichte Nr.32 (1975)

158 RUDOLPHI, R. / KLEMENT, E. / MÜLLER, R.: Zur numerischen Berechnung der Wärmeverluste dreischaliger Schornsteine unter stationären Randbedingungen. wksb (1982), H. 15, S.35-37

159 RUDOLPHI, R. / MÜLLER, R. (BAM) : Berechnung der Temperaturen und Wärmeströme in einer Industriewand und einer Deckenkonstruktion (Dachausbau) unter stationären Randbedingungen unter Einsatz von EDV. Forschungsauftrag der ETERNIT AG vom 26.9.1981

160 RUDOLPHI, R. / MÜLLER, R. (BAM) : Parametervariation zur Minimierung der Energieverluste einer Industriewand unter Einsatz eines Rechenverfahrens zur Berechnung stationärer Temperatur- und Wärmestromverteilungen und Aufstellung eines Regressionsmodells für den Wärmedurchgangskoeffizienten.
Forschungsauftrag der ETERNIT AG vom 9.12.1981

161 RUDOLPHI, R. / MÜLLER, R.: Bauphysikalische Temperaturberechnungen in Fortran. Band 1: Zwei- bzw. dreidimensionale stationäre Probleme des Wärmeschutzes. Teubner, Stuttgart 1985

162 SAWITZKI, P.: Berechnung zweidimensionaler, stationärer Temperaturfelder bei temperaturabhängiger Wärmeleitfähigkeit
VDI-Z 113 (1971), Nr.14, S. 1100-1103; Nr.17 S. 1337-1340

163 SCHÜLE, W. / KÜNZEL, H.: Untersuchungen über die Wirkung von Wärmebrücken in Wänden
Forschungsgemeinschaft Bauen und Wohnen, Stuttgart (1953), Nr.30

164 SCHÜLE, W. / KUPKE, C.: Bestimmung der mittleren Wärmedämmung von Bauteilen mit Wärmebrücken
Kurzber.Bauforsch. 16 (1975), Nr. 4, S. 172-173

165 SCHÜLE, W. / SCHAECKE, H.: Wärmebrücken im Wohnungsbau
Bericht der Forschungsgemeinschaft Bauen und Wohnen, Stuttgart (1953)

166 SCHÜLE, W.: Untersuchungen über die Wirkung von Wärmebrücken in Montagewänden
Forschungsgemeinschaft Bauen und Wohnen, Stuttgart (1963), Nr.3

167 SCHILD, E. / OSWALD, R. / ROGIER, D. / SCHNAPAUFF, V. / SCHWEIKERT, H.:
Schwachstellen - Schäden, Ursachen, Konstruktions- und Ausführungsempfehlungen
Band 1: Flachdächer,Dachterrassen, Balkone
Band 2: Außenwände und Öffnungsanschlüsse
Band 3: Keller, Drainagen
Band 4: Innenwände, Decken, Fußböden
Band 5: Fenster und Außentüren
Bauverlag GmbH Wiesbaden und Berlin (1983)

168 SCHÖCK, BADEN-BADEN: Informationsmappe zum "Schöck Isokorb" 1984

169 SCHWARZ, F. / WEISE, F.: Einfluß von Wärmebrücken auf den effektiven Dämmwert dreischichtiger Außenplatten
Bauzeitung (1980), H. 6, S. 296-299

170 SIRTL, K.H.: Der Wärme keine Brücke
Schwimmbad und Sauna 11 (1979), Nr. 6/7, S. 46,48-50,52-53

171 STAS 6472/3-73:   Thermotehnica   Juli 1973

172 STEINERT, J. / DRAEGER, S. / PAULMANN, K.: Eingrenzung der klimatischen Bedingungen für die Entstehung von Wandschimmel in Wohnräumen. GI 102 (1981), H. 2, S. 57-67 und S. 90-96

173 TAMMES, E.: Rekenkundige Benadering van de Invloed van Koudebruggen in vlakke Construkties. Bouwcentrum Rapport Nr. 4907 (1977)

174 TGL 35424/01-07:   Bautechnischer Wärmeschutz   Februar 1981

175 TREFF, E.: Kondenswasseranfall mit Schimmelbildung im Ringankerbereich
Aus Bauschäden lernen - Analysen typischer Bauschäden aus der Praxis
Verlagsgesellschaft Rudolf Müller, Köln-Braunsfeld (1979), S.14

176 VERHOEVEN, A. C.: Koudebruggen bij uitkragingen
     Bouwwereld 69 (1969), No. 6, S. 464-469

177 VERHOEVEN, A.C.: Zur bauphysikalischen Beurteilung von Flachdach-
     konstruktionen. Detail (1968), H.5, S. 889-894

178 VERHOEVEN, A.C. / LIEM, T.H.J.: Numerical considerations on the
     physical behaviour of thermal bridges with respect to standardization
     CIB-W40-Washington meeting (1976)

179 VERHOEVEN, A.C. / LIEM, T.H.J.: "Thermal bridge" calculations for
     anti-condensation standards
     Build. Res. a. Pract. / Batiment internat. 6 (1978), Nr. 4

180 WAGNER, A. / KASPER, F.-J. / RUDOLPHI, R.: Die Anwendung
     numerischer Methoden bei der Beurteilung des Wärmeschutzes von
     Fenstern. Bauphysik 4 (1982), H. 2, S. 49-53

181 WAGNER, A. / PREISSLER, L. / MÜLLER, R. / RUDOLPHI, R.: Messen
     oder Rechnen - Der wärmeschutznachweis als bauaufsichtliches Problem
     BBauBl (1984), H. 6, S.419-421

182 WEBER, A.P.: Der Wärme- und Feuchteschutz von Mauerecken
     Sanitäre Technik 11 (1961), S. 485-486

183 WERNER, H. / KÜNZEL, H.: Wärmebrücken und Wärmeschutz
     ABZ 54 (1984), H. 9, S. 19,20,22

184 WERNER, H.: Effektiver Wärmeschutz von verschiedenen Ziegelwand-
     konstruktionen. Vergleichsmessungen unter natürlicher Klimawirkung
     IPB Holzkirchen in Vorbereitung (1985)

185 WIECHMANN, H. / VASEK, Z.: Energieeinsparung durch Ausnutzung
     physikalischer Gesetze ohne übliche Wärmedämmung
     Ziegelindustrie international (1982), H. 5, S. 307-324

186 WOELK,G.: Ein Näherungsverfahren zur num. Berechnung instationärer
     Temperaturfelder. Forschungsbericht des Landes NRW (1966), Nr. 1752

187 WOLFSEHER, U.: Rechnerische Ermittlung mehrdimensionaler Tempera-
     tur- felder unter stationären und instationären Bedingungen.
     - Rechensystem und bauphysikalische Anwendung -.
     Dissertation Universität Essen (1978)

188 WOLFSEHER, U.: Verfahren zur Berechnung zwei- oder dreidimensio-
     naler Temperatur- und Wärmestromfelder in Bauteilen, die stationären
     und instationären Verhältnissen ausgesetzt sind
     Bauphysik 2 (1980), H.3, S. 83-87

189 WOLFSEHER, U.: Kontrolle des praktisch ausgeführten Wärmeschutzes
     durch Bauthermografie. in: Energieeinsparung im Neu- und Altbau
     VDI Bericht Nr. 356 (1980)

190 ZELLER, M.: Die Simulation des instationären Verhaltens klimatisierter
     Räume mit einem elektrischen Analogiemodell nach Beuken
     GI 95 (1974), H. 10, S. 281-308; H. 2, S. 42-54; H.4, S. 102-115

II Tafelteil

0 Codierung, Bezeichnungen, Legende

0.1 CODE 1: Störungen, Arten der Wärmebrücken

    1   ÄNDERUNG DER MATERIALEIGENSCHAFTEN IN EINER SCHICHT
- 1.1 Inhomogener Aufbau eines Materials
- 1.2 Wechsel des Materials in einer Schicht
- 1.3 Stöße in den Materialien
- 1.4 Durchfeuchtungen

    2   VERBINDUNGSMITTEL ZWISCHEN DEN SCHICHTEN EINES BAUTEILS
- 2.1 Punktförmige Verbindungsmittel
- 2.2 Kompliziert geformte Verbindungsmittel
- 2.3 Lineare Tragelemente

    3   FUGEN ZWISCHEN FLÄCHIGEN BAUTEILEN
- 3.1 Stöße in Montagebauteilen gleicher Art
- 3.2 Konstruktions- und Dehnfugen (abgedichteter Luftraum)

    4   DICKENÄNDERUNGEN INNERHALB EINES FLÄCHIGEN BAUTEILS
- 4.1 Querschnittssprünge
- 4.2 Nischen
- 4.3 Schlitze
- 4.4 Vorsprünge

    5   VERBINDUNGEN VON FLÄCHIGEN BAUTEILEN
- 5.1 Stöße   (in einer Ebene)
- 5.2 Kanten   (Winkelanschluß)
- 5.3 Einlassungen   (T-Anschluß)
- 5.4 Durchdringungen (Kreuz)
- 5.5 Sonstige linienförmige Verbindungen flächiger Bauteile
- 5.6 Räumliche Ecken

    6   VERBINDUNGEN ZWISCHEN FLÄCHIGEN UND STABFÖRMIGEN BAUTEILEN
- 6.1 Verstärkungen an oder in einem flächigen Bauteil
- 6.2 Verstärkungen an der Verbindung flächiger Bauteile
- 6.3 Durchdringungen mit konstruktiven Bauelementen
- 6.4 Verbindungselemente zwischen zwei Montagebauteilen
- 6.5 Anker, Dübel und sonstige Fremdbefestigungselemente

    7   KONTAKT MIT INSTALLATIONSBAUTEILEN
- 7.1 Heizkörper
- 7.2 Energiegewinnungsanlagen, z.B. Sonnenkollektoren
- 7.3 Sanitärobjekte
- 7.4 Installationsschächte
- 7.5 Kanäle

    8   DURCHFÜHRUNG VON INSTALLATIONSLEITUNGEN
- 8.1 Rauchrohre, Kamine
- 8.2 Regenfallrohre
- 8.3 Lüftungs- und Entlüftungöffnungen
- 8.4 Heizungs- und Wasserrohre
- 8.5 Abwasserrohre mit Entlüftung
- 8.6 Elektrische Kabel und Leerrohre
- 8.7 Mechanische Antriebe

0.2 CODE 2:   Ungestörte Bauteile: Arten der Bauteile

1   FENSTER, TÜREN, ÖFFNUNGEN
1.1   Verglasung, Bekleidungen
1.2   Rahmen
1.3   Beschläge
1.4   Leibungen und Anschläge
1.5   Fensterbänke, Türschwellen
1.6   Rolladenkästen
1.7   Sonnenschutz

2   WÄNDE
2.1   Wände, an das Erdreich grenzend
2.2   Außenwände
2.3   Innenwände
2.4   Mauervorlagen, Lisenen, Vorsprünge
2.5   Brüstungen
2.6   Attiken
2.7   Abseitenwände
2.8   Lichtschächte

3   STÜTZEN
3.1   Außenstützen
3.2   Wandstützen integriert
3.3   Innenstütze

4   DECKEN
4.1   Dachdecken unter Kaltdächern, Außendecken
4.2   Innendecken
4.3   Decken über Luftgeschossen
4.4   Kellerdecken
4.5   Balkonplatten, Gesimse
4.6   Decken, an das Erdreich grenzend
4.7   Treppen

5   BALKEN
5.1   Unterzüge, Binder, Pfetten
5.2   Stürze
5.3   Ringanker

6   DÄCHER
6.1   Dachplatten
6.2   Dachgesimse
6.3   Randprofile
6.4   Entwässerung horizontal
6.5   Be- und Entlüftung
6.6   Sicherheitseinrichtungen

7   FUNDAMENTE
7.1   Einzelfundamente
7.2   Streifenfundamente
7.3   Plattenfundamente

0.3 CODE 3: Ungestörte Bauteile: Typen flächiger Bauteile
Für die Schichtenzählung werden hier nur die wärmetechnisch interessierenden Schichten, die Trag- und Dämmschichten berücksichtigt. Deckschichten wie Putz und Zwischenschichten wie Kleber und Dampfbremsen haben keine wärmetechnische Bedeutung, sie können vernachlässigt oder anderen Schichten zugeschlagen werden (0 = Nullschicht)

```
1       EINSCHICHTIGES BAUTEIL
        0       Deckschicht außen
        1       Tragschicht
        0       Deckschicht innen

2n      ZWEISCHICHTIGES BAUTEIL, NORMAL
        0       Deckschicht außen
        1       Dämmschicht
        0       Zwischenschicht
        2       Tragschicht
        0       Deckschicht innen

2i      ZWEISCHICHTIGES BAUTEIL, INVERS
        0       Deckschicht außen
        1       Tragschicht
        0       Zwischenschicht
        2       Dämmschicht
        0       Deckschicht innen

2h      ZWEISCHALIGES, HINTERLÜFTETES BAUTEIL
        0       Deckschicht außen
        1       Tragschicht außen (Vorsatz)
        0       Luftschicht, mit der Außenluft in Verbindung
        0       Zwischenschicht
        2       Tragschicht innen (Haupttragschicht)
        0       Deckschicht innen

3s      DREISCHICHTIGES SANDWICHBAUTEIL
        0       Deckschicht außen
        1       Tragschicht außen (Vorsatz)
        0       Zwischenschicht
        2       Dämmschicht
        0       Zwischenschicht
        3       Tragschicht innen (Haupttragschicht)
        0       Deckschicht innen

3b      BEIDSEITIG GEDÄMMTES BAUTEIL
        0       Deckschicht außen
        1       Dämmschicht außen
        0       Zwischenschicht
        2       Tragschicht
        0       Zwischenschicht
        3       Dämmschicht innen
        0       Deckschicht innen

3h      DREISCHICHTIGES, HINTERLÜFTETES BAUTEIL
        0       Deckschicht außen
        1       Tragschicht außen (Vorsatz)
        0       Luftschicht, mit der Außenluft in Verbindung
        0       Zwischenschicht
        2       Dämmschicht
        0       Zwischenschicht
        3       Tragschicht innen (Haupttragschicht)
        0       Deckschicht innen
```

0.4 CODE 4: Materialien
(Die Codierung entspricht dem Katalog in DIN 4108 T4 Tab.1)

```
0.     LUFT

1.     PUTZE, ESTRICHE UND ANDERE MÖRTELSCHICHTEN
1.1    Kalkputz, Kalkzementmörtel, Mörtel aus hydraulischem Kalk
1.3    Zementmörtel
1.4    Gipsputz
1.5    Anhydridestrich
1.6    Zementestrich
1.7    Magnesiaestrich
1.8    Gußasphaltestrich

2.     GROSSFORMATIGE BAUTEILE
2.1    Normalbeton
2.2    Leichtbeton und Stahlleichtbeton
2.3    Dampfgehärteter Gasbeton
2.4    Leichtbeton mit haufwerksporigem Gefüge
2.4.2     mit porigen Zuschlägen

3.     BAUPLATTEN
3.1    Asbestzementplatten (AZ)
3.2    Gasbeton-Bauplatten
3.3    Wandbauplatten aus Leichtbeton
3.4    Wandbauplatten aus Gips
3.5    Gipskartonplatten (GK)

4.     MAUERWERK EINSCHLIESSLICH MÖRTELFUGEN    DACHBELAG
4.1    Mauerwerk aus Mauerziegeln                Dachziegel
4.1.2     Hochlochklinker
4.1.3     Vollziegel, Lochziegel, hochfeste Ziegel
4.1.4     Leichthochlochziegel (lHlz) Typ A und B
4.1.5     Leichthochlochziegel (lHlz) Typ W
4.2    Mauerwerk aus Kalksandsteinen (KS)
4.3    Mauerwerk aus Hüttensteinen
4.4    Mauerwerk aus Gasbeton-Blocksteinen
4.5    Mauerwerk aus Betonsteinen                Dachbetonsteine

5.     WÄRMEDÄMMSTOFFE
5.1    Holzwolle-Leichtbauplatten
5.2    Mehrschicht-Leichtbauplatten
5.3    Schaumkunststoffe (Ortschaum)
5.4    Korkdämmstoffe
5.5    Schaumkunststoffe
5.5.1     Polystyrol(PS)-Hartschaum
5.5.2     Polyurethan(PUR)-Hartschaum
5.6    Mineralische und pflanzliche Faserdämmstoffe
5.7    Schaumglas

6      HOLZ UND HOLZWERKSTOFFE
6.1    Holz
6.6.1     Fichte, Tanne, Kiefer
6.6.2     Buche, Eiche
6.2    Holzwerkstoffe
6.2.2     Spanplatten

7.     BELÄGE, ABDICHTSTOFFE UND ABDICHTUNGSBAHNEN
7.1    Fußbodenbeläge
7.1.4     Kunststoffbelege, z.B. PVC
7.2    Abdichtstoffe, Abdichtungsbahnen

8.     SONSTIGE GEBRÄUCHLICHE STOFFE
8.1    Lose Schüttungen, abgedeckt
8.1.3     Sand, Kies, Splitt
8.2    Fliesen
8.3    Glas
8.4    Natursteine
8.5    Böden (naturfeucht)
8.6    Keramik und Glasmosaik
8.7    Wärmedämmender Putz
8.8    Kunstharzputz
8.9    Metalle
8.9.1     Stahl
8.9.3     Aluminium
8.0    Gummi (kompakt)
```

0.5 Bezeichnungen, Abkürzungen

Abk.	Einheit	Bezeichnung
d	mm	Durchmesser, allgemein
D	mm	Durchmesser, alternativ zu "d"
s	mm	Schichtdicke
ϑ	°C	Temperatur
λ	W/mK	Wärmeleitfähigkeit
α	W/m²K	Wärmeübergangskoeffizient
k	W/m²K	Wärmedurchgangskoeffizient (für ungestörte Flächen)
k_l	W/mK	Wärmedurchgangskoeffizient für lineare Wärmebrücken
k_P	W/K	Wärmedurchgangskoeffizient für punktförmige Wärmebrücken
Δl	m	= k_l/k rechn. Zusatzlänge
ΔA	m²	= k_P/k rechn. Zusatzfläche

Indizes	
a	außen
i	innen
D	Dämmung
B	Beton
L	Luft
O	Oberfläche
l	linear
P	punktförmig
R	Rechenwert nach DIN 4108
min	Minimalwert

0.6 Legende für Materialien

Code	Material	Darstellung	Standardwert für λ_R
8.9.3	A = Aluminium		200
8.9.1	S = Stahl normal		60
8.9.1	V = V2A Edelstahl		15
2.1	Stahlbeton		2,1
2.2	Leichtbeton		0,2
1.1	Putz, Mörtel		0,87
4.2	Mauerwerk normal z.B. KS		0,7
4.1.5	Mauerwerk gut dämmend z.B. lHlz Typ W		0,33
6.1.1	Kiefernholz		0,13
6.2.2	Spanplatten		0,17
3.5	Gipskartonplatten (GK)		0,21
3.1	Asbestzementplatten (AZ)		0,58
8.3	Glas		0,8
5	Wärmedämmung		0,04

Bei Abweichung vom Standardwert, falls nicht in DIN 4108 eindeutige Werte festgelegt sind, werden in den Kopftabellen nach der Materialbeschreibung Zahlenwerte als Kennzeichnungen wie folgt verwendet:
ohne Klammern: Rohdichte
mit Klammern ( ): Wärmeleitfähigkeit

FUGEN Mauerwerk: Mörtelfugen							
Code	Art	Typ	Material		Dicke	Schicht	E r g e b n i s
Wärme-brücke	1.1 Inhomogener Aufbau		1.1	Mörtel	10	0	$k =$ W/m²K
unge-störte Bau-teile	2.2 Außenwand	1	4	Mauersteine	365	1	$k_1 =$ W/m K $\Delta l =$ m $\min \vartheta =$ °C

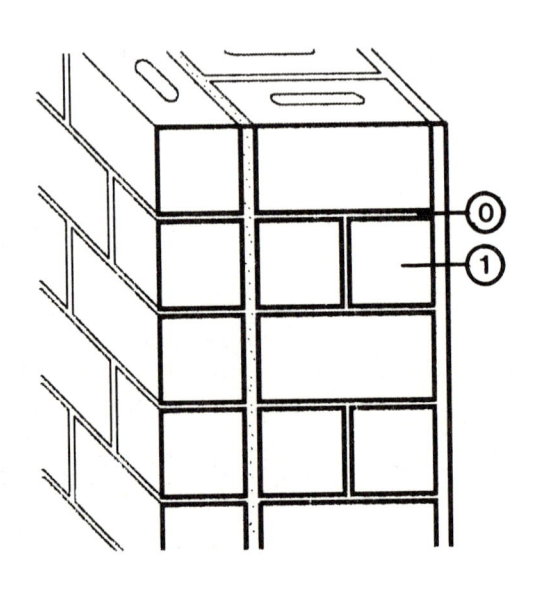

Erläuterung:
Mauerwerk, z.B. zweischaliges Verblendmauerwerk ohne Luftschicht mit Schalenfuge. Innerhalb des Mauerwerkes bildet der Mörtel - sofern keine Spezialmörtel mit besonderen Dämmeigenschaften oder Kleber verwendet werden - Wärmebrücken, während sich die Hohlräume wie Dämmschichten verhalten. Die durch den Mörtel gebildeten Wärmebrücken machen sich umso mehr bemerkbar, je besser dämmend das Mauersteinmaterial ist. Umso deutlicher treten an der Wandinnenseite auch Temperaturunterschiede in Erscheinung, die dazu führen können, daß sich die Fugen als dunkle Streifen abzeichnen. Das kann mit Trockenputz vermieden werden.

FUGEN Stahlsteindecke: Betonrippen							
Code	Art	Typ	Material	Dicke	Schicht	\multicolumn{2}{c}{E r g e b n i s}
Wärme-brücke	1.1 Inhomogener Aufbau		2.1 Beton	50	0	$k =$	W/m²K
unge-störte Bau-teile	4.1 Außendecke	1	4.1 Ziegel DIN4159	190	1	$k_l =$ $\Delta l =$ $\min \vartheta =$	W/m K m °C

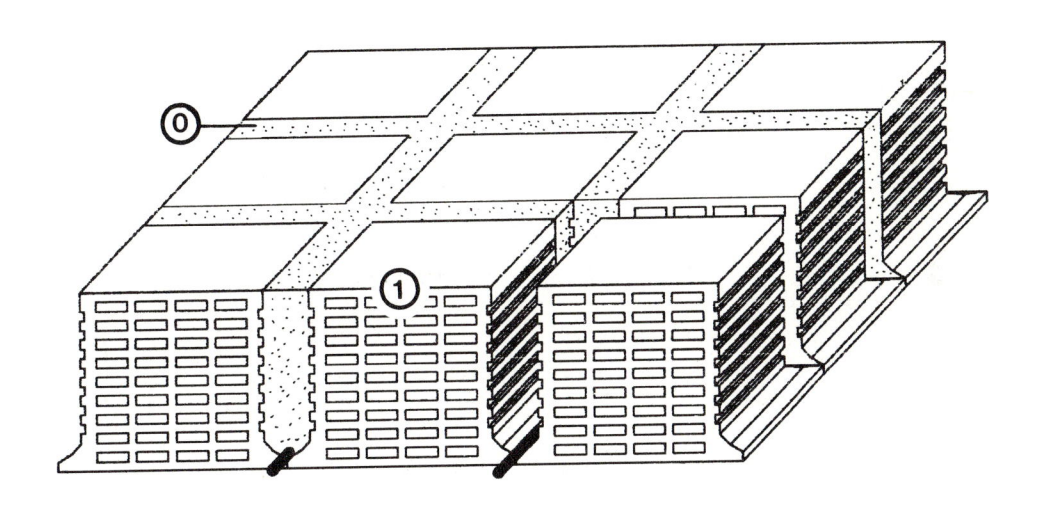

Erläuterung:
Wärmebrücken bilden bei derartigen Decken die aus Normalbeton bestehenden, in die umgebenden, besser dämmenden Ziegel eingebetteten Stege. Diese Wärmebrücken sind von Bedeutung bei Dach- und Kellerdecken, sowie bei Decken über Durchfahrten o.ä.. In diesen Fällen ist eine zusätzliche Wärmedämmung unerläßlich. Deren Lage dürfte jedoch keinen großen Einfluß auf Unterschiede bei den innenseitigen Oberflächentemperaturen haben. Diese sind auch gering, wenn die zusätzliche Wärmedämmschicht reichlich bemessen wird.
Bei innen liegender Dämmung können allerdings an den Übergängen zu Außenwänden sehr unangenehme Wärmebrücken entstehen (vgl. Seite 102). Der Wärmeverlust ist - wenn solche peripheren Wärmebrücken vermieden werden - von der Lage der Dämmschicht unabhängig. Mittlere Wärmestromdichten und mittlere Oberflächentemperaturen können mit Hilfe der 1/Λ-Werte nach DIN 4108 Teil 4 Tab. 6 berechnet werden.

BEWEHRUNG Stahlbeton : Balkonplatte

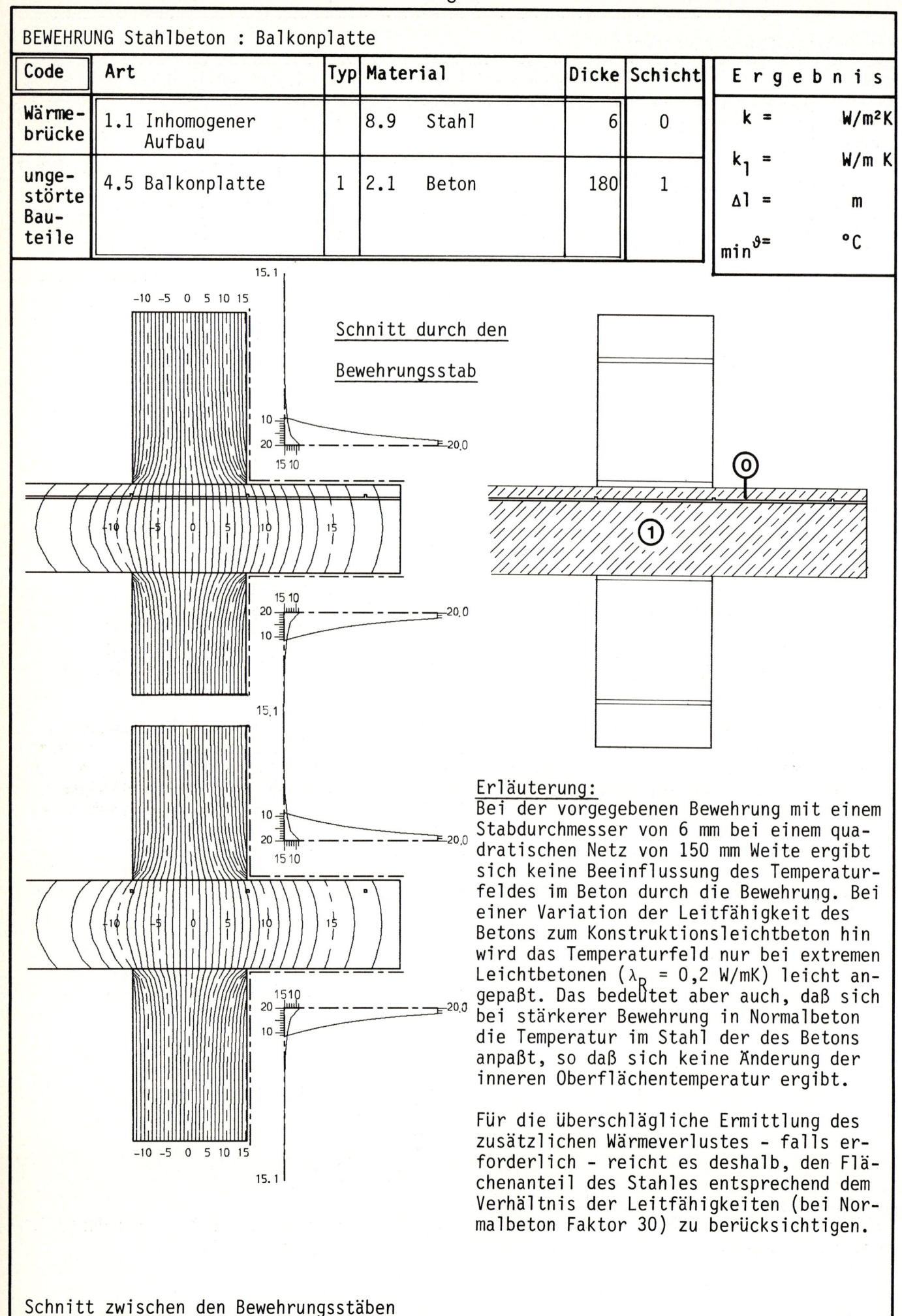

Code	Art	Typ	Material	Dicke	Schicht	Ergebnis	
Wärme-brücke	1.1 Inhomogener Aufbau		8.9 Stahl	6	0	k =	W/m²K
unge-störte Bau-teile	4.5 Balkonplatte	1	2.1 Beton	180	1	k_l =	W/m K
						Δl =	m
						$\min \vartheta$ =	°C

Schnitt durch den Bewehrungsstab

Erläuterung:
Bei der vorgegebenen Bewehrung mit einem Stabdurchmesser von 6 mm bei einem quadratischen Netz von 150 mm Weite ergibt sich keine Beeinflussung des Temperaturfeldes im Beton durch die Bewehrung. Bei einer Variation der Leitfähigkeit des Betons zum Konstruktionsleichtbeton hin wird das Temperaturfeld nur bei extremen Leichtbetonen (λ_B = 0,2 W/mK) leicht angepaßt. Das bedeutet aber auch, daß sich bei stärkerer Bewehrung in Normalbeton die Temperatur im Stahl der des Betons anpaßt, so daß sich keine Änderung der inneren Oberflächentemperatur ergibt.

Für die überschlägliche Ermittlung des zusätzlichen Wärmeverlustes - falls erforderlich - reicht es deshalb, den Flächenanteil des Stahles entsprechend dem Verhältnis der Leitfähigkeiten (bei Normalbeton Faktor 30) zu berücksichtigen.

Schnitt zwischen den Bewehrungsstäben

RAND Beton-Sandwich-Element						
Code	Art	Typ	Material	Dicke	Schicht	Ergebnis
Wärme-brücke	1.2 Materialwechsel		2.1 Beton	40	0	$k = 0{,}65$ W/m²K
unge-störte Bau-teile	2.2 Außenwand	3s	2.1 Beton 5.6 Min.-Wolle 2.1 Beton	60 50 140	1 2 3	$k_l = 0{,}29$ W/m K $\Delta l = 0{,}44$ m $\min \vartheta = 9{,}2$ °C

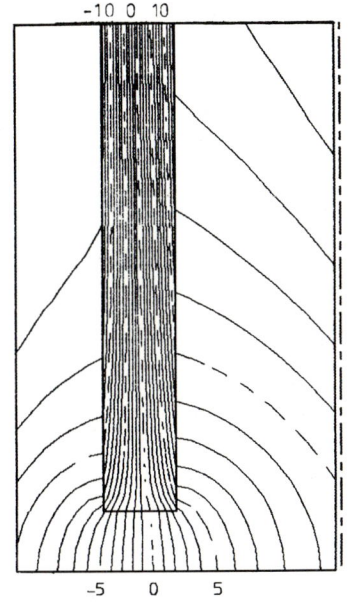

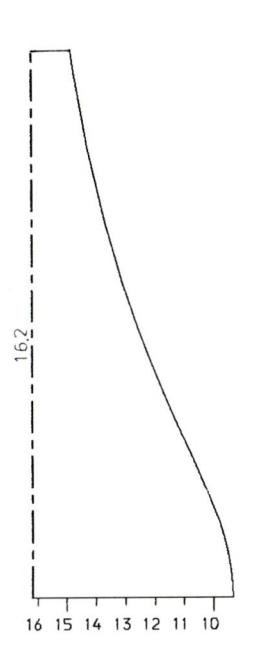

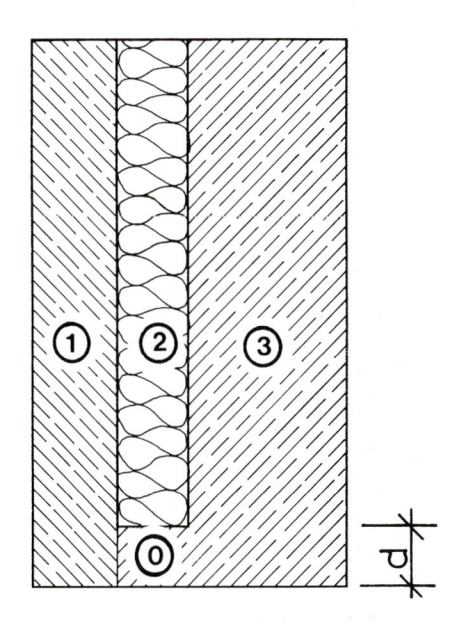

Erläuterung:
Bei Sandwich-Tafeln kommt es immer noch vor, daß an den Rändern Betonstege zwischen innerer und äußerer Betonschale angeordnet werden. Von möglichen Zwängungen und ihren Auswirkungen abgesehen stellen derartige Stege sehr wirksame Wärmebrücken dar, die zu starker Temperaturerniedrigung an der Innenseite führen. Durch die Querleitfähigkeit der inneren Betonschale breitet sich die Störzone dort aus und verursacht erhebliche zusätzliche Wärmeverluste. Es besteht dort Tauwassergefahr.
Dasselbe gilt für Betonverbindungen im Bereich von Ankern.

Parametervariation.   Parameter: Breite des Betonsteges d

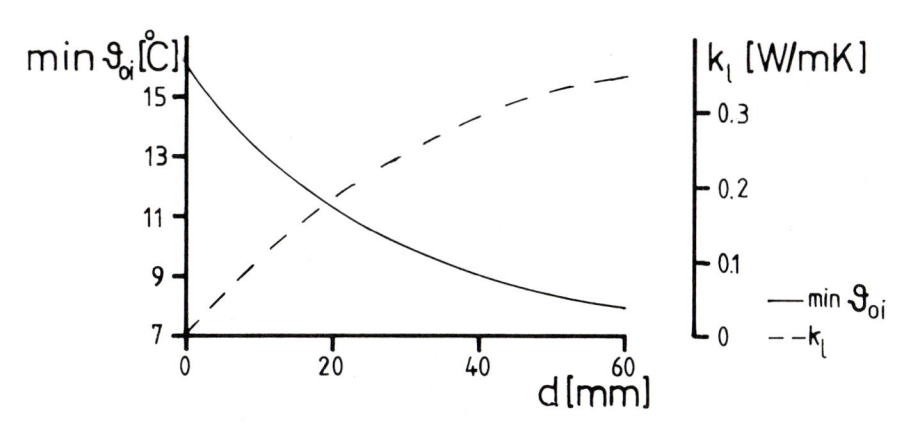

Verbesserungsmöglichkeiten:
Derartige Verbindungen zwischen Innen- und Außenschale aus Beton sollten grundsätzlich vermieden werden.

ENDE DER ZUSATZWÄRMEDÄMMUNG "Übergangseffekt"

Code	Art	Typ	Material	Dicke	Schicht	Ergebnis
Wärme-brücke	1.2 Materialwechsel		5.5.1 PS-Hartschaum	20	0	$k = 0{,}99$ W/m²K
unge-störte Bau-teile	2.2 Außenwand	1	4.1.4 lHlz 900 (0,42)	240	1	$k_1 =$ W/m K $\Delta l =$ m $\min \vartheta = 11{,}1$ °C

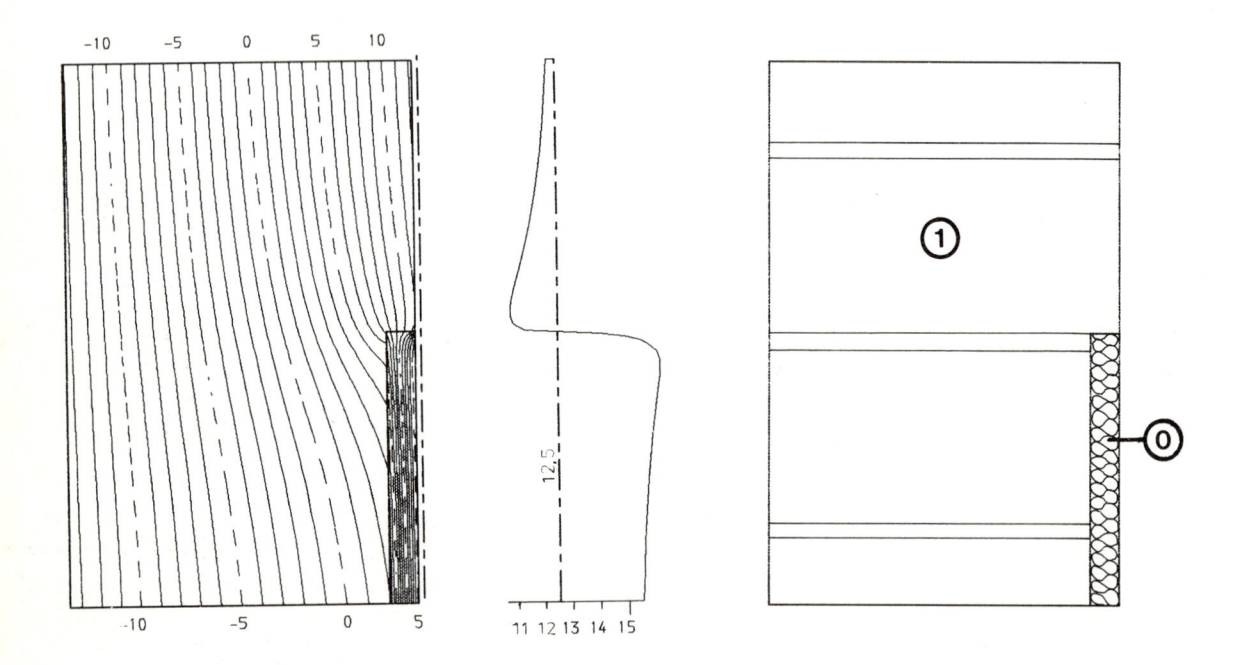

Erläuterung:
Hier wird die Stelle einer endenden, innenseitig angebrachten Wärmedämmschicht untersucht. Man erkennt, daß die innere Oberflächentemperatur sprunghaft abfällt und örtlich sogar niedriger ist als im restlichen, ungedämmten Bereich. Dieser Effekt tritt immer wieder dort in Erscheinung, wo zur Milderung der Auswirkungen von Wärmebrücken Wärmedämmschichten innenseitig nur bereichsweise angeordnet werden.
Sie wird hervorgerufen durch eine Bündelung der Isothermen und ist nahezu unabhängig von der Dicke der Zusatzdämmung. Bei diesen Sprungerscheinungen ist immer abzuwägen, ob die hierbei auftretende Temperaturabsenkung nicht größer ist als die Anhebung im verbesserten Bereich. Im Folgenden wird dieses Phänomen als "Übergangseffekt" bezeichnet.

Theoretisch wäre es möglich, durch ein konisches Auslaufenlassen der Wärmedämmung die Bündelung abzuschwächen. Praktisch läßt sich das aus Kostengründen und wegen der geringen Festigkeit der Dämmaterialien nicht ausführen.

Durch eine Metallfolie auf der Innenseite der Dämmung, die als Dampfsperre wegen der Dampfdiffusion sowieso vorgesehen werden sollte, ließen sich die krassen Temperatursprünge auch glätten. Dasselbe gilt auch für andere Deckschichten, siehe Seite 11.

ENDE DER ZUSATZWÄRMEDÄMMUNG						
Code	Art	Typ	Material	Dicke	Schicht	Ergebnis
Wärme-brücke	1.2 Materialwechsel		5.5.1 PS-Hartschaum	20	0	$k = 0{,}99$ W/m²K
unge-störte Bau-teile	2.2 Außenwand	1	4.1.4 1Hlz 900 (0,42) 1.1 Putz	240 15	1 2	$k_1 =$ W/m K $\Delta l =$ m $\min \vartheta = 12{,}0$ °C

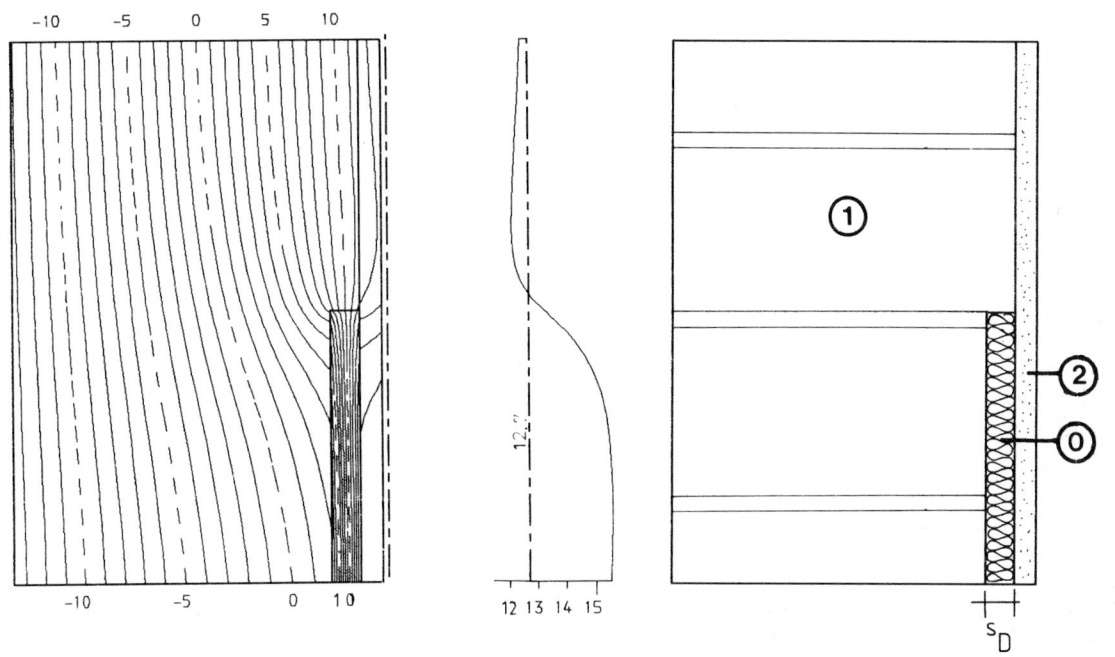

Parametervariation. Parameter: Dicke der Wärmedämmung s_D
Material der innersten Schicht (keine/GK-Platte/Putz)

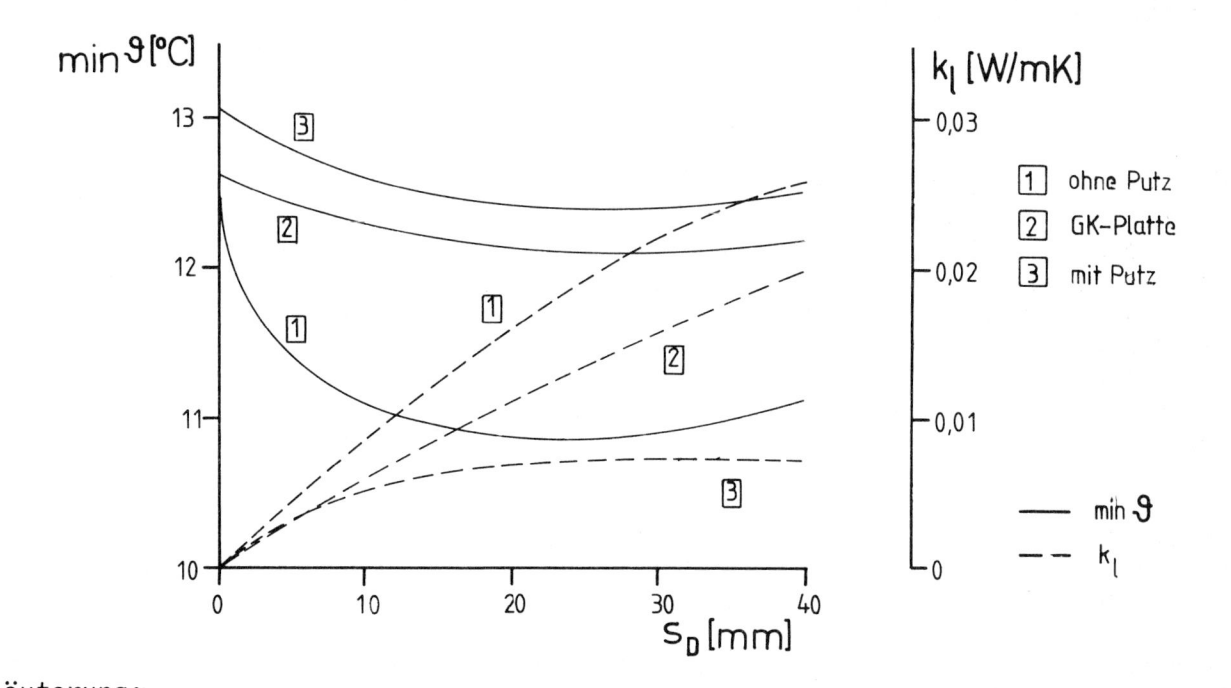

[1] ohne Putz
[2] GK-Platte
[3] mit Putz

—— $\min \vartheta$
-- - k_l

Erläuterung:
Durch eine innere Deckschicht werden die Temperaturspitzen im Bereich des Endes der Wärmedämmung abgebaut. Gipskartonplatten verhalten sich dabei günstiger als normale Putze.

LOCH IN DER WÄRMEDÄMMUNG

Code	Art	Typ	Material	Dicke	Schicht	Ergebnis
Wärme-brücke	1.2 Materialwechsel		Loch	d=100		$k = 0{,}79$ W/m²K
unge-störte Bauteile	2.2 Außenwand	2n	5.6 Min.-Wolle 2.1 Beton	40 140	1 2	$k_P = 0{,}08$ W / K $\Delta A = 0{,}10$ m² $\min \vartheta = 13{,}2$ °C

Untersucht wird der Einfluß einer kreisförmigen Fehlstelle in der Dämmschicht auf der Außenseite einer Betonplatte.

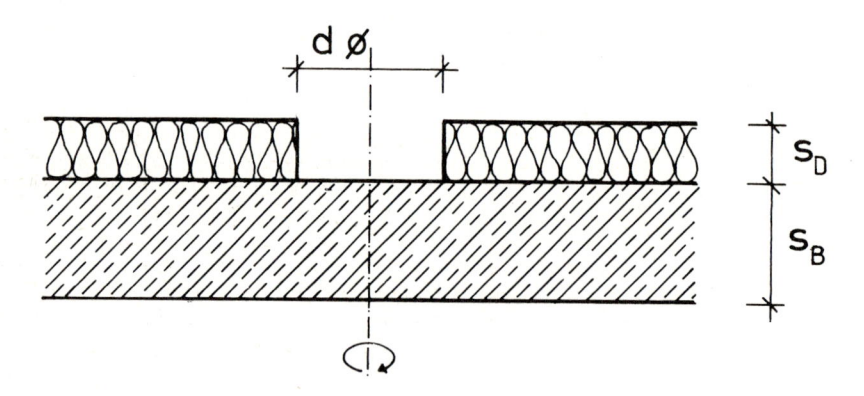

<u>Parametervariation.</u>   Parameter: Durchmesser des Loches d
Dicke der Wärmedämmung s_D und des Betons s_B

<u>Diskussion der Ergebnisse:</u>   Alles Wesentliche läßt sich aus der graphischen Darstellung auf der folgenden Seite herauslesen.

Man erkennt den steilen Anstieg der Wärmeverluste bei zunehmendem Durchmesser d der Fehlstelle. Auch die inneren Oberflächentemperaturen nehmen kräftig ab, bei dünnerer Betonplatte stärker als bei einer dicken Betonschicht, weil sich bei Letzterer der "Ausbreitungseffekt" (s. Seite 32) mehr bemerkbar macht. Man sieht, daß bereits kleine Fehlstellen in der Dämmschicht (d=100 mm) Temperaturabsenkungen von 2 bis 3 K bewirken können.

Zur besseren Veranschaulichung sind auch die Isothermenbilder der durchgerechneten Varianten angeführt.

LOCH IN DER WÄRMEDÄMMUNG

Parametervariation zu Seite 12

Errechnete Zahlenwerte:

Kurve		1	2	3	4
d ⌀ mm	s_B s_D	140 40	250 40	140 80	250 80
0	ϑ	15,4	15,6	17,4	17,5
100	$\min\vartheta$ k_P	13,2 0,082	14,6 0,082	14,7 0,106	16,3 0,116
300	$\min\vartheta$ k_P	9,7 0,261	12,9 0,251	10,8 0,323	14,3 0,327
ohne	ϑ	-1,1	2,3	-1,1	2,3

Verlauf von $\min\vartheta_{oi}$ und k_P in Abhängigkeit von d und den Materialdicken:

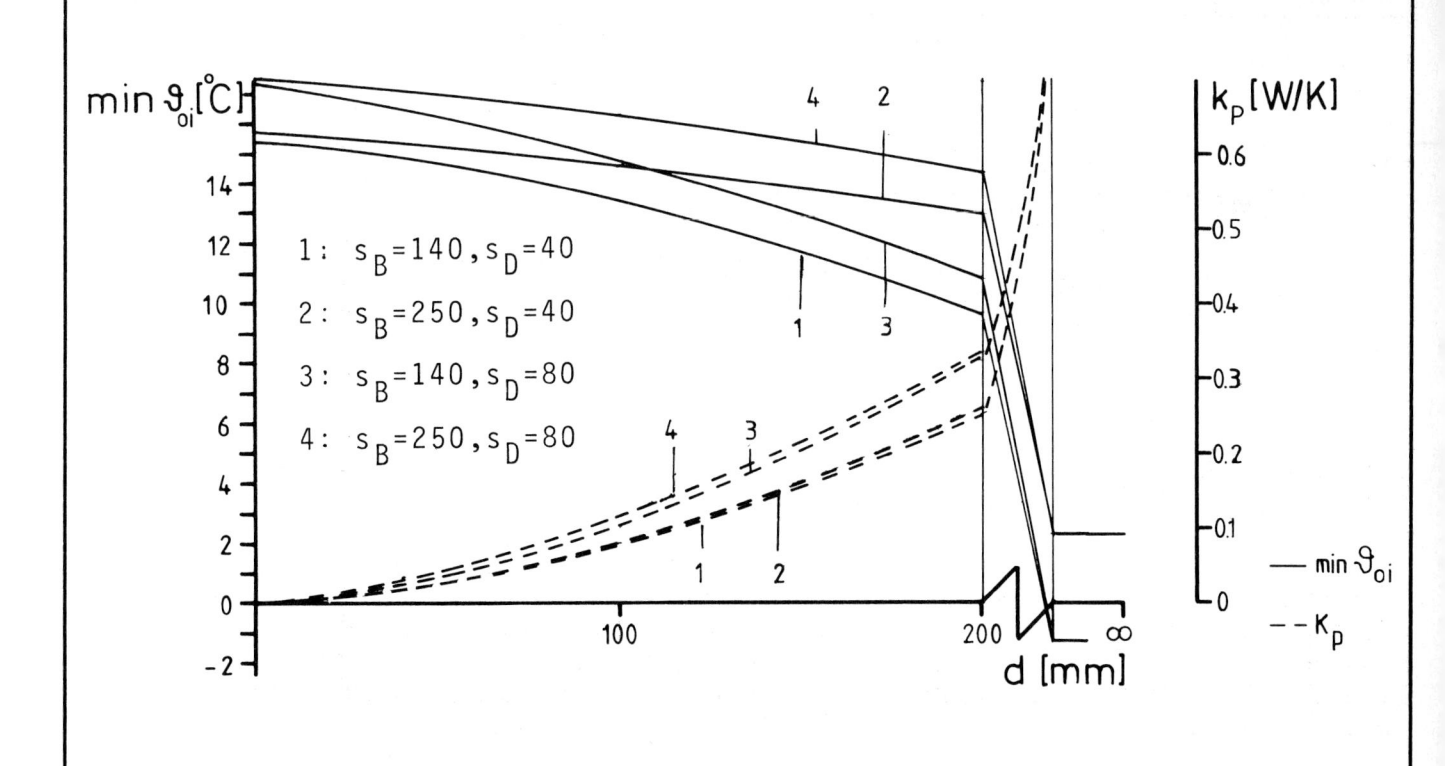

1: $s_B=140, s_D=40$
2: $s_B=250, s_D=40$
3: $s_B=140, s_D=80$
4: $s_B=250, s_D=80$

— $\min\vartheta_{oi}$
-- k_P

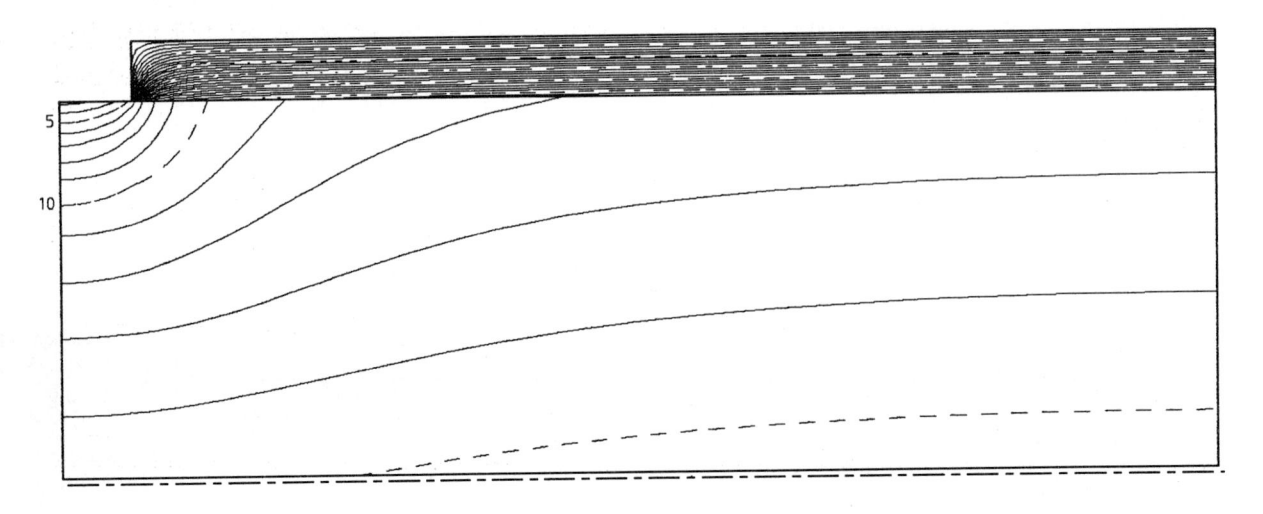

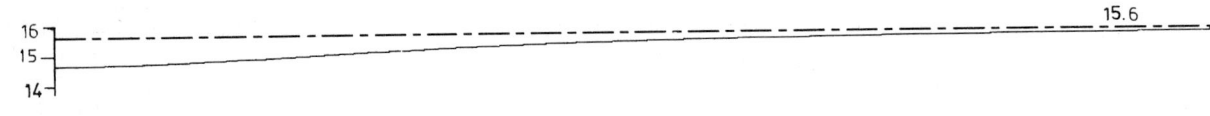

LOCH IN DER WÄRMEDÄMMUNG

Code	Art	Typ	Material	Dicke	Schicht	Ergebnis
Wärme-brücke	1.2 Materialwechsel		Loch	d=100		$k = 0{,}79$ W/m²K
unge-störte Bau-teile	2.2 Außenwand	2n	5.6 Min.-Wolle 2.1 Beton	40 140	1 2	$k_p = 0{,}08$ W/ K $\Delta A = 0{,}10$ m² $\min \vartheta = 13{,}2$ °C

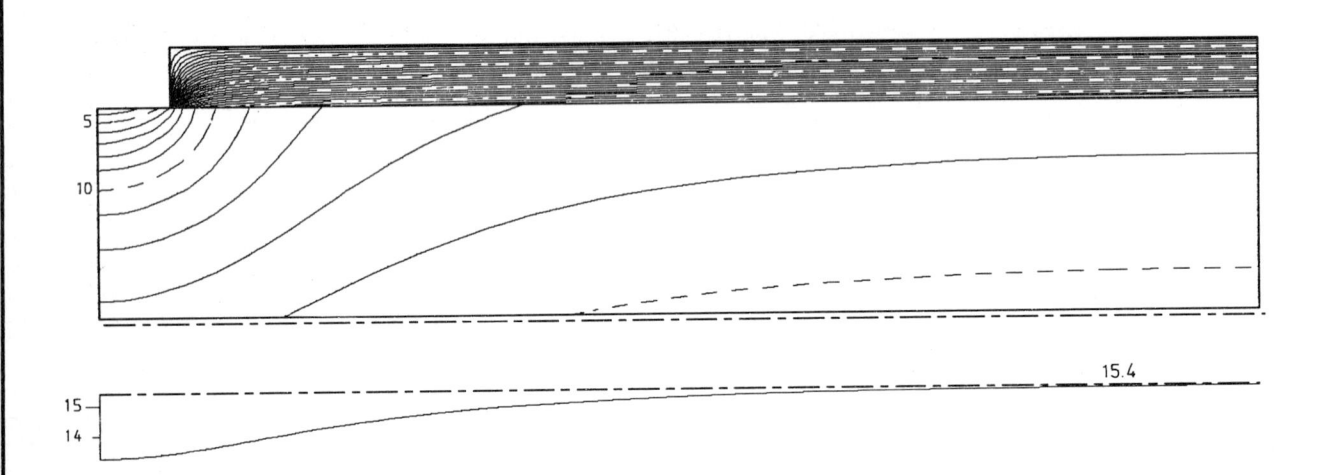

Code	Art	Typ	Material	Dicke	Schicht	Ergebnis
Wärme-brücke	1.2 Materialwechsel		Loch	d=100		$k = 0{,}75$ W/m²K
unge-störte Bau-teile	2.2 Außenwand	2n	5.6 Min.-Wolle 2.1 Beton	40 250	1 2	$k_p = 0{,}08$ W/ K $\Delta A = 0{,}11$ m² $\min \vartheta = 14{,}6$ °C

LOCH IN DER WÄRMEDÄMMUNG						
Code	Art	Typ	Material	Dicke	Schicht	Ergebnis
Wärme-brücke	1.2 Materialwechsel		Loch	d=200		k = 0,79 W/m²K
unge-störte Bau-teile	2.2 Außenwand	2n	5.6 Min.-Wolle 2.1 Beton	40 140	1 2	k_P = 0,26 W/ K ΔA = 0,33 m² $\min \vartheta$ = 9,7 °C

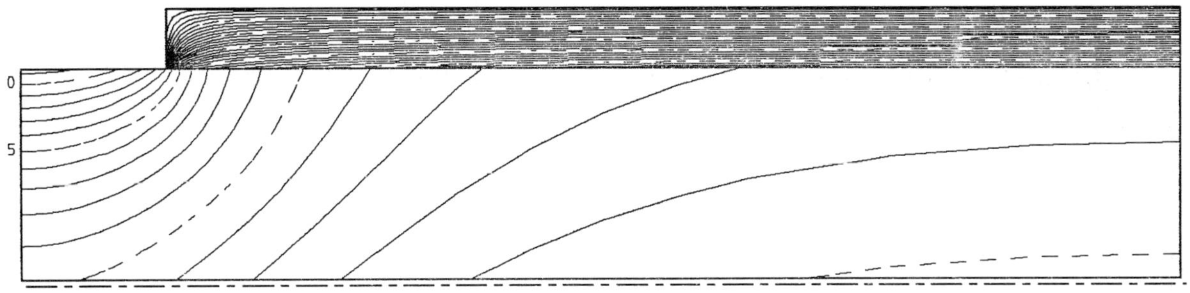

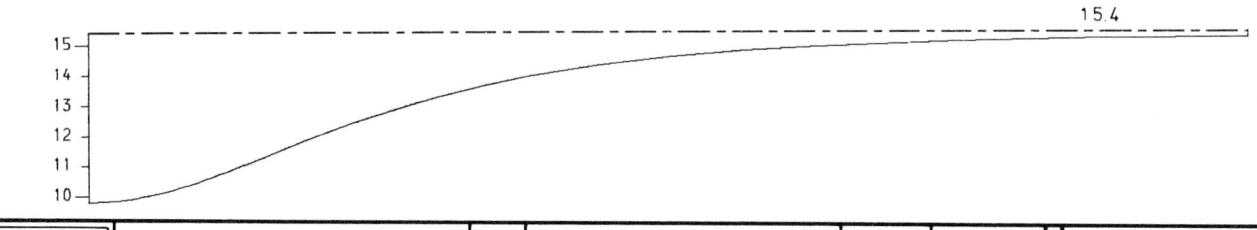

Code	Art	Typ	Material	Dicke	Schicht	Ergebnis
Wärme-brücke	1.2 Materialwechsel		Loch	d=200		k = 0,75 W/m²K
unge-störte Bau-teile	2.2 Außenwand	2n	5.6 Min.-Wolle 2.1 Beton	40 250	1 2	k_P = 0,25 W/ K ΔA = 0,33 m² $\min \vartheta$ = 12,9 °C

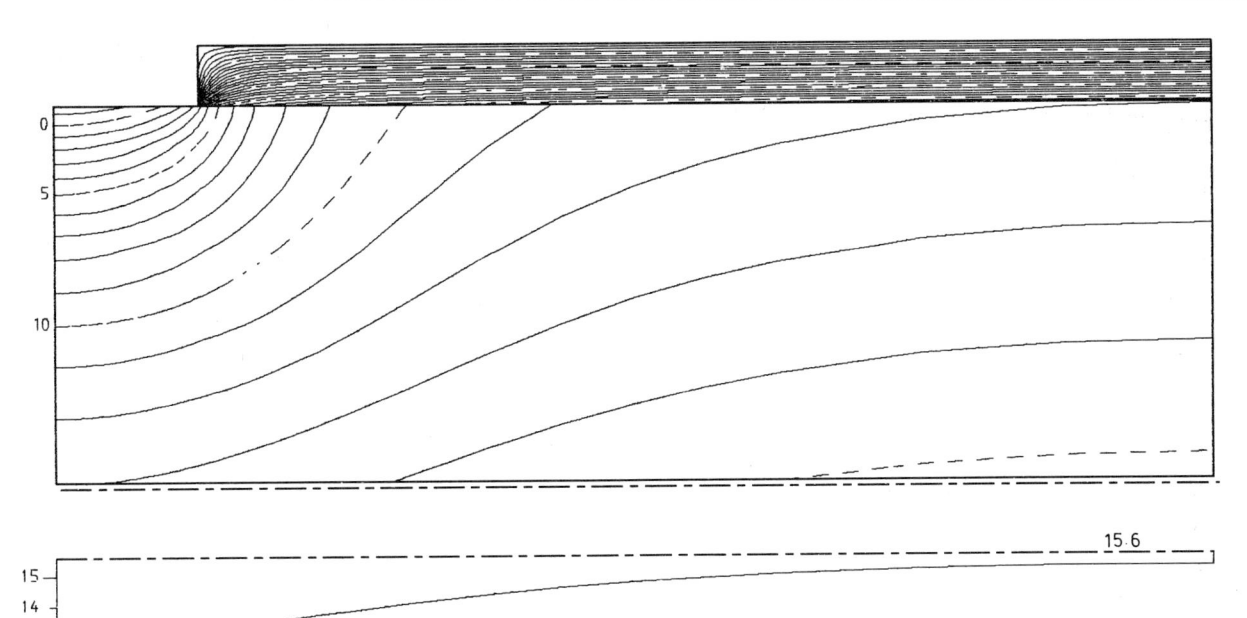

LOCH IN DER WÄRMEDÄMMUNG

Code	Art	Typ	Material	Dicke	Schicht	Ergebnis
Wärme- brücke	1.2 Materialwechsel		Loch	d=100		$k = 0,45$ W/m²K
unge- störte Bau- teile	2.2 Außenwand	2n	5.6 Min.-Wolle 2.1 Beton	80 140	1 2	$k_P = 0,11$ W/ K $\Delta A = 0,23$ m² $\min \vartheta = 14,7$ °C

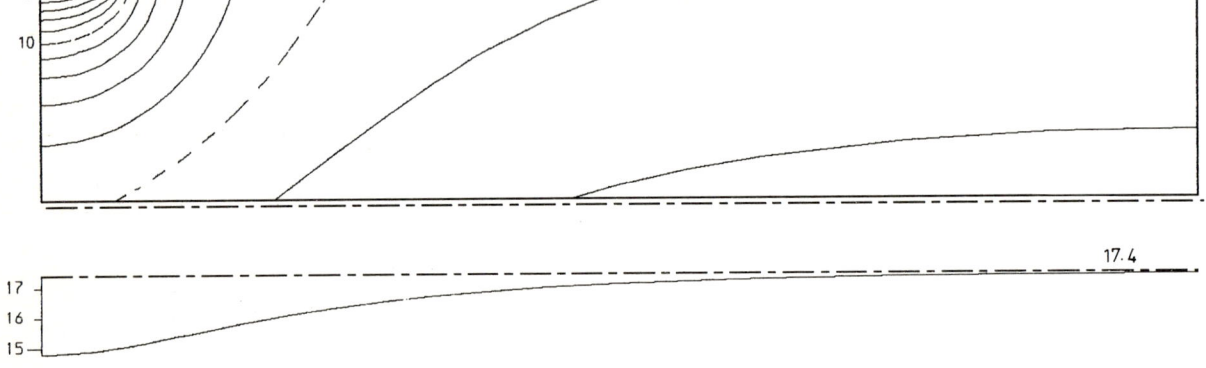

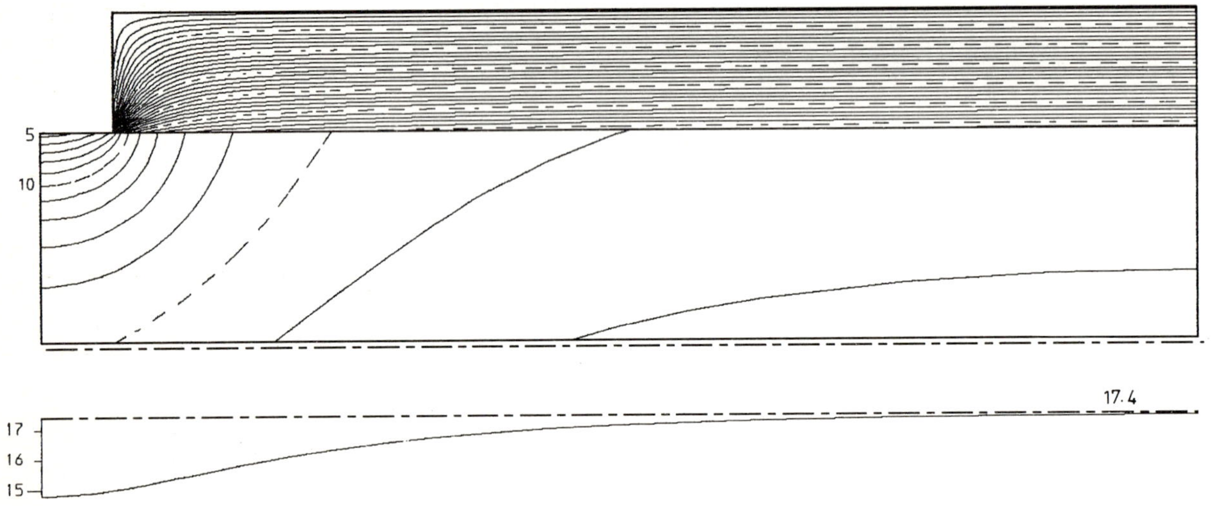

Code	Art	Typ	Material	Dicke	Schicht	Ergebnis
Wärme- brücke	1.2 Materialwechsel		Loch	d=100		$k = 0,43$ W/m²K
unge- störte Bau- teile	2.2 Außenwand	2n	5.6 Min.-Wolle 2.1 Beton	80 250	1 2	$k_P = 0,12$ W/ K $\Delta A = 0,27$ m² $\min \vartheta = 16,3$ °C

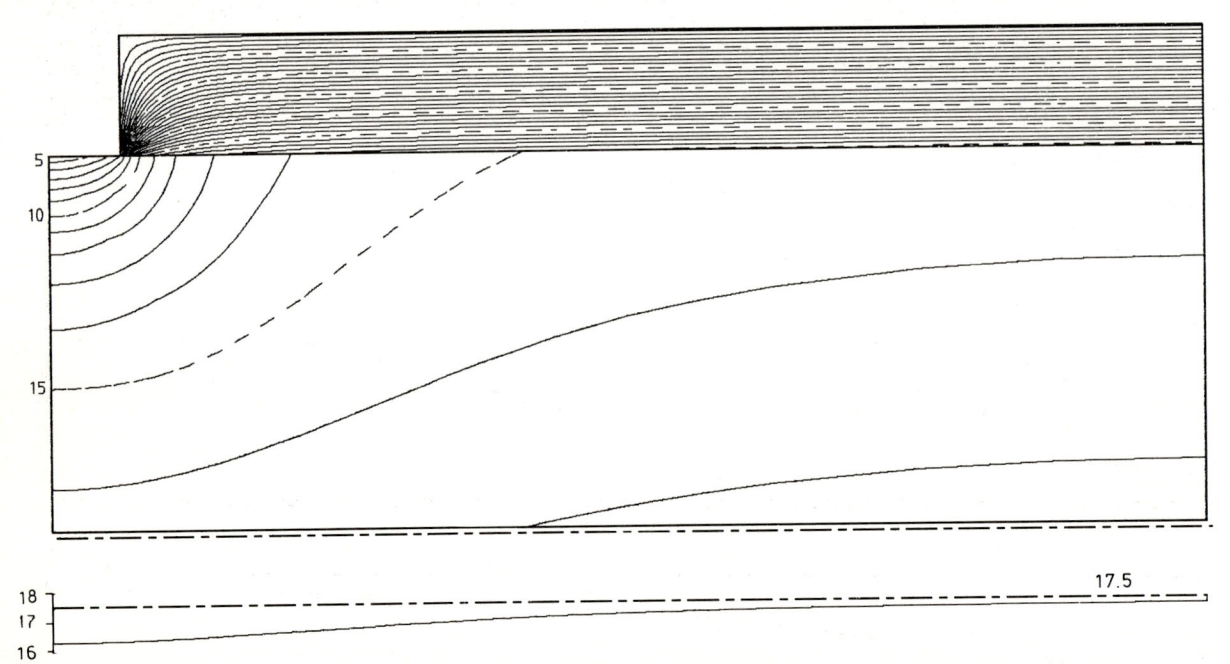

LOCH IN DER WÄRMEDÄMMUNG

Code	Art	Typ	Material	Dicke	Schicht	Ergebnis
Wärme-brücke	1.2 Materialwechsel		Loch	d=200		$k = 0{,}45$ W/m²K
unge-störte Bau-teile	2.2 Außenwand	2n	5.6 Min.-Wolle 2.1 Beton	80 140	1 2	$k_P = 0{,}32$ W/ K $\Delta A = 0{,}72$ m² $\min \vartheta = 10{,}8$ °C

Code	Art	Typ	Material	Dicke	Schicht	Ergebnis
Wärme-brücke	1.2 Materialwechsel		Loch	d=200		$k = 0{,}43$ W/m²K
unge-störte Bau-teile	2.2 Außenwand	2n	5.6 Min.-Wolle 2.1 Beton	80 250	1 2	$k_P = 0{,}33$ W/ K $\Delta A = 0{,}76$ m² $\min \vartheta = 14{,}3$ °C

BOLZEN durch Wärmedämmung								
Code	Art		Typ	Material	Dicke	Schicht	E r g e b n i s	
Wärme-brücke	2.1 pktf. V.-Mittel			8.9.1 Stahlbolzen 8.9.1 Rondellen	d t	0 1	k = k_P = ΔA = $\min \vartheta$ =	W/m²K W / K m² °C
unge-störte Bau-teile	2.2 Außenwand		1	5.6 Min.-Wolle	80	2		

Parametervariation.   Parameter: Bolzendurchmesser   d
                                     Rondellendurchmesser Di, Da
                                     Rondellendicke   t

Hiermit soll untersucht werden, welchen Einfluß eine stählerne punkt- (Bolzen-) förmige Wärmebrücke von variablem Durchmesser d mit anschließenden inneren bzw. äußeren metallischen Kreisflächen (Rondellen) vom Durchmesser Di bzw. Da und der Materialdicke t auf Temperaturen und Wärmeverluste hat, wenn sie eine Dämmschicht von 80 mm durchdringt. Damit kann ein gewisser Einblick in das wärmetechnische Verhalten verschiedener, die Dämmung durchdringender Verbindungsmittel gewonnen werden, aber auch eine Vorstellung vom Verhalten einiger Metallfassaden, bei welchen zwangsläufig zwischen Innen- und Außenhaut (z.B. Trapezprofilen) und der dort vorhandenen Wärmedämmung metallische Verbindungen vorhanden sein müssen.

Ergebnisse: Für die ungestörte Fläche (d = 0) gilt: ϑ_{0i} = 17,4° C

		t = 10 mm							t = 1 mm
1	2	3	4	5	6	7	8	9	10
d	Di Da	0 0	0 300	0 1000	300 0	1000 0	300 300	1000 1000	1000 0
10	$\min\vartheta_{0i}$ k_P	-0,4 0,007	-11,8 0,009	-11,8 0,009	17,2 0,006	17,1 0,010	14,0 0,037	15,6 0,046	15,6 0,010
30	$\min\vartheta_{0i}$ k_P	-3,4 0,012	-13,3 0,016	-13,3 0,016	15,6 0,020	16,4 0,026	3,6 0,145	9,2 0,230	13,2 0,024

Abhängigkeit von min ϑ_{oi} und k_p vom Durchmesser d der Wärmebrücke (des Bolzens) und von Größe und Kombination von Da und Di:

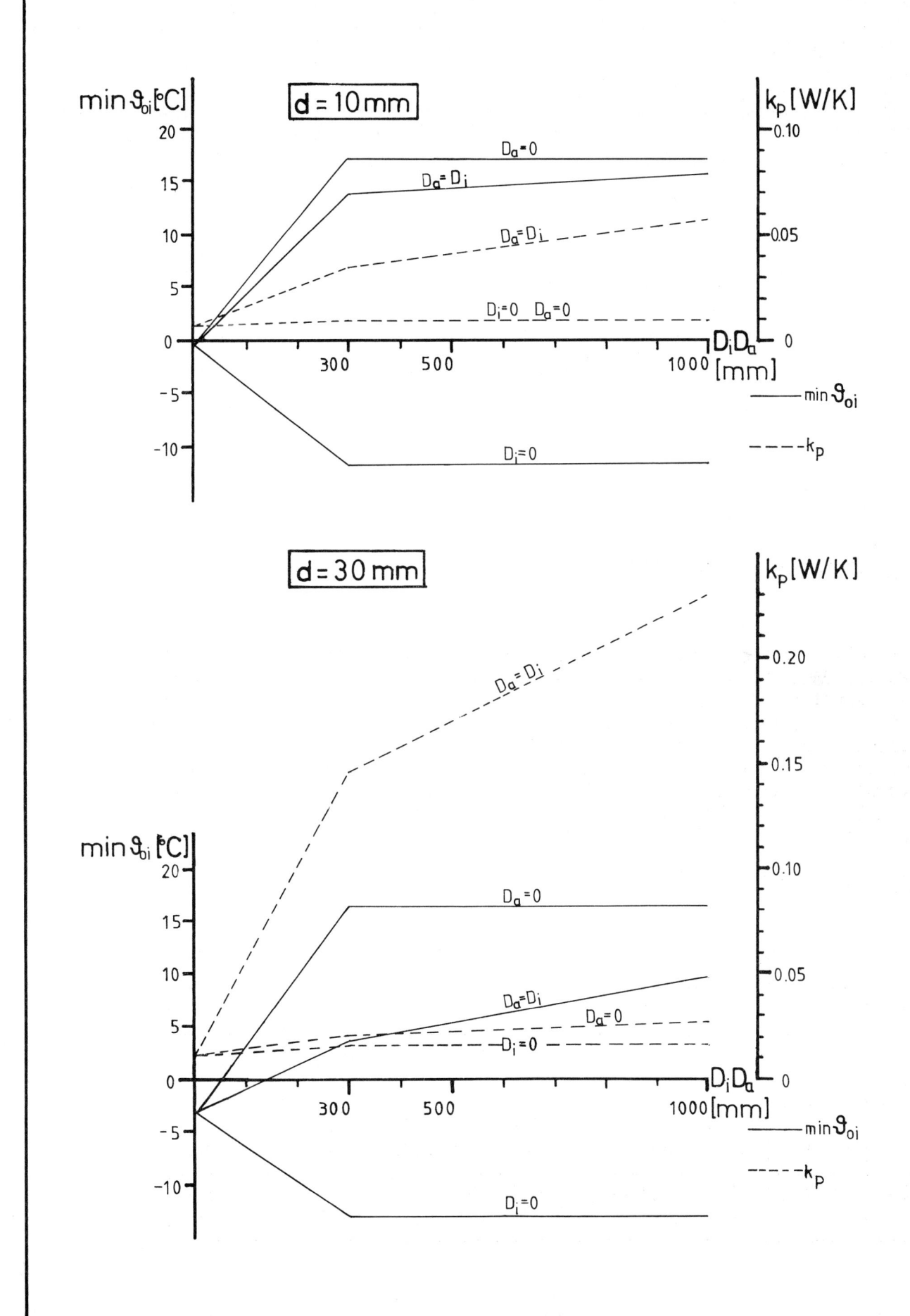

Diskussion:

An den - auf der vorhergehenden und den nächsten Seiten - graphisch dargestellten Ergebnissen ist Folgendes bemerkenswert:

Bei den Temperaturen macht sich der "Ausbreitungseffekt" (s. Seite 32) in drastischer Weise bemerkbar. Je größer die innere Metalloberfläche, um so höher ist dort die Mindesttemperatur. Ist außen keine "Abstrahlfläche" vorhanden, so sind die Innentemperaturen so hoch, daß Tauwasserbildung nicht zu befürchten ist. Auch die zusätzlichen Wärmeverluste sind dann gering. Ist dagegen eine äußere Oberfläche nennenswerter Größe vorhanden und innen nicht, so sind die Innentemperaturen an der Wärmebrücke extrem niedrig. Bei äußerer und innerer Metalloberfläche nehmen die Temperaturen Mittelwerte ein, die vor allem bei kleinerer innerer Fläche Tauwassergefahr bedingen. In diesen Fällen sind auch die zusätzlichen Wärmeverluste am größten. Sehr deutlich ist außerdem der Einfluß der Querschnittsgröße der Wärmebrücke (der Bolzen) erkennbar. Für Metallpaneels mit Innendämmung (Ausschäumung zwischen den Blechen o.ä.) läßt sich daraus folgern, daß im Bereich von Stegen oder dergleichen Temperaturen <<10°C und auch erhebliche Wärmeverluste entstehen.

Die Dicke s = 10 mm wurde deshalb überwiegend gewählt, weil damit stärkere Verbindungsmittel wie schwere Anker oder Walzprofile simuliert werden sollten. Die Vergleichsrechnung mit s = 1 mm zeigt, daß der Einfluß von s so groß nicht ist. Erwartungsgemäß treten an der Stelle der Wärmebrücke bei kleinem s niedrige Temperaturen auf, die aber schneller wieder ansteigen, da sich im dünnen Blech der "Ausbreitungseffekt" nicht im gleichen Maße auswirken kann wie in einem dicken.

Im folgenden sind nicht alle Isothermenfelder wiedergegeben, sondern nur diejenigen, die signifikante Verhältnisse verdeutlichen:

Seite 21 zeigt die typische Wirkung einer punktförmigen Wärmebrücke und zugleich den Einfluß ihrer Dicke d (ihres Querschnitts).

Seite 22 macht den enormen Unterschied zwischen Vorhandensein entweder einer äußeren oder einer inneren Metallabdeckfläche deutlich. Wie der Vergleich von Spalte 5 mit 4 und 7 mit 6 für d = 10 mm zeigt, wirkt sich die einseitige Vergrößerung von Di bzw. Da auf 1000 mm kaum aus. Die Wiedergabe der Isothermen, die Spalte 5 bzw. 7 entsprechen, erübrigt sich daher.

Seite 23 veranschaulicht die Verhältnisse bei Di = Da für d = 10 mm. Davon weichen Temperaturen und k_p-Werte für d = 30 mm doch merklich ab. Sie sind auf

Seite 24 dargestellt.
Die Wiedergabe der Spalte 4 und 5 entsprechenden Isothermen für d = 30 mm schien ebenfalls überflüssig, ihr Verlauf gleicht den Fällen d = 10 mm für Di = 0, Da = 300 mm und Di = Da = 300 mm.

Seite 25 zeigt jedoch zum Vergleich die der Spalte 10 entsprechenden Isothermenfelder für s = 1 mm.

BOLZEN durch Wärmedämmung						
Code	Art	Typ	Material	Dicke	Schicht	Ergebnis
Wärme-brücke	2.1 pktf. V.-Mittel		8.9.1 Bolzen 8.9.1 Rondelle	d=10 t= 0		$k = 0,45$ W/m²K $k_P = 0,01$ W/ K $\Delta A = 0,02$ m² $_{min}\vartheta = -0,3$ °C
unge-störte Bau-teile	2.2 Außenwand	1	5.6 Min.-Wolle	80		

Code	Art	Typ	Material	Dicke	Schicht	Ergebnis
Wärme-brücke	2.1 pktf. V.-Mittel		8.9.1 Bolzen 8.9.1 Rondelle	d=30 t= 0		$k = 0,45$ W/m²K $k_P = 0,01$ W/ K $\Delta A = 0,03$ m² $_{min}\vartheta = -3,3$ °C
unge-störte Bau-teile	2.2 Außenwand	1	5.6 Min.-Wolle	80		

BOLZEN durch Wärmedämmung						
Code	Art	Typ	Material	Dicke	Schicht	Ergebnis
Wärme-brücke	2.1 pktf. V.-Mittel		8.9.1 Bolzen 8.9.1 Rondelle	d=10 t=10		k = 0,45 W/m²K k_P = 0,01 W/ K ΔA = 0,02 m² $\min\vartheta$ = -11,8 °C
unge-störte Bau-teile	2.2 Außenwand	1	5.6 Min.-Wolle	80		
Code	Art	Typ	Material	Dicke	Schicht	Ergebnis
Wärme-brücke	2.1 pktf. V.-Mittel		8.9.1 Bolzen 8.9.1 Rondelle	d=10 t=10		k = 0,45 W/m²K k_P = 0,01 W/ K ΔA = 0,01 m² $\min\vartheta$ = 17,1 °C
unge-störte Bau-teile	2.2 Außenwand	1	5.6 Min.-Wolle	80		

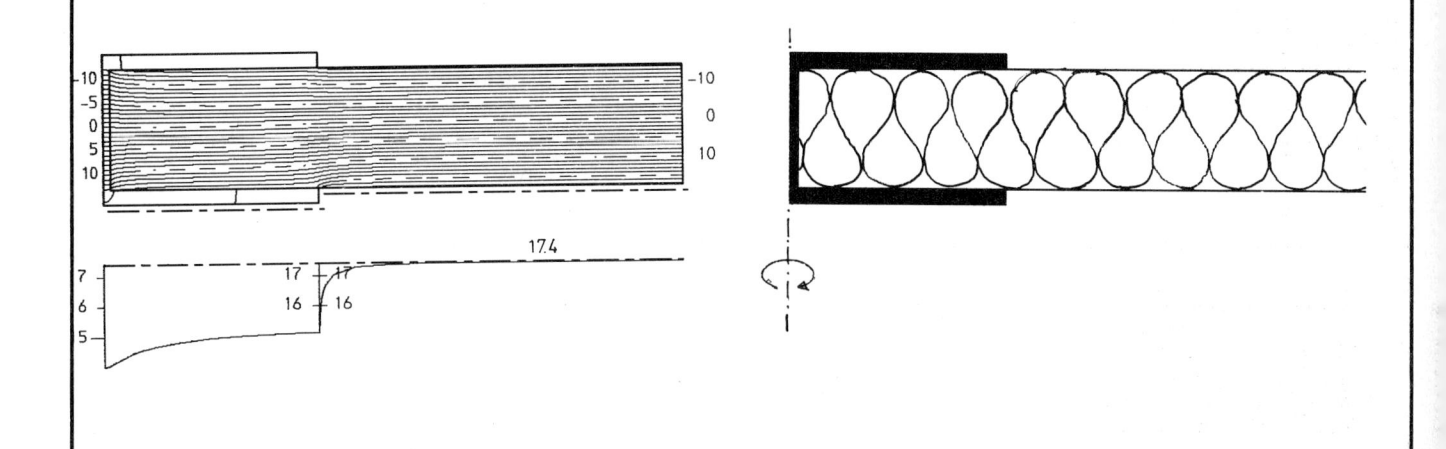

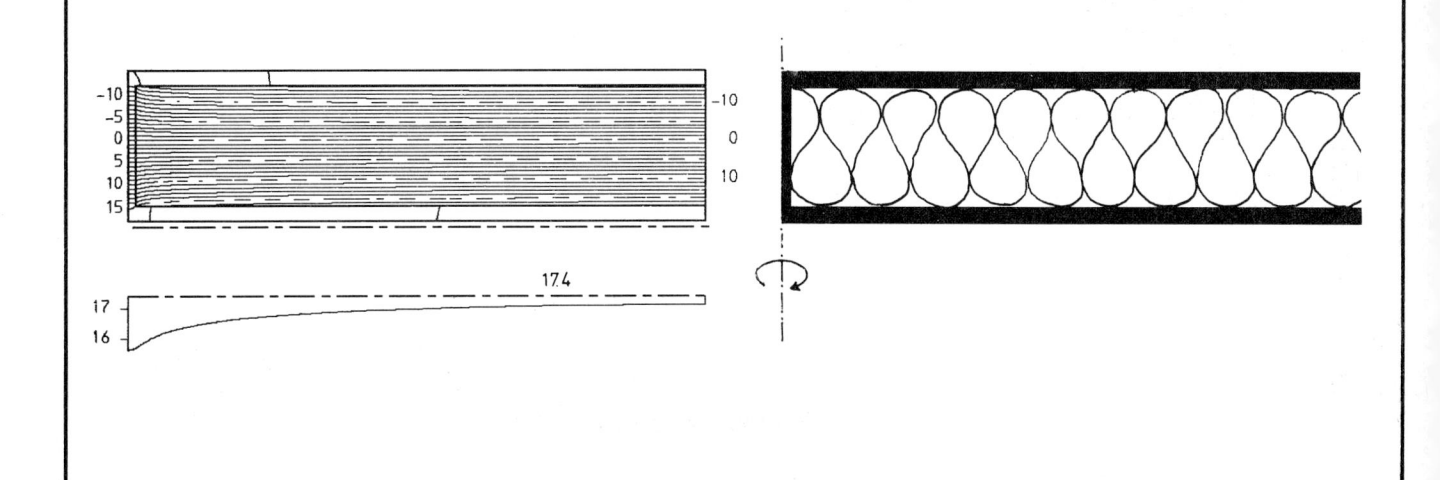

BOLZEN durch Wärmedämmung

Code	Art	Typ	Material	Dicke	Schicht	Ergebnis
Wärme-brücke	2.1 pktf. V.-Mittel		8.9.1 Bolzen 8.9.1 Rondelle	d=10 t=10		k = 0,45 W/m²K k_p = 0,04 W/ K ΔA = 0,08 m² $\min \vartheta$ = 13,0 °C
unge-störte Bau-teile	2.2 Außenwand	1	5.6 Min.-Wolle	80		

Code	Art	Typ	Material	Dicke	Schicht	Ergebnis
Wärme-brücke	2.1 pktf. V.-Mittel		8.9.1 Bolzen 8.9.1 Rondelle	d=10 t=10		k = 0,45 W/m²K k_p = 0,05 W/ K ΔA = 0,10 m² $\min \vartheta$ = 15,6 °C
unge-störte Bau-teile	2.2 Außenwand	1	5.6 Min.-Wolle	80		

BOLZEN durch Wärmedämmung

Code	Art	Typ	Material	Dicke	Schicht	Ergebnis
Wärme-brücke	2.1 pktf. V.-Mittel		8.9.1 Bolzen 8.9.1 Rondelle	d=30 t=10		$k = 0{,}45$ W/m²K $k_P = 0{,}15$ W/ K $\Delta A = 0{,}33$ m² $\min\vartheta = 3{,}7$ °C
unge-störte Bau-teile	2.2 Außenwand	1	5.6 Min.-Wolle	80		

Code	Art	Typ	Material	Dicke	Schicht	Ergebnis
Wärme-brücke	2.1 pktf. V.-Mittel		8.9.1 Bolzen 8.9.1 Rondelle	d=30 t=10		$k = 0{,}45$ W/m²K $k_P = 0{,}23$ W/ K $\Delta A = 0{,}52$ m² $\min\vartheta = 9{,}1$ °C
unge-störte Bau-teile	2.2 Außenwand	1	5.6 Min.-Wolle	80		

BOLZEN durch Wärmedämmung

Code	Art	Typ	Material	Dicke	Schicht	Ergebnis
Wärme-brücke	2.1 pktf. V.-Mittel		8.9.1 Bolzen 8.9.1 Rondelle	d=10 t= 1		$k = 0{,}45$ W/m²K $k_P = 0{,}01$ W/ K $\Delta A = 0{,}02$ m² $\min \vartheta = 15{,}6$ °C
unge-störte Bau-teile	2.2 Außenwand	1	5.6 Min.-Wolle	80		

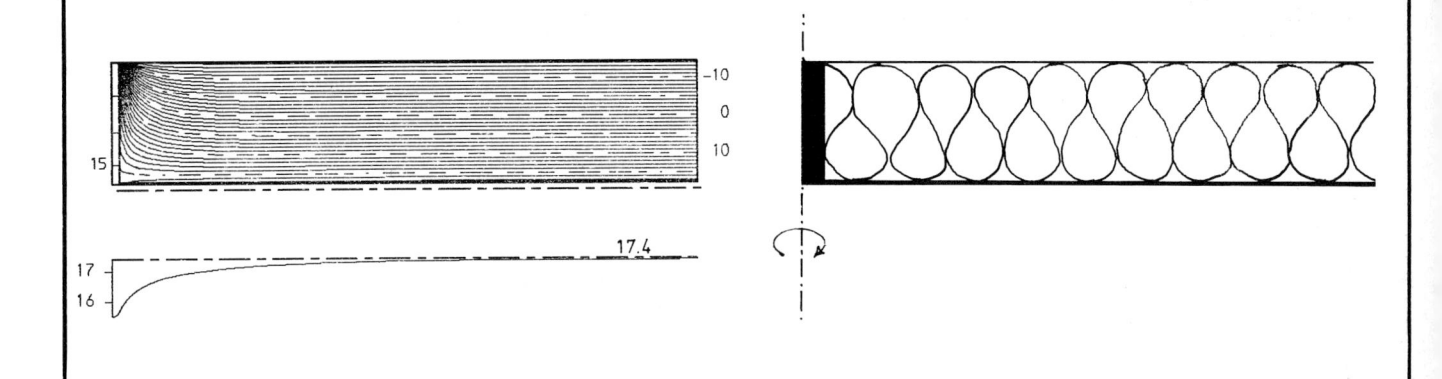

Code	Art	Typ	Material	Dicke	Schicht	Ergebnis
Wärme-brücke	2.1 pktf. V.-Mittel		8.9.1 Bolzen 8.9.1 Rondelle	d=30 t= 1		$k = 0{,}45$ W/m²K $k_P = 0{,}02$ W/ K $\Delta A = 0{,}05$ m² $\min \vartheta = 13{,}1$ °C
unge-störte Bau-teile	2.2 Außenwand	1	5.6 Min.-Wolle	80		

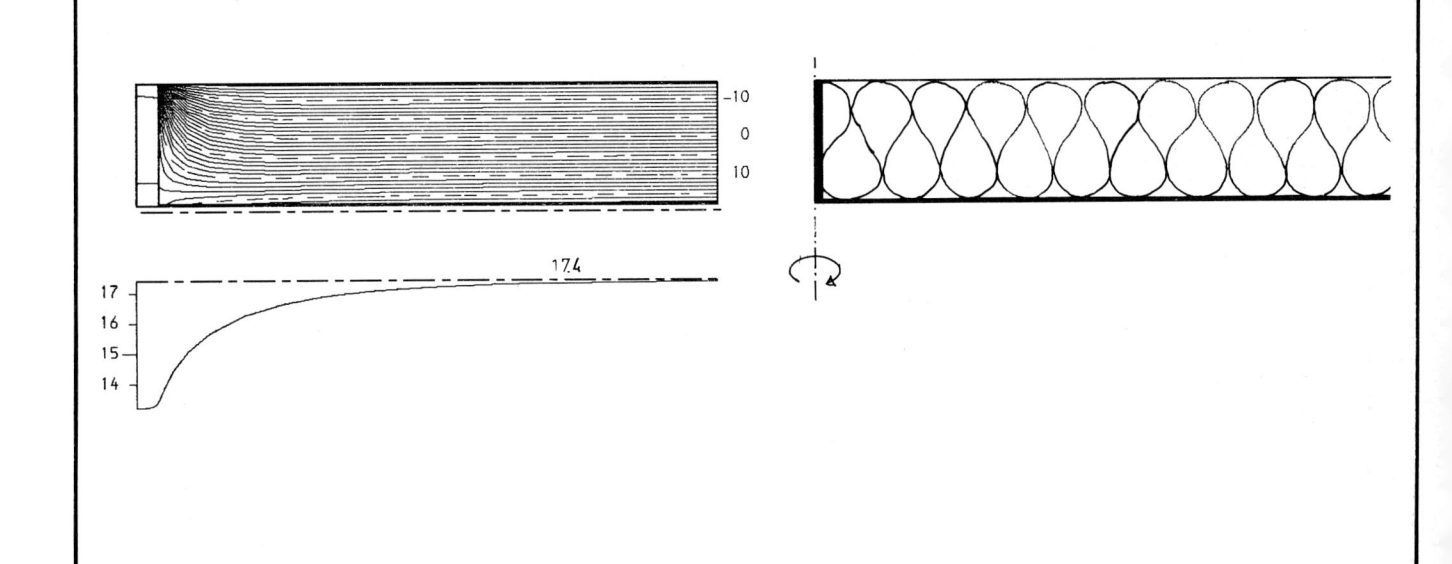

BOLZEN durch Wärmedämmung							
Code	Art	Typ	Material	Dicke	Schicht	\multicolumn{2}{l	}{Ergebnis}
Wärme-brücke	2.1 pktf. V.-Mittel		8.9.1 Stahlbolzen 8.9.1 Rondellen t=1	d= 10 D=100	0 1	k =	0,58 W/m²K
unge-störte Bauteile	2.2 Außenwand	1	5.6 Min.-Wolle	60	2	k_p = ΔA = min ϑ =	0,01 W / K 0,02 m² -2,7 °C

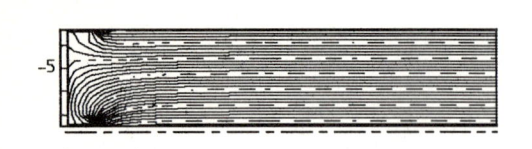

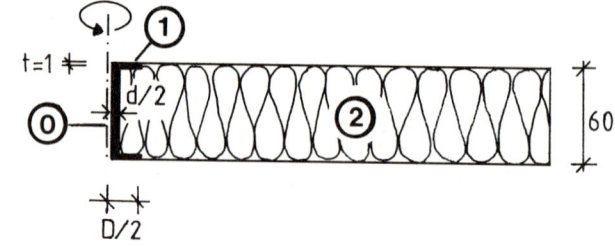

Erläuterung:
Im Unterschied zu den vorangegangenen Seiten ist hier ein Stahlbolzen vom Durchmesser d = 10 mm mit einer tellerförmigen Rondelle innen und außen vom veränderlichen Durchmesser D und mit veränderlicher Dicke t (hier t = 1 mm) dargestellt, der eine Wärmedämmschicht von 60 mm durchdringt.

Parametervariation. Parameter: Durchmesser der Rondellen D
Dicke der Rondellen   t
Material des Bolzens und der Rondellen

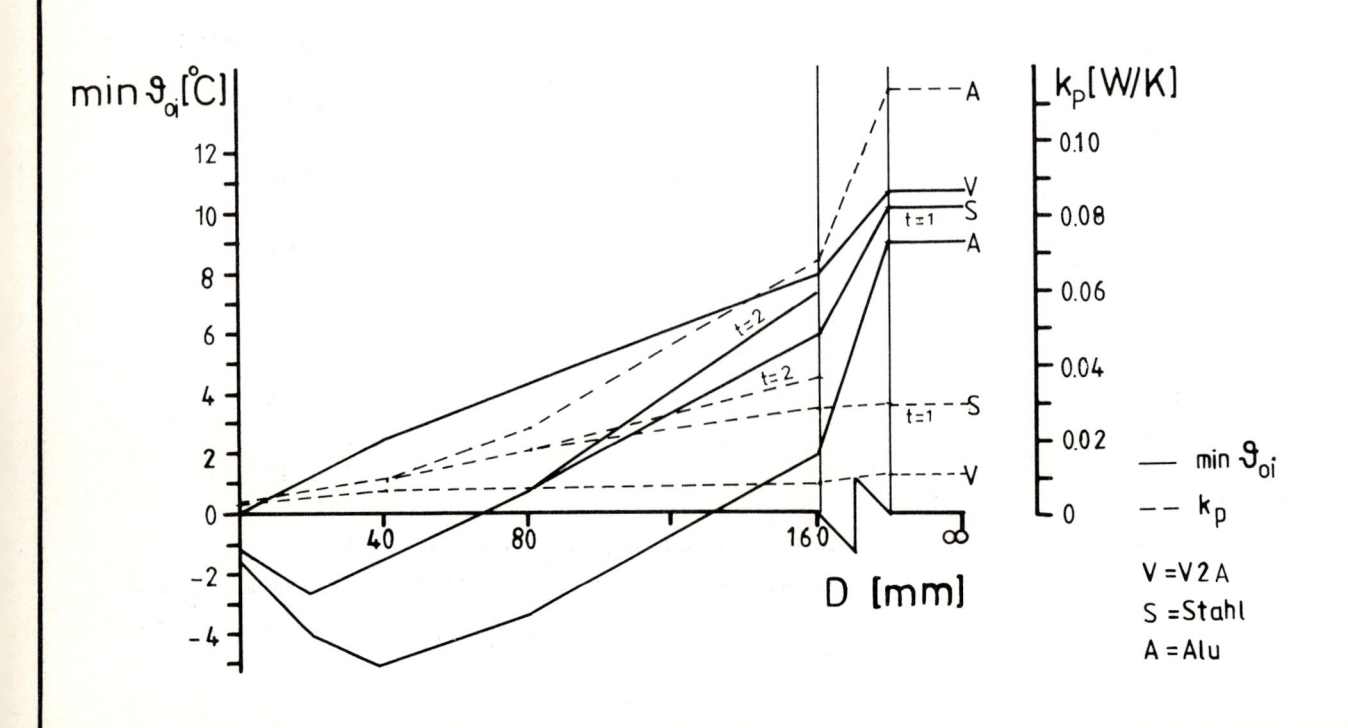

V = V2A
S = Stahl
A = Alu

— min ϑ_{oi}
-- k_p

BOLZEN Paneel mit Asbestzementplattenbekleidung							Ergebnis
Code	Art	Typ	Material	Dicke	Schicht	
Wärme- brücke	2.1 pktf. V.-Mittel		8.9.1 Stahl	d=10	0	$k = 0{,}58$ W/m²K $k_P = 0{,}007$ W / K
unge- störte Bau- teile	2.2 Außenwand	3s	3.1 AZ-Platte 5.6 Min.-Wolle 3.1 AZ-Platte	8 60 8	1 2 3	$\Delta A = 0{,}012$ m² $\min\vartheta = 1{,}0$ °C

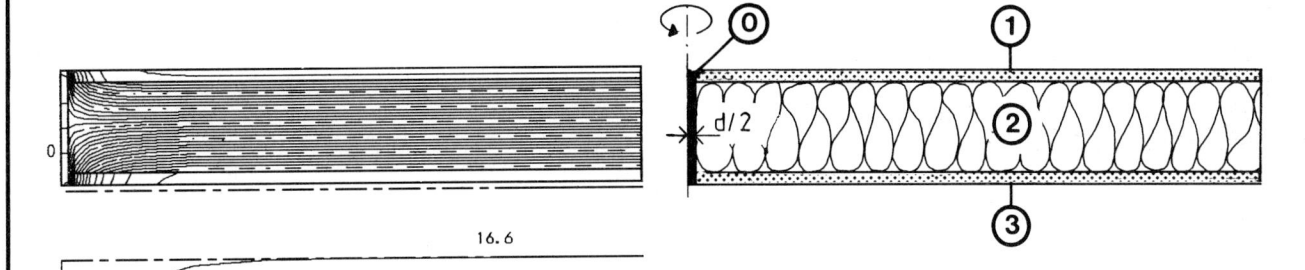

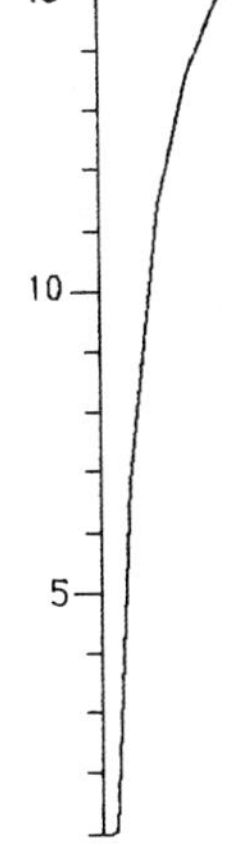

Erläuterung:
Hier ist ein Paneel mit Außenschichten aus Asbestzement dargestellt, in dem ein Rundstahl eine Wärmebrücke bildet. Dieser kann auch mit tellerförmigen Rondellen vom Durchmesser D und mit der Materialdicke t versehen sein (siehe Seite 26) Nachstehendes Diagramm läßt erkennen, daß das vergleichsweise gut dämmende Paneel durch eine solche Wärmebrücke sehr erheblich beeinflußt wird. Die innere Oberflächentemperatur sinkt u.U. unter 0° C ab.
Wie die Parametervariation auf Seite 26 erkennen läßt, führt eine Vergrößerung des Rondellendurchmessers D und seiner Materialdicke t überwiegend zwar zu günstigeren Werten von $\min\vartheta_{0i}$, dabei aber auch zu höheren Wärmeverlusten.

<u>Parametervariation.</u>   Parameter: Durchmesser des Bolzens   d
                          Material des Bolzens: Stahl   S
                                                Edelstahl V

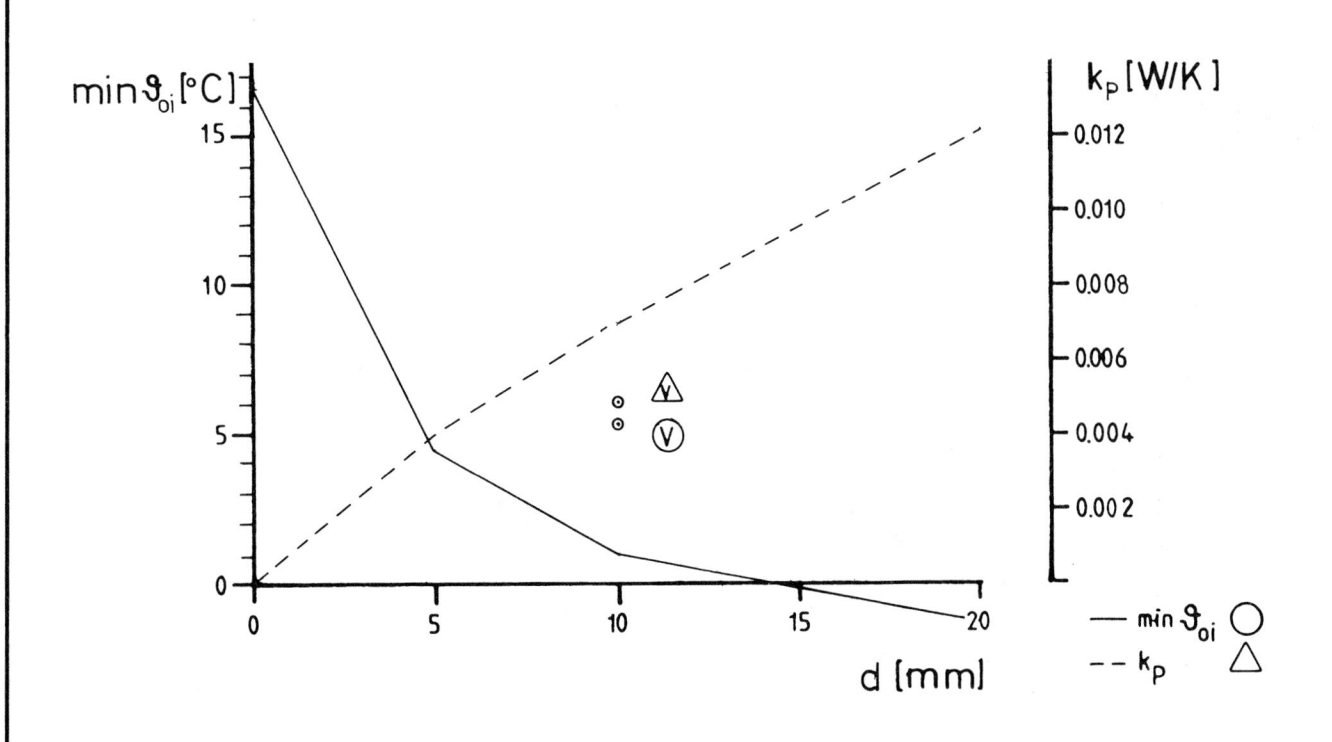

BOLZEN Paneel mit Spanplattenbekleidung						Ergebnis
Code	Art	Typ	Material	Dicke	Schicht	
Wärme-brücke	2.1 pktf. V.-Mittel		8.9.1 Stahl	d=10	0	$k = 0{,}51$ W/m²K
unge-störte Bau-teile	2.2 Außenwand	3s	6.2.2 Spanpl. 5.6 Min.-Wolle 6.2.2 Spanplatte	16 60 16	1 2 3	$k_P = 0{,}004$ W / K $\Delta A = 0{,}008$ m² $\min \vartheta = 0{,}5$ °C

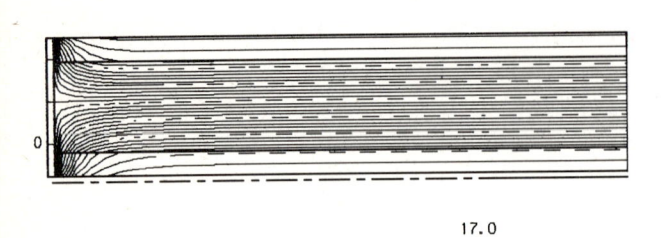

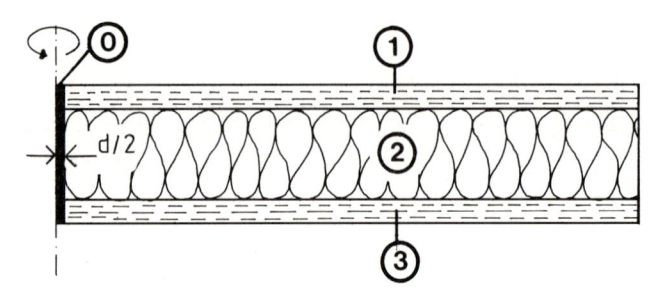

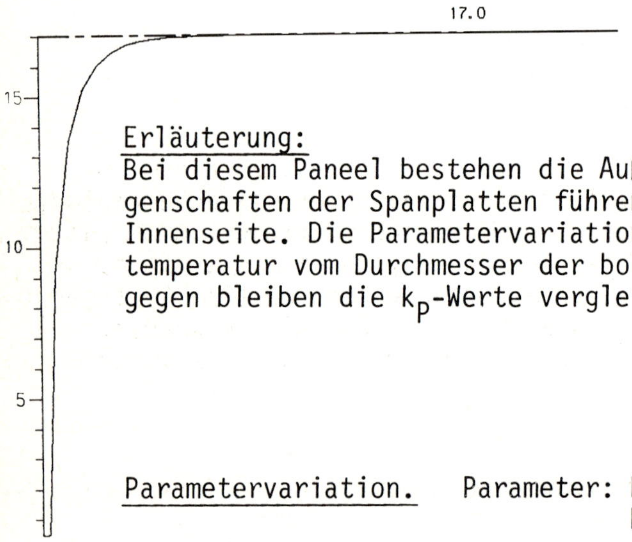

Erläuterung:
Bei diesem Paneel bestehen die Außenschichten aus Spanplatten. Die Dämmeigenschaften der Spanplatten führen zu starker Temperaturabsenkung auf der Innenseite. Die Parametervariation zeigt, wie stark die innere Oberflächentemperatur vom Durchmesser der bolzenförmigen Wärmebrücke abhängig ist. Dagegen bleiben die k_P-Werte vergleichsweise gering.

Parametervariation.   Parameter: Durchmesser des Bolzens   d
                      Material des Bolzens: Stahl   S
                                            Edelstahl   V

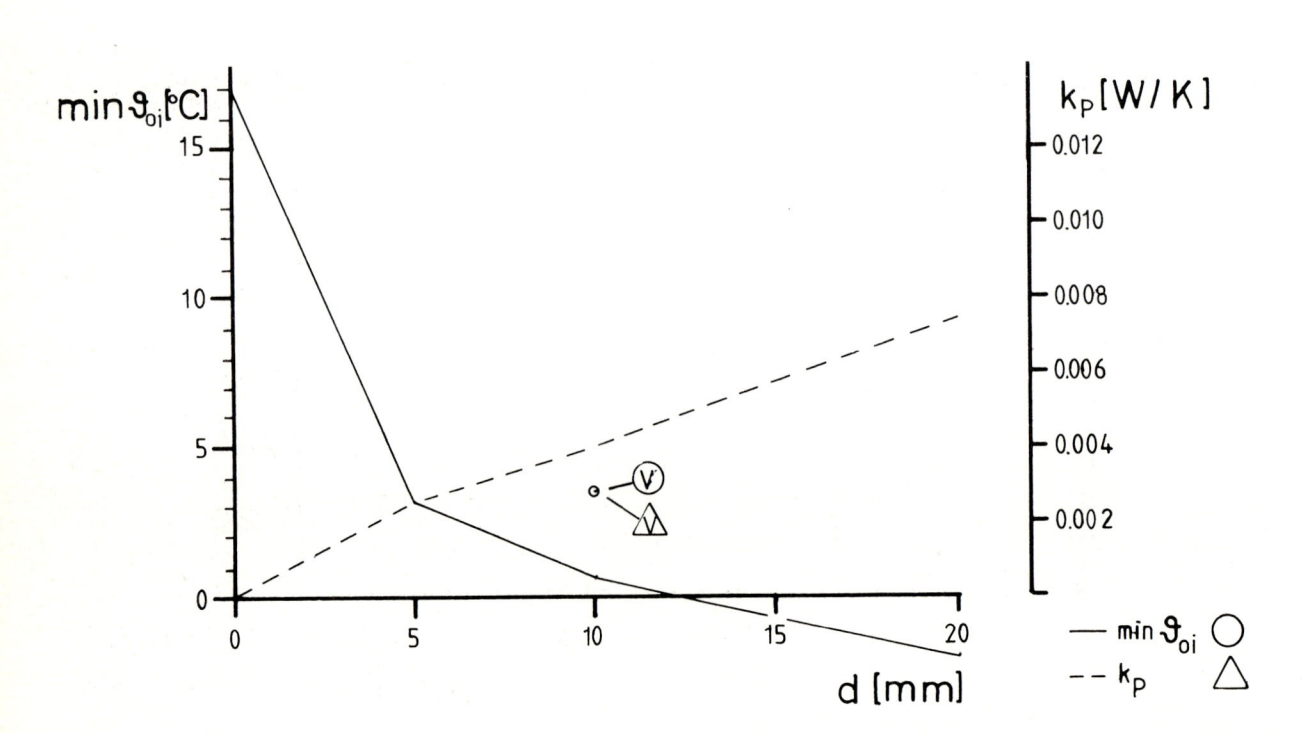

BOLZEN Paneel mit Stahlblechbekleidung						
Code	Art	Typ	Material	Dicke	Schicht	Ergebnis
Wärme-brücke	2.1 pktf. V.-Mittel		8.9.1 Stahl	d=10	0	$k = 0{,}59$ W/m²K
unge-störte Bau-teile	2.2 Außenwand	3s	8.9.1 Stahl 5.6 Min.-Wolle 8.9.1 Stahl	1 60 1	1 2 3	$k_P = 0{,}030$ W / K $\Delta A = 0{,}051$ m² $\min \vartheta = 7{,}4$ °C

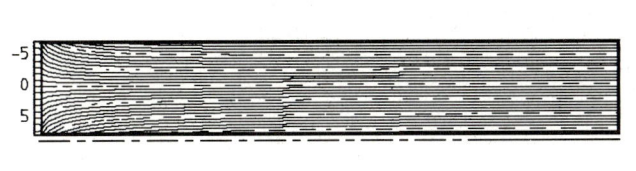

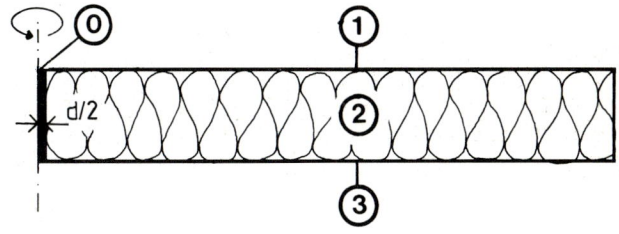

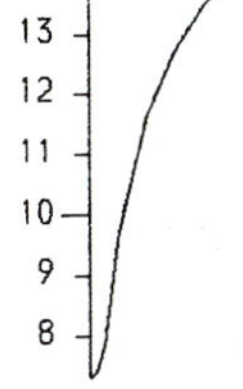

Erläuterung:
Hier wird ein Paneel mit Außenschichten aus Stahl behandelt. Man erkennt zunächst, daß die innenseitige, durch die bolzenförmige Wärmebrücke bedingte Temperaturabsenkung geringer ist als bei der Wärmebrücke mit Außenschichten aus Asbestzement, weil Stahl den Wärmefluß in Querrichtung und damit den Temperaturausgleich erleichtert. Die angefügte Parametervariation läßt den Einfluß des Bolzendurchmessers und des Bolzenmaterials deutlich werden. Letzteres wurde allerdings (mit Edelstahl) nur für d = 10 mm untersucht.

Parametervariation.   Parameter: Durchmesser des Bolzens   d
                                Material des Bolzens Stahl   S
                                                     Edelstahl V

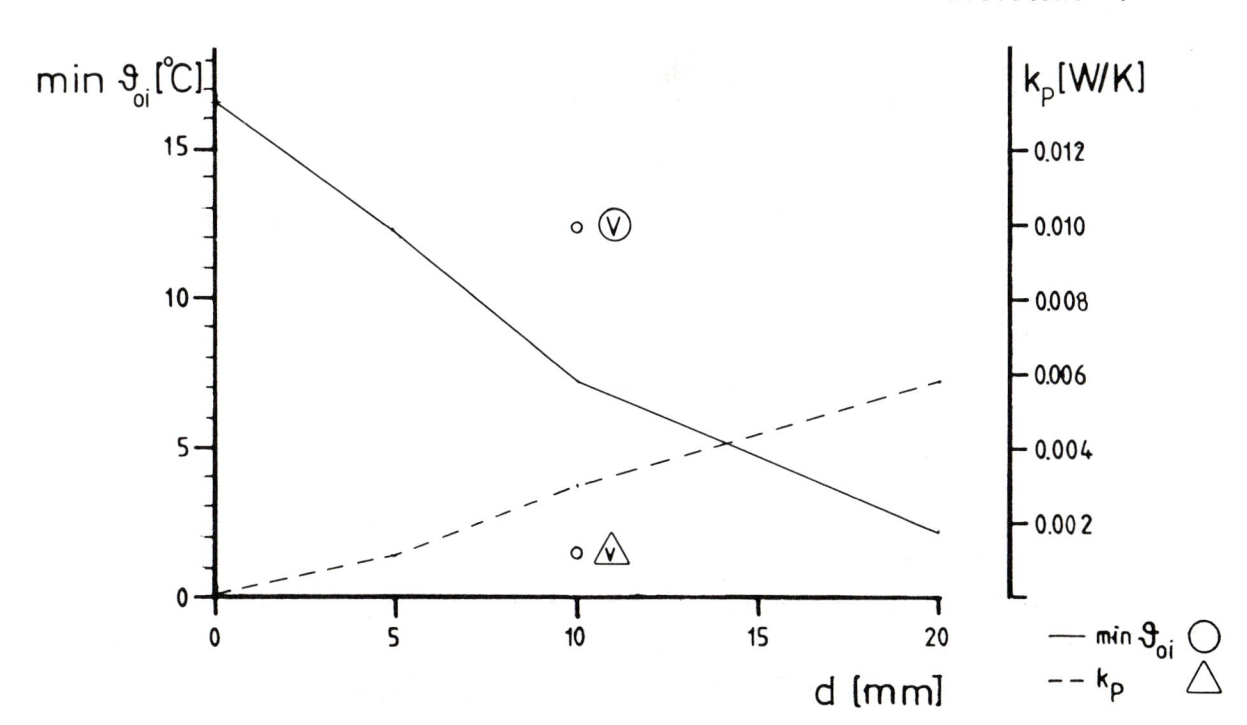

BOLZEN Paneel mit Aluminiumblechbekleidung

Code	Art	Typ	Material	Dicke	Schicht
Wärme-brücke	2.1 pktf. V.-Mittel		8.9.3 Alu	d=10	0
unge-störte Bau-teile	2.2 Außenwand	3s	8.9.3 Alu 5.6 Min.-Wolle 8.9.3 Alu	2 60 2	1 2 3

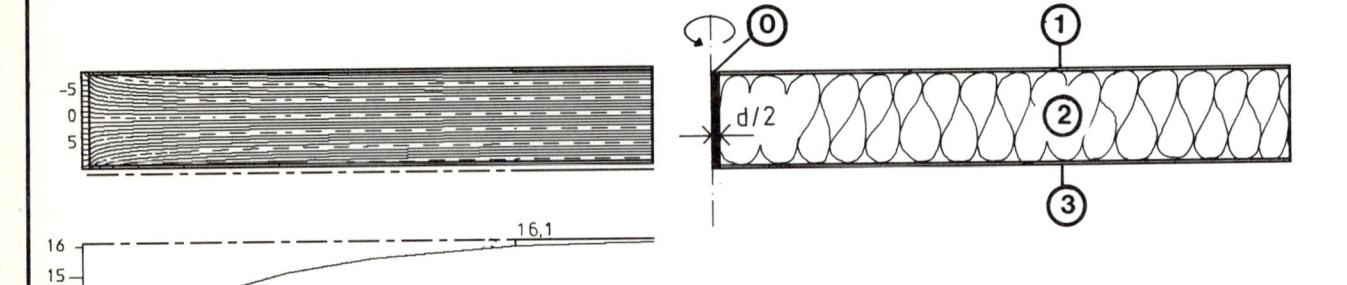

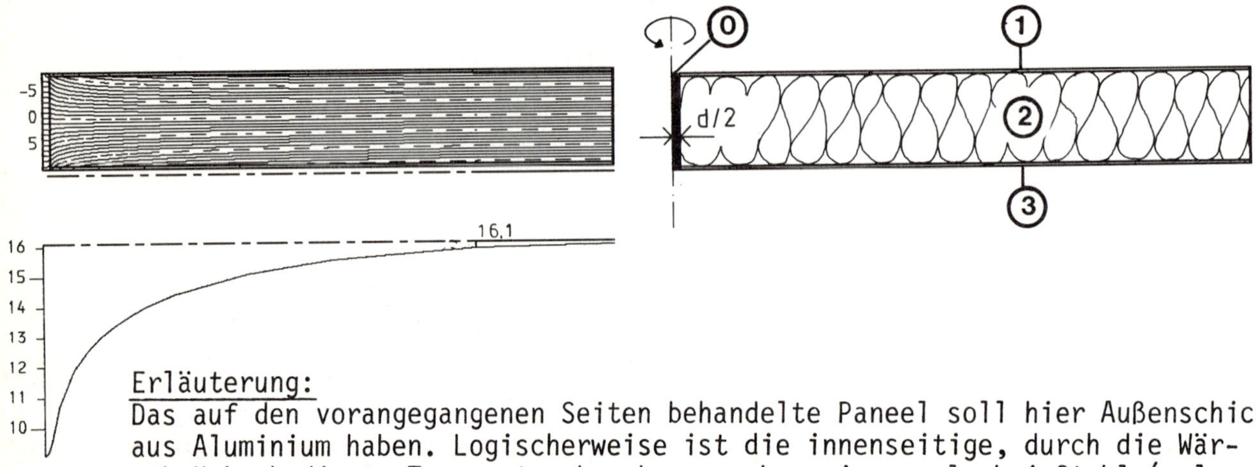

Ergebnis

k = 0,59 W/m²K
k_p = 0,054 W / K
ΔA = 0,08 m²
min ϑ = 9,0 °C

Erläuterung:
Das auf den vorangegangenen Seiten behandelte Paneel soll hier Außenschichten aus Aluminium haben. Logischerweise ist die innenseitige, durch die Wärmebrücke bedingte Temperaturabsenkung noch geringer als bei Stahl (vgl. Seite 26).
Die angefügte Parametervariation bestätigt die in den vorangehenden Seiten gefundenen Tendenzen. Die hohe Leitfähigkeit von Aluminium führt zu den vergleichsweise geringsten Temperaturabsenkungen und zu den höchsten Wärmeverlusten.

Parametervariation.   Parameter: Durchmesser des Bolzens   d
                     Material des Bolzens: Stahl   S
                                           Edelstahl V
                                           Aluminium ALU

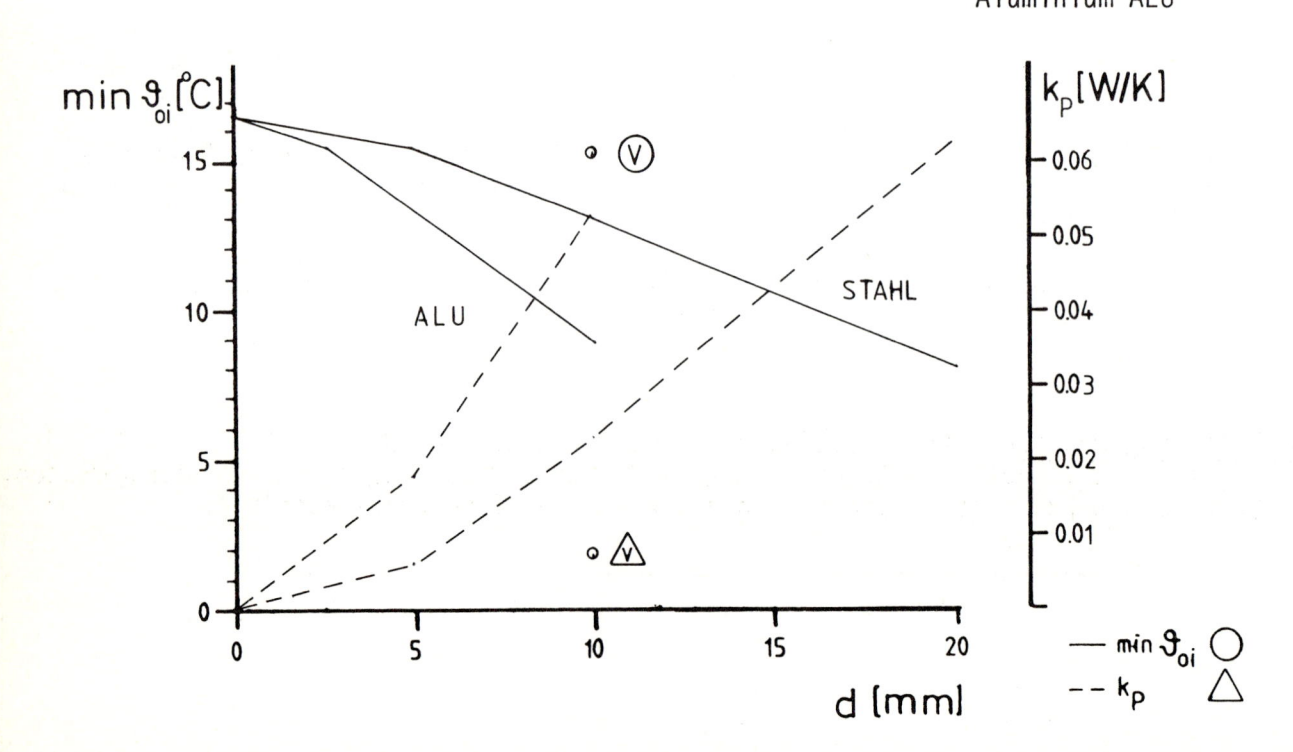

MONTAGEHALTER Mantelbeton						
Code	Art	Typ	Material	Dicke	Schicht	Ergebnis
Wärme-brücke	2.1 pktf. V.-Mittel		8.9.1 Stahl	5	0	$k = 0{,}80$ W/m²K
unge-störte Bau-teile	2.2 Außenwand	2n	1.1 Mörtel 5.1 HWL-Platte 5.5.1 PS-Schaum 5.1 HWL-Platte 2.1 Beton 3.5 GK-Platte	15 10 30 10 150 25	1 2 3 4 5 6	$k_p = 0{,}01$ W / K $\Delta A = 0{,}01$ m² $\min \vartheta = 12{,}2$ °C

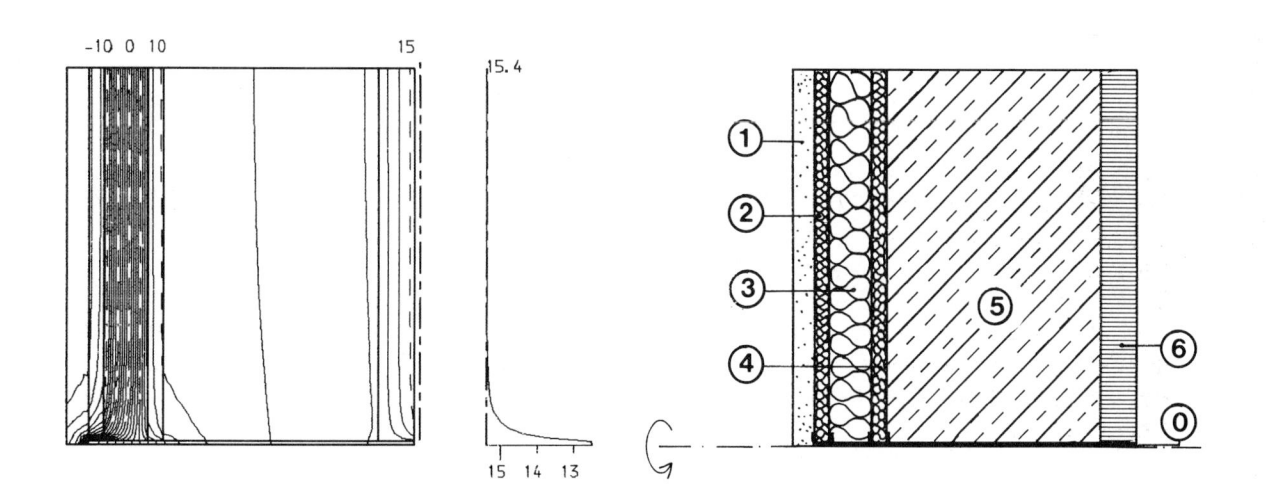

Erläuterung:
Die zur Montage und zur Aufnahme des Frischbetondruckes erforderlichen Drahtanker vermindern die innere Oberflächentemperatur um 3 K, jedoch ist der Einflußbereich klein und es besteht keine Tauwassergefahr.

Der Einfluß von auf die Anker aufgeschweißten Querstäben, die die Einzelplatten in ihrer Planlage halten sollen, ist vernachlässigbar.

Verbesserungsmöglichkeit: Ausbildung der Halterung aus Kunststoff
  Aus Kunststoff ausgeführte Halterungen, die den Frischbetondruck aufnehmen müssen, verursachen keine Temperaturerniedrigung auf der Innenoberfläche.

ANKERSTÄBE Beton-Sandwich-Konstruktion: "Ausbreitungseffekt"							
Code	Art	Typ	Material		Dicke	Schicht	E r g e b n i s
Wärme-brücke	2.1 pktf. V.-Mittel		8.9.1	Stahl	d= 10 D= 80	0	$k = 0{,}48$ W/m²K $k_P = 0{,}01$ W / K
unge-störte Bau-teile	2.2 Außenwand	3s	2.1 5.6 2.1	Beton Min.-Wolle Beton	60 60 140	1 2 3	$\Delta A = 0{,}02$ m² $\min \vartheta = 15{,}8$ °C

Erläuterung:
Hier handelt es sich um eine bolzenförmige Verbindung aus verschiedenen Materialien und mit variiertem Bolzendurchmesser d zwischen den beiden Betonschalen einer Sandwich-Platte, wobei der Bolzen beidseits einen tellerförmigen Abschluß mit dem Durchmesser D = 200 mm, bzw. - ohne Teller - variable Länge haben kann.

Im letzteren Fall wird die Bolzenlänge beschrieben durch den Abstand ü des Bolzenendes von der jeweiligen Betonoberfläche bzw. durch das Verhältnis von ü zur Dicke s der jeweiligen Betonschale. Es bedeutet mithin:
  ü/s = 0 : der Bolzen reicht von der inneren zur äußeren Betonoberfläche
  ü/s = 1 : der Bolzen durchdringt nur die Dämmschicht.

Auf der folgenden Seite werden die Parameter: Material, ü/s, d und die Dicke s_D der Dämmschicht variiert. Man erkennt allenfalls, daß die günstigsten Verhältnisse entstehen, wenn der Anker schon im Betoninneren endet, d.h. wenn ü/s möglichst groß ist. V4A - Stahl wird wohl ohnedies immer verwendet werden.

Obige Anordnung ist theoretisches Modell für verschiedenste metallische Anker, Verbindungsmittel etc.. Man sieht aber, daß die Temperaturerniedrigung an der Innenseite gering ist. Das liegt an der Wärmeleitfähigkeit der Betonschalen, die der Wärmebrücke innen Wärme aus einem größeren Bereich zuführt und sie außen auch wieder über einen größeren Bereich ableitet und dadurch ausgleichend auf die Temperaturen wirkt. Dieser bei allen leitfähigen inneren Schichten auftretende Sachverhalt wird "Ausbreitungseffekt" genannt.

Was die Darstellung auf der folgenden Seite oben anbetrifft, so ergibt sich der polygonale Verlauf daraus, daß nur einige Zwischenpunkte gerechnet wurden. Tatsächlich müßten natürlich stetige Kurven entstehen. Bei der Abbildung unten muß man im Auge behalten, daß k_p die zusätzliche, infolge der Störung abfließende Wärme beschreibt. Zwar verschwindet bei $s_D=0$ der Störeinfluß, aber der Wärmeverlust im "ungestörten Bereich" ist eben schon extrem hoch.

Parametervariation. Parameter: rel. Betonüberdeckung ü/s der Ankerenden ohne Teller bzw. Tellerdurchmesser D
Material und Durchmesser d des Ankers

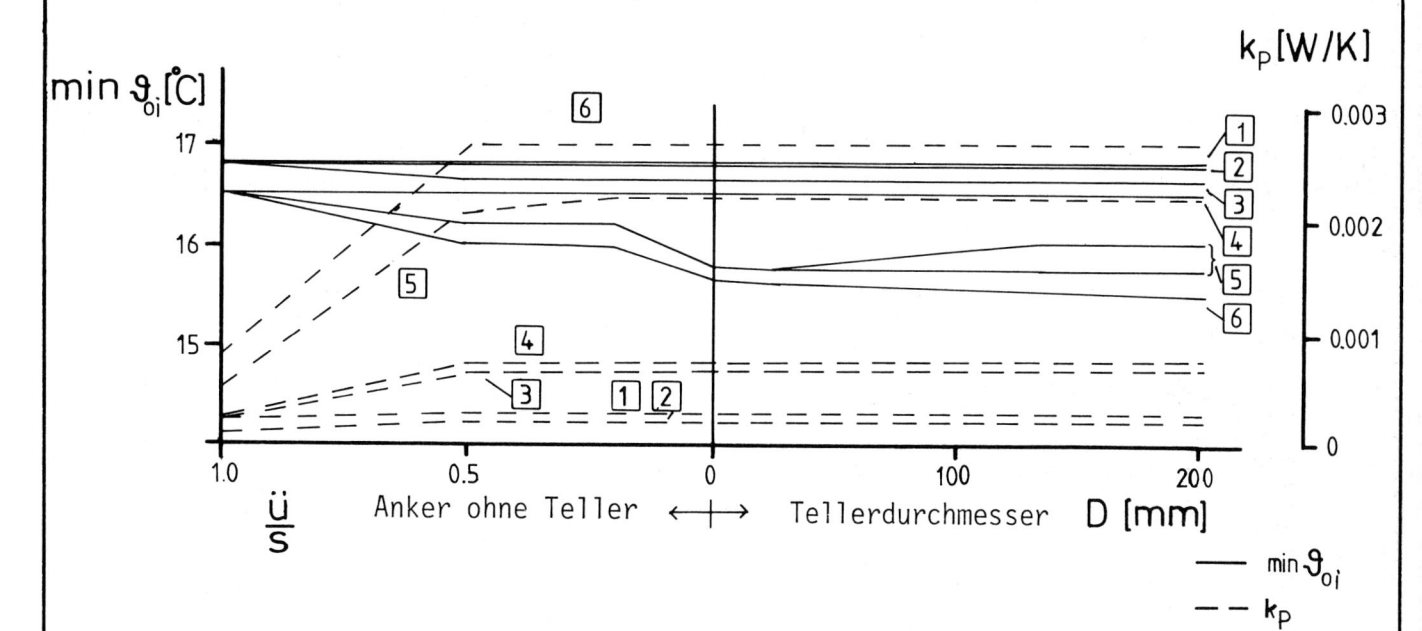

[Diagramm: $\min \vartheta_{oi}$ [°C] und k_P [W/K] über ü/s bzw. D [mm]]

— $\min \vartheta_{oi}$
-- k_P

| 1 | V4A | d = 10 mm | 2 | Stahl | d = 5 mm | 3 | Alu | d = 5 mm |
| 4 | Stahl | d = 10 mm | 5 | Alu | d = 10 mm | 6 | Stahl | d = 20 mm |

Parametervariation. Parameter: Dicke der Wärmedämmschicht s_D
Ausbildung des Ankers

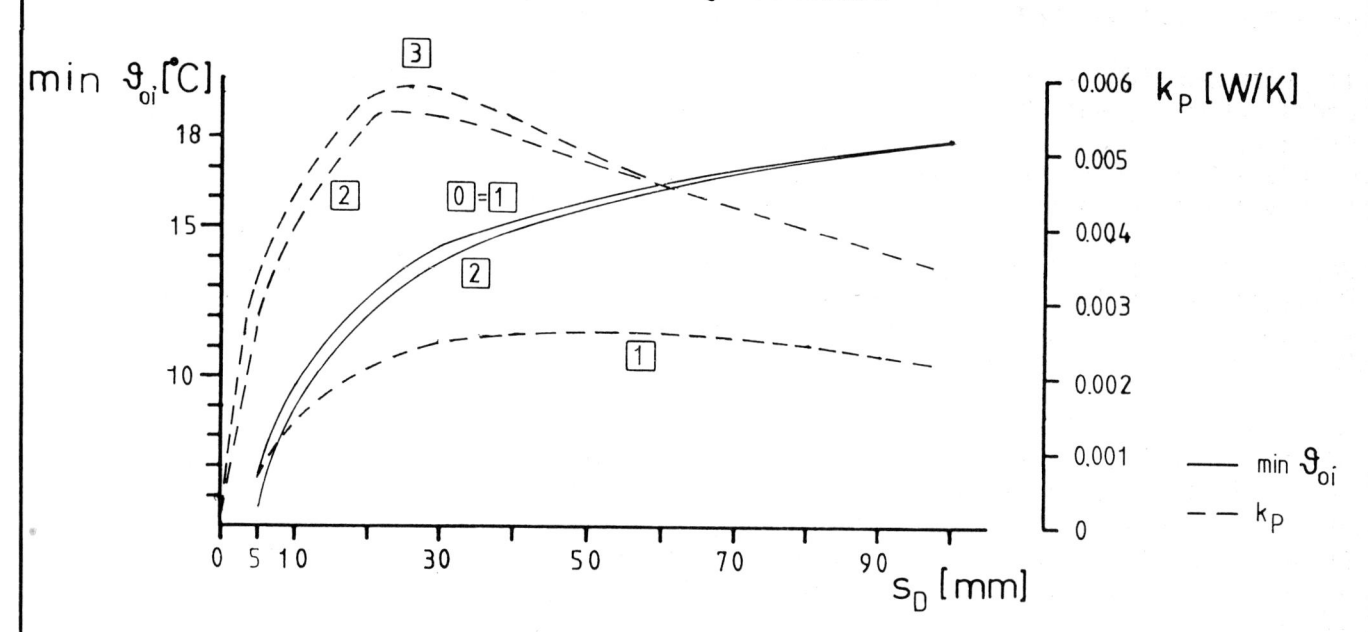

[Diagramm: $\min \vartheta_{oi}$ [°C] und k_P [W/K] über s_D [mm]]

— $\min \vartheta_{oi}$
-- k_P

Ausbildung des Stahlankers d = 10 mm:

[0] ohne Anker   [1] ü/s = 1

[2] ü/s = 0   [2] mit Teller D = 100 mm

BEFESTIGUNG FÜR DÄMMUNG			Hinterlüftete Fassade			
Code	Art	Typ	Material	Dicke	Schicht	Ergebnis
Wärme-brücke	2.1 pktf. V.-Mittel		8.9.1 Stahl	5	0	k = 0,635 W/m²K
unge-störte Bau-teile	2.2 Außenwand	3h	Außenschale 5.6 Min.-Wolle 040 4.2 KS 1400	 40 240	1 2 3	$k_p =$ W / K $\Delta A =$ m² $min\vartheta = 16,3$ °C

Erläuterung:

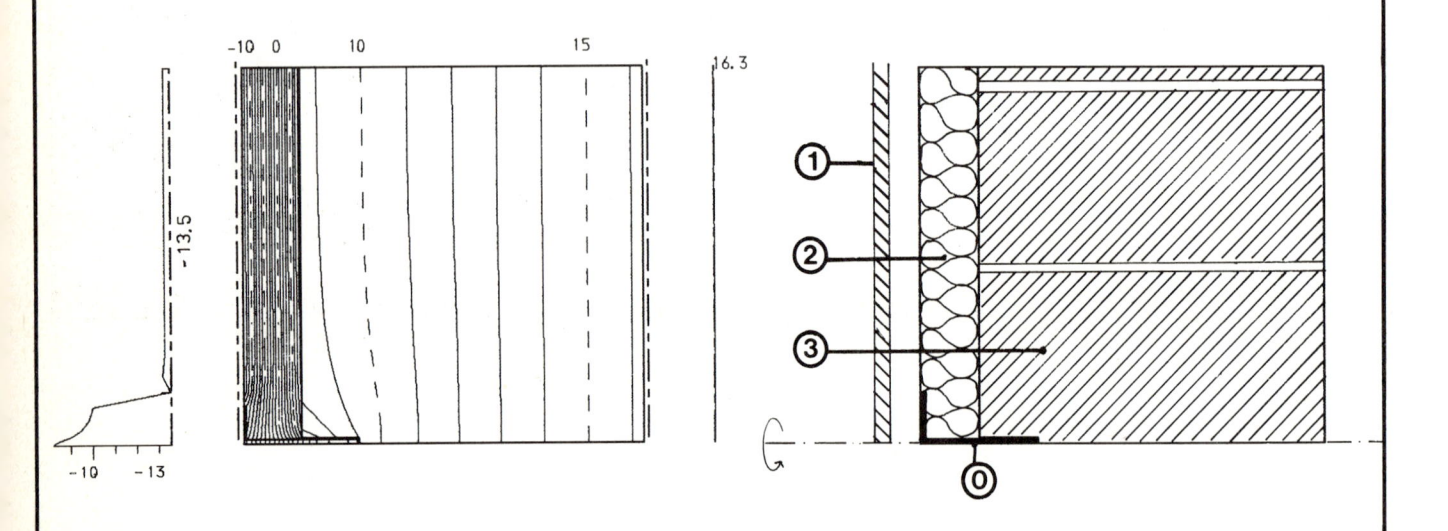

Metallische Befestigungsmittel in der äußeren Wärmedämmung haben keinen Einfluß auf die innere Oberflächentemperatur. Lediglich die Temperatur im Bereich der Ankerplatte im Lufthohlraum wird leicht angehoben. Die dadurch entstehenden zusätzlichen Wärme-verluste sind vernachlässigbar.

Anmerkungen:
Bei Kopfplatte aus Kunststoff:
    Im Bereich des Lufthohlraumes steigt die Temperatur am Haltestift auf 0°C an, fällt dann aber sehr schnell auf die ungestörte Nachbartemperatur ab.
Bei Haltekonstruktion aus Kunststoff:
    Die Temperatur im Lufthohlraum steigt im Bereich der Halterung um lediglich 1 K an. Dieser Einfluß ist vernachlässigbar.

ABSTANDSHALTER hinterlüftete Schale						
Code	Art	Typ	Material	Dicke	Schicht	E r g e b n i s
Wärme-brücke	2.1 pktf. V.-Mittel		8.9.1 Stahl d = D_F=	20 120	0	k = 0,58 W/m²K k_p = 0,08 W / K
unge-störte Bau-teile	2.2 Außenwand oder 6.1 Dach	3h	8.9.1 Stahlblech 5.6 Min.-Wolle 2.1 Beton	1 60 140	1 2 3	ΔA = 0,12 m² $min \vartheta$ = 13,5 °C

Erläuterung:
Im obigen Fall handelt es sich um die punktförmige Befestigung einer Außenbekleidung aus Stahlblech, bei der im Bereich der Fußplatte die Wärmedämmung fehlt (beschädigt, eingedrückt oder entfernt). Obwohl diese Störfläche auf 1 m² bezogen nur 1% ausmacht, beträgt deren zusätzlicher Wärmeverlust 10%.

In nachfolgender Tabelle sind die Ergebnisse einer Parametervariation dargestellt.

Wärmedämmung im Bereich D_F vorhanden ?	Fußplatte Durchmesser D_F /mm/	A u ß e n b e k l e i d u n g					
		metallisch ($D_K = \infty$)		nichtmetallisch Durchmesser der Kopfplatte			
				D_K = 120 mm		D_K = 0 mm	
		ϑ_{0i} °C	k_p W/K	ϑ_{0i} °C	k_p W/K	ϑ_{0i} °C	k_p W/K
ja	0	15,7	0,024			16,2	0,014
ja	120	14,9	0,042	15,1	0,038	15,9	0,019
nein	120	13,4	0,076	14,0	0,063	13,5	0,074

Aus dieser Tabelle ist zu ersehen, daß eine metallische Außenhaut und eine metallische Fußplatte etwa den gleichen Einfluß auf die Erhöhung der Wärmeverluste haben und daß deren Einflüsse sich additiv überlagern. Bei einer Störung der Wärmedämmung sind die Verluste jedoch wesentlich höher, die anderen Einflüsse treten dagegen zurück.

ANKERSTÄBE Beton-Sandwich-Konstruktion							
Code	Art	Typ	Material	Dicke	Schicht	\multicolumn{2}{l}{Ergebnis}
Wärme-brücke	2.1 pktf. V.-Mittel		8.9.1 Stahl V4A (15)	5	0	k =	W/m²K
unge-störte Bau-teile	2.2 Außenwand	3s	2.1 Beton 5.6 Min.-Wolle 2.1 Beton 5.6 Min.-Wolle	60 60 140 30	1 2 3 4	k_p = ΔA = min ϑ =	W / K m² °C

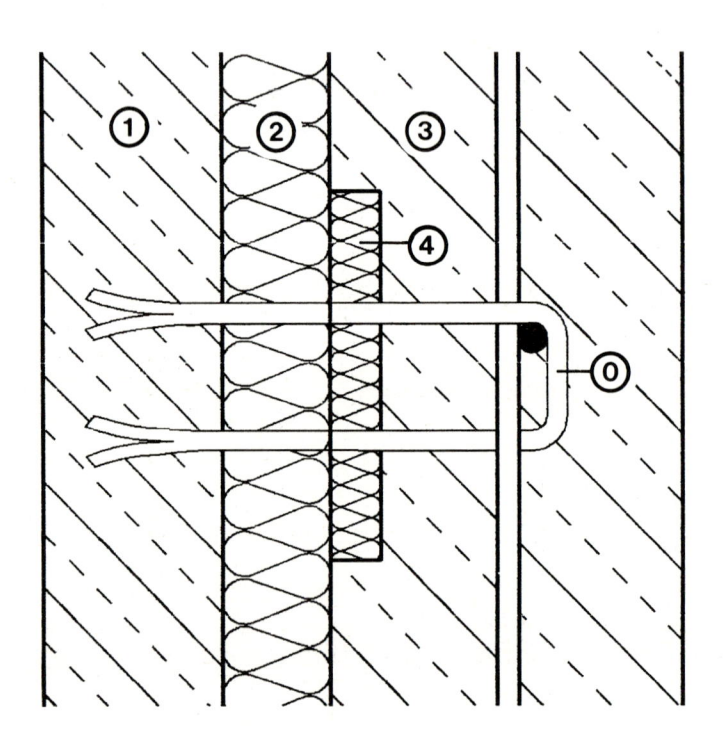

Erläuterung:
Bei Sandwich-Elementen sind stets metallische Verbindungsmittel zwischen innerer und äußerer Betonschale erforderlich. Sie stellen punktförmige Wärmebrücken da, deren Einfluß auf die inneren Oberflächentemperaturen umso geringer ist, je weiter entfernt sie von der Oberfläche im Beton enden. Dieser Sachverhalt geht z.B. aus Seite 32 und 33 u.a. hervor. Der Beton als leitfähiges Material läßt auch einen Wärmefluß parallel zur Elementebene zu und sorgt so für das "Verschmieren" des singulären Störeffektes. Da für derartige Verbindungsmittel Edelstahl verwendet wird, macht sich auch dessen relativ kleinerer λ-Wert positiv bemerkbar. Temperaturunterschiede an der innenseitigen Wandoberfläche sind daher gering, und die aus einem Firmenprospekt übernommene zusätzliche Wärmedämmung (4) ist unnötig. Allenfalls sollte die eigentliche Wärmedämmschicht reichlich bemessen werden.

ANKERSTÄBE Mauerwerk							
Code	Art	Typ	Material	Dicke	Schicht	E r g e b n i s	
Wärme-brücke	2.1 pktf. V.-Mittel		8.9.1 Stahl V4A (15)	5	0	k =	W/m²K
unge-störte Bauteile	2.2 Außenwand	3s	4.1.3 Ziegel 5.6 Min.-Wolle 4.2 KS-Mauerw.	115 50 240	1 2 3	k_P = ΔA = min ϑ =	W / K m² °C

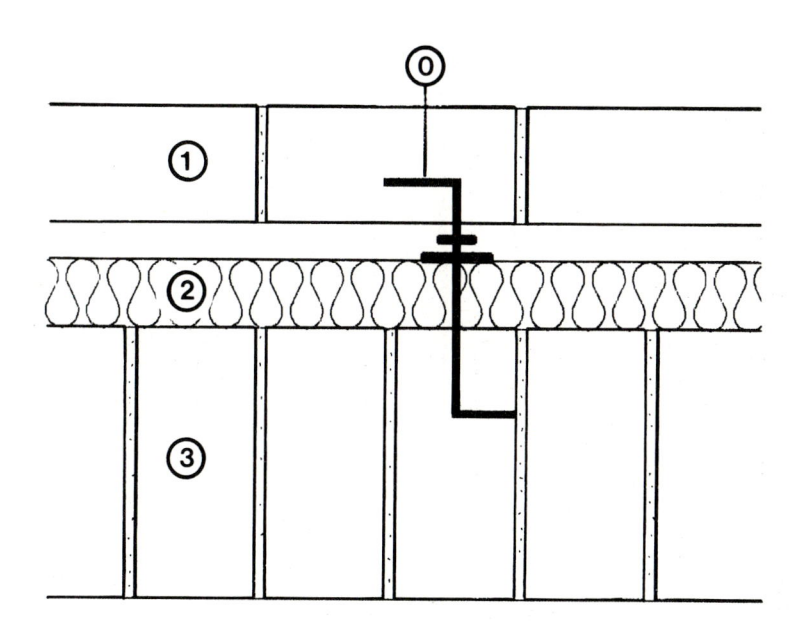

Erläuterung:
Die nach DIN 1053 Teil 1 Ziff. 5.2.1 e vorgesehenen Edelstahldrahtanker stellen punktförmige Wärmebrücken dar, die tief im Inneren der Innenschale enden. Ihr Einfluß auf die innenseitige Oberflächentemperatur ist deshalb selbst bei Mauersteinmaterial mit vergleichweise hohem Wärmedurchlaßwiderstand sehr gering. (vergl. Seite 32, 33 und 34)

TRAGANKER Beton-Vorsatzschale							
Code	Art	Typ	Material		Dicke	Schicht	E r g e b n i s
Wärme-brücke	2.1 pktf. V.-Mittel		8.9.1 Stahl		12	0	$k =$ W/m²K
unge-störte Bau-teile	2.2 Außenwand	3h	2.1 5.6 2.1	Beton Min.-Wolle Beton	60 50 140	1 2 3	$k_p =$ W / K $\Delta A =$ m² $\min \vartheta =$ °C

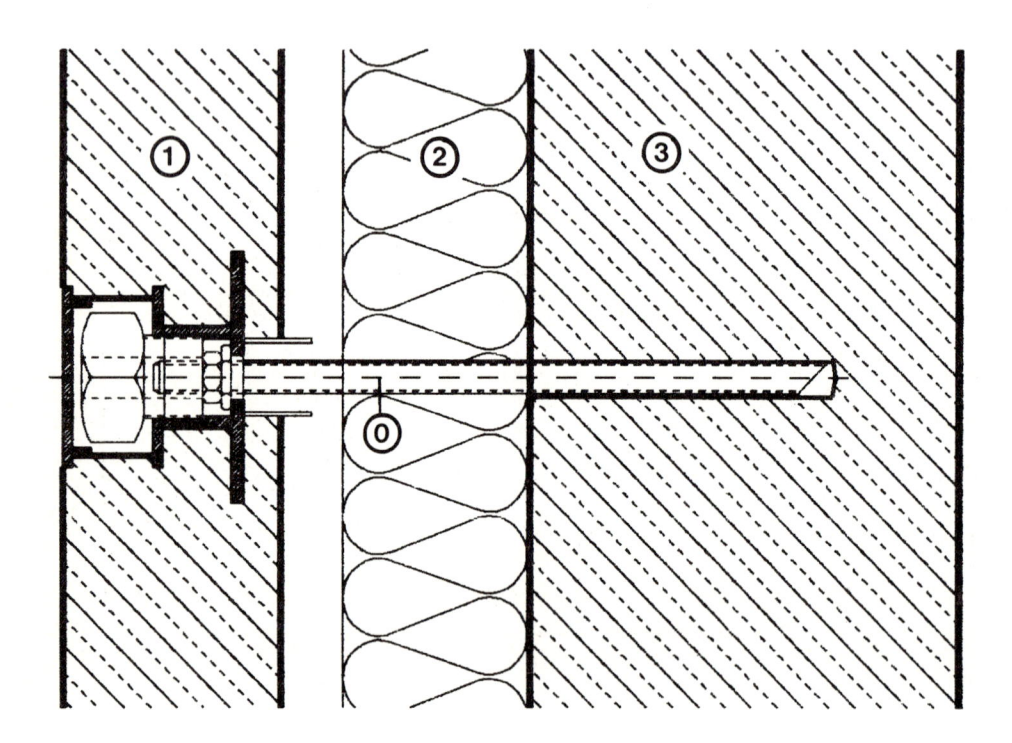

Erläuterung:
Der Unterschied dieser Anordnung gegenüber einer Anordnung wie auf Seite 34 besteht in der größeren, äußeren Oberfläche der Wärmebrücke. Vergleiche Parameterstudie Seite 18 u.f. sowie Seite 35. Ein fühlbarer Einfluß auf die innenseitige Oberflächentemperatur dürfte trotzdem kaum auftreten.

Code	Art	Typ	Material	Dicke	Schicht	Ergebnis	
TRAGANKER hinterlüftete Fassade							
Wärme-brücke	2.1 pktf. V.-Mittel		Dübel	12	0	$k =$	W/m^2K
unge-störte Bau-teile	2.2 Außenwand	3h	Außenschale 5.6 Min.-Wolle 2.1 Beton	 50 140	1 2 3	$k_p =$ $\Delta A =$ $\min \vartheta =$	W/K m^2 $°C$

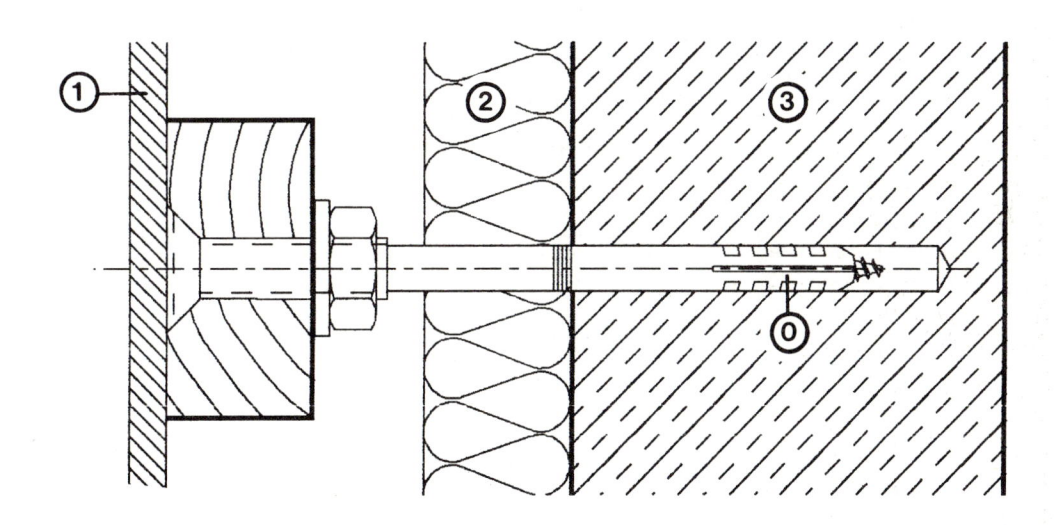

Erläuterung:
Hier sind die Verhältnisse noch günstiger als in dem auf Seite 38 dargestellten Fall. An der inneren Wandoberfläche tritt keine nennenswerte Temperaturerniedrigung auf.

Code	Art	Typ	Material	Dicke	Schicht	Ergebnis	
BEFESTIGUNG FÜR DÄMMUNG Hinterlüftete Fassade							
Wärme-brücke	2.1 pktf. V.-Mittel		7.1.4 Kunststoff		0	$k =$	W/m²K
						$k_p =$	W / K
unge-störte Bau-teile	2.2 Außenwand	3h	Außenschale 5.6 Min.-Wolle 040 4 Mauerwerk		1 2 3	$\Delta A =$ $\min \vartheta =$	m² °C

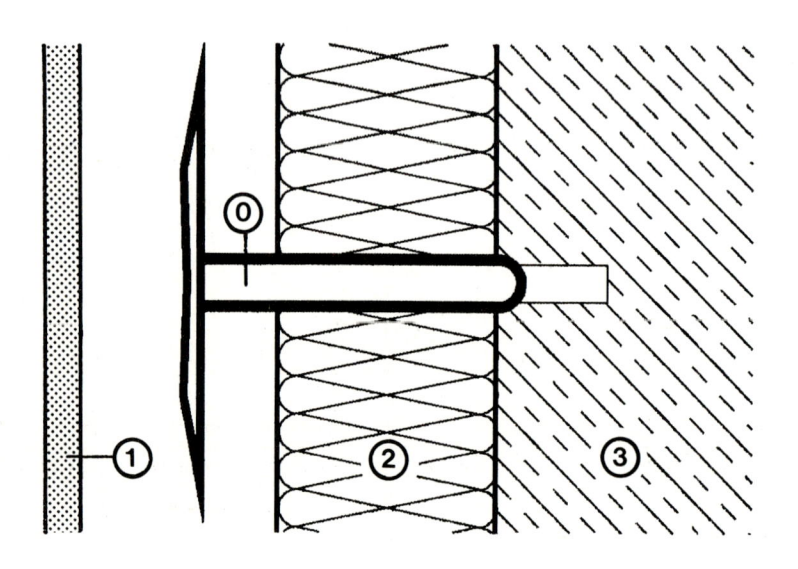

Erläuterung:
Die vorstehende Skizze stellt den Einbauzustand eines mechanischen Befestigungsmittels dar.

Derartige Befestigungselemente dienen zur mechanischen Festhaltung von Dämmschichten. Sie sind entweder aus Kunststoff oder zumindest kunststoffbeschichtet. Bei einem Haftgrund aus Beton lassen sich die Verhältnisse mit denen auf Seite 39, bei metallischem Untergrund (Trapezbleche o.ä.) mit Seite 18 und folgende vergleichen. Aus Seite 35 ist zu entnehmen, daß bei Betonuntergrund an der Rauminnenseite keinerlei Störeffekt auftritt, auch dann nicht, wenn das Befestigungselement ganz aus Metall bestünde (s. Seite 34).

BEFESTIGUNG FÜR DÄMMUNG Trapezblech						
Code	Art	Typ	Material	Dicke	Schicht	Ergebnis
Wärme-brücke	2.1 pktf. V.-Mittel		8.9.1 Stahlbolzen 8.9.1 mit Teller	5 1	0 1	$k = 0,85$ W/m²K $k_P = 0,01$ W / K $\Delta A = 0,01$ m² $min\vartheta = 10,0$ °C
unge-störte Bau-teile	6.1 Dachplatte	2n	5.5.1 PS-Schaum 8.9.1 Trapezblech	40 1	2 3	

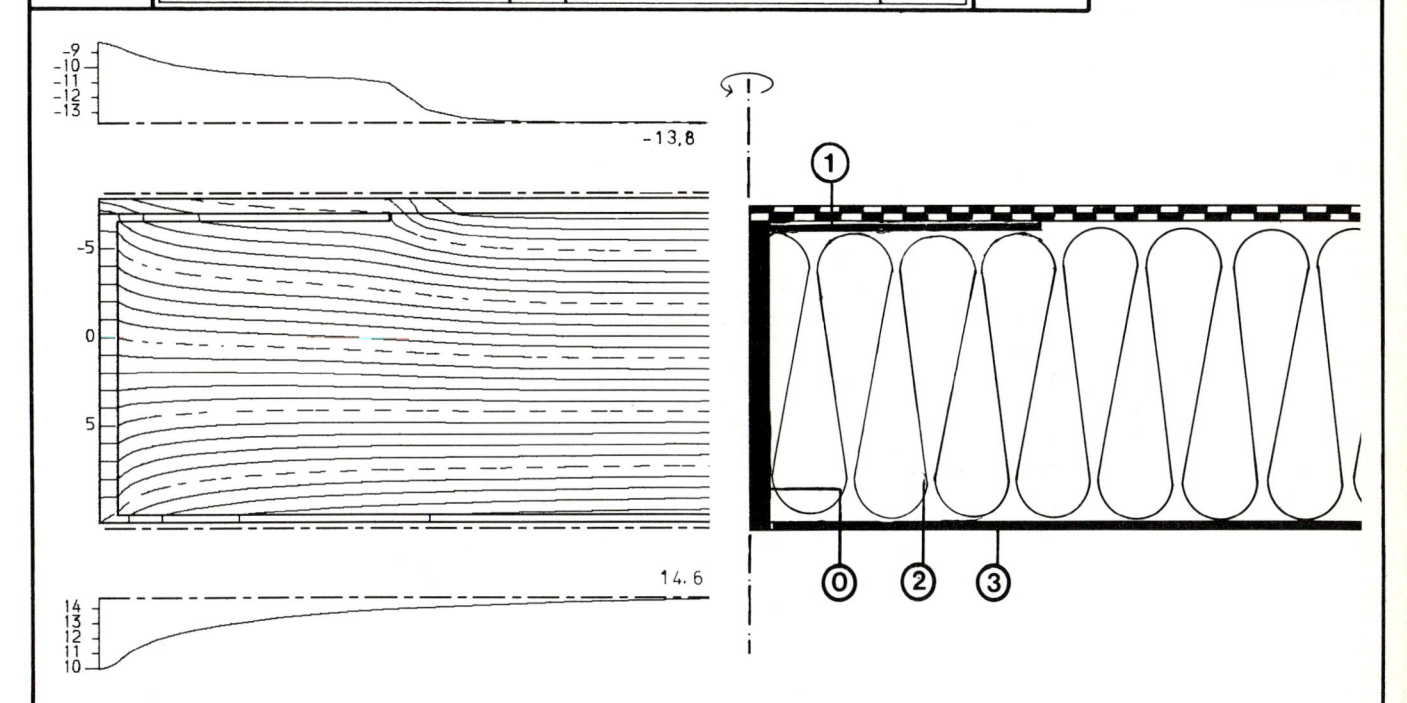

Erläuterung:
Die mechanische Befestigung (Teller und selbstschneidende Schraube) kann zu punktueller Tauwasserbildung an der Dachunterseite führen, vor allem, wenn es sich bei dem Bauwerk um eine Halle mit höheren als im Wohnungsbau üblichen Luftfeuchten handelt. Der durch das Befestigungselement verursachte erhöhte Wärmeverlust von 2 bis 3 % ist vernachlässigbar.

Anmerkungen:
1. Schraubenschaft in einen Kunststoff-Dübel eingefaßt
   Der zusätzliche Wärmeverlust sinkt zwar auf die Hälfte, durch den unterbundenen metallischen Kontakt an der Dachunterseite und den damit stark behinderten Wärmequertransport sinken die Temperaturen an der Schraube auf weit unter 0°C. Es besteht weiterhin Tauwassergefahr.
2. Befestigungsmittel aus Kunststoff
   Durch dieses Befestigungsmittel wird die Temperatur an der Dachunterseite nicht abgesenkt. An der Dachoberseite tritt im Bereich des Kunststofftellers eine Temperaturerhöhung um 1 K auf. Ein Befestigungsmittel aus Kunststoff ist daher vorzuziehen

ABSTANDSHALTER Kaltdach							
Code	Art	Typ	Material	Dicke	Schicht	E r g e b n i s	
Wärme-brücke	2.1 pktf. V.-Mittel		8.9.1 Stahl	30	0	$k =$	W/m²K
unge-störte Bau-teile	6.1 Dach	3h	6.1.1 Fichtenholz 5.6 Min.-Wolle 2.1 Beton	24 80	1 2 3	$k_P =$ $\Delta A =$ $min^\vartheta =$	W / K m² °C

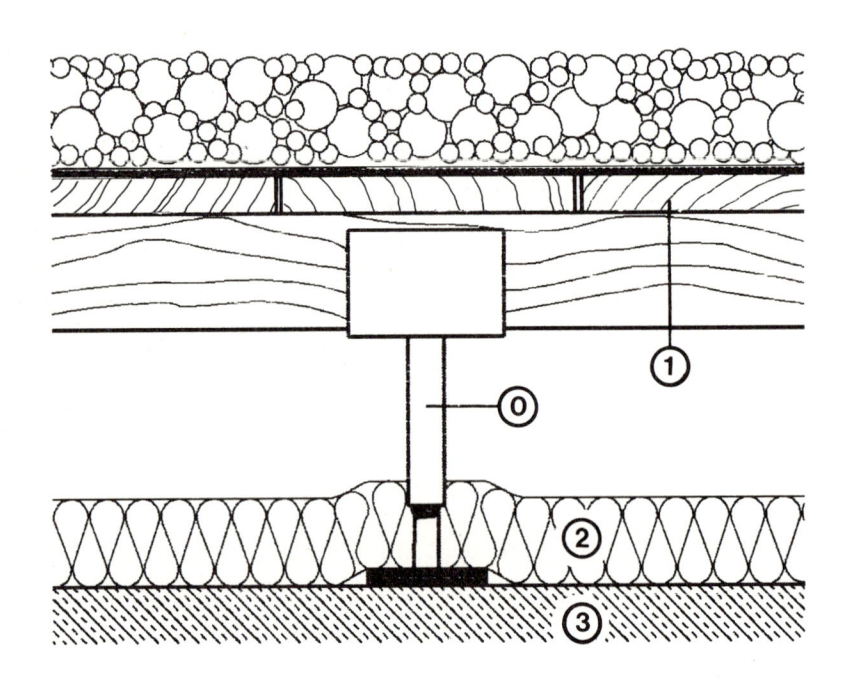

Erläuterung:
Hier handelt es sich um eine punktförmige Wärmebrücke mit relativ großer innerer und äußerer Oberfläche. Welchen Einfluß die Größe der wärmeaufnehmenden bzw. -abgebenden Flächen haben, geht aus der Parameterstudie auf Seite 18 hervor. Da im vorliegenden Fall der gesamte Beton der Innenschale als Ausgleichspotential zur Verfügung steht, tritt eine nennenswerte Temperaturabsenkung an der inneren Betonoberfläche nicht auf. Wichtig ist jedoch, daß die Wärmedämmschicht an dieser Stelle keine größere Fehlstelle (Loch) besitzt. Um das mit Sicherheit zu vermeiden wäre eine zusätzliche Manschette aus Dämmaterial erwägenswert.

MANSCHETTENANKER Beton-Sandwich-Element						
Code	Art	Typ	Material	Dicke	Schicht	Ergebnis
Wärme-brücke	2.2 kompl. V.-Mittel		8.9.1 Stahl	1	0	$k = 0{,}58$ W/m²K
unge-störte Bauteile	2.2 Außenwand	3s	2.1 Beton 5.6 Min.-Wolle 2.1 Beton	60 60 140	1 2 3	$k_p = 0{,}007$ W / K $\Delta A = 0{,}012$ m² $\min \vartheta = 16{,}1$ °C

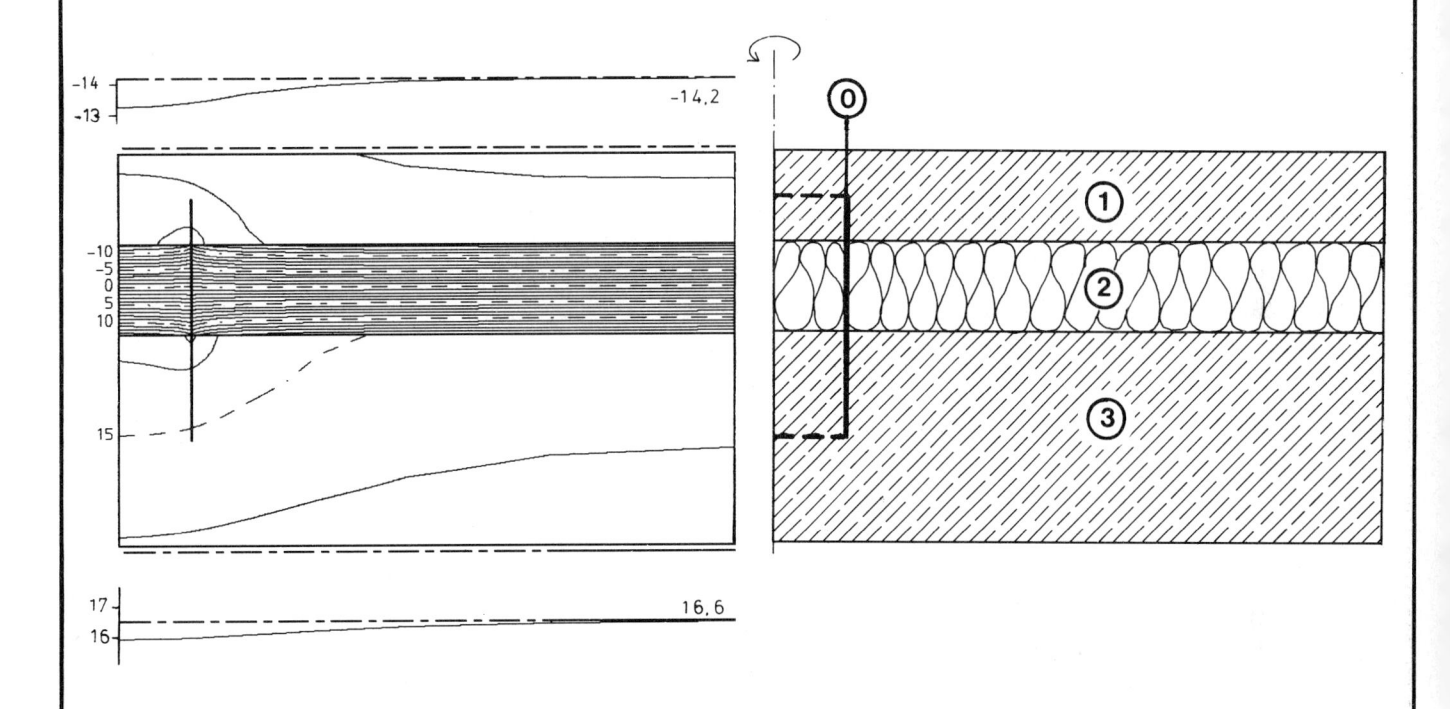

Erläuterung:
Hier handelt es sich um die Nachbildung eines bekannten Tragankersystems (Manschetten-Verbundanker) in einem Rechenmodell. Dabei mußten die in die beiden Deckschichten eingreifenden Querstäbe außer Ansatz bleiben. Die Rechnung zeigt, daß derartige Anker - sofern dort keine Betonverbindung oder eine größere Fehlstelle in der Wärmedämmschicht entsteht - keine nennenswerten Auswirkungen auf die Oberflächentemperaturen haben. Das liegt daran, daß die Anker im Inneren der Betonschalen enden und daher einen entsprechenden Abstand von den Oberflächen haben und natürlich an der schon mehrfach angesprochen Ausgleichsfähigkeit der Betonschalen. ("Ausbreitungseffekt" s. Seite 32).

Code	Art	Typ	Material	Dicke	Schicht	Ergebnis	
TRAGANKER Beton-Sandwich-Element							
Wärme-brücke	2.2 kompl. V.-Mittel		8.9.1 Stahl	1	0	$k =$	W/m²K
unge-störte Bau-teile	2.2 Außenwand	3s	2.1 Beton 5.6 Min.-Wolle 2.1 Beton	60 60 140	1 2 3	$k_p =$ $\Delta A =$ $\min \vartheta =$	W / K m² °C

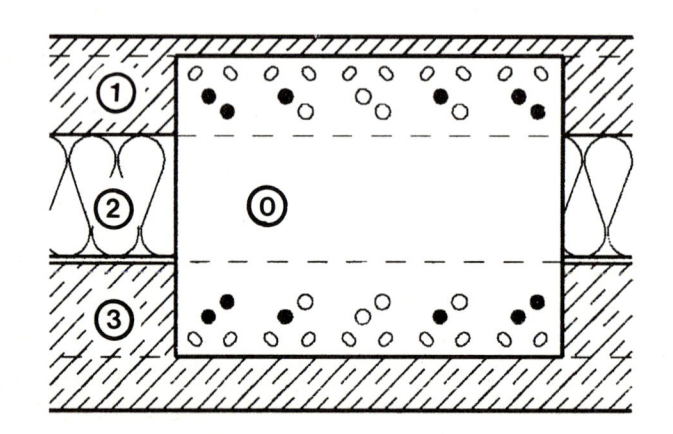

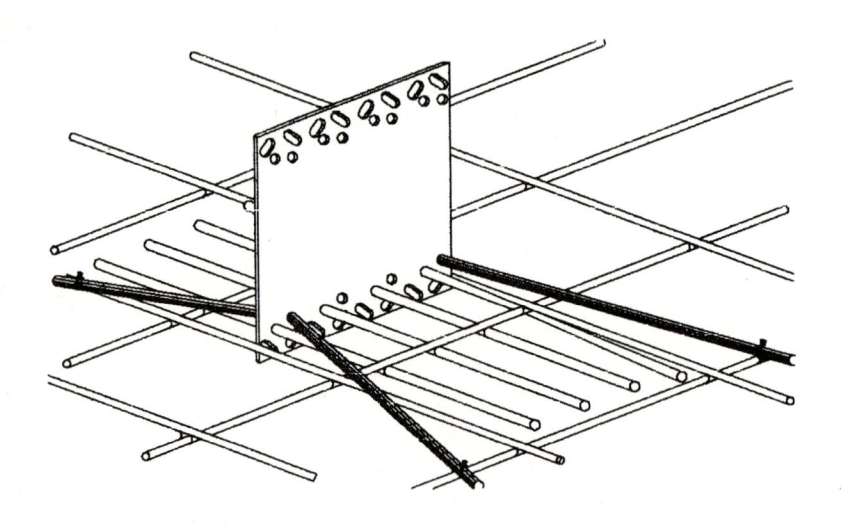

Erläuterung:
Hier handelt es sich im Gegensatz zu dem auf Seite 43 rechnerisch erfaßten, zylinderförmigen Manschettenverbundanker um einen Flachstahlanker, der in einer Richtung Bewegungen zulassen soll.

Das obere Bild stellt den Schnitt durch die Außenwand dar, das untere eine Isometrie der Bewehrung der Vorsatzschale in der Schalung.

Wärmetechnisch ist das Verhalten dieses Ankers dem des Manschettenankers ganz ähnlich. Auch hier ist daher mit einer nennenswerten Temperaturerniedrigung auf der Sandwich-Innenseite nicht zu rechnen.

TRAGANKER Beton-Vorsatzschale							
Code	Art	Typ	Material		Dicke	Schicht	Ergebnis
Wärme-brücke	2.2 kompl. V.-Mittel		8.9.1	Stahl	12	0	$k =$ W/m²K
unge-störte Bau-teile	2.2 Außenwand	3h	2.1 5.6 2.1	Beton Min.-Wolle Beton	60 60 140	1 2 3	$k_P =$ W / K $\Delta A =$ m² $\min \vartheta =$ °C

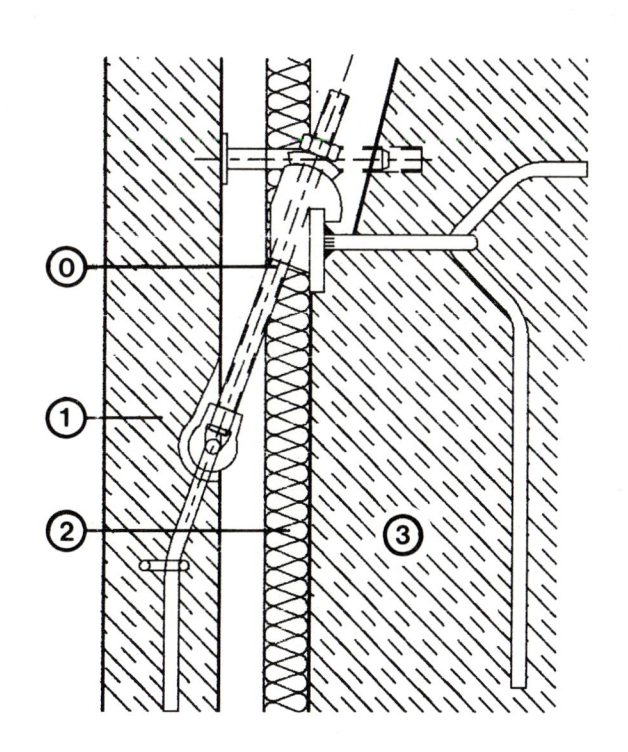

Erläuterung:
Bei allen Ankerkonstruktionen dieser oder ähnlicher Art sind die Verhältnisse denen auf Seite 43 ähnlich. Nachteilige Auswirkungen können hier viel eher aus Fehlstellen in der Wärmedämmung als aus den metallischen Wärmebrücken resultieren, zumal diese nicht - wie z.B. auf Seite 32 - von Oberfläche zu Oberfläche reichen.

| ABSTANDSHALTER hinterlüftete Fassade   Klemmprofil ||||||||
Code	Art	Typ	Material	Dicke	Schicht	\multicolumn{2}{c}{E r g e b n i s}
Wärme-brücke	2.2 kompl. V.-Mittel		8.9.4 Aluminium		0	$k =$ $k_p =$	W/m²K W / K
unge-störte Bau-teile	2.2 Außenwand	3h	3.1 AZ-Platte 5.6 Min.-Wolle 2.1 Beton	10 60 140	1 2 3	$\Delta A =$ $\min \vartheta =$	m² °C

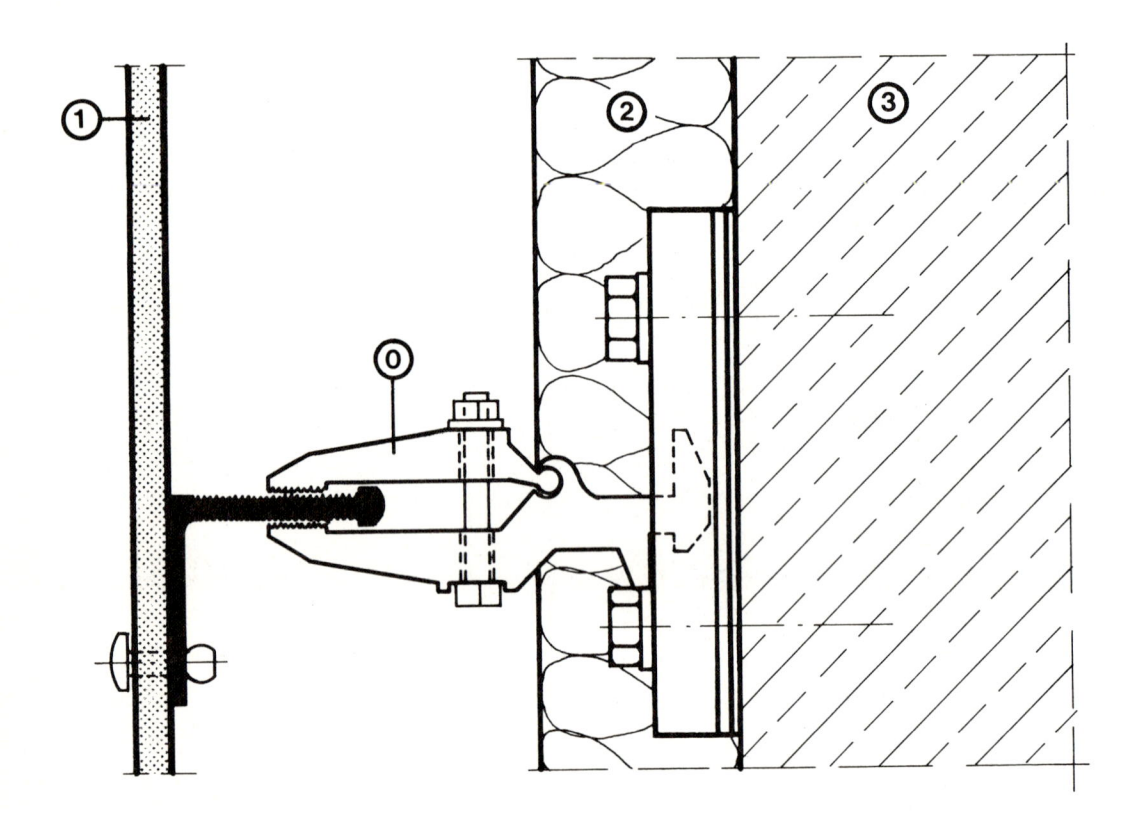

Erläuterung:
Vergl. hierzu die Parameterstudien Seite 12 und 18. Derartige Befestigungselemente für vorgehängte Fassaden unterscheiden sich im Material (Edelstahl bzw. Aluminium), im Querschnitt und in den innerhalb und außerhalb der Wärmedämmung liegenden Oberflächen. Je leitfähiger das Material und je größer die Querschnitte, umso fühlbarer ist die Wärmeableitung. An der inneren Betonoberfläche ist die Temperaturabsenkung jedoch gering, da der Beton aufgrund seiner Wärmeleitfähigkeit eine Vergleichmäßigung der Temperaturen bewirkt. Eine besondere Schwachstelle kann auch hier durch ein zu großes Loch in der Wärmedämmschicht entstehen.

ABSTANDSHALTER hinterlüftete Fassade							
Code	Art	Typ	Material		Dicke	Schicht	Ergebnis
Wärme-brücke	2.2 kompl. V.-Mittel		8.9.1	Stahlwinkel mit Schrauben		0	$k =$ $\quad$ W/m²K
unge-störte Bau-teile	2.2 Außenwand	3h	3.1 5.6 2.1	AZ-Platte Min.-Wolle Beton	10 60 140	1 2 3	$k_p =$ $\quad$ W / K $\Delta A =$ $\quad$ m² $\min \vartheta =$ $\quad$ °C

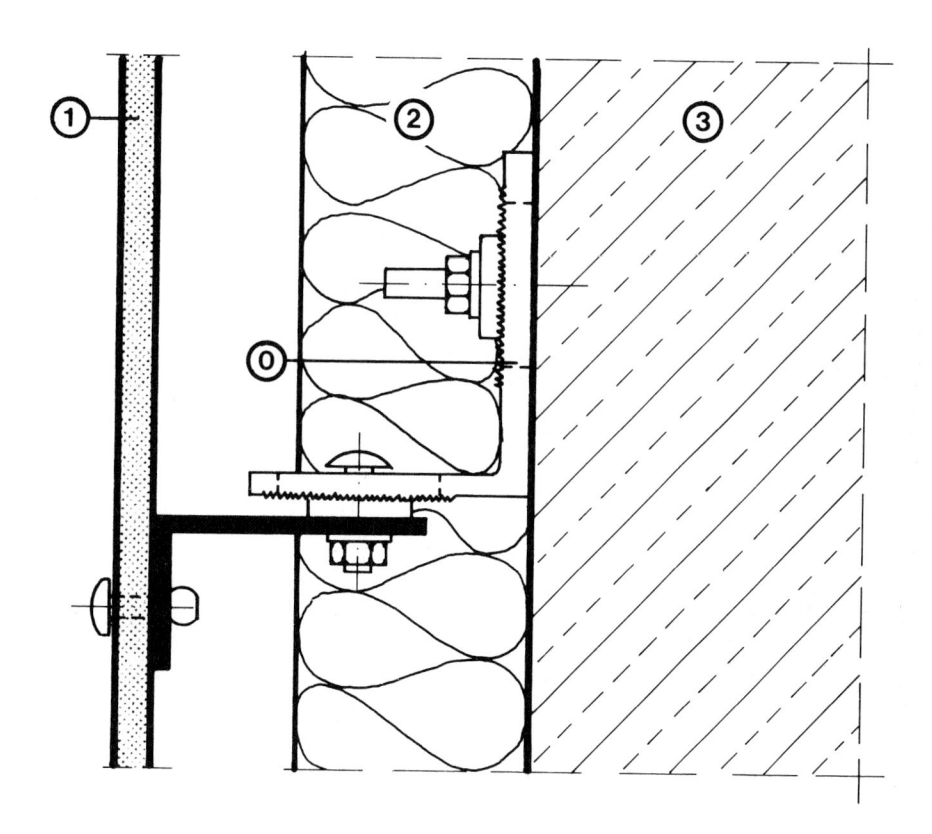

Erläuterung:
Auch hier handelt es sich um eine typische, punktförmige Wärmebrücke. Zu derartigen, bei der Verankerung vorgehängten Leichtfassaden auftretenden Details läßt sich generell wiederholen, was bereits auf Seite 46 gesagt wurde.

ABSTANDSHALTER Metalldach Winkel							
Code	Art	Typ	Material	Dicke	Schicht	\multicolumn{2}{l}{E r g e b n i s}
Wärme-brücke	2.2 kompl. V.-Mittel		8.9.1 Stahlblech		0	$k =$	W/m²K
unge-störte Bau-teile	6.1 Dachplatte	2i	8.9.1 Stahlblech	1	1	$k_P =$	W / K
			5.5.1 PS-Schaum	60	2	$\Delta A =$	m²
	5.1 Pfette		8.9.1 Stahl	5	3	$\min \vartheta =$	°C

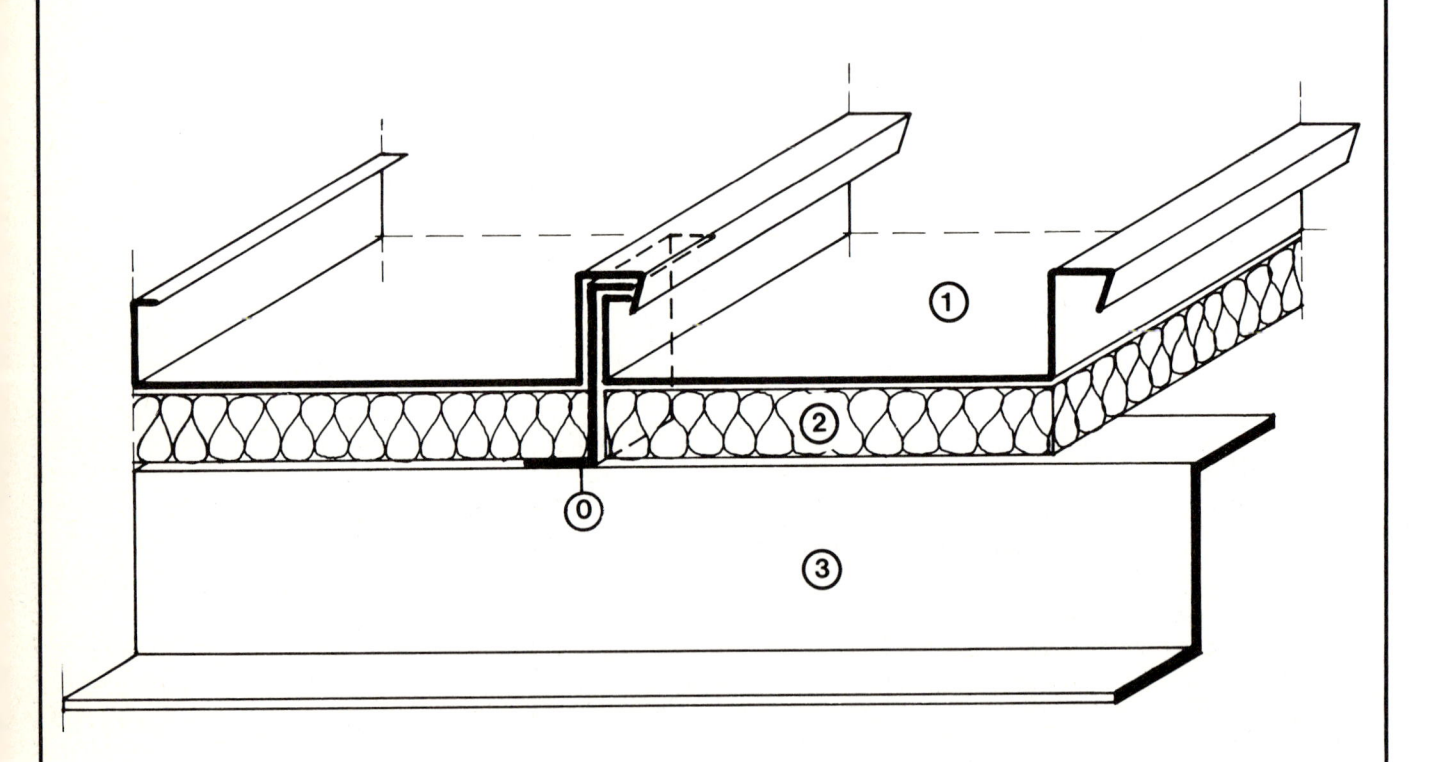

Erläuterung:
Hierbei handelt es sich um ein räumliches Problem, das des damit verbundenen Aufwands wegen leider nicht untersucht werden konnte. Im Prinzip aber liegt eine Wärmebrücke geringer Ausdehnung mit großen, inneren und äußeren metallischen Oberflächen vor. Als Anhaltspunkt für die Beurteilung können Seite 26 sowie die Parameterstudie auf Seite 18 herangezogen werden. Der Vergleich zwischen Seite 19 bzw. 26 und Seite 32 macht deutlich, daß bei Durchdringung nur einer Dämmschicht ganz andere Verhältnisse entstehen als bei einem dicken Bauteil mit innerer Dämmung und äußeren, den Temperaturausgleich begünstigenden Betonflächen (-Volumina) wie z.B. bei Sandwichkonstruktionen. Hier ist mithin mit erheblicher Temperaturabsenkung und mit fühlbaren Wärmeverlusten zu rechnen. Empfehlenswert ist daher eine dämmende Zwischenlage zwischen Haltewinkel und Pfetten. Nicht vermeidbar ist dann jedoch der metallische Kontakt über die Verbindungsmittel.

Code	Art	Typ	Material	Dicke	Schicht	Ergebnis
TRAGKONSTRUKTION hinterlüftete Fassade Aluminium							
Wärme-brücke	2.3 lin.Tragelement		8.9.3 Aluminium	8	0	$k = 0,53$ W/m²K
unge-störte Bau-teile	2.2 Außenwand	3h	3.1 AZ-Platte 5.6 Min.-Wolle 4.1.4 1Hlz (0,47) 1.4 Gipsputz	12 40 240 15	1 2 3 4	$k_l = 0,14$ W/m K $\Delta l = 0,26$ m $\min \vartheta = 16,2$ °C

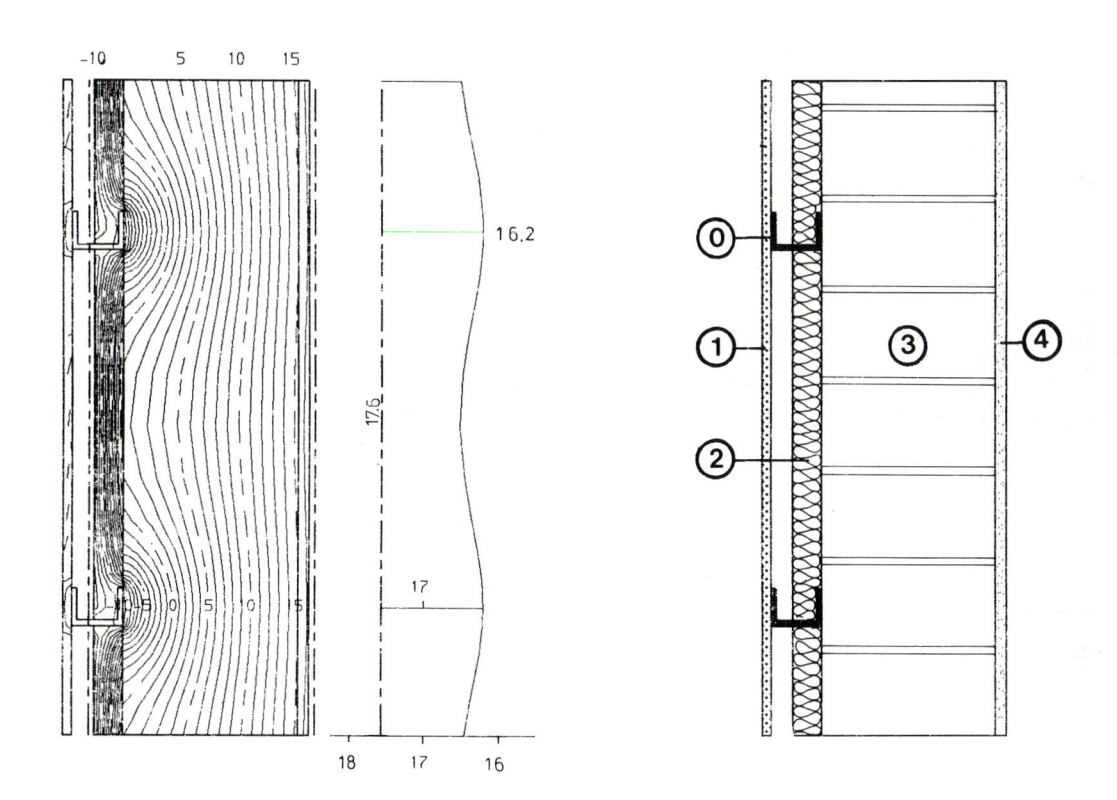

Erläuterung:
Hier handelt es sich um eine Wärmebrücke, ähnlich der auf Seite 18 u.f. Dargestellten. Das Mauerwerk innen sorgt für Vergleichmäßigung und daher erträglichen Abfall der innenseitigen Oberflächentemperatur ("Ausbreitungseffekt").

Erwähnenswert ist der Umstand, daß beide Wärmebrücken hier so nah beieinander liegen, daß sie sich gegenseitig beeinflussen. Deshalb liegt die Temperatur in der Mitte zwischen beiden Stahlprofilen auch tiefer, als wenn keine Stahlprofile, also keine Störung vorhanden wäre (vgl. nächste Seite).

						Ergebnis
\multicolumn{6}{l	}{TRAGKONSTRUKTION hinterlüftete Fassade Holz}	
Code	Art	Typ	Material	Dicke	Schicht	
Wärme-brücke	2.3 lin.Tragelement		6.1.1 Holz	60	0	$k = 0,53$ W/m²K
unge-störte Bau-teile	2.2 Außenwand	3h	3.1 AZ-Platte 5.6 Min.-Wolle 4.1.4 lHlz (0,47) 1.4 Gipsputz	12 40 240 15	1 2 3 4	$k_1 = 0,14$ W/m K $\Delta l = 0,26$ m $min\vartheta = 16,2$ °C

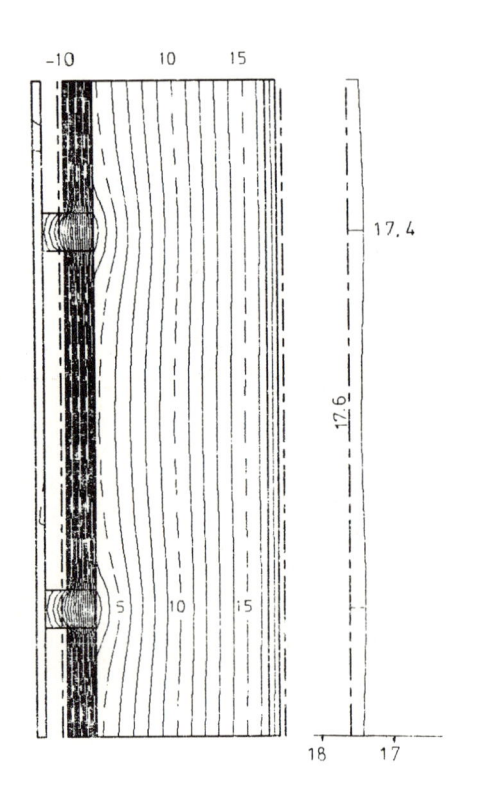

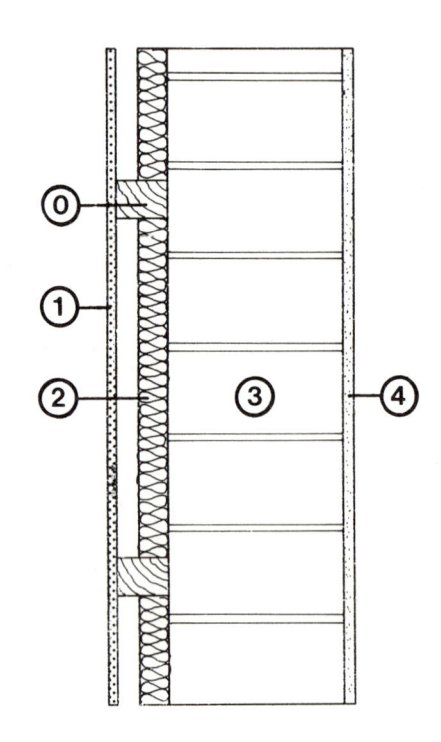

Erläuterung:
Im Vergleich zu der auf der vorigen Seite dargestellten Wärmebrücke liegen die Verhältnisse hier weit günstiger, da Holz eben ein schlechter Wärmeleiter ist. Eine derartige Anordnung ist wärmetechnisch ganz unbedenklich.

TRAGKONSTRUKTION leichte Außenwand Stahl							Ergebnis
Code	Art	Typ	Material	Dicke	Schicht	
Wärme-brücke	2.3 lin.Tragelement		8.9.1 Stahlblech	3	0	$k = 0{,}50$ W/m²K $k_l = 0{,}10$ W/m K $\Delta l = 0{,}20$ m $\min \vartheta = 10{,}5$ °C
unge-störte Bau-teile	2.2 Außenwand	3s	6.2 Spanplatte 5.6 Min.-Wolle 3.5 GK-Platte	13 70 13	1 2 3	

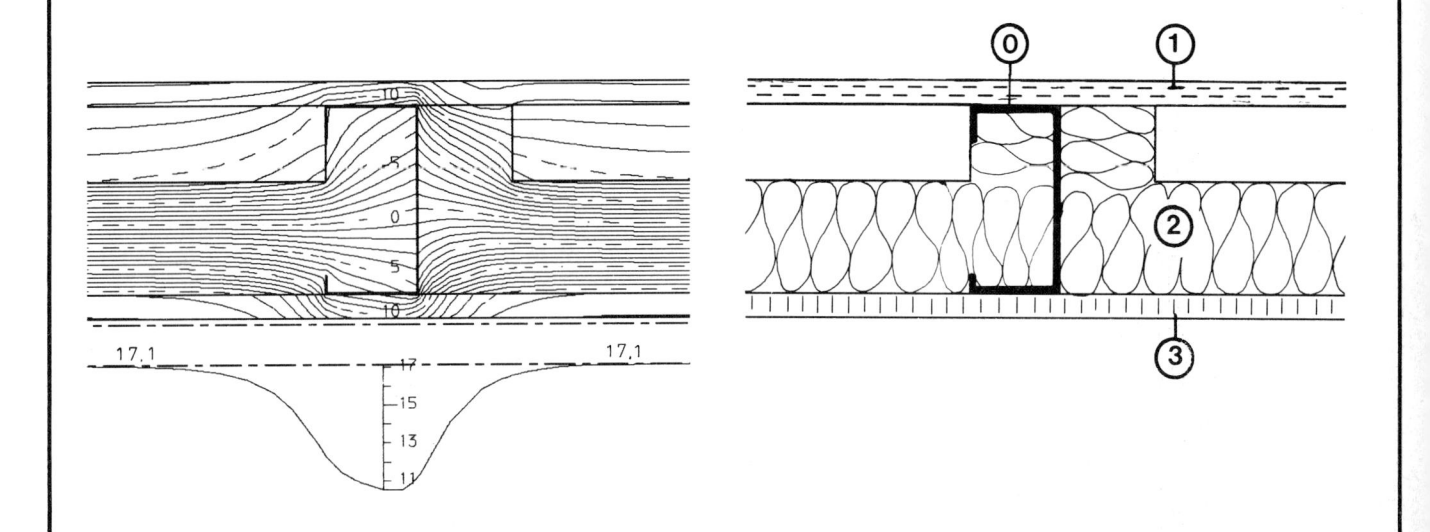

Erläuterung:
Leichte Außenwandkonstruktionen können mit Hilfe von Metall- oder Holzprofilen ausgefacht werden. Hier ist eine Leichtwand dargestellt, die mit Stahlleichtprofilen ausgesteift ist. Diese Profile stellen lineare Wärmebrücken dar, die eine fast kritische Temperaturerniedrigung erzeugen.
Selbst wenn die Wärmedämmung im Bereich der Wärmebrücke verstärkt wird, bleibt die ungünstige Wirkung des durchgehenden Stahlprofils erhalten. Zwar sorgt die GK-Platte innen wenigstens für eine erkennbare Abflachung des Temperaturverlaufs. Dennoch ist diese Lösung schon bedenklich.

TRAGKONSTRUKTION leichte Außenwand Holz							
Code	Art	Typ	Material		Dicke	Schicht	Ergebnis
Wärme-brücke	2.3 lin.Tragelement		6.1.1 Holz		120	0	$k = 0{,}49$ W/m²K
unge-störte Bau-teile	2.2 Außenwand	3s	6.2 5.6 3.5	Spanplatte Min.-Wolle GK-Platte	13 70 13	1 2 3	$k_l = 0{,}26$ W/m K $\Delta l = 0{,}54$ m $\min \vartheta = 15{,}3$ °C

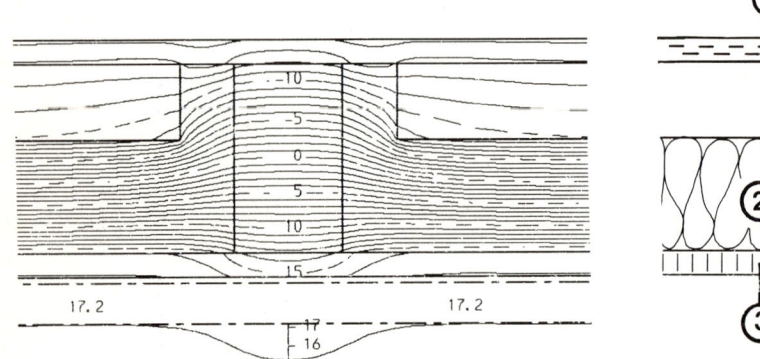

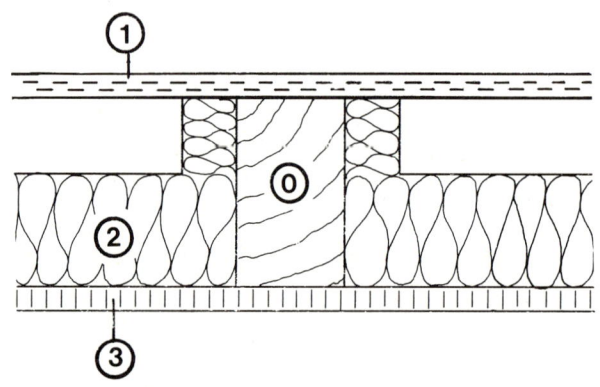

Erläuterung:
Die hier dargestellte, leichte Außenwand erfährt ihre Aussteifung im Gegensatz zu der auf der vorigen Seite dargestellten Bauweise durch Kantholzprofile. Die sehr viel geringere Wärmeleitfähigkeit von Holz sorgt hier dafür, daß die Temperaturunterschiede gering bleiben.

METALLSTEGE Kassetten-Wand						
Code	Art	Typ	Material	Dicke	Schicht	Ergebnis
Wärme-brücke	2.3 lin.Tragelement		8.9.1 Kassettensteg	1+1	0	$k = 0,59$ W/m²K
unge-störte Bau-teile	2.2 Außenwand	3h	8.9.1 Trapezblech 5.6 Min.-Wolle 8.9.1 Blechkassette	1 60 1	1 2 3	$k_l = 0,47$ W/m K $\Delta l = 0,79$ m $\min \vartheta = 4,0$ °C

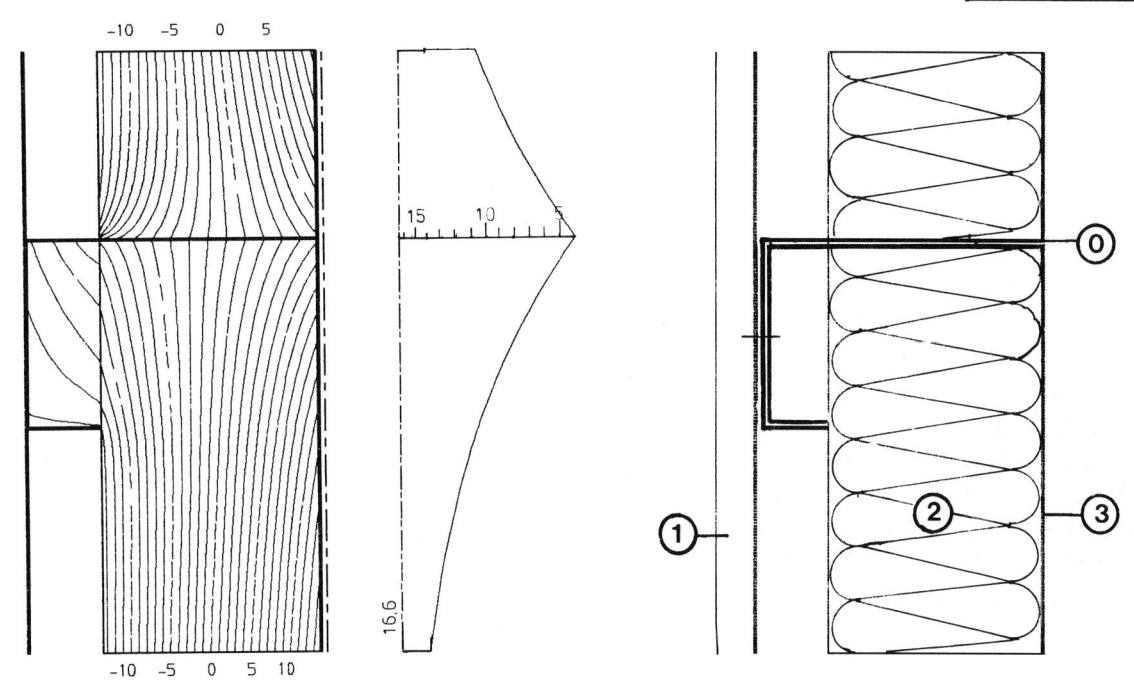

Erläuterung:
Hier stellt der doppelte Randsteg der 40 cm breiten Stahlblech-Kassette eine derart starke Wärmebrücke in der Wärmedämmung als Verbindung zwischen Außenluft (Trapezblech) und der inneren Blechoberfläche dar, daß
a)   die ungestörte innere Oberflächentemperatur von 16,6°C der Konstruktion ohne Stege nicht erreicht wird (Temperatur zwischen den Stegen 15,3°C),
b)   die Temperatur im Bereich der Stege 4°C beträgt und dort mit Tauwasser zu rechnen ist und
c)   die Wärmeverluste über die Stege doppelt so groß sind wie durch das ungestört angenommene Wandelement.

Zusätzliche Wärmedämmaßnahmen an den Stegen im Bereich der Hinterlüftung brachten in der Rechnung keine Verbesserung.

Verbesserungsmöglichkeiten:
a)   Thermische Trennung des Trapezbleches von den Stegen durch schlechtleitende Zwischenlagen (elektrische Analogie).
b)   Reduzieren der linienförmigen Wärmebrücke auf eine punktförmige, z.B. durch eine "Konterlattung". Dieses räumliche Problem konnte wegen des sehr hohen Rechenaufwandes im Rahmen dieser Arbeit nicht untersucht werden.
c)   Abschirmen des Kopfes des Kassettensteges vor der Außenluft in der Hinterlüftung.

ABSTANDSHALTER Trapezblech-Wand							
Code	Art	Typ	Material	Dicke	Schicht	\multicolumn{2}{l}{E r g e b n i s}
Wärme-brücke	2.3 lin.Tragelement		8.9.1 Z-Profil		0	$k =$	$W/m^2 K$
unge-störte Bau-teile	2.2 Außenwand 3.1 Stütze innen	2i	8.9.1 Trapezblech 5.6 Min.-Wolle 8.9.1 Stahl	1	1 2 3	$k_1 =$ $\Delta l =$ $min^\vartheta=$	$W/m\ K$ m $°C$

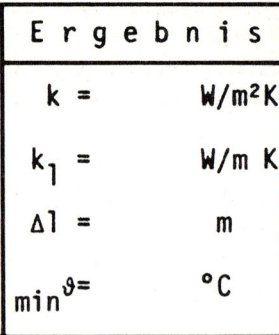

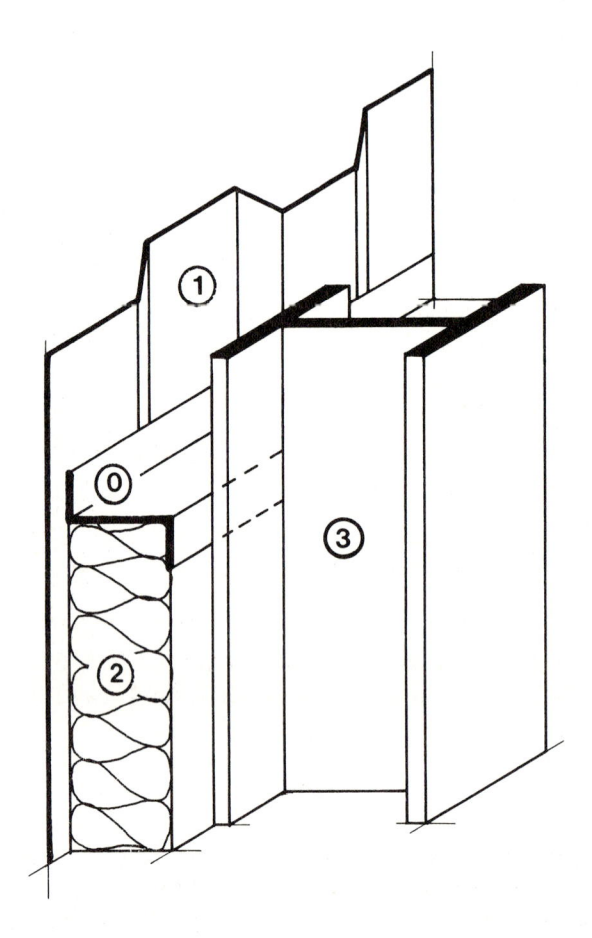

Erläuterung:
Hier stellt das Z-Profil 0 durch die Wärmedämmung hindurch die Verbindung zwischen Außenluft (und Profil 1) einerseits und dem hinter der Wärmedämmung liegenden Tragprofil 3 her. Die Verhältnisse sind daher mit Seite 18 zu vergleichen. Auf jeden Fall ist auf der Innenseite mit erheblichen Temperaturabsenkungen und auch mit entsprechenden Wärmeverlusten zu rechnen. (Vergl. Parameterstudie Seite 18 u.f.).

Eine innere nichtmetallische Bekleidung auf der Wandinnenseite ist hier - da sie keine wärmetechnische Bedeutung hat - nicht dargestellt.

ABFANGUNG Vormauerschale						
Code	Art	Typ	Material	Dicke	Schicht	E r g e b n i s
Wärme-brücke	2.3 lin. Tragelem.		8.9.1 Stahl V4A	5	0	$k = 0,41$ W/m²K
unge-störte Bau-teile	2.2 Außenwand	3h	4.1.3 Ziegel 5.6 Min.-Wolle 4.2 KS-Mauerw.	115 60 175	1 2 3	$k_1 = 0,27$ W/m K $\Delta l = 0,63$ m
	4.2 Innendecke	1	2.1 Beton	180	4	$\min \vartheta = 14,2$ °C

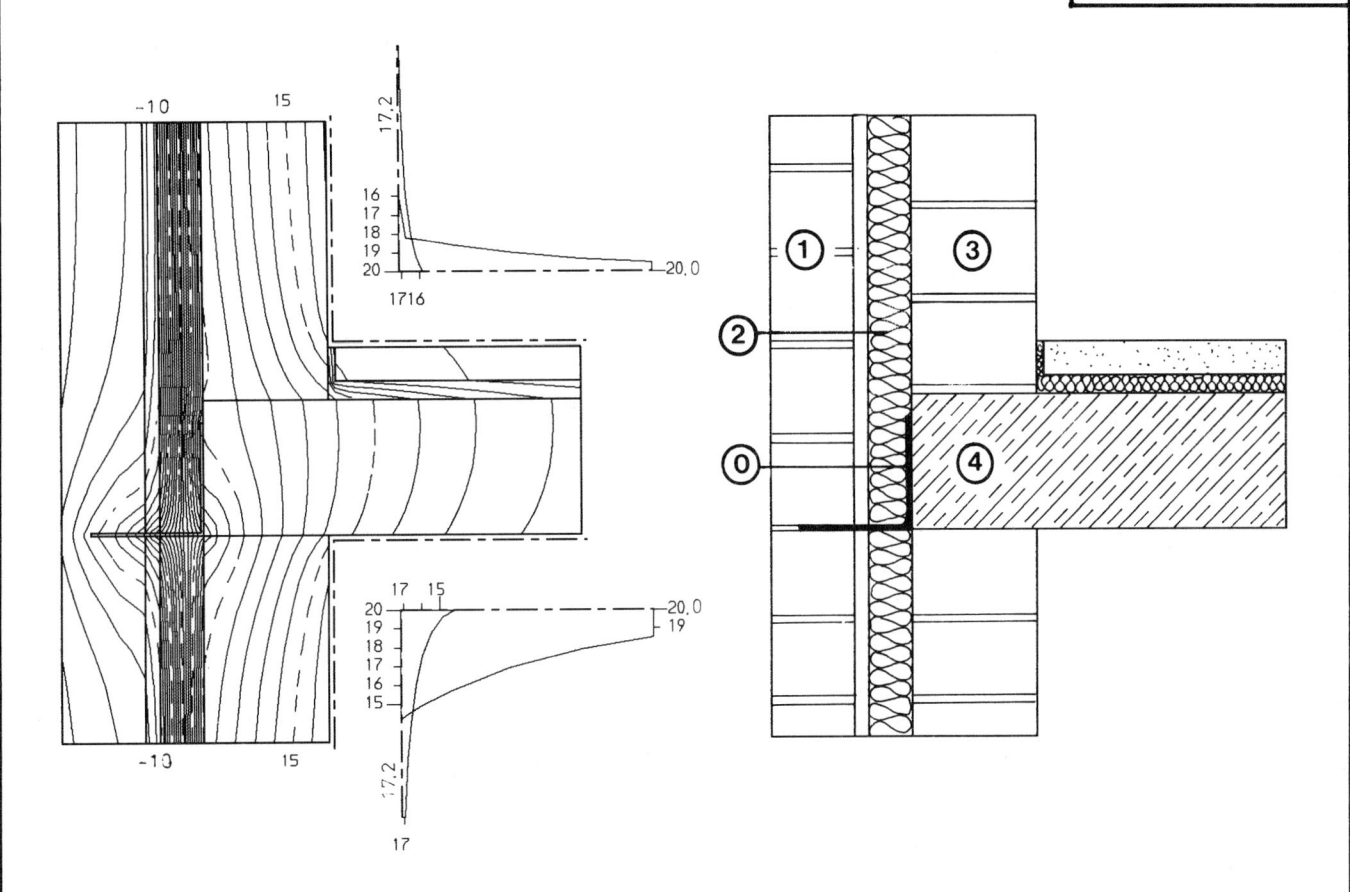

Erläuterung:
Der hier linienförmig angesetzte Metallwinkel dient zur Abfangung der Vormauerschale. Er stellt eine erhebliche zusätzliche Störung in der ohnehin schon vorhandenen Wärmebrücke durch die Deckeneinbindung dar. Ohne Winkel ergeben sich folgende Wärmebrückenkennwerte: $k_1 = 0,12$ W/mK und $\min \vartheta_{0i} = 17,0°C$.

Weder durch Reduzierung der Kontaktfläche des Winkels zum Beton auf den statisch erforderlichen unteren Druckbereich noch durch eine Verstärkung der Wärmedämmung vor der Deckenstirnseite können die ungünstigen Werte nennenswert verändert werden.

Verbesserungsmöglichkeit:
Wollte man die Verhältnisse unbedingt verbessern, obwohl die Temperaturerniedrigung nicht kritisch ist, so bietet sich die Anordnung von zusätzlichen Dämmschichten in der Innenkante zwischen Decke und darunterstehender Wand an. Was auf diese Weise erreichbar ist, kann an der Kante darüber abgelesen werden, an welcher der schwimmende Estrich schon günstige Temperaturen bewirkt.

Von der Industrie wird auch vorgeschlagen, das durchlaufende Winkelprofil in Einzelwinkel mit möglichst geringer Kontaktfläche aufzulösen, wobei die dann noch auftretenden punktförmigen Störeinflüsse von dem Beton der Decke seitlich verteilt werden können.

ABFANGUNG Vormauerschale						Ergebnis
Code	Art	Typ	Material	Dicke	Schicht	
Wärme-brücke	2.3 lin. Tragelem.		8.9.1 Stahl V4A	5	0	$k = 0{,}41$ W/m²K
unge-störte Bau-teile	2.2 Außenwand	3h	4.1.3 Ziegel 5.6 Min.-Wolle 4.2 KS-Mauerw.	115 60 175	1 2 3	$k_l = 0{,}23$ W/m K $\Delta l = 0{,}56$ m
	4.2 Innendecke	1	2.1 Beton	180	4	$\min \vartheta = 14{,}7$ °C

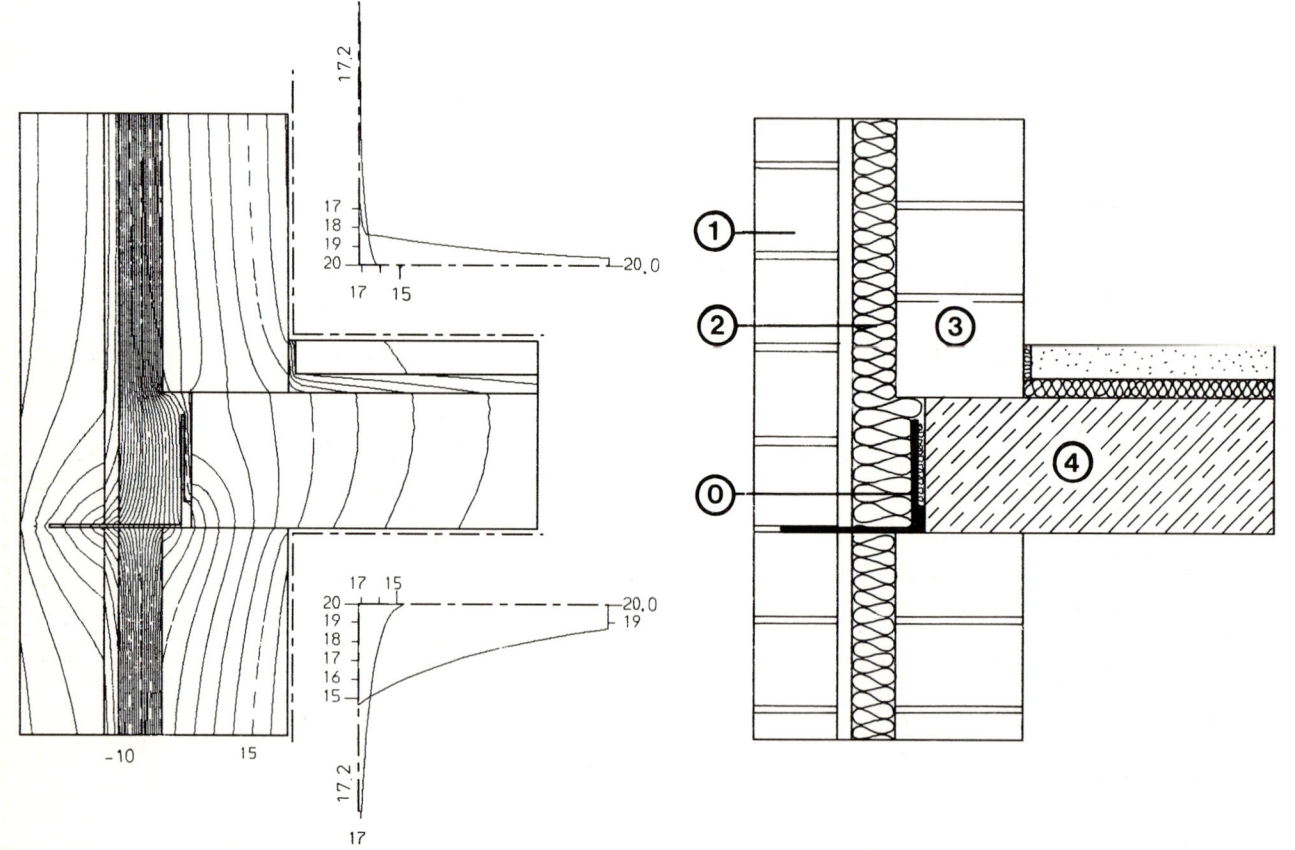

Erläuterung:
Hier handelt es sich um das gleiche Problem wie auf der vorhergehenden Seite.
Es wurde zunächst versucht, die Kontaktfläche zwischen dem gut leitenden Stahlprofil und dem Beton auf den notwendigen unteren Druckbereich zu reduzieren. Diese Maßnahme brachte kaum Erfolg.
Auch eine zusätzliche Verstärkung der Wärmedämmung vor der Deckenstirnseite kann die ungünstigen Werte der Berechnung auf der Vorseite nicht nennenswert verändern.

UNTERKONSTRUKTION leichte Außenwand, Stütze Holz							Ergebnis
Code	Art	Typ	Material	Dicke	Schicht	
Wärme-brücke	2.3 lin. Verbindung		8.9.1 Stahl V2A	1,5	0	$k = 0{,}68$ W/m²K
unge-störte Bau-teile	2.2 Außenwand	2i	8.9.1 Blech 5.6 Min.-Wolle 040 Bekleidung	1 50	1 2	$k_l = 0{,}10$ W/m K $\Delta l = 0{,}15$ m
	3.3 Stütze innen		6.1.1 Holz		3	$\min \vartheta = 1{,}1$ °C

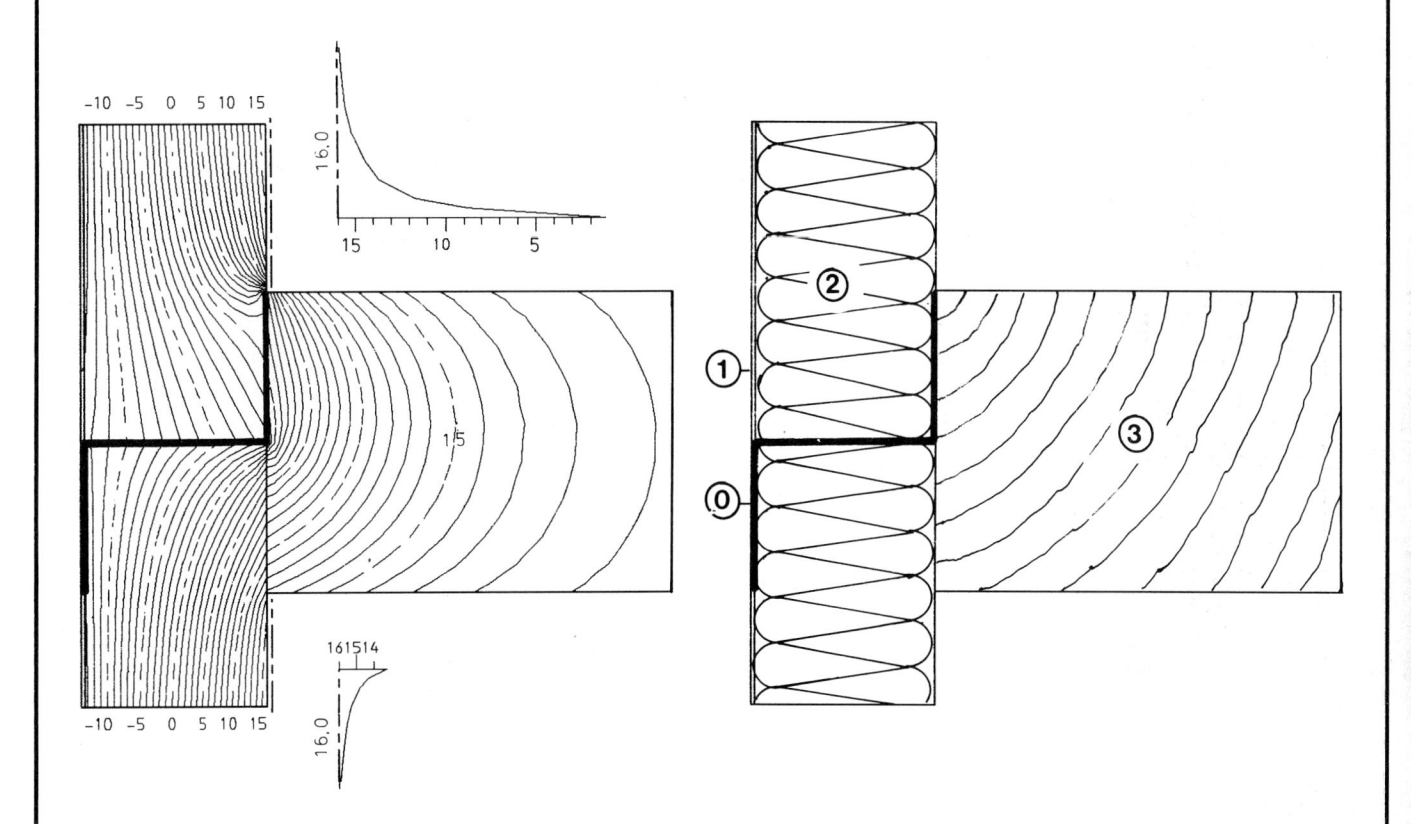

Erläuterung:
Durch die metallische Verbindung des Z-Profiles zu der äußeren Blechbekleidung (hinterlüftet oder nicht) bei gleichzeitiger guter Dämmeigenschaft der inneren Tragkonstruktion sinkt die Oberflächentemperatur im "Z-nahen Bereichen" sehr stark ab.
Wird statt des Edelstahls nur verzinktes Blech verwendet, fällt die innere Ecktemperatur noch einmal um nahezu 10 K.

Eine nichtmetallische Bekleidung vor der Wärmedämmung an der Wandinnenseite ist hier - da sie keine wärmetechnische Bedeutung hat - nicht dargestellt.

Verbesserungsmöglichkeiten:
1. Vermeiden oberflächennaher Bereiche für das Z-Profil (s. untere Bildhälfte). Geg. Anbringen einer zusätzlichen Wärmedämmung vor dem Profilende.
2. Thermische Trennung von Z-Profil und metallischer Außenhaut (Schwierig und nicht effektiv).
3. Erhöhung der inneren Wärmeaufnahmefähigkeit durch metallische Innenflächen (hoher Energieverlust).
4. Verminderung der Wärmeübertragung durch eine Konterlattung des Z-Profils (Reduzierung der linearen auf eine punktförmige Wärmebrücke)

UNTERKONSTRUKTION leichte Außenwand, Stütze Stahl							Ergebnis	
Code	Art	Typ	Material	Dicke	Schicht		
Wärme-brücke	2.3 lin. Verbindung		8.9.1 Stahl	1,5	0	$k = 0{,}68$	W/m²K
unge-störte Bau-teile	2.2 Außenwand	2i	8.9.1 Blech	1	1	$k_l = 0{,}30$	W/m K
			5.6 Min.-Wolle 040 Bekleidung	50	2	$\Delta l = 0{,}44$	m
	3.3 Stütze innen		8.9.1 Stahl		3	$\min \vartheta = 14{,}9$	°C

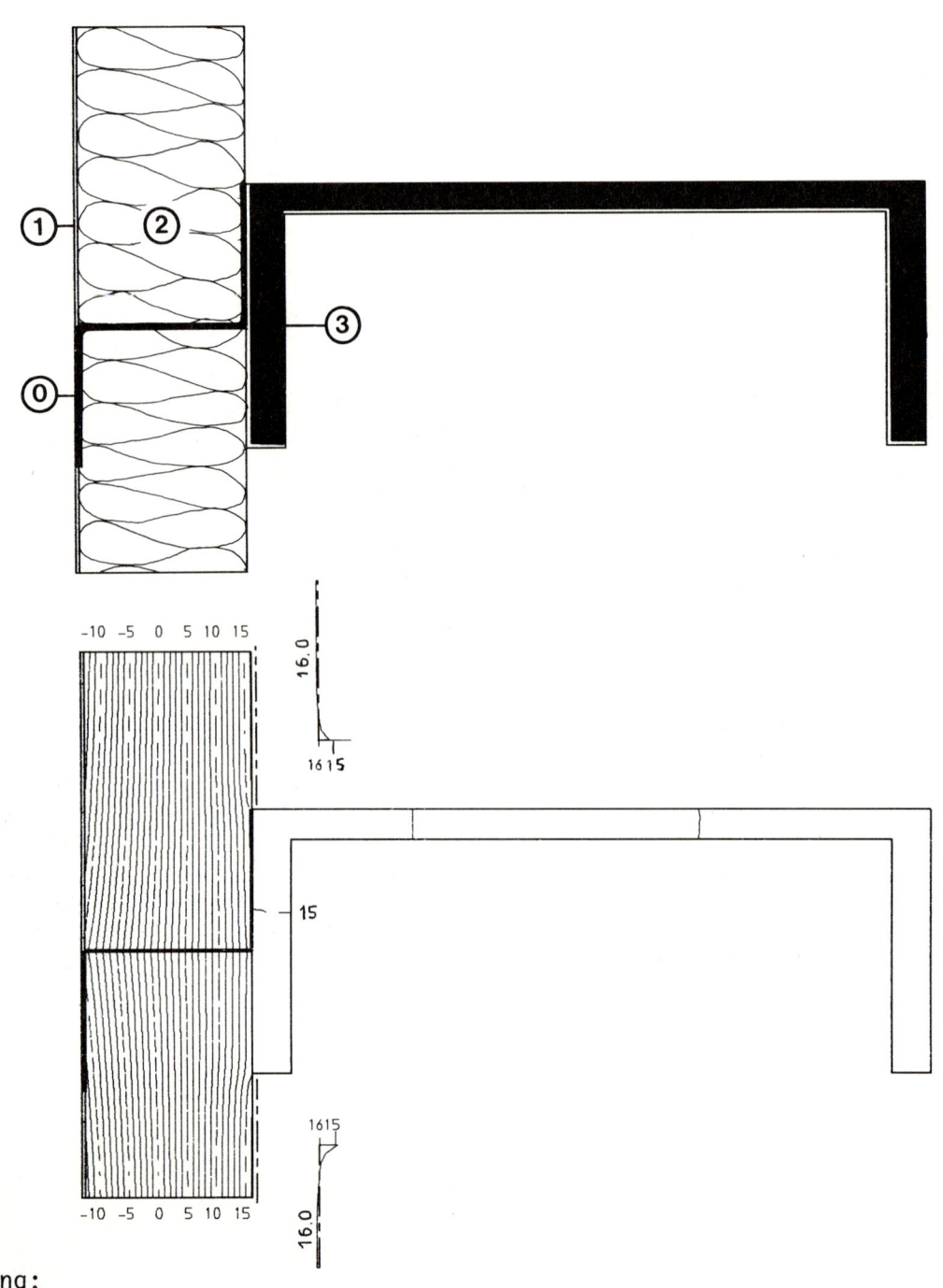

Erläuterung:
Mit der Verwendung eines stählernen U-Profils (h=200mm) wird zwar gegenüber der Konstruktion auf der Vorseite mit einer Holzstütze erreicht, daß die minimale innere Oberflächentemperatur auf beachtliche 15°C angehoben wird und daß der Isothermenverlauf kaum abgelenkt wird. Der zusätzliche Wärmeverlust ist jedoch erheblich, da das Stahlprofil sehr viel Wärme aus dem Raum aufnehmen kann.

ABSTANDSHALTER Trapezblech-Dach							
Code	Art	Typ	Material	Dicke	Schicht	\multicolumn{2}{l}{E r g e b n i s}
Wärme-brücke	2.3 lin.Tragelement		8.9.1 Z-Profil		0	$k =$	W/m²K
unge-störte Bau-teile	6.1 Dach	3h	3.1 AZ-Profiltafel 5.6 Min.-Wolle 8.9.1 Trapezblech		1 2 3	$k_l =$ $\Delta l =$ $\min \vartheta =$	W/m K m °C

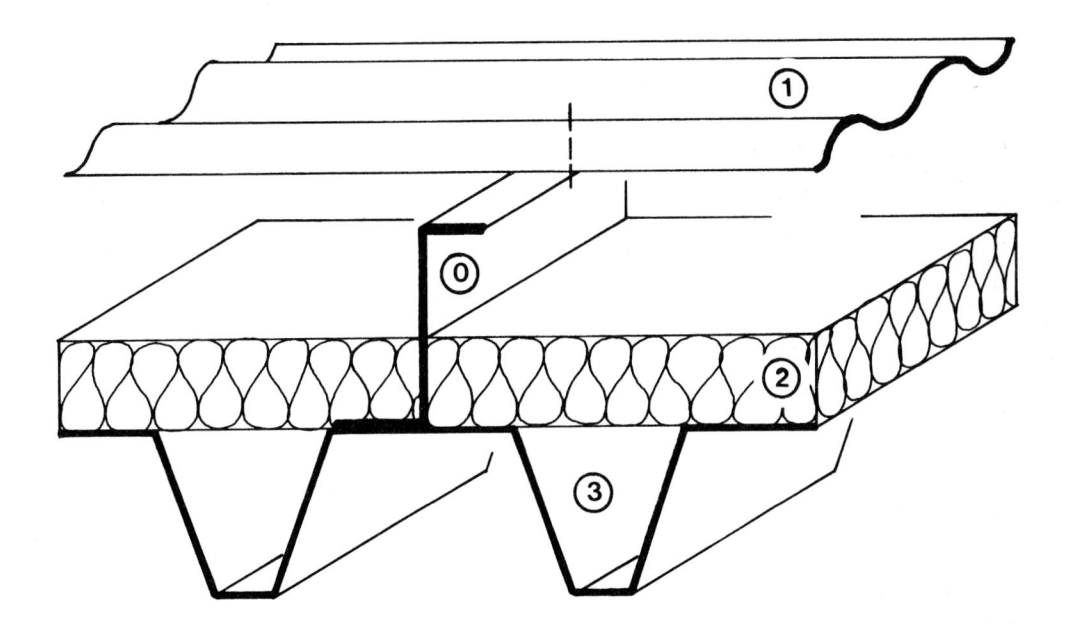

Erläuterung:
Hier stellt das Z-Profil auf ganzer Länge die Verbindung zwischen Außenluft (und den AZ-Profiltafeln) einerseits und den unter der Wärmedämmung liegenden Trapezblechen her, so daß eine linienförmige Wärmebrücke mit großer äußerer und innerer Kontaktfläche zu den angrenzenden Halbräumen vorliegt. Hier muß mit erheblicher Temperaturerniedrigung auf der Innenseite und hohen Wärmeverlusten gerechnet werden.
Wegen des im Vergleich zum Stahlblech schlecht leitenden Asbestzementes dürften die Ergebnisse etwas günstiger sein als in der Parameterstudie Seite 19 unten und Seite 24.

ABSTANDSHALTER Trapezblech-Dach mit "Konterlattung"							
Code	Art	Typ	Material	Dicke	Schicht	\multicolumn{2}{c}{E r g e b n i s}	
Wärme-brücke	2.3 lin.Tragelement		8.9.1 Z-Profil 8.9.1 Z-Profil		0 1	$k =$	W/m^2K
unge-störte Bau-teile	6.1 Dach	3h	8.9.1 Trapezblech 5.6 Min.-Wolle Bekleidung		2 3	$k_1 =$ $\Delta l =$	$W/m\,K$ m
	5.1 Pfette		8.9.1 Stahl		4	$\min \vartheta =$	$°C$

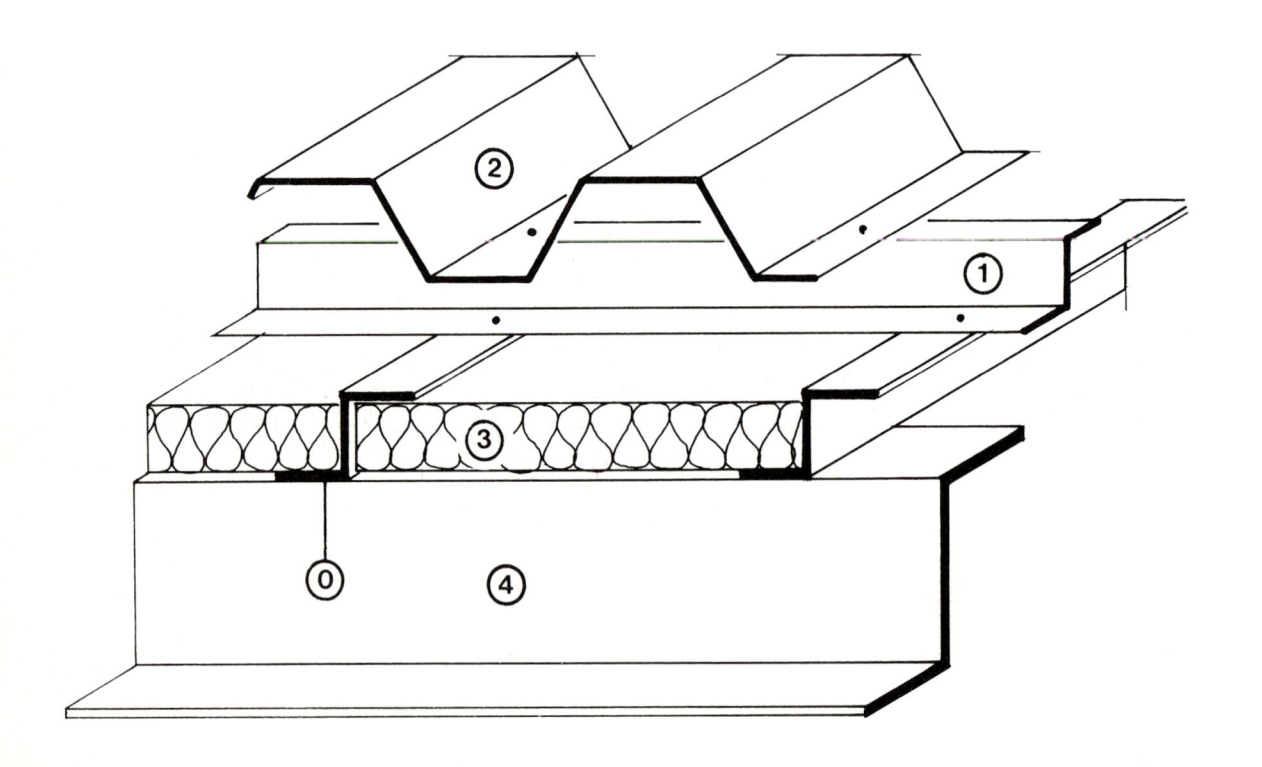

Erläuterung:
Hier stellt das Z-Profil (0) als Wärmebrücke die Verbindung zwischen Trapezblech (und Profil 1) einerseits und den unter der Wärmedämmung liegenden Tragprofilen 4 her. Die Verhältnisse werden durch die Parameterstudie auf Seite 18 sowie auch durch Seite 24 annähernd erfaßt. Wegen der metallischen Dachhaut dürften die Werte jedoch nur unwesentlich ungünstiger sein als bei der Konstruktion auf der Vorseite. Auf jeden Fall ist auf der Innenseite mit erheblichen Temperaturabsenkungen und auch mit entsprechenden Wärmeverlusten zu rechnen.

Eine innere nichtmetallische Bekleidung unterhalb der Wärmedämmung ist hier - da sie keine wärmetechnische Bedeutung hat - nicht dargestellt.

SPARREN ausgebautes Dach							
Code	Art	Typ	Material	Dicke	Schicht	\multicolumn{2}{c}{Ergebnis}
Wärme-brücke	2.3 lin.Tragelement		6.1.1 Fichtenholz		0	$k =$	W/m²K
unge-störte Bau-teile	6.1 Dach	3h	4.1.3 Dachziegel 5.6 Min.-Wolle 3.4 GK-Platte		1 2 3	$k_l =$ $\Delta l =$ $\min \vartheta =$	W/m K m °C

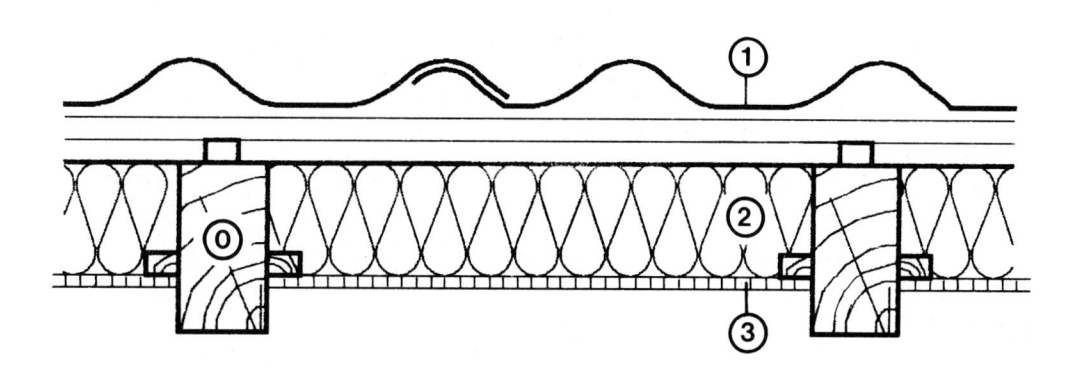

Erläuterung:
In Gegensatz zu den auf Seite 57 bis 62 dargestellten Konstruktionen besteht das, als Wärmebrücke wirkende Tragelement hier aus Holz. Daher kann dieser Fall mit dem auf Seite 50 dargestellten verglichen werden. Die auf der Unterseite zu erwartende Temperaturabsenkung ist daher nur gering.

STOSS	Stahl-Paneel					
Code	Art	Typ	Material	Dicke	Schicht	Ergebnis
Wärme-brücke	3.1 Stoß Montagebauteil					$k = 0,35$ W/m²K
unge-störte Bau-teile	2.2 Außenwand	3s	8.9.1 Blech 5.5.1 PUR-Schaum 8.9.1 Blech	1 80 1	1 2 3	$k_l = 0,01$ W/m K $\Delta l = 0,02$ m $\min \vartheta = 17,3$ °C

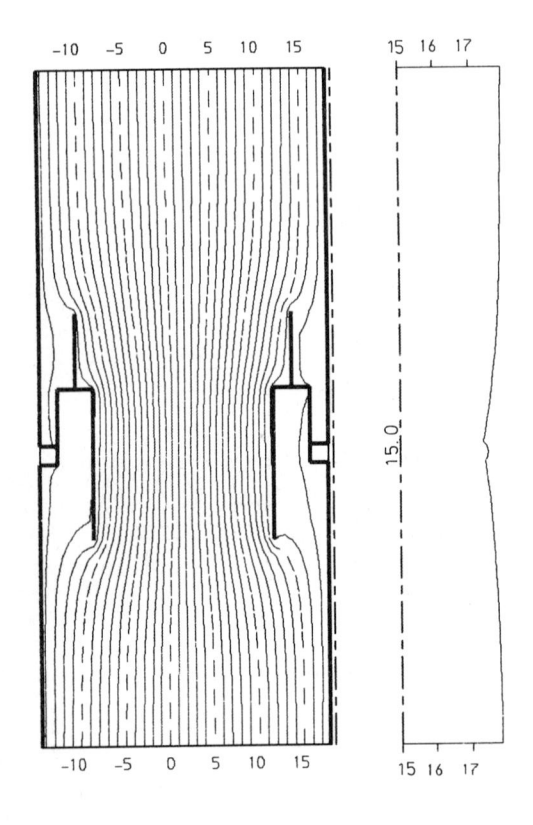

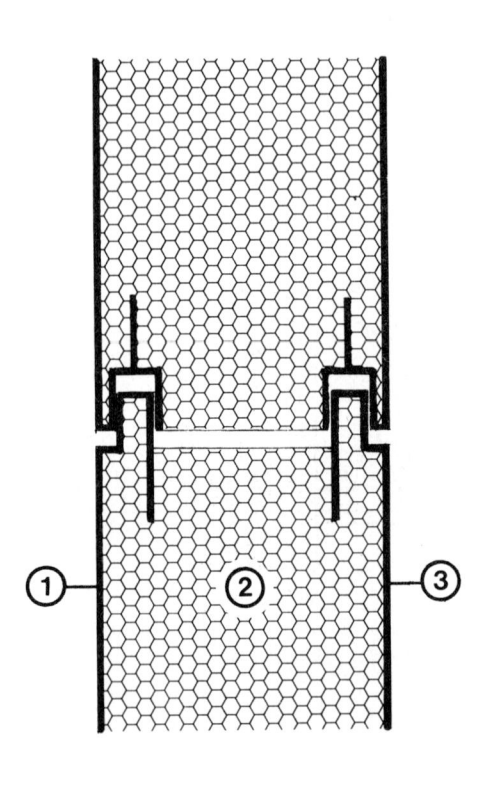

Erläuterung:
Sind die beiden Deckbleche im Stoßbereich getrennt, so wirkt sich die Reduzierung der Dämmschichtdicke im Stoßfugenbereich praktisch überhaupt nicht aus. Es tritt lediglich eine Temperaturabsenkung um 0,6 K auf. Die Metalloberflächen verteilen die Störeinflüsse auf die gesamte Tafelbreite.

HEIZKÖRPERNISCHE

Code	Art	Typ	Material	Dicke	Schicht	Ergebnis
Wärme-brücke	4.2 Nische					$k = 0,76$ W/m²K
unge-störte Bau-teile	2.2 Außenwand 2.5 Brüstung	1 2i	4.4 Gasbeton 4.4 Gasbeton 5.5.3 PUR-Schaum 040	240 120 20	1 2 3	$k_1 = 0,03$ W/m K $\Delta l = 0,04$ m $\min \vartheta = 10,4$ °C

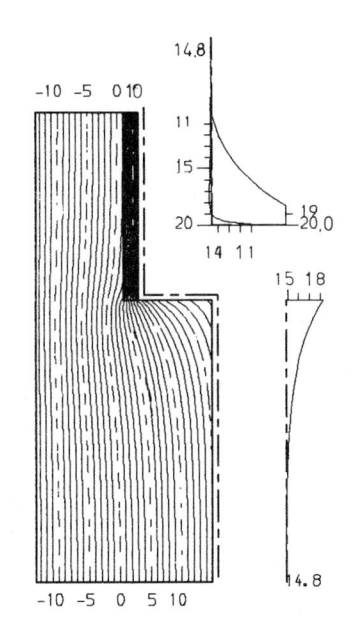

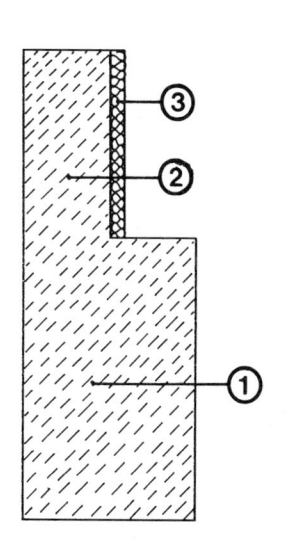

Erläuterung:

Die thermische Schwächung der Außenwand durch eine Heizkörpernische wird entsprechend der Wärmeschutzverordnung dadurch ausgeglichen, daß eine zusätzliche Wärmedämmung angeordnet wird. Durch die Umlenkung des Temperaturfeldes treten jedoch in der Ecke gerade noch tolerierbare Temperaturen auf. Sind die Heizkörper tätig, besteht keine Tauwassergefahr.

Verbesserungsmöglichkeit: Dämmen der Seitenflächen der Nische

Werden die Seitenflächen der Nische ebenfalls gedämmt, erhöht sich die Minimaltemperatur von 10,4 °C auf 13 °C.

Code	Art	Typ	Material	Dicke	Schicht	E r g e b n i s
Wärme-brücke	5.1 Stoß					$k = 1,28$ W/m²K
unge-störte Bau-teile	2.2 Außenwand	1	1.1 Putz 4.2 KS-Mauerwerk 1.3 Putz	20 365 15	1 2 3	$k_1 = 0,29$ W/m K $\Delta l = 0,23$ m
	1.1 Fensterscheibe 1.2 Rahmen	3s 1	8.3 Glas k=2,0 6.1.1 Holz 5.5.1 PS-Schaum	65 20	4 5 6	min $\vartheta = 5,6$ °C

SEITLICHER FENSTERANSCHLUSS außen, Wand monolithisch mindestgedämmt

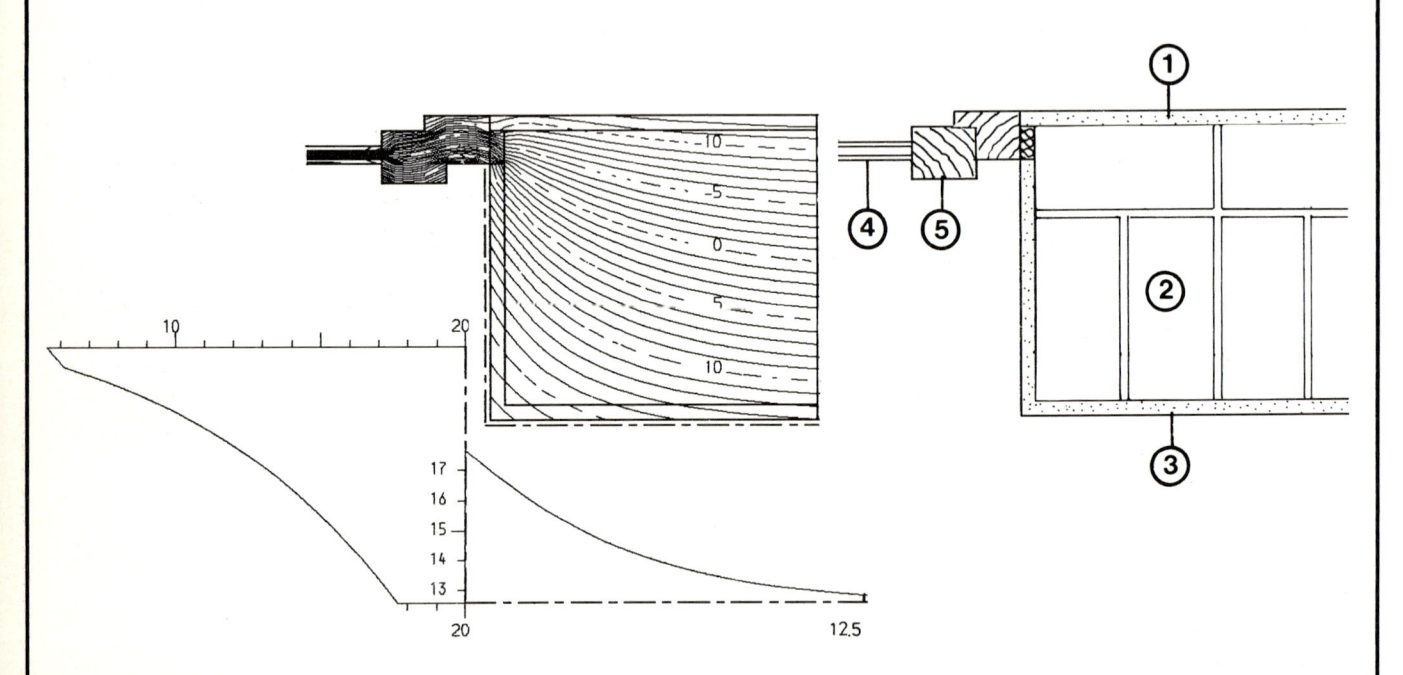

Erläuterung:
Diese und die folgenden beiden Seiten stellen die Verhältnisse an der Fensterleibung einer 365 mm dicken Wand aus Kalksandsteinen bei Außen-, Mitten- und Innenanschlag ohne und mit zusätzlichen Dämmung der Leibung dar. Für Außenanschlag ist der Anstieg der Oberflächentemperatur zur Innenecke typisch.
Im Bereich des Fensterrahmens fällt die Oberflächentemperatur auf 5,6°C, es ist dort mit Tauwasser zu rechnen. Um Schimmelpilzbildung zu vermeiden, läßt sich die Minimal-temperatur dort mit einer 20 mm dicken Dämmschicht auf über 10°C anheben. Durch diese Maßnahme wird der Wärmeverlust über die Leibung halbiert ($k_1 = 0,14$).

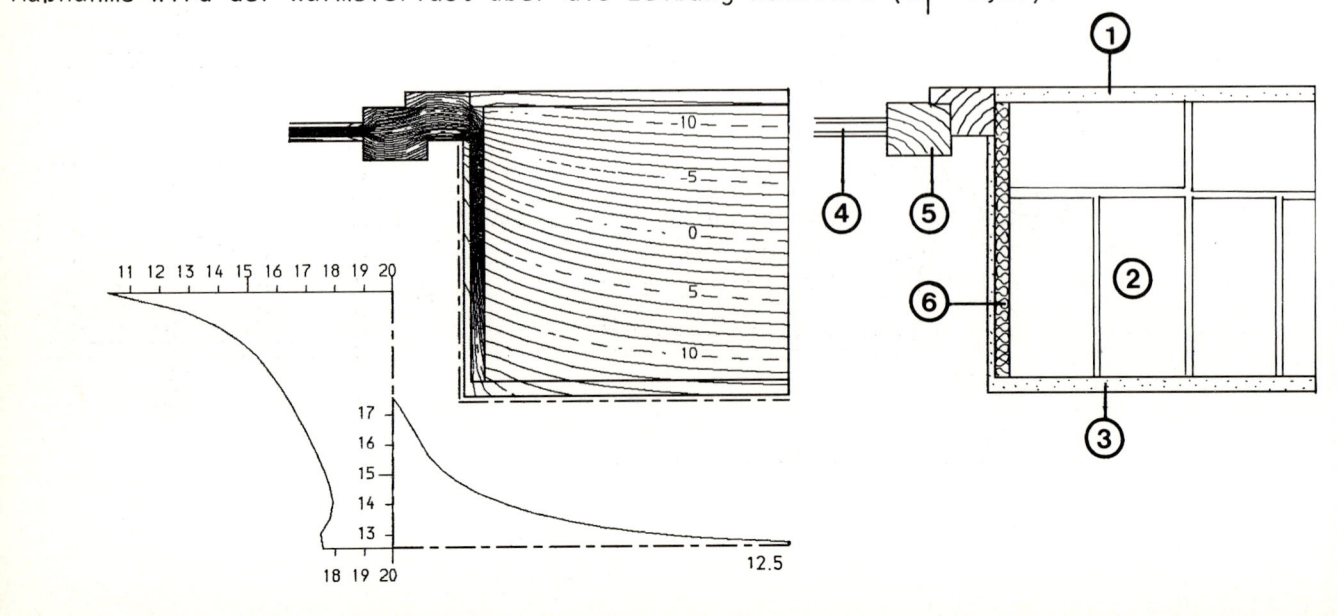

Code	Art	Typ	Material	Dicke	Schicht	Ergebnis

SEITLICHER FENSTERANSCHLUSS mittig, Wand monolithisch mindestgedämmt

Code	Art	Typ	Material	Dicke	Schicht
Wärmebrücke	5.1 Stoß				
ungestörte Bauteile	2.2 Außenwand	1	1.1 Putz 4.2 KS-Mauerwerk 1.3 Putz	20 365 15	1 2 3
	1.1 Fensterscheibe 1.2 Rahmen	3s 1	8.3 Glas k=2,0 6.1.1 Holz 5.5.1 PS-Schaum	 65 10	4 5 6

Ergebnis:
- $k = 1{,}28$ W/m²K
- $k_l = 0{,}12$ W/m K
- $\Delta l = 0{,}09$ m
- $\min \vartheta = 9{,}5$ °C

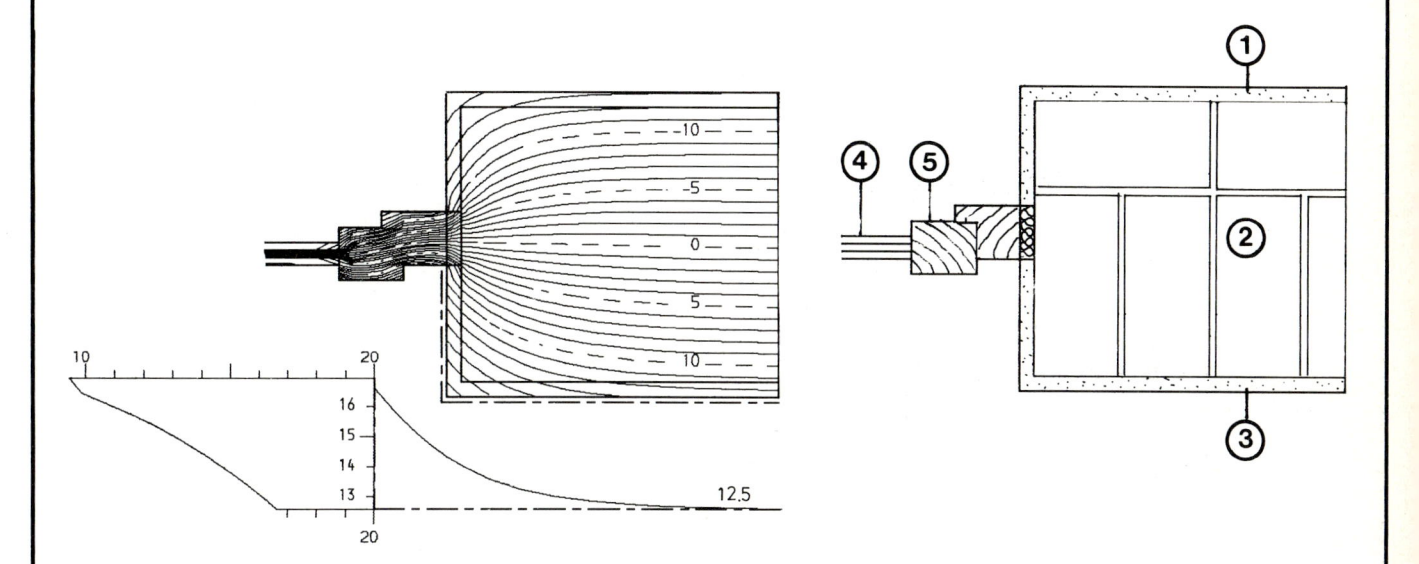

Erläuterung:
Bei Mittenanschlag ist zwar die Temperatur an der Wandinnenecke niedriger, die Leibungstemperatur aber höher als bei Außenanschlag. Im Vergleich mit Außen- und Innenanschlag schneidet der Mittenanschlag am besten ab.
Durch eine 10 mm dicke Wärmedämmung oder ähnliche Maßnahmen an der Leibung läßt sich dort die Tauwassergefahr beseitigen.

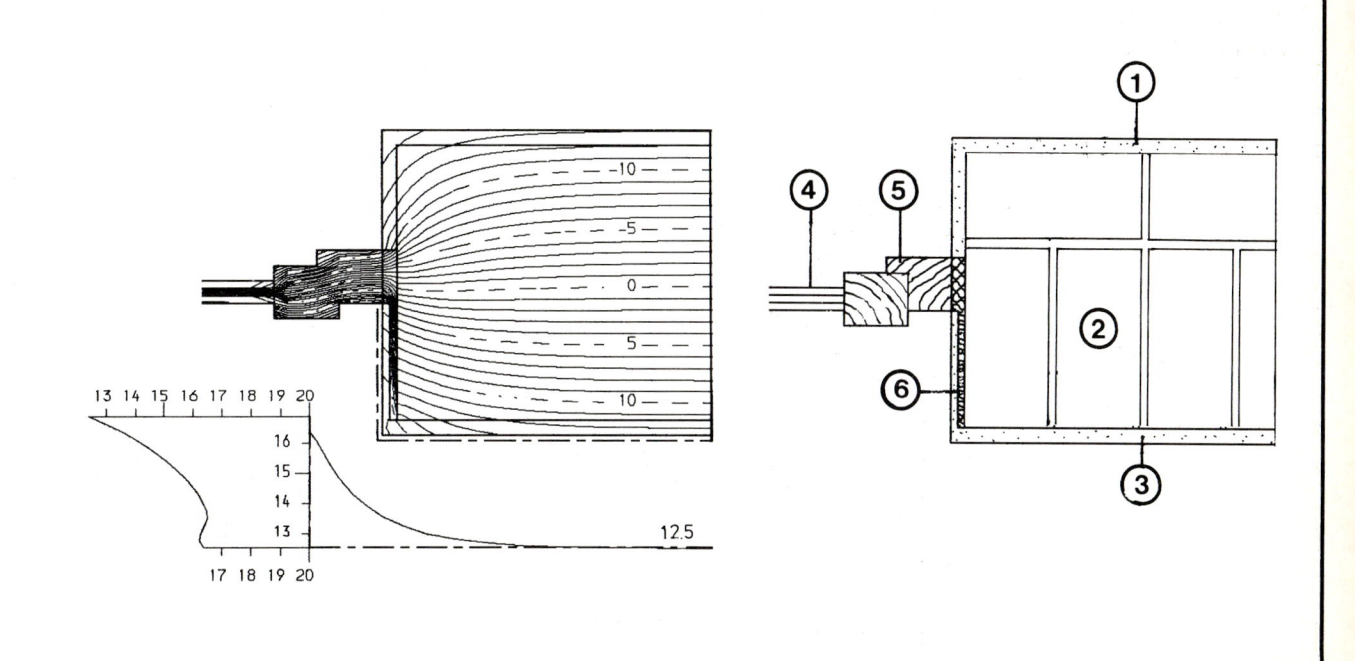

Code	Art	Typ	Material	Dicke	Schicht	Ergebnis
Wärme-brücke	5.1 Stoß					$k = 1{,}28$ W/m²K
unge-störte Bau-teile	2.2 Außenwand	1	1.1 Putz 4.2 KS-Mauerwerk 1.3 Putz	20 365 15	1 2 3	$k_l = 0{,}17$ W/m K $\Delta l = 0{,}13$ m $\min \vartheta = 9{,}0$ °C
	1.1 Fensterscheibe 1.2 Rahmen	3s 1	8.3 Glas k=2,0 6.1.1 Holz 5.5.1 PS-Schaum	 65 10	4 5 6	

SEITLICHER FENSTERANSCHLUSS innen, Wand monolithisch mindestgedämmt

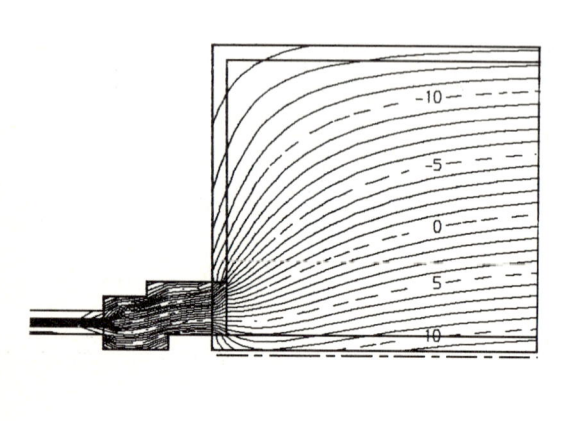

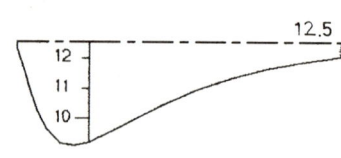

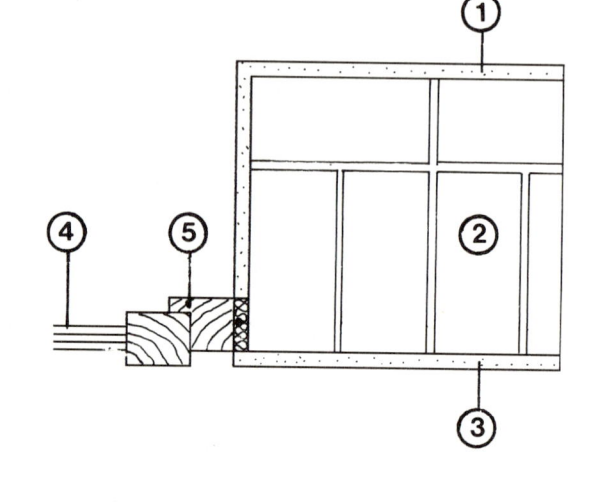

Erläuterung:
Bei Innenanschlag ergibt sich im Anschluß an die Fensteröffnung ein bei mindestge-dämmter Wand gefährlicher Temperaturabfall, zumal in der Regel dort befindliche Vorhänge die Verhältnisse zusätzlich ungünstig beeinflussen. Bei streckenweiser Innendämmung - die konstruktiv ohnedies nicht vernünftig ausführbar ist - würde der bereits erwähnte (vgl. Seite 10) Übergangseffekt auftreten. Durch eine Außendämmung der Leibung könnte der negative Effekt beseitigt werden.

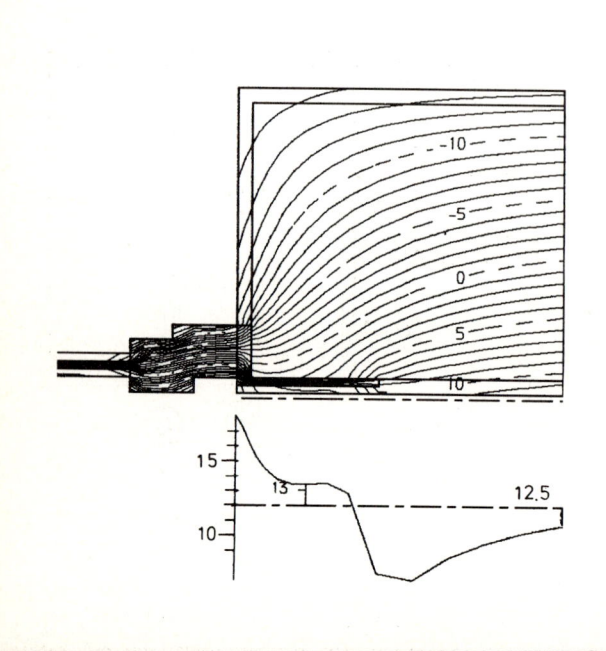

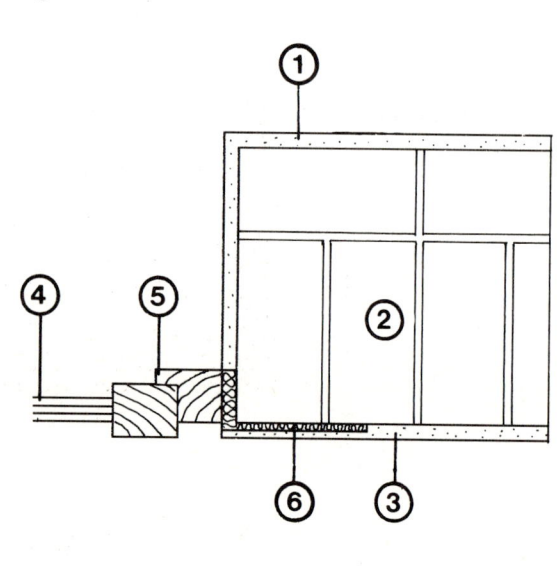

Code	Art	Typ	Material	Dicke	Schicht	Ergebnis
Wärme-brücke	5.1 Stoß					$k = 0,73$ W/m²K
unge-störte Bau-teile	2.2 Außenwand	1	1.1 Putz 4.1.5 1Hlz W 1.3 Putz	20 365 15	1 2 3	$k_l = 0,21$ W/m K $\Delta l = 0,28$ m
	1.1 Fensterscheibe 1.2 Rahmen	3s 1	8.3 Glas k=2,0 6.1.1 Holz 5.5.1 PS-Schaum	 65 20	4 5 6	$\min \vartheta = 8,1$ °C

SEITLICHER FENSTERANSCHLUSS außen, Wand monolithisch

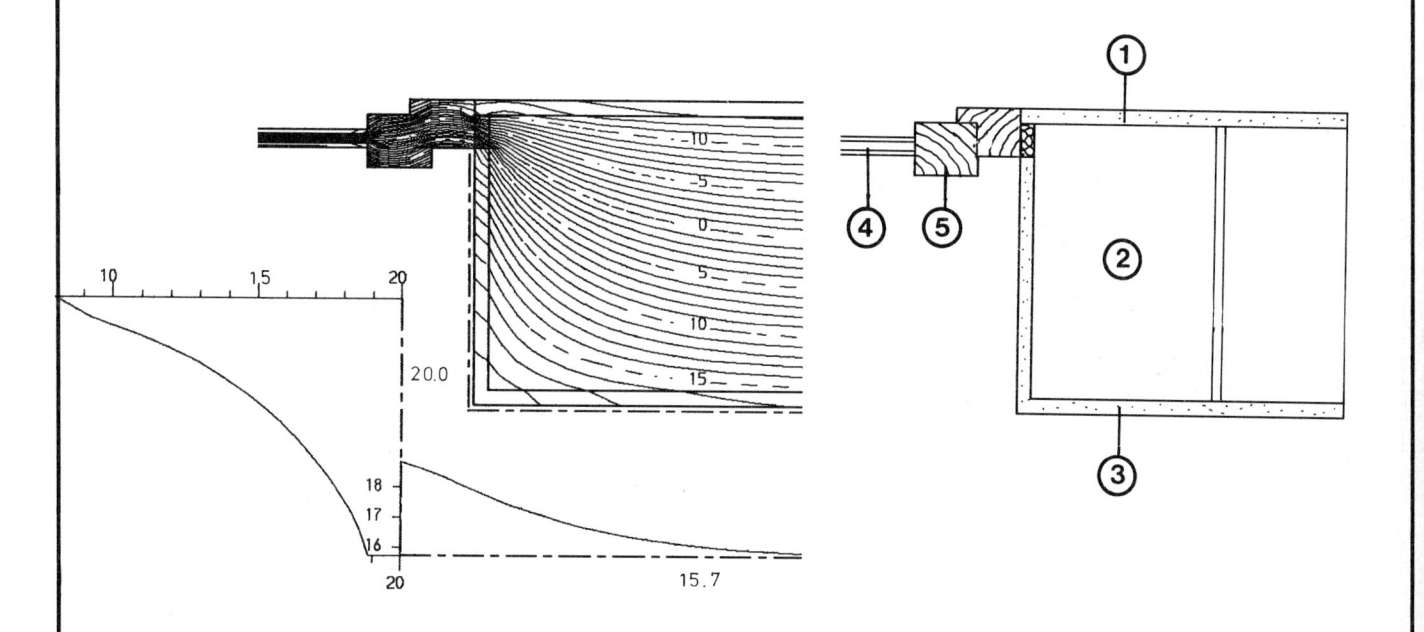

Erläuterung:
Diese und die beiden folgenden Seiten zeigen im Unterschied zu den vorangehenden Seiten die Verhältnisse bei besser dämmendem Mauerwerk. Die Tendenzen sind dieselben wie beim zuvor besprochenen Kalksandsteinmauerwerk, die Temperaturen jedoch generell höher.

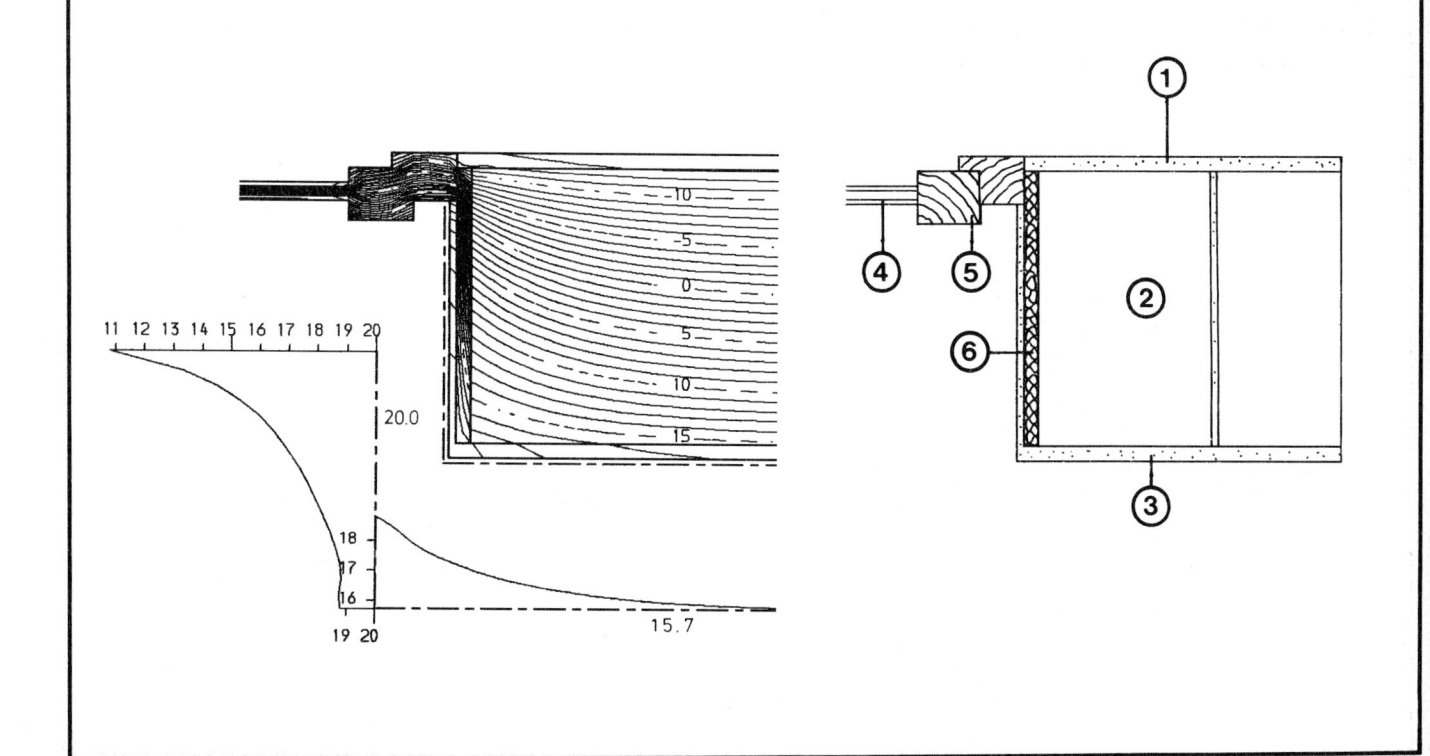

SEITLICHER FENSTERANSCHLUSS mittig, Wand monolithisch							Ergebnis	
Code	Art	Typ	Material	Dicke	Schicht		
Wärme-brücke	5.1 Stoß					k =	0,73 W/m²K
unge-störte Bau-teile	2.2 Außenwand	1	1.1 Putz 4.1.5 lHlz W 1.3 Putz	20 365 15	1 2 3	k_l = Δl =	0,07 W/m K 0,10 m
	1.1 Fensterscheibe 1.2 Rahmen	3s 1	8.3 Glas k=2,0 6.1.1 Holz 5.5.1 PS-Schaum	65 10	4 5 6	min$^\vartheta$=	11,8 °C

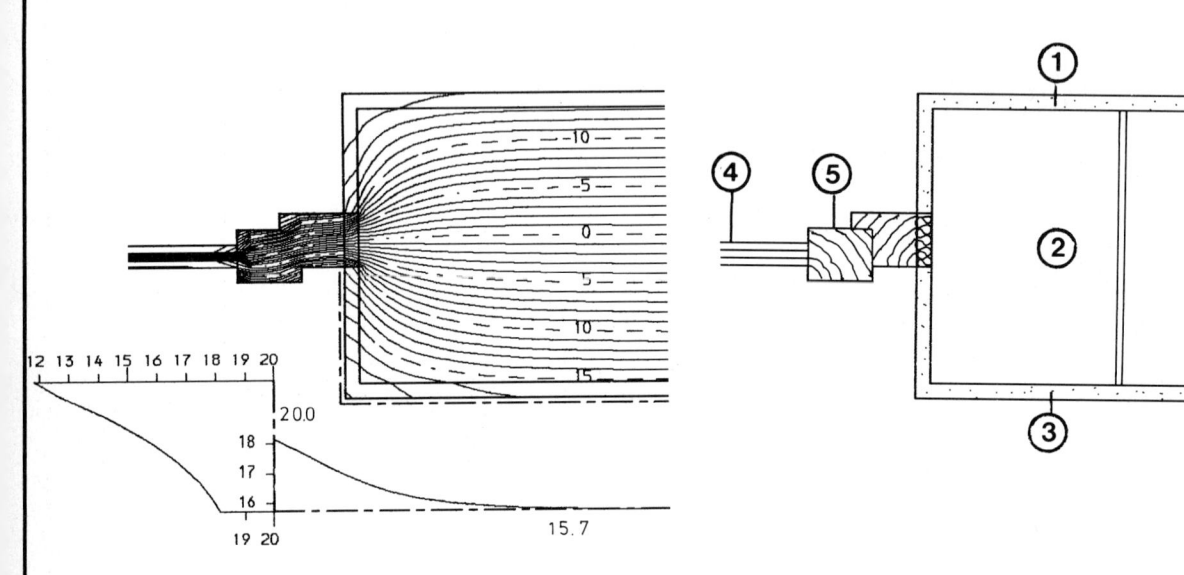

Erläuterung:
Auch hier sind bei Mittenanschlag die Temperaturverhältnisse günstiger als bei Außenanschlag. Bemerkenswert ist die Minimaltemperatur an der Leibungsfläche. Die Notwendigkeit einer zusätzlichen Dämmung besteht hier nicht mehr.

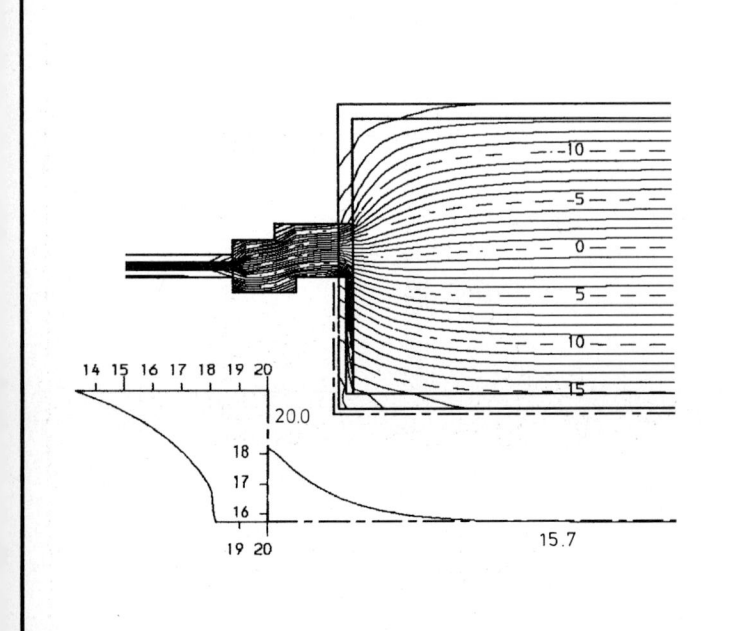

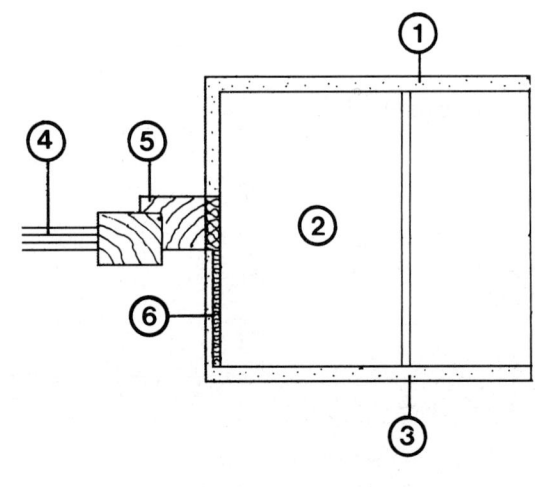

Code	Art	Typ	Material	Dicke	Schicht	Ergebnis
Wärme-brücke	5.1 Stoß					$k = 0,74$ W/m²K
unge-störte Bau-teile	2.2 Außenwand	1	1.1 Putz 4.1.5 lHlz W 1.3 Putz	20 365 15	1 2 3	$k_l = 0,13$ W/m K $\Delta l = 0,18$ m
	1.1 Fensterscheibe 1.2 Rahmen	3s 1	8.3 Glas k=2,0 6.1.1 Holz 5.5.1 PS-Schaum	 65 10	4 5 6	$min\vartheta = 12,7$ °C

SEITLICHER FENSTERANSCHLUSS innen, Wand monolithisch

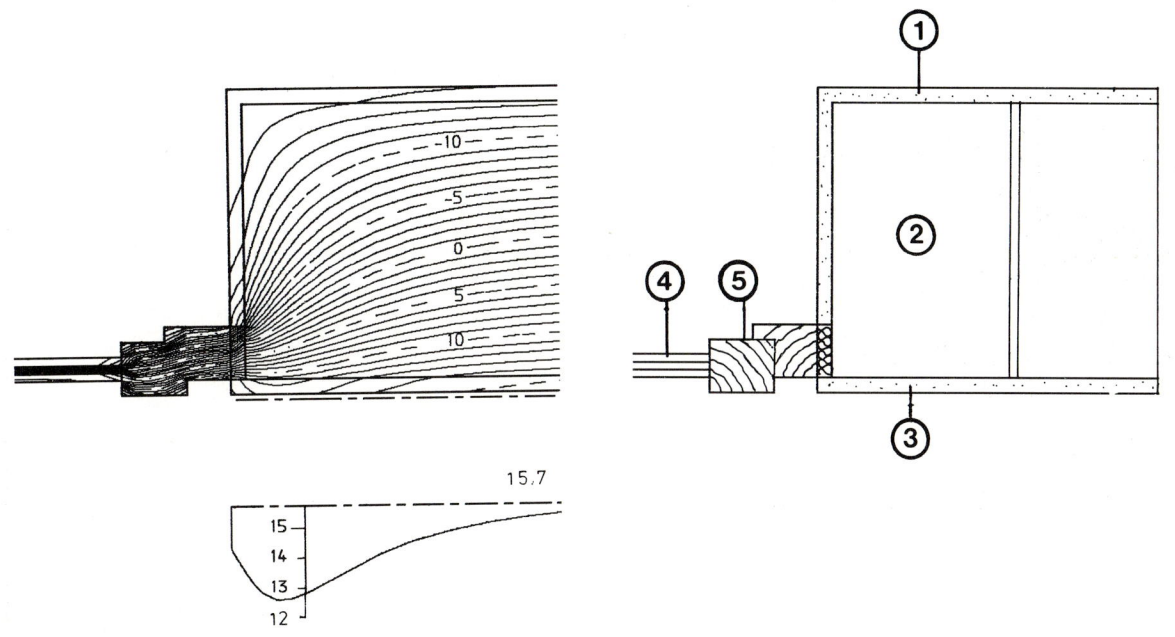

Erläuterung:
Der für Innenanschlag charakteristische Verlauf der Temperaturen ist auch hier erkennbar, doch bleibt die Temperatur an der Wandinnenfläche in Fensternähe so hoch, daß sich zusätzliche Dämmaßnahmen erübrigen. Hier zeigt sich die Überlegenheit einer höherwertigen Wand gerade im Bereich geometrischer Wärmebrücken.

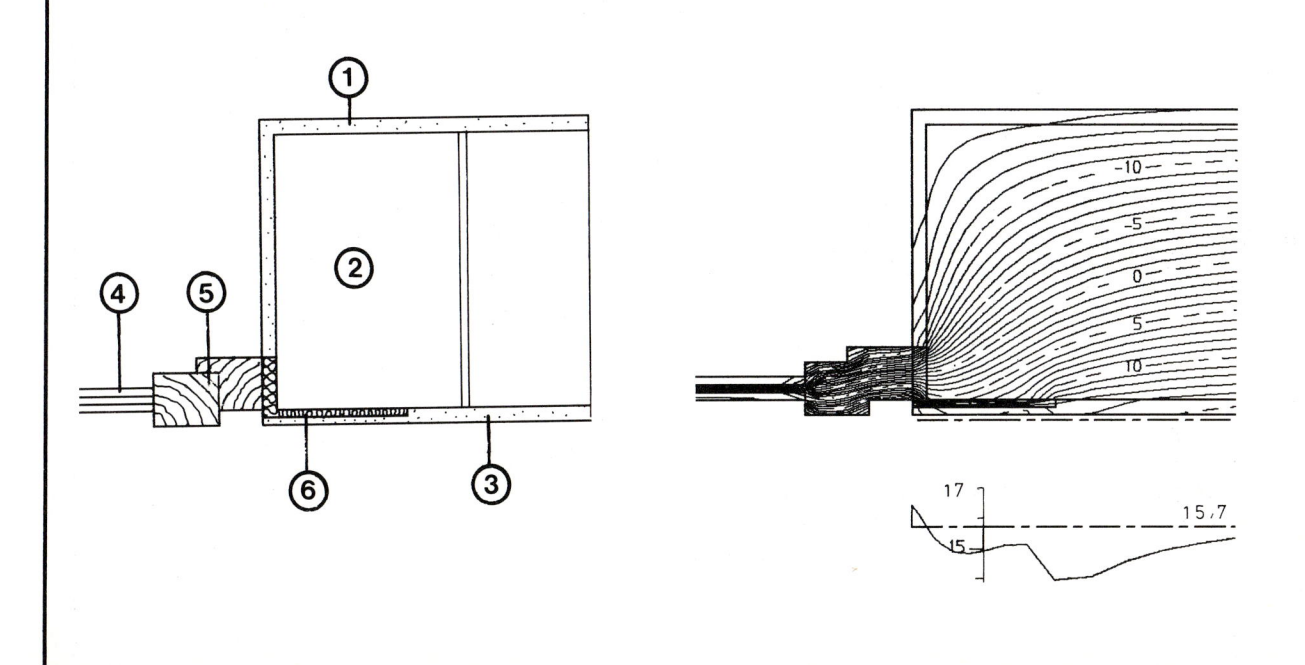

SEITLICHER FENSTERANSCHLUSS außen, Wand außengedämmt							
Code	Art	Typ	Material		Dicke	Schicht	Ergebnis
Wärme-brücke	5.1 Stoß						k = 0,63 W/m²K
unge-störte Bau-teile	2.2 Außenwand	2n	5.5.1 4.2 1.1	PS-Schaum KS-Mauerwerk Putz	40 240 15	1 2 3	k_l = 0,02 W/m K Δl = 0,03 m min^ϑ = 14,3 °C
	1.1 Fensterscheibe 1.2 Rahmen	3s 1	8.3 6.1.1	Glas k=2,0 Holz	65	4 5	

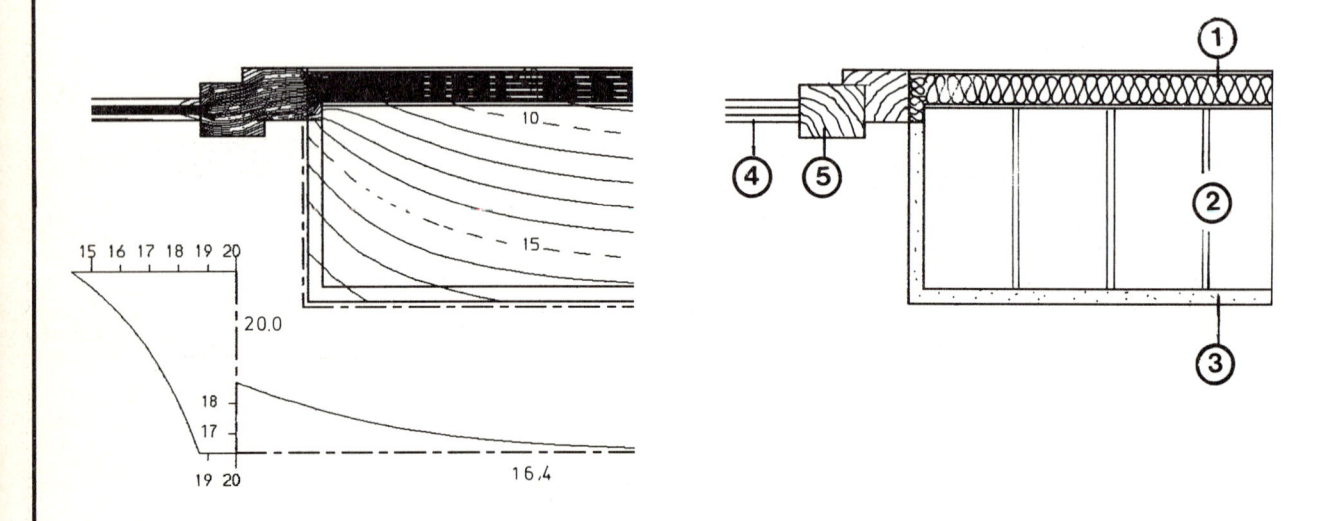

Erläuterung:
Diese und die folgenden fünf Seiten zeigen die Fensterdetails einer Wand aus 24-er Kalksandsteinen mit zusätzlicher Wärmedämmung mit 40 mm PS-Schaum. Auf den ersten drei Seiten ist die Dämmung außen angeordnet. In diesen drei Fällen sind die Temperaturen im Leibungsbereich unkritisch.

Es zeigt sich hier wie auch auf den folgenden sieben Seiten, daß bei konzentrierter Dämmung in der Außenwand der Fensterrahmen etwa in der Ebene der Dämmschicht liegen sollte, um bezüglich minimaler innerer Oberflächentemperaturen und zusätzlicher Wärmeverluste optimale Verhältnisse zu schaffen. Andernfalls werden die Isothermen "umgebogen" und es tritt der auf den Seiten 85 u.f. behandelte Kanteneffekt auf.

SEITLICHER FENSTERANSCHLUSS mittig, Wand außengedämmt							
Code	Art	Typ	Material	Dicke	Schicht	E r g e b n i s
Wärme-brücke	5.1 Stoß					$k = 0,63$ W/m²K
unge-störte Bau-teile	2.2 Außenwand 1.1 Fensterscheibe 1.2 Rahmen	2n 3s 1	5.5.1 PS-Schaum 4.2 KS-Mauerwerk 1.1 Putz 8.3 Glas k=2,0 6.1.1 Holz 5.5.1 PS-Schaum	40 240 15 65 35	1 2 3 4 5 6	$k_l = 0,05$ W/m K $\Delta l = 0,08$ m $\min \vartheta = 14,3$ °C

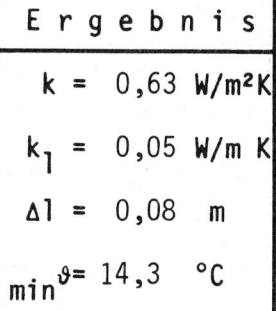

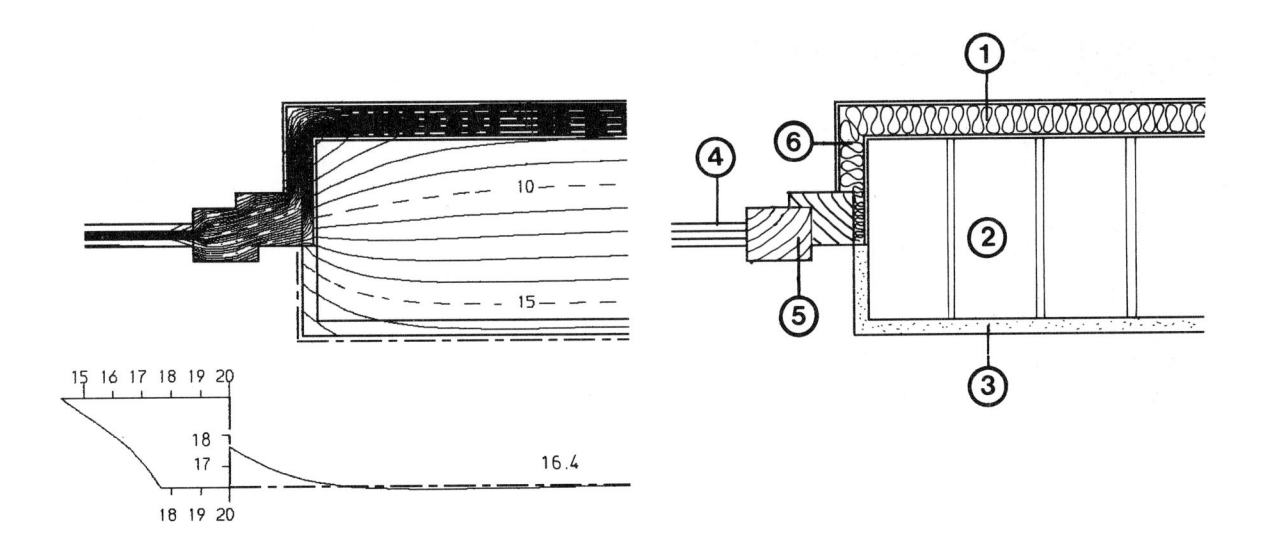

Erläuterung:
Die Temperaturverhältnisse bei Mittenanschlag sind etwas ungünstiger als bei Außenanschlag. Das gilt aber nur dann, wenn auch die Leibung außen gedämmt ist. Entfällt die äußere Leibungsdämmung, so entstehen Verhältnisse ähnlich denen auf Seite 65 oben.

| \multicolumn{7}{l}{SEITLICHER FENSTERANSCHLUSS innen, Wand außengedämmt} |

Code	Art	Typ	Material	Dicke	Schicht	Ergebnis
Wärme-brücke	5.1 Stoß					$k = 0{,}64$ W/m²K
unge-störte Bau-teile	2.2 Außenwand	2i	5.5.1 PS-Schaum 4.2 KS-Mauerwerk 1.1 Putz	40 240 15	1 2 3	$k_l = 0{,}10$ W/m K $\Delta l = 0{,}16$ m $\min \vartheta = 14{,}3$ °C
	1.1 Fensterscheibe 1.2 Rahmen	3s 1	8.3 Glas k=2,0 6.1.1 Holz 5.5.1 PS-Schaum	 65 30	4 5 6	

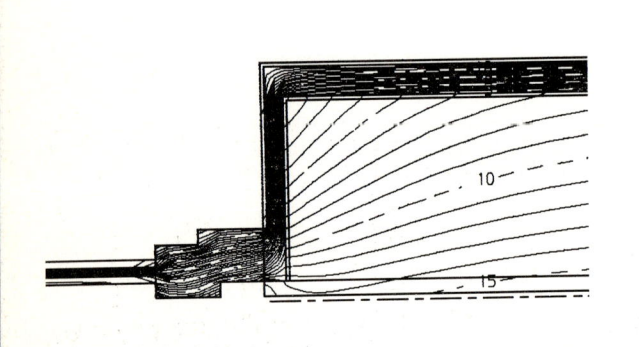

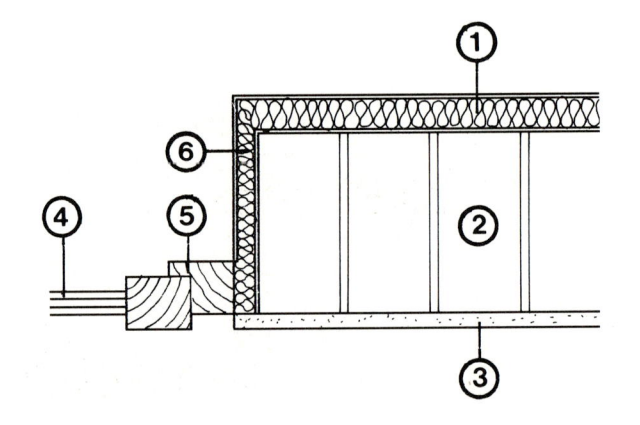

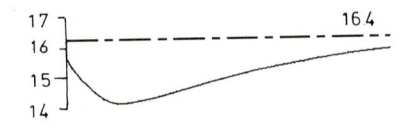

Erläuterung:
Wenn die Leibung außen auch gedämmt wird, so sind alle Innentemperaturen unkritisch, obwohl auch hier die für Fensteranschlag innen charakteristische Temperaturabsenkung an der Wand neben der Fensteröffnung auftritt.

SEITLICHER FENSTERANSCHLUSS außen, Wand innengedämmt							
Code	Art		Typ	Material		Dicke	Schicht
Wärme-brücke	5.1 Stoß						
unge-störte Bauteile	2.2 Außenwand		2i	4.2 5.5.1 3.5	KS-Mauerwerk PS-Schaum Gipskarton	240 40 15	1 2 3
	1.1 Fensterscheibe 1.2 Rahmen		3s 1	8.3 6.1.1 5.5.1	Glas k=2,0 Holz PS-Schaum	 65 30	4 5 6

Ergebnis

$k = 0{,}62$ W/m²K
$k_l = 0{,}15$ W/m K
$\Delta l = 0{,}24$ m
$\min \vartheta = 8{,}3$ °C

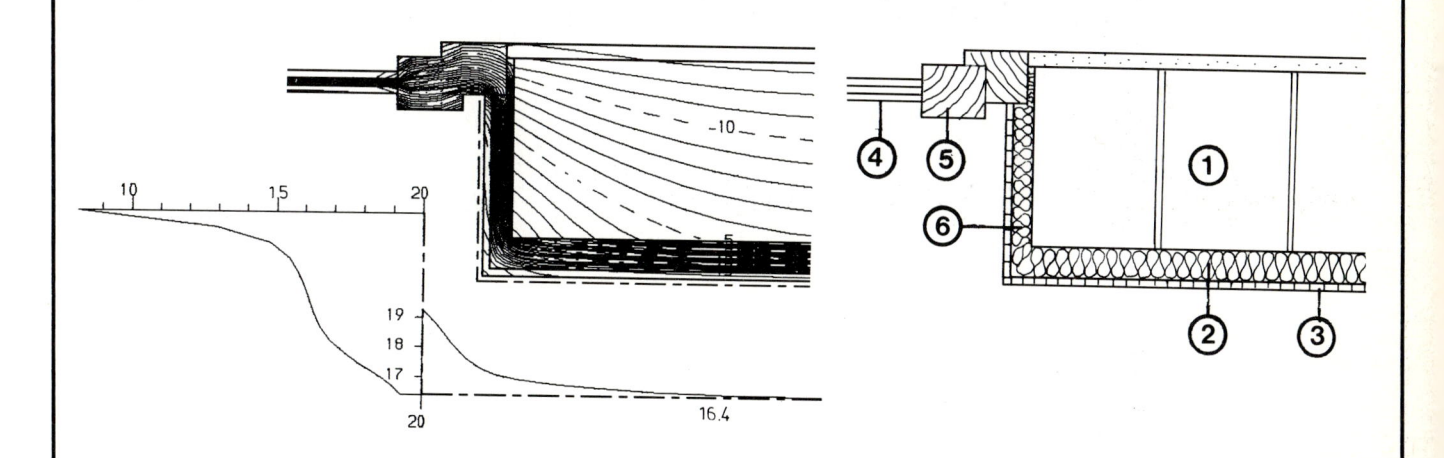

Erläuterung:
Auf diesem und den folgenden beiden Seiten wird dieselbe Wand dargestellt wie auf den drei vorangehenden Seiten, jedoch diesmal mit Zusatzdämmung innen. Auffällig ist hier die niedrige Temperatur an der Berührkante zwischen Leibung und Blendrahmen trotz 30 mm Dämmung an der Leibung. Innendämmung erweist sich somit - von der Tauwasserproblematik ganz abgesehen - als ungünstiger.

Code	Art	Typ	Material	Dicke	Schicht	Ergebnis
Wärme-brücke	5.1 Stoß					$k = 0{,}62$ W/m²K
unge-störte Bau-teile	2.2 Außenwand 1.1 Fensterscheibe 1.2 Rahmen	2i 3s 1	4.2 KS-Mauerwerk 5.5.1 PS-Schaum 3.5 Gipskarton 8.3 Glas k=2,0 6.1.1 Holz 5.5.1 PS-Schaum	240 40 15 65 20	1 2 3 4 5 6	$k_l = 0{,}09$ W/m K $\Delta l = 0{,}15$ m $\min \vartheta = 8{,}8$ °C

SEITLICHER FENSTERANSCHLUSS mittig, Wand innengedämmt

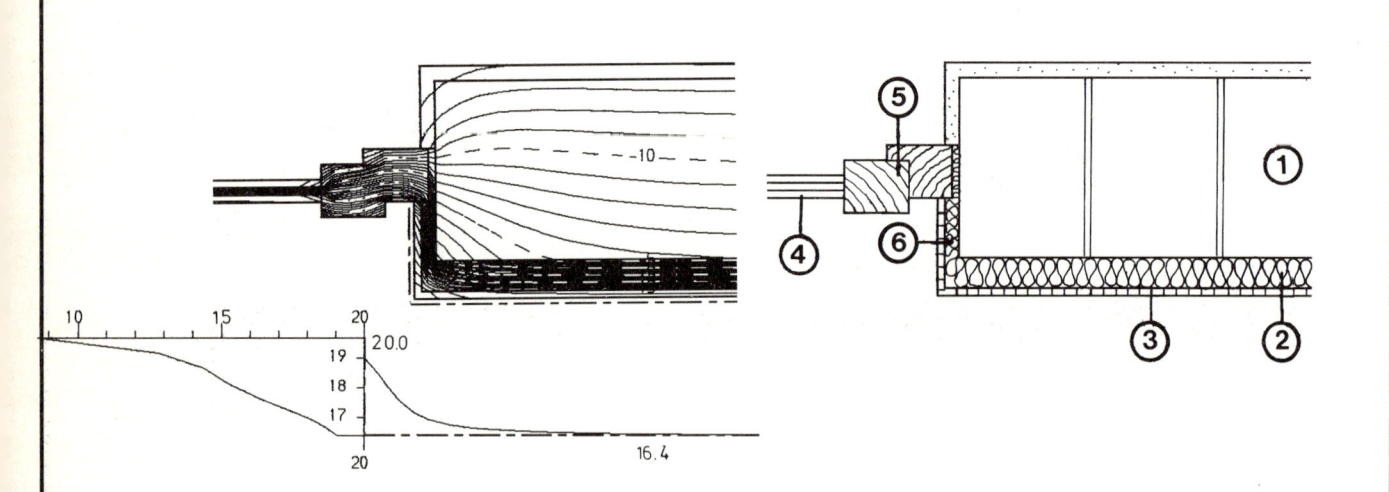

Erläuterung:
Bei Mittenanschlag sind die Verhältnisse an der Berührkante Leibung-Blendrahmen nur unwesentlich günstiger.
Wenn statt der 20 mm eine 40 mm dicke Dämmung an der Leibung verwendet worden wäre, wäre der Rahmenanschluß tauwasserfrei.
Nicht berücksichtigt wurde hierbei die Befestigung der Gipskartonplatten auf Holz-leisten, die die Situation gerade im kritischen Bereich verschlechtert (vgl. Seite 96)

SEITLICHER FENSTERANSCHLUSS innen, Wand innengedämmt							
Code	Art	Typ	Material		Dicke	Schicht	Ergebnis
Wärme-brücke	5.1 Stoß						$k = 0{,}62$ W/m²K
unge-störte Bau-teile	2.2 Außenwand	2i	4.2	KS-Mauerwerk	240	1	$k_l = 0{,}04$ W/m K
			5.5.1	PS-Schaum	40	2	$\Delta l = 0{,}07$ m
			1.1	Putz	15	3	
	1.1 Fensterscheibe	3s	8.3	Glas k=2,0		4	$\min \vartheta = 16{,}2$ °C
	1.2 Rahmen	1	6.1.1	Holz	65	5	

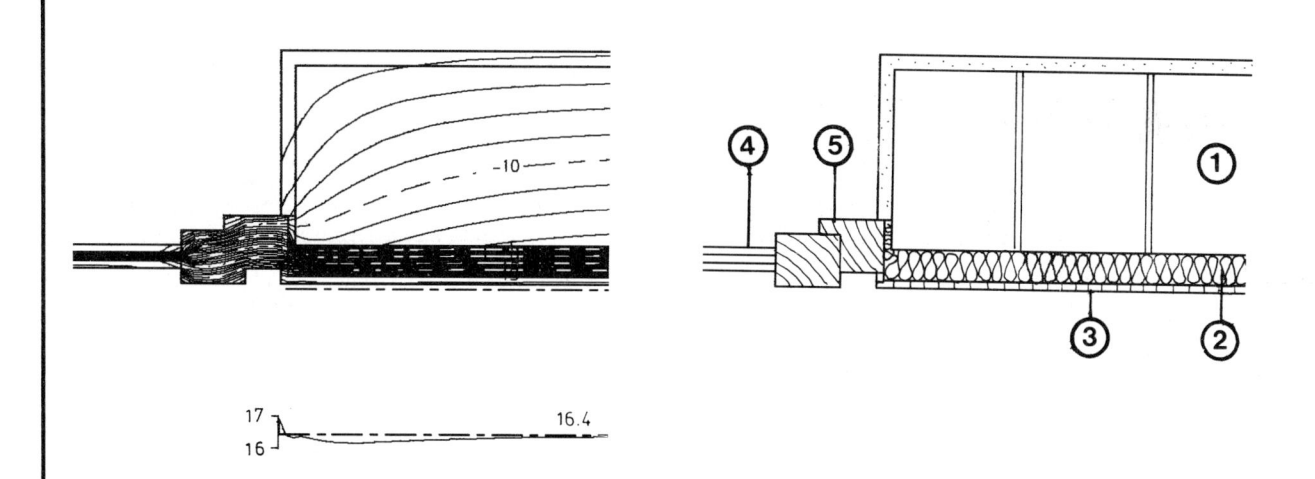

Erläuterung:
Bei Innenanschlag verschwindet theoretisch das Problem am Übergang Leibung-Blenrahmen, der konstruktive, feuchteunempfindliche Anschluß bereitet jedoch Schwierigkeiten.

Code	Art	Typ	Material		Dicke	Schicht
\multicolumn{7}{l}{SEITLICHER FENSTERANSCHLUSS mittig, Wand kerngedämmt}						

Code	Art	Typ	Material		Dicke	Schicht
Wärme-brücke	5.1 Stoß					
unge-störte Bau-teile	2.2 Außenwand	3s	4.2	KS-Mauerwerk	115	1
			1.1	Mörtel	20	2
			5.5.1	PS-Schaum	40	3
			4.2	KS-Mauerwerk	175	4
			1.1	Putz	15	5
	1.1 Fensterscheibe	3s	8.3	Glas k=2,0		6
	1.2 Rahmen	1	6.1.1	Holz	65	7

Ergebnis

$k = 0,60 \text{ W/m}^2\text{K}$

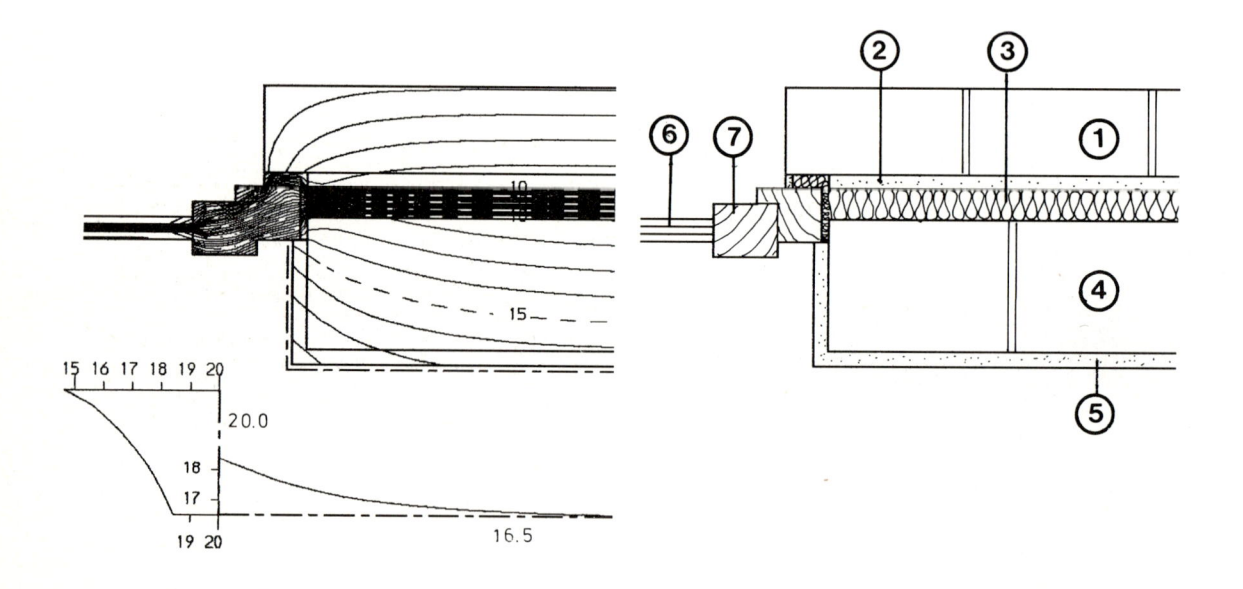

$k_l = 0,01 \text{ W/m K}$

$\Delta l = 0,02 \text{ m}$

$\min \vartheta = 14,6 \text{ °C}$

Erläuterung:
Die Wand mit Kerndämmung zeigt bei Mittenanschlag sehr günstige Verhältnisse, die auch dann noch gegeben sind, wenn die Dämmung (Ausschäumung) um den Blendrahmen entfällt.

SEITLICHER FENSTERANSCHLUSS innen, Wand kerngedämmt							Ergebnis
Code	Art	Typ	Material	Dicke	Schicht	
Wärme-brücke	5.1 Stoß					$k = 0{,}60$ W/m²K
unge-störte Bau-teile	2.2 Außenwand	3s	4.2 KS-Mauerwerk 1.1 Mörtel 5.5.1 PS-Schaum 4.2 KS-Mauerwerk 1.1 Putz	115 20 40 175 15	1 2 3 4 5	$k_1 = 0{,}09$ W/m K $\Delta l = 0{,}15$ m $\min \vartheta = 14{,}5$ °C
	1.1 Fensterscheibe 1.2 Rahmen	3s 1	8.3 Glas k=2,0 6.1.1 Holz 5.5.1 PS-Schaum	 65 30	6 7 8	

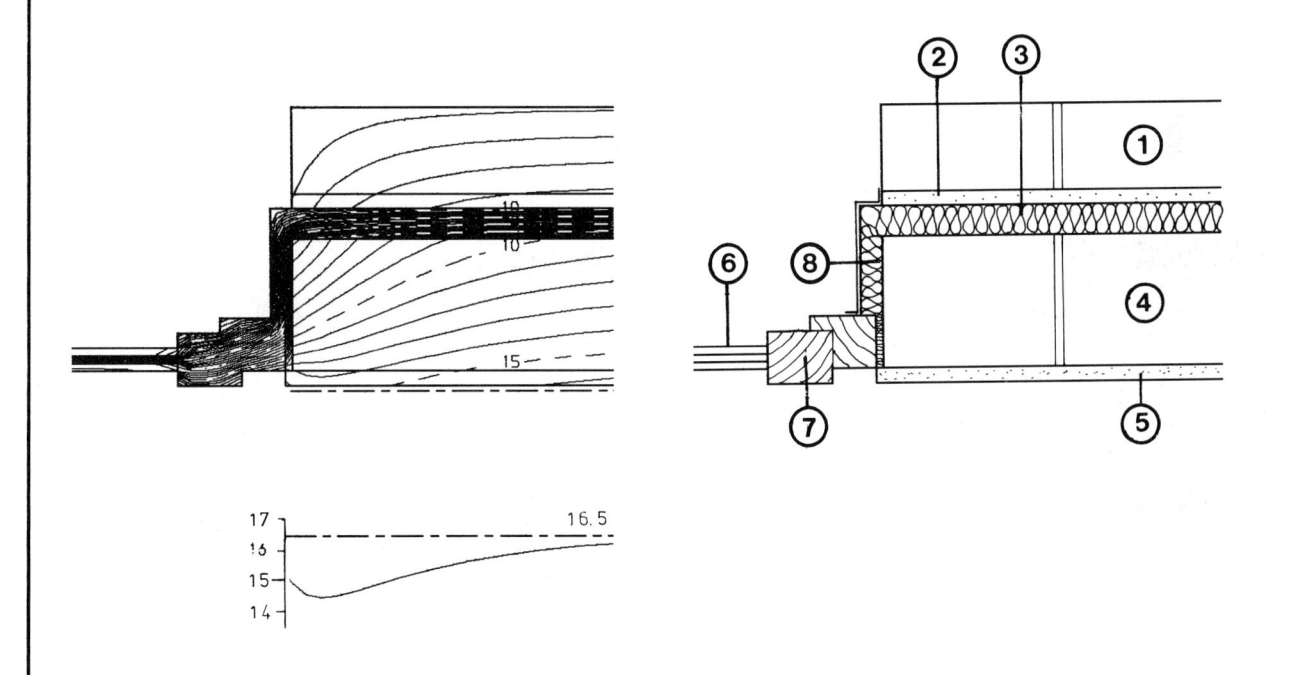

Erläuterung:
Wird Kerndämmung im Zusammenhang mit Innenanschlag vorgesehen, muß die Leibung im Bereich der Tragschicht außen gedämmt werden. Diese Lösung ist wärmetechnisch einwandfrei, ergibt aber etwas höhere Wärmeverluste.

UNTERER FENSTERANSCHLUSS außen, Wand monolithisch							
Code	Art	Typ	Material		Dicke	Schicht	Ergebnis
Wärme-brücke	5.1 Stoß						$k = 0{,}73$ W/m²K
unge-störte Bau-teile	2.2 Außenwand	1	1.1	Putz	20	1	$k_1 = 0{,}25$ W/m K
			4.1.5	lHlz W	365	2	$\Delta l = 0{,}35$ m
			1.3	Putz	15	3	
	1.1 Fensterscheibe	3s	8.3	Glas k=2,0		4	$\min \vartheta = 10{,}8$ °C
	1.2 Rahmen	1	6.1.1	Holz	65	5	
			8.4	Marmor	30	6	

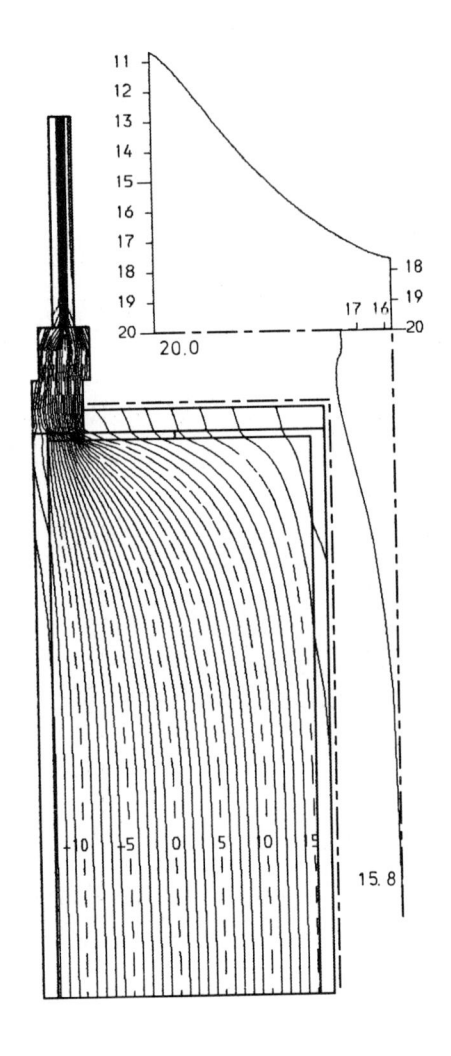

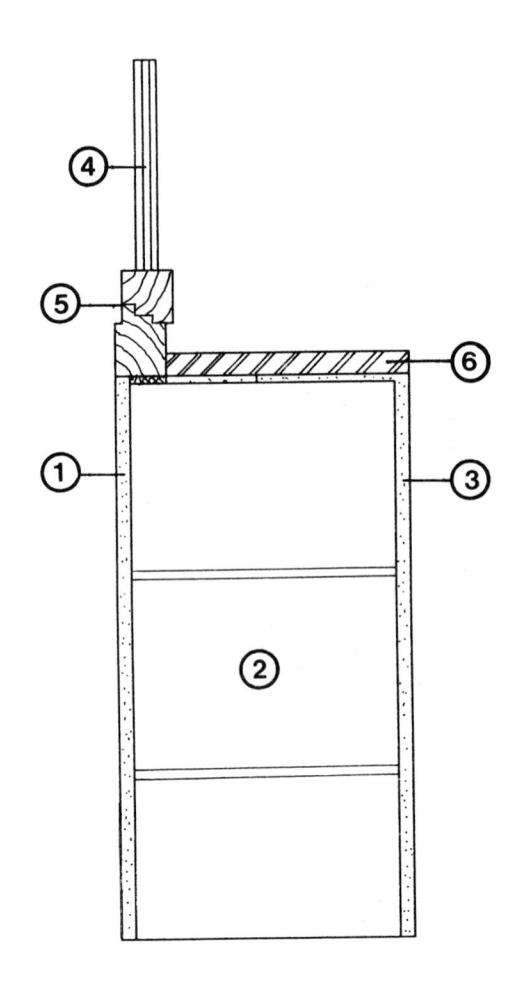

Erläuterung:
Diese und die folgenden beiden Seiten zeigen die Brüstung im Vertikalschnitt eines Fensters mit Außen- Mitten- und Innenanschlag in einer 36,5-er Wand aus Leichthoch-lochziegeln. Als Fensterbank ist eine 30 mm dicke Platte aus Marmor vorgesehen. Sie hat bereits Einfluß auf die Oberflächentemperaturen. Eine wesentliche Verbesserung ließe sich erreichen durch eine zusätzliche Dämmschicht (z.B. aus Schaumglas) unter der Fensterbank.

UNTERER FENSTERANSCHLUSS mittig, Wand monolithisch							
Code	Art	Typ	Material		Dicke	Schicht	Ergebnis
Wärme-brücke	5.1 Stoß						$k = 0,73$ W/m²K
unge-störte Bau-teile	2.2 Außenwand	1	1.1	Putz	20	1	$k_l = 0,14$ W/m K
			4.1.5	1Hlz W	365	2	$\Delta l = 0,19$ m
			1.3	Putz	15	3	
	1.1 Fensterscheibe	3s	8.3	Glas k=2,0		4	$min\vartheta = 13,4$ °C
	1.2 Rahmen	1	6.1.1	Holz	65	5	
			8.4	Marmor	30	6	

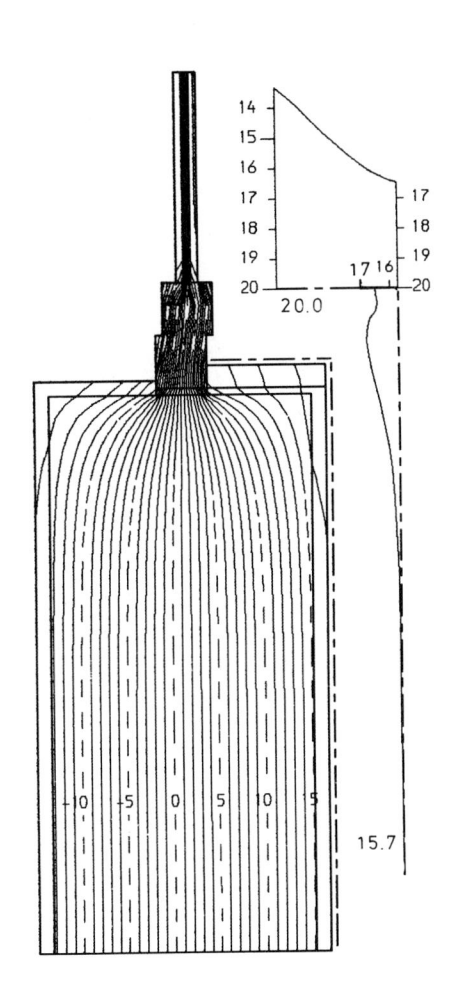

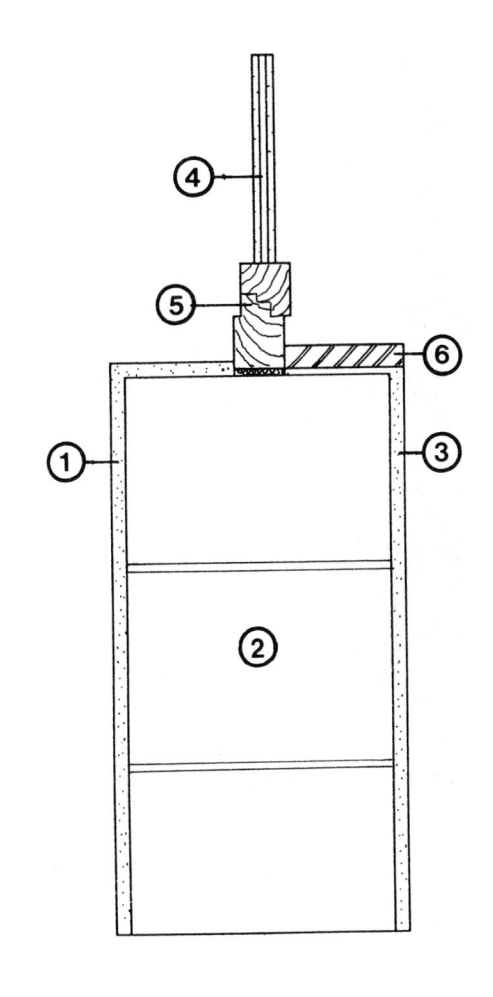

Erläuterung:
Der Vergleich mit der vorangehenden Seite zeigt auch hier wieder die Vorteile des Mittenanschlags. Ohne besondere, zusätzliche Dämmmaßnahmen wird dadurch erreicht, daß die Niedrigsttemperatur um mehr als 2 K höher liegt als bei Außenanschlag. Auch die Wärmeverluste sind hier bedeutend niedriger.

Code	Art	Typ	Material	Dicke	Schicht	Ergebnis
Wärme-brücke	5.1 Stoß					$k = 0{,}75$ W/m²K
unge-störte Bau-teile	2.2 Außenwand	1	1.1 Putz 4.1.5 lHlz W 1.3 Putz	20 365 15	1 2 3	$k_l = 0{,}20$ W/m K $\Delta l = 0{,}27$ m $\min \vartheta = 11{,}4$ °C
	1.1 Fensterscheibe 1.2 Rahmen	3s 1	8.3 Glas k=2,0 6.1.1 Holz	 65	4 5	

UNTERER FENSTERANSCHLUSS innen, Wand monolithisch

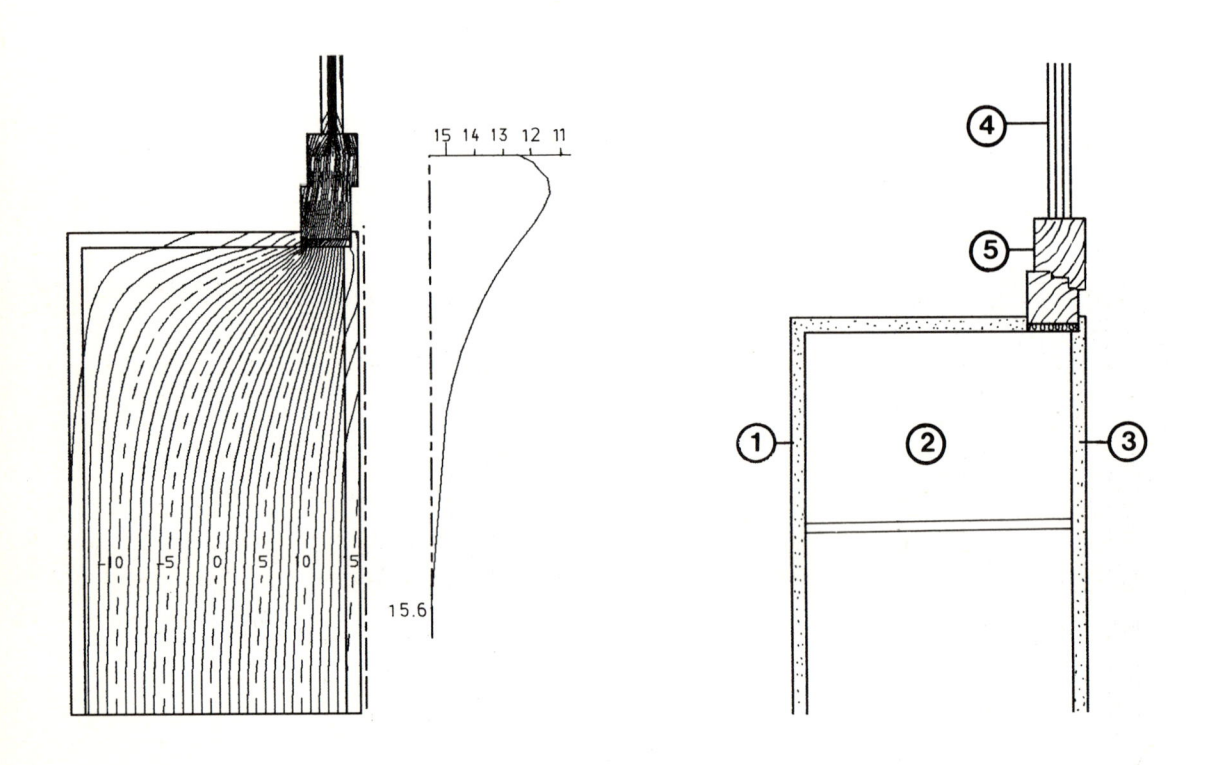

Erläuterung:
Gegenüber dem Mittenanschlag bringt der Innenanschlag wieder eine Verschlechterung insbesondere auch, was die Wärmeverluste anbetrifft.

Code	Art	Typ	Material	Dicke	Schicht	Ergebnis
Wärme-brücke	5.1 Stoß					$k = 0{,}60$ W/m²K
unge-störte Bau-teile	2.2 Außenwand	3s	4.2 KS-Mauerwerk 1.1 Mörtel 5.5.1 PS-Schaum 4.2 KS-Mauerwerk 1.1 Putz	115 20 40 175 15	1 2 3 4 5	$k_l = 0{,}10$ W/m K $\Delta l = 0{,}16$ m $\min \vartheta = 15{,}0$ °C
	1.1 Fensterscheibe 1.2 Rahmen	3s 1	8.3 Glas k=2,0 6.1.1 Holz 8.4 Marmor	 65 35	6 7 8	

UNTERER FENSTERANSCHLUSS mittig, Wand kerngedämmt

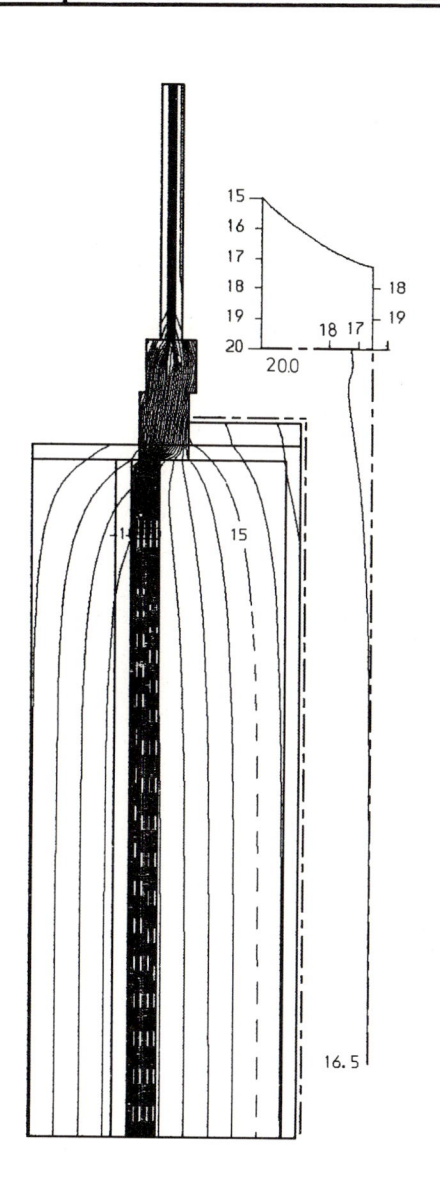

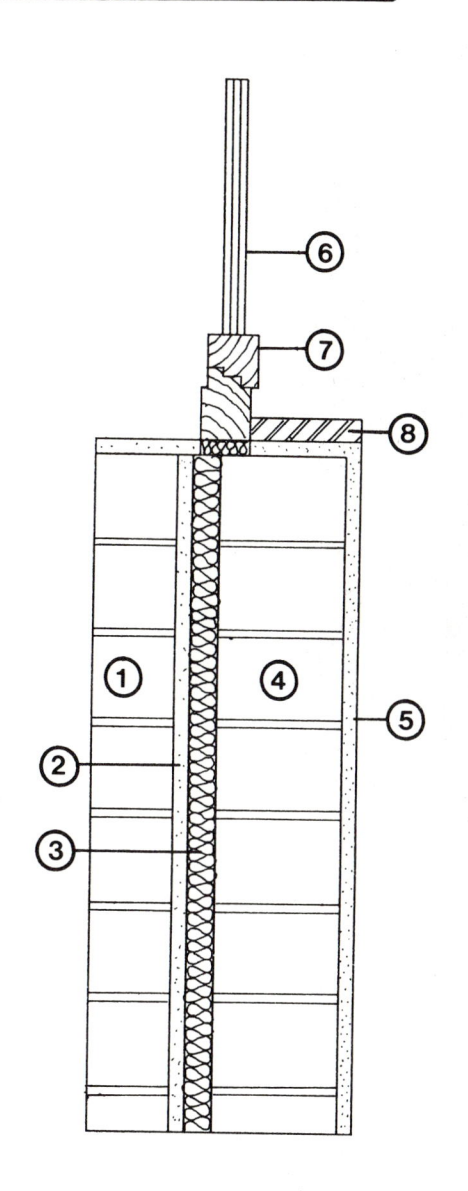

Erläuterung:
Diese und die folgende Seite zeigen den Vertikalschnitt durch die Brüstung einer kerngedämmten Wand aus Hochlochsteinen. Wie zu erwarten, können hier bei Mittenanschlag optimale Verhältnisse auch hinsichtlich der Wärmeverluste konstatiert werden, da beim Übergang von der Wand auf das Fenster die gebündelten Isothermen keinen Umweg zu machen brauchen.

UNTERER FENSTERANSCHLUSS innen, Wand kerngedämmt							
Code	Art	Typ	Material		Dicke	Schicht	Ergebnis
Wärme-brücke	5.1 Stoß						$k = 0{,}60$ W/m²K
unge-störte Bau-teile	2.2 Außenwand	3s	4.2 1.1 5.5.1 4.2 1.1	KS-Mauerwerk Mörtel PS-Schaum KS-Mauerwerk Putz	115 20 40 175 15	1 2 3 4 5	$k_1 = 0{,}21$ W/m K $\Delta l = 0{,}34$ m $\min \vartheta = 12{,}2$ °C
	1.1 Fensterscheibe	3s	8.3	Glas k=2,0		6	
	1.2 Rahmen	1	6.1.1	Holz	65	7	

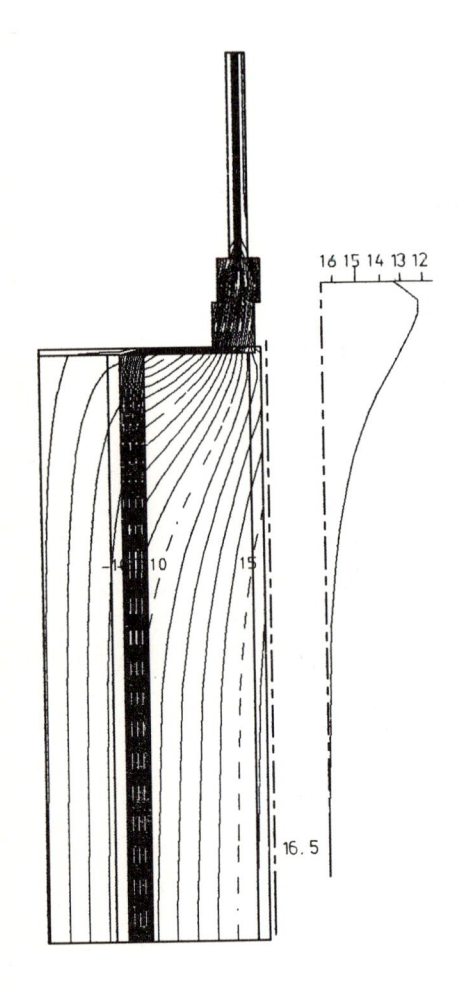

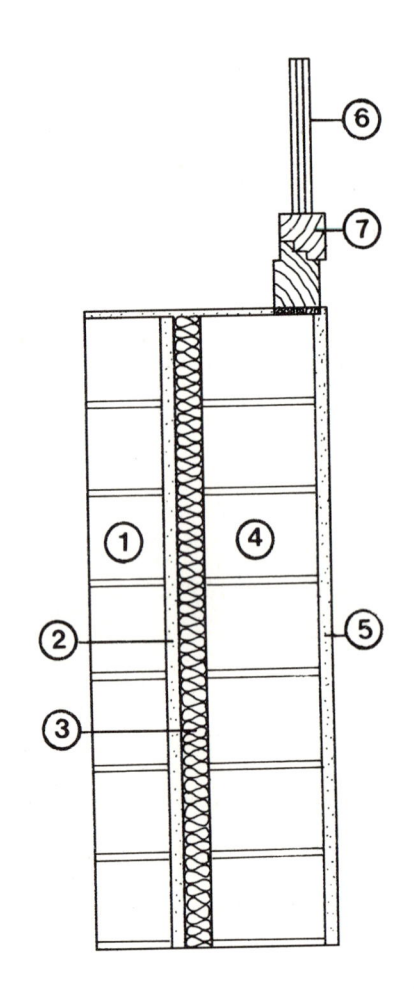

Erläuterung:
Bei Innenanschlag gehen die Vorteile der Kerndämmung verloren. Die Ergebnisse sind ungünstiger als bei einschaligem Leichthochlochziegel-Mauerwerk. Das liegt an der Wärmebrücke, die nun am Rand der Innenschale entsteht. Durch Dämmung der Leibung könnte hier daher eine deutliche Verbesserung erreicht werden.

OBERLICHTAUFSATZ							
Code	Art	Typ	Material		Dicke	Schicht	Ergebnis
Wärme-brücke	5.1 Stoß						$k = $ W/m²K
unge-störte Bauteile	6.1 Dachplatte	2n	5.5.1	PS-Schaum		1	$k_1 = $ W/m K
			2.1	Beton		2	$\Delta l = $ m
			1.1	Putz		3	
	1.2 Rahmen	3s	7.1.4	PVC		4	$\min \vartheta = $ °C
			5.5.2	PUR-Schaum		5	
			7.1.4	PVC		6	
			6.1.1	Holz		7	

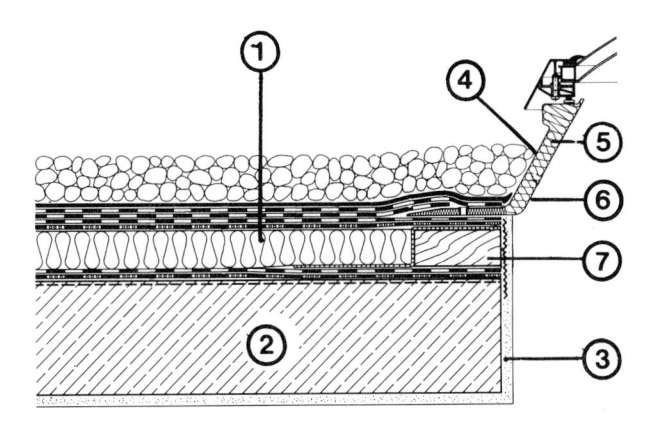

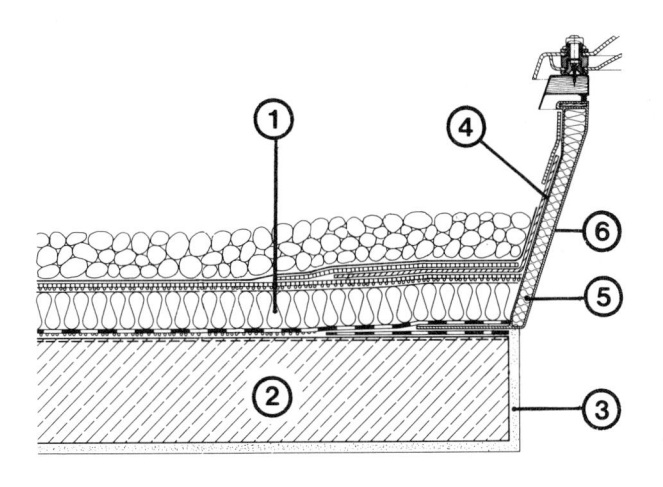

Erläuterung:
Bei der oben dargestellten Bauweise muß die untere, innere Ecke des Lichtkuppel-Aufsetzkranzes als Wärmebrücke wirken, da hier örtlich garkeine Dämmung vorhanden ist. Um Feuchtstellen am Putzanschluß darunter zu vermeiden ist die unten dargestellte Lösung geeigneter.

DACHRAND Fensteranschluß							
Code	Art	Typ	Material	Dicke	Schicht	E r g e b n i s	
Wärme-brücke	5.2 Kante					$k =$	W/m²K
unge-störte Bau-teile	1.2 Fensterrahmen 1.7 Jalousie 6.1 Dachplatte	1 2n	8.9.4 Aluminium 5.5.1 PS-Schaum 2.1 Beton 6.1.1 Deckenverkl. Dachrandprofil 5.1 HWL-Platte		1 2 3 4 5 6 7	$k_l =$ $\Delta l =$ $\min^\vartheta =$	W/m K m °C

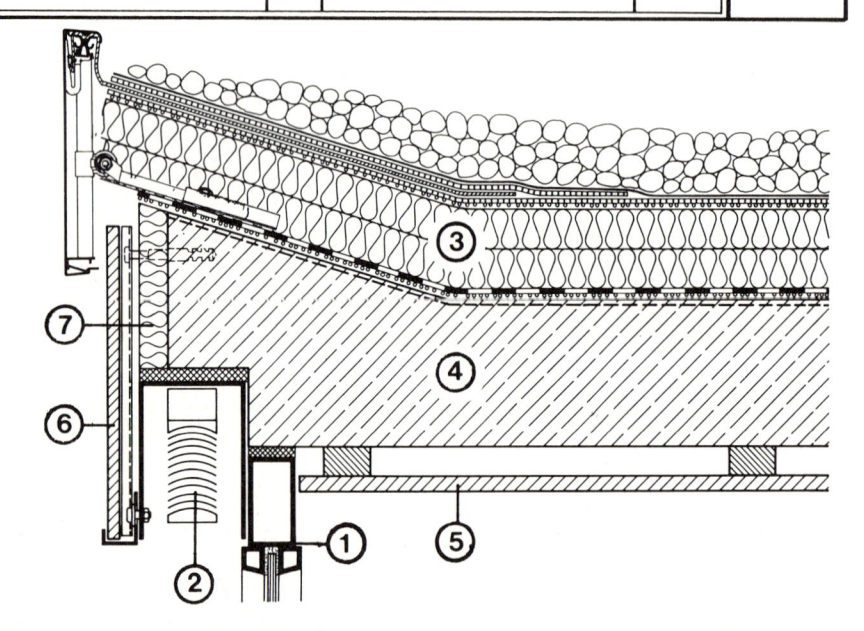

Erläuterung:
Hier liegt zunächst durch die Ausbildung einer Kante zwischen Dachdecke und Fenster mit Rahmen eine geometrische Wärmebrücke vor. Deren Effekte sind bei Wandanschlüssen auf den Seiten 104 u.f. ausreichend beschrieben. Erschwerend kommt hier hinzu:
- Selbst bei gutgedämmten Fensterrahmen tritt neben der Umlenkung eine Bündelung der Isothermen auf, die ein weiteres Absinken der Kantentemperatur bewirkt.
- Das hier verwendete Aluminiumrohr als Fensterrahmen stellt mit seinen Stegen selbst eine Wärmebrücke dar. Es darf deshalb heute nicht mehr in der Art ungedämmt im Hochbau eingebaut werden, kommt aber bei der Begutachtung von Schadensfällen noch häufig vor.
- Der Jalousienkasten ist zum Beton hin un- bzw. nur schwach gedämmt.
  Er verhält sich ähnlich wie ein Rolladenkasten (s. Seite 139 u.f.).
- Der Jalousienkasten ist metallisch und ragt weit in die Außenluft hinein, so daß er deren Temperatur annimmt. Durch diesen Kühlrippeneffekt sinkt die Kantentempe- ratur weiter ab.
- Die Dämmung der Dachstirnseite ist dürftig und sollte in der Größenordnung der Dachdämmung liegen.
- Die Dämmung des Dachrandes wird durch eine Vielzahl von Befestigungsmitteln durchdrungen. Deren Effekte sind durch das über punktförmige Wärmebrücken zuvor Gesagte ausreichend beschrieben.
- Durch Gardinen, die hier nicht dargestellt sind,
  - wird ein Luftpolster gebildet, durch dessen Dämmwirkung die Kantentemperatur weiter absinkt,
  - kann die von den Heizkörpern aufsteigende und von der Fensterbank ins Rauminnere geleitete Warmluft nicht in den Fensterbereich gelangen und diesen erwärmen.

Bei einem ähnlichen Fall konnten erhebliche Schimmelpilzbildungen festgestellt und Kantentempemperaturen von -8°C berechnet werden.
Bei einem derartigen Fenster-Dach-Anschluß sollten deshalb alle Wärmebrücken soweit möglich vermieden und alle Dämmöglichkeiten ausgeschöpft werden.

AUSSENKANTE Wände monolithisch, mindestgedämmt. "Kanteneffekt"							
Code	Art	Typ	Material	Dicke	Schicht	\multicolumn{2}{l}{E r g e b n i s}
Wärme-brücke	5.2 Kante					k =	1,24 W/m²K
unge-störte Bau-teile	2.2 Außenwand	1	4.2 KS-Mauerwerk	365	1	k_l = Δl = $\min \vartheta$ =	0,20 W/m K 0,16 m 6,2 °C

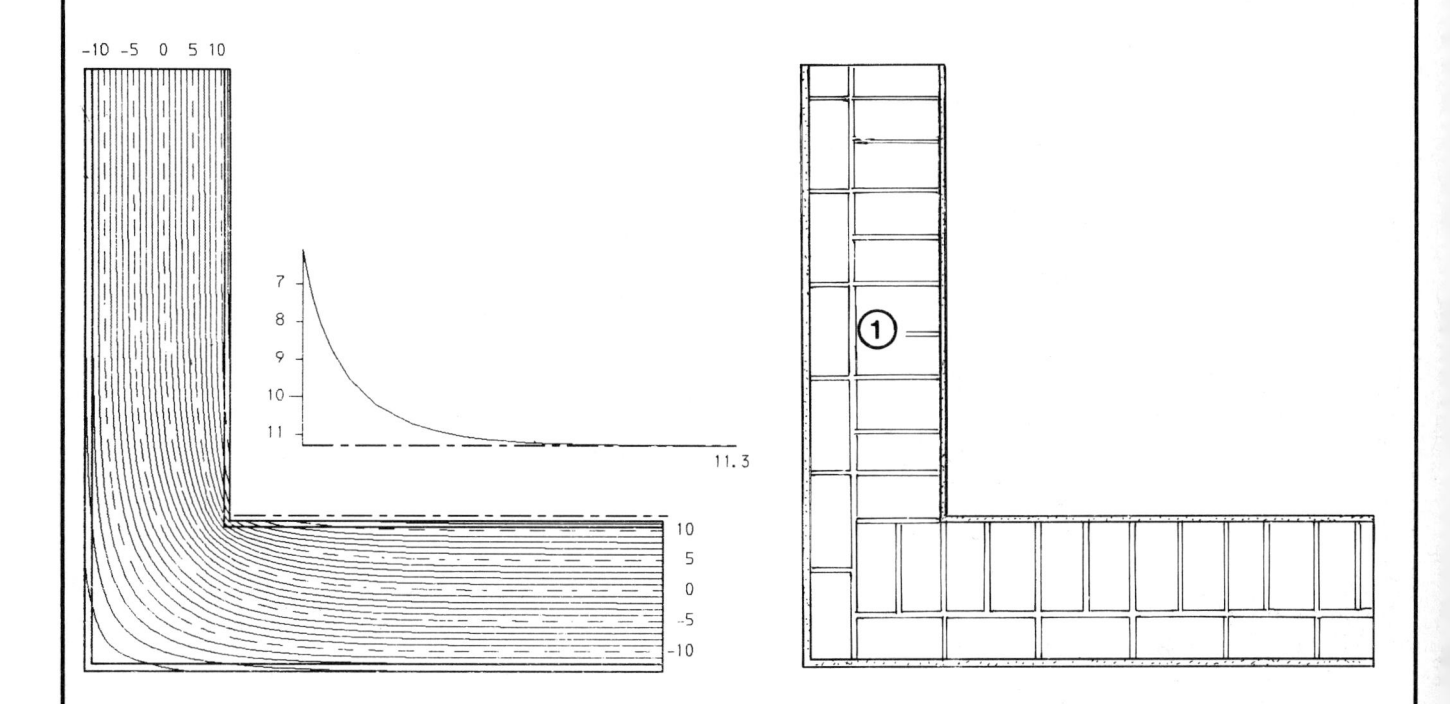

Erläuterung:
Gebäudekante in einer 36,5-er Außenwand aus Kalksandstein. Das Isothermenbild läßt den "Kanteneffekt" deutlich erkennen. Die innere Oberflächentemperatur sinkt entlang der Kante auf 6 °C ab! Die Wand genügt zwar den Anforderungen des Mindestwärmeschutzes nach DIN 4108, aber nur im ungestörten Bereich. An Gebäudekanten ist Tauwasserentstehung nahezu unvermeidlich.

Als "Kanteneffekt" wird im folgenden das Absinken der Temperatur im Bereich einer ausspringenden Gebäudekante bezeichnet.

AUSSENKANTE Wände, 20 mm außengedämmt, l = 0,4 m						Ergebnis
Code	Art	Typ	Material	Dicke	Schicht	
Wärme-brücke	5.2 Kante					k = 1,24 W/m²K
unge-störte Bau-teile	2.2 Außenwand	2n	5.5.1 PS-Schaum 4.2 KS-Mauerwerk	20 365	1 2	k_l = 0,15 W/m K Δl = 0,12 m $\min \vartheta$ = 7,0 °C

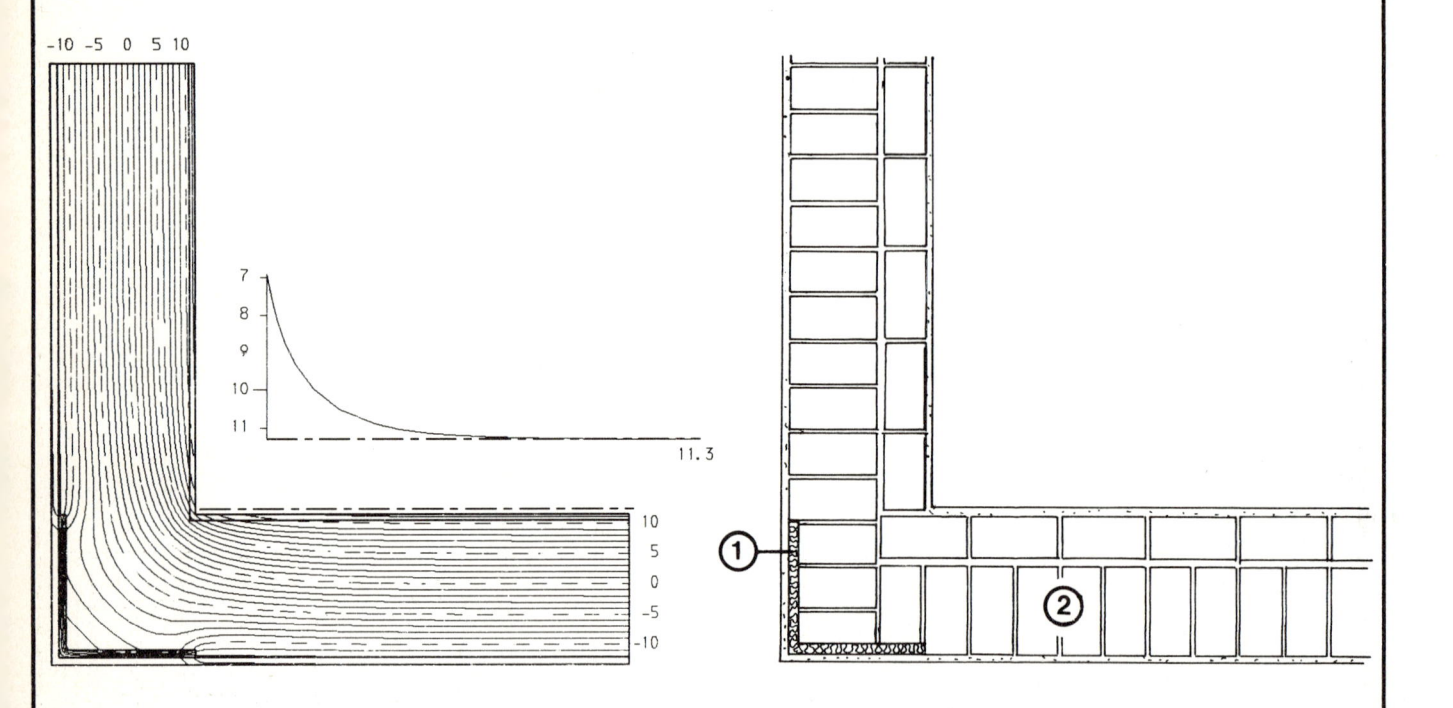

Erläuterung:
Bei einer 36,5-er Kalksandsteinwand soll der Kanteneffekt durch eine außen bereichsweise angebrachte Dämmung gemildert werden. (Das "Wie" der Realisierung bleibt hier außer Betracht, da ausschließlich die Frage beantwortet werden soll, wie dick und von welcher Ausdehnung eine wirksame Außendämmung sein müßte). Man erkennt, daß eine äußere Dämmung mit 20 mm Styropor mit einer Ausdehnung gleich der Wanddicke ganz unzureichend wäre.

AUSSENKANTE Wände, 20 mm außengedämmt, l = 0,9 m							
Code	Art	Typ	Material		Dicke	Schicht	Ergebnis
Wärme-brücke	5.2 Kante						$k = 1{,}24$ W/m²K
unge-störte Bauteile	2.2 Außenwand	2n	5.5.1	PS-Schaum	20	1	$k_l = -0{,}08$ W/m K
			4.2	KS-Mauerwerk	365	2	$\Delta l = -0{,}07$ m
							$\min \vartheta = 9{,}4$ °C

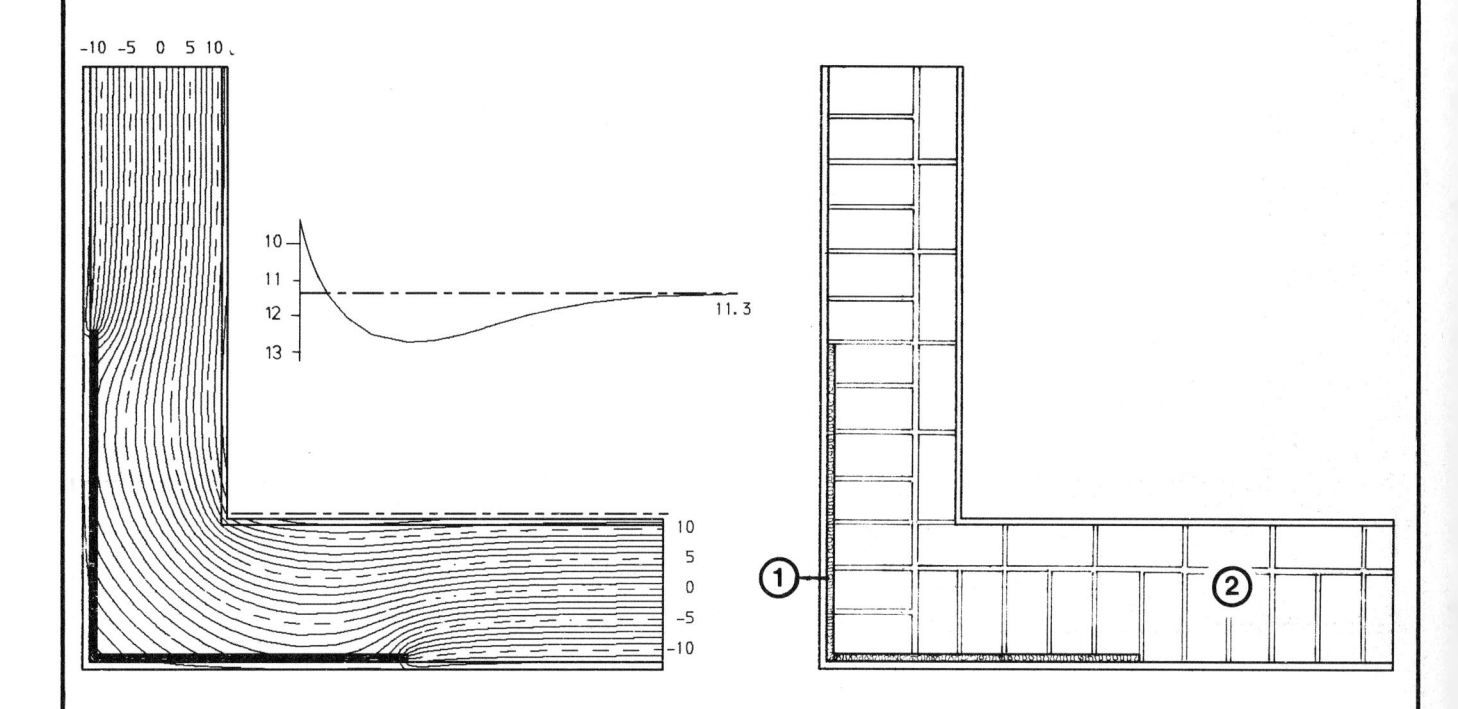

Erläuterung:
Verlängert man bei der zuvor vorgestellten Wand die 20 mm dicke Styropor-Außendämmung auf 0,9 m, so steigt die Temperatur entlang der Kante immerhin auf etwas über 9 °C. Das wäre jedoch immer noch nicht ausreichend.

AUSSENKANTE Wände, 20 mm außengedämmt, kontinuierlich							
Code	Art	Typ	Material	Dicke	Schicht	\multicolumn{2}{c}{E r g e b n i s}	
Wärme-brücke	5.2 Kante					k =	0,79 W/m²K
unge-störte Bau-teile	2.2 Außenwand	2n	5.5.1 PS-Schaum 4.2 KS-Mauerwerk	20 365	1 2	k_l = Δl = $\min \vartheta$ =	0,22 W/m K 0,28 m 10,0 °C

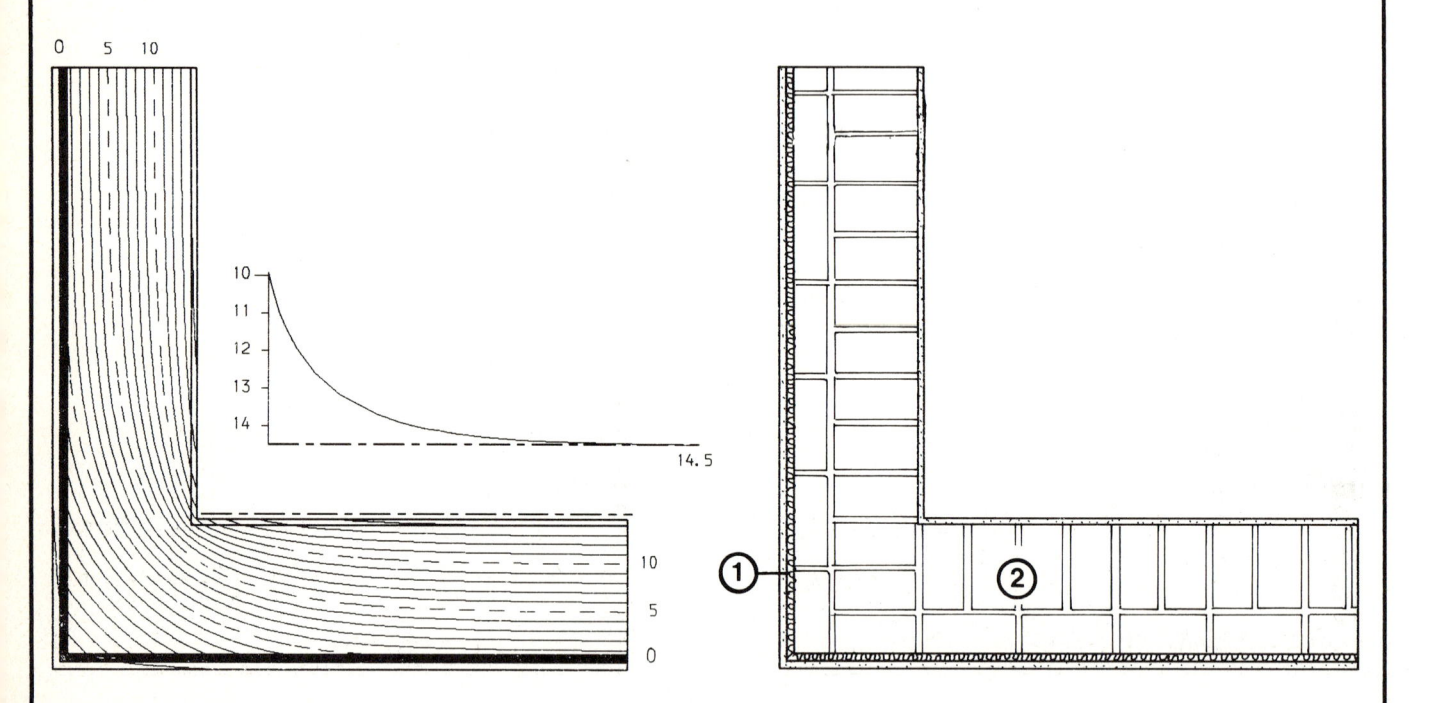

Erläuterung:
Hier ist das Kalksandsteinmauerwerk ganz mit einer zusätzlichen äußeren Wärmedämmung aus 20 mm Styropor versehen. Dementsprechend steigt die Temperatur der inneren Wandoberfläche im ungestörten Bereich auf 14,5 °C. In der Kante werden aber nur knapp 10 °C erreicht. Eine 20 mm dicke Zusatzdämmung außen ist mithin noch nicht ausreichend (und wirtschaftlich auch nicht sinnvoll).

AUSSENKANTE Wände, 60 mm außengedämmt, l = 0,9 m							Ergebnis	
Code	Art	Typ	Material	Dicke	Schicht		
Wärme-brücke	5.2 Kante					k =	1,24 W/m²K
unge-störte Bau-teile	2.2 Außenwand	2n	5.5.1 PS-Schaum 4.2 KS-Mauerwerk	60 365	1 2	k_l = Δl = $\min \vartheta$ =	-0,24 W/m K -0,20 m 11,3 °C

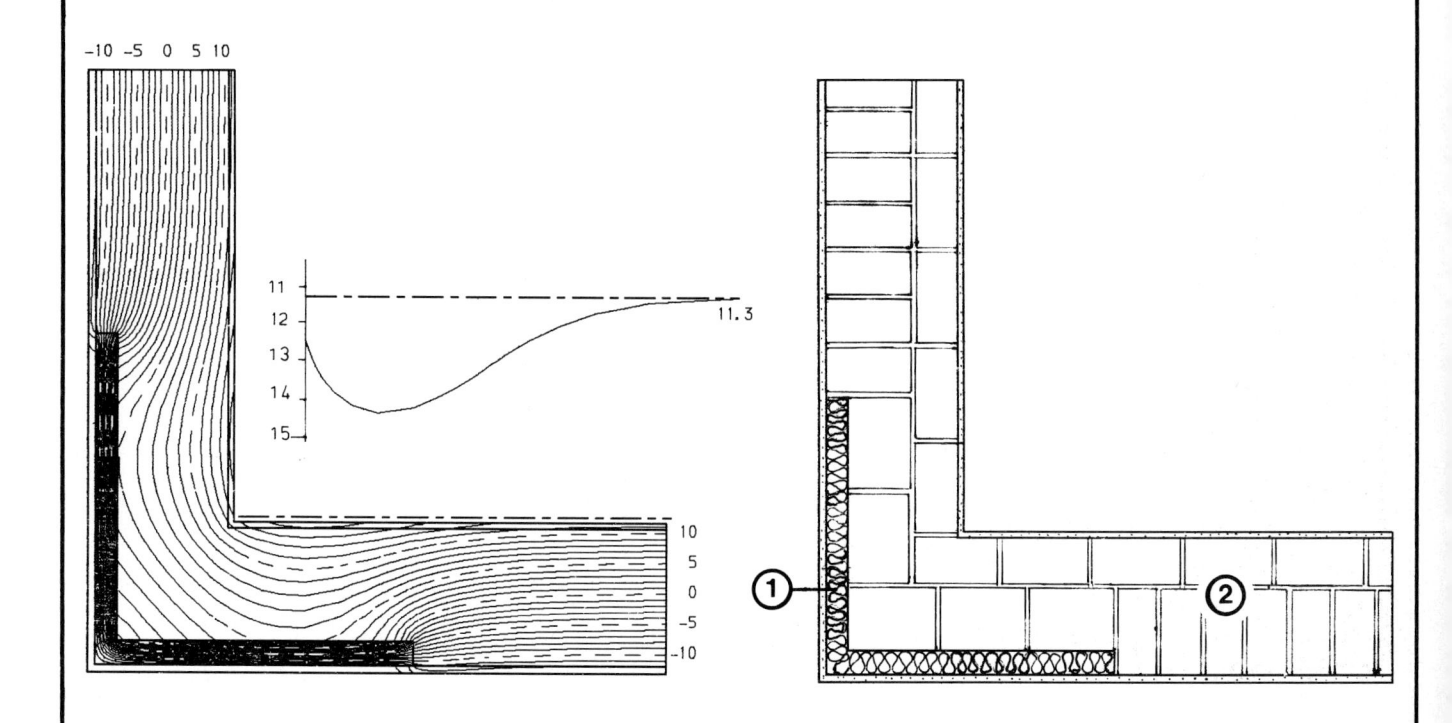

Erläuterung:
Hier wird die äußere Zusatzdämmung des 36,5-er Kalksandsteinmauerwerks auf 0,9 m Länge mit 60 mm Styropor vorgenommen. Eine in dieser Wertigkeit angebrachte, zusätzliche Außendämmung erweist sich als ausreichend, um den Kanteneffekt zu kompensieren. Die Temperatur auf der Wandinnenseite ist in der Kante höher als im Bereich der normalen Wand. Ein Wechsel von 36,5-er auf 30-er Mauerwerk ist dort baupraktisch realisierbar. Die Vorzeichen des k_l- und Δl Wertes lassen erkennen, daß der Wärmeverlust entlang der Kante durch die Dämmung gegenüber dem ungestörten, nichtgedämmten Bereich vermindert wird.

AUSSENKANTE Wände, 20 mm innengedämmt, l = 0,5 m							
Code	Art	Typ	Material		Dicke	Schicht	E r g e b n i s
Wärme-brücke	5.2 Kante						k = 1,24 W/m²K
unge-störte Bau-teile	2.2 Außenwand	2n	4.2 KS-Mauerwerk 5.5.1 PS-Schaum		365 20	1 2	k_l = -0,16 W/m K Δl = -0,13 m min ϑ = 10,3 °C

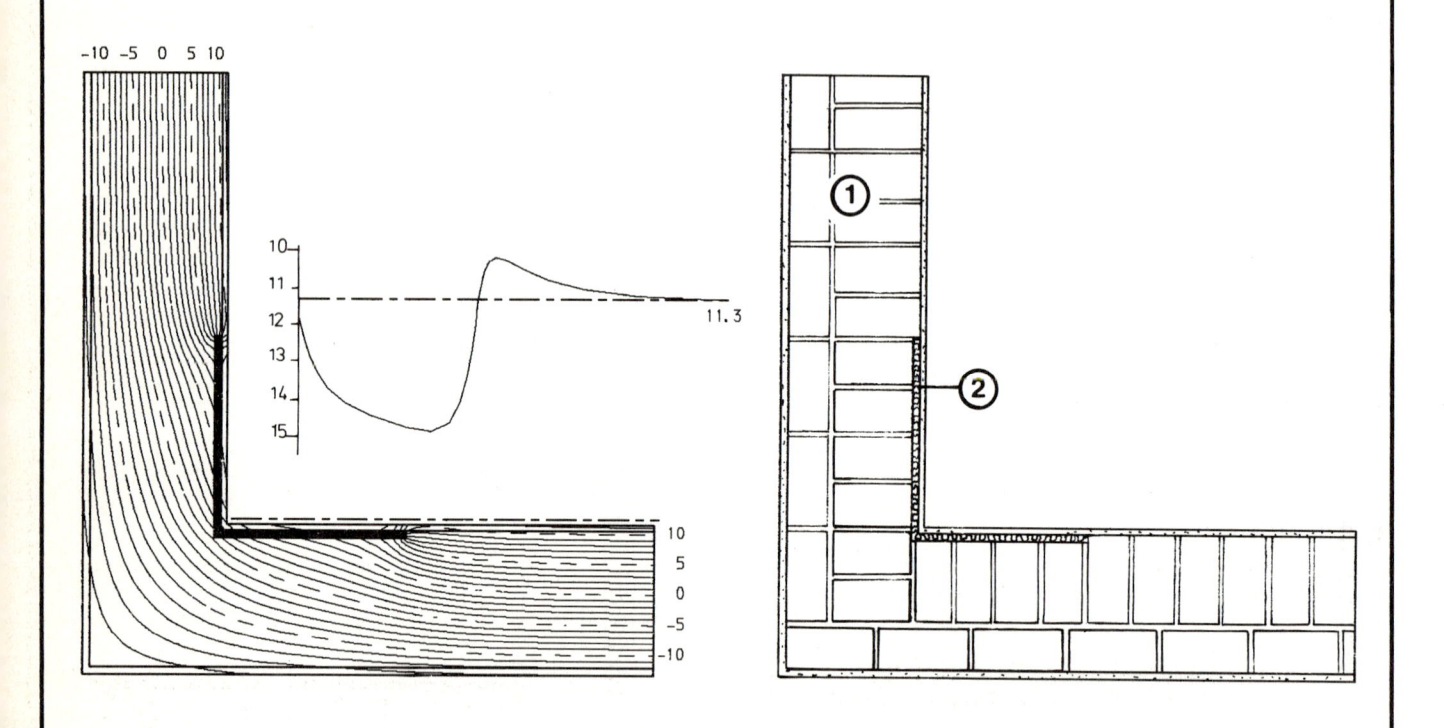

Erläuterung:
Viel einfacher, als auf der Außenseite läßt sich eine zusätzliche Dämmschicht auf der Wandinnenseite aufbringen. Dabei muß natürlich der Gefahr der Kondensation in der Dämmschicht begegnet werden. (Dampfsperre!). Die Zusatzdämmung mit 20 mm Styropor erweist sich hier aber als sehr viel wirkungsvoller als auf der Außenseite. Ein Dämm-streifen von 0,5 m Breite genügt bereits, um den Kanteneffekt zu eleminieren, aber nicht, um am Ende der Zusatzdämmung den Übergangseffekt (vgl. Seite 10) zu vermeiden. Die Schwachstelle verlagert sich nun dorthin.

Code	Art	Typ	Material	Dicke	Schicht	Ergebnis
AUSSENKANTE Wände, 20 mm innengedämmt, kontinuierlich						
Wärme-brücke	5.2 Kante					$k = 0{,}79$ W/m²K
unge-störte Bauteile	2.2 Außenwand	2n	4.2 KS-Mauerwerk 5.5.1 PS-Schaum	365 20	1 2	$k_l = 0{,}08$ W/m K $\Delta l = 0{,}11$ m $\min \vartheta = 11{,}6$ °C

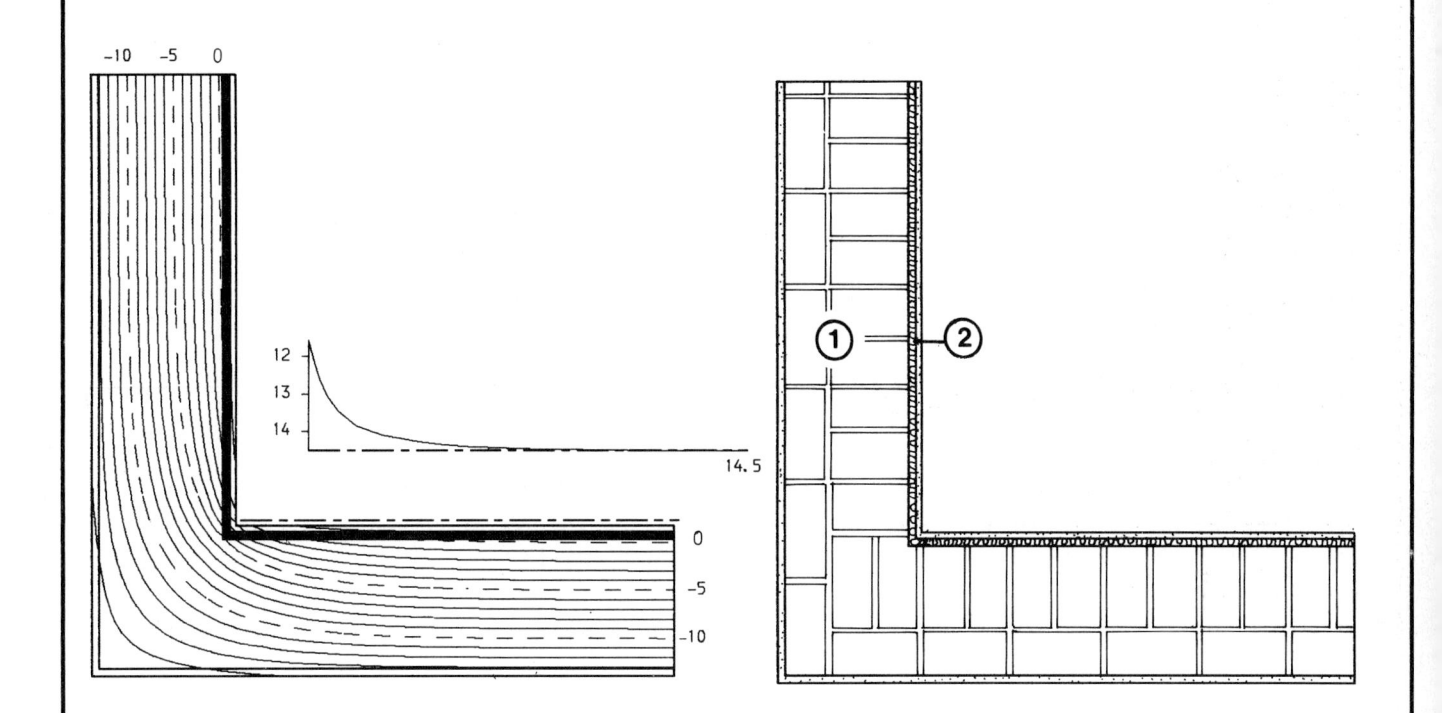

Erläuterung:
Eine durchgehend auf der Innenseite angebrachte, zusätzliche Wärmedämmung von 20 mm Dicke bewirkt bei einer 36,5-er Kalksandsteinwand immerhin die Anhebung der Temperatur an der Kante auf 11,6 °C. Man erreicht durch eine solche zusätzliche Innendämmung verbesserten Wärmeschutz und Entschärfung des Kanteneffekts. (Dampfsperre!)

Code	Art	Typ	Material	Dicke	Schicht	Ergebnis
	AUSSENKANTE Wände, 60 mm innengedämmt, l = 0,5 m					
Wärme-brücke	5.2 Kante					$k = 1,24$ W/m²K
unge-störte Bau-teile	2.2 Außenwand	2n	4.2 KS-Mauerwerk 5.5.1 PS-Schaum	365 60	1 2	$k_1 = -0,32$ W/m K $\Delta l = -0,26$ m $\min \vartheta = 10,3$ °C

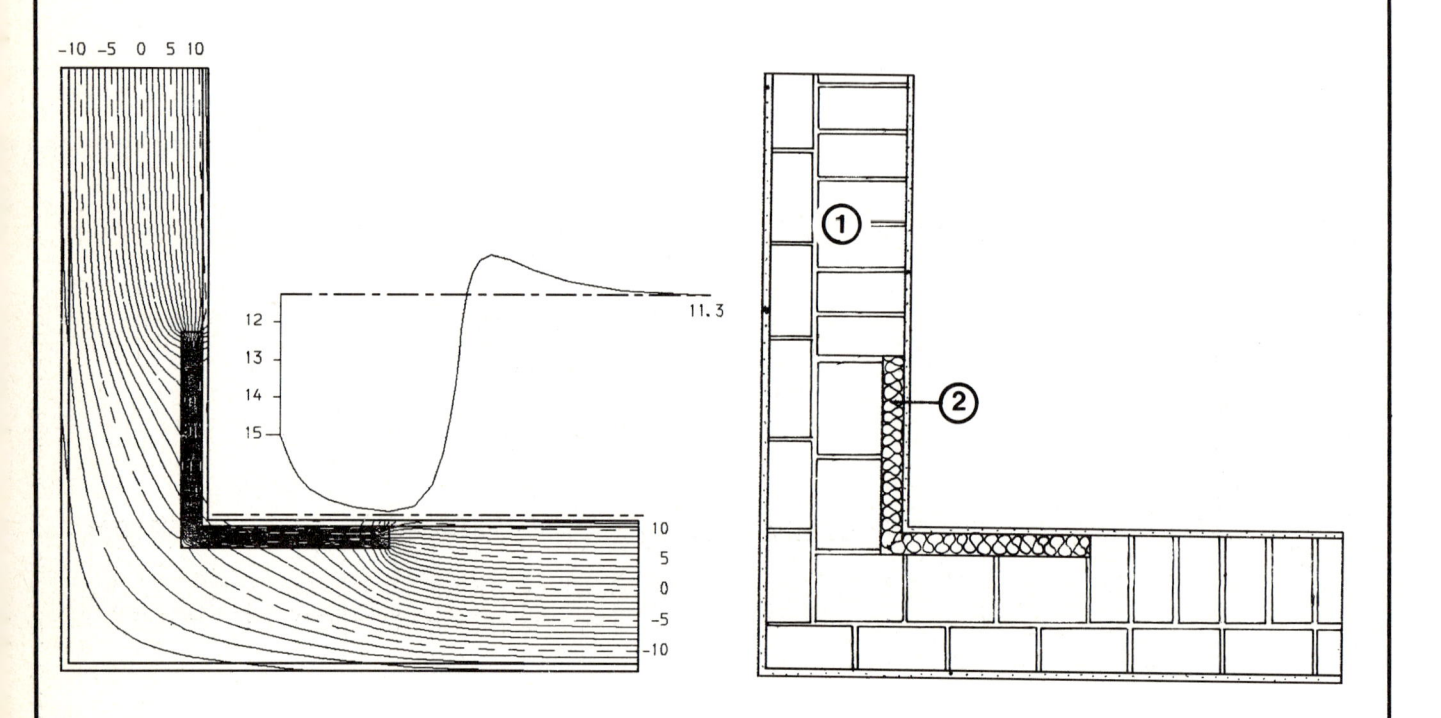

Erläuterung:
Verstärkt man die Innendämmung in der Kante auf 60 mm Styropor o.ä. so gestalten sich die Temperaturverhältnisse in der Raumkante sogar viel günstiger als im übrigen Raum. Am Ende der Zusatzdämmung tritt allerdings noch extremer als bei 20 mm dicker Dämm-schicht der Übergangseffekt auf. Dort sinkt die Temperatur immer noch auf ca. 10 °C. ab.

AUSSENKANTE Wände, 60 mm innengedämmt, l = 1,0 m							Ergebnis
Code	Art	Typ	Material	Dicke	Schicht	
Wärme-brücke	5.2 Kante					k = 1,24 W/m²K
unge-störte Bau-teile	2.2 Außenwand	2n	4.2 KS-Mauerwerk 5.5.1 PS-Schaum	365 60	1 2	k_l = -0,72 W/m K Δl = -0,58 m min ϑ = 10,3 °C

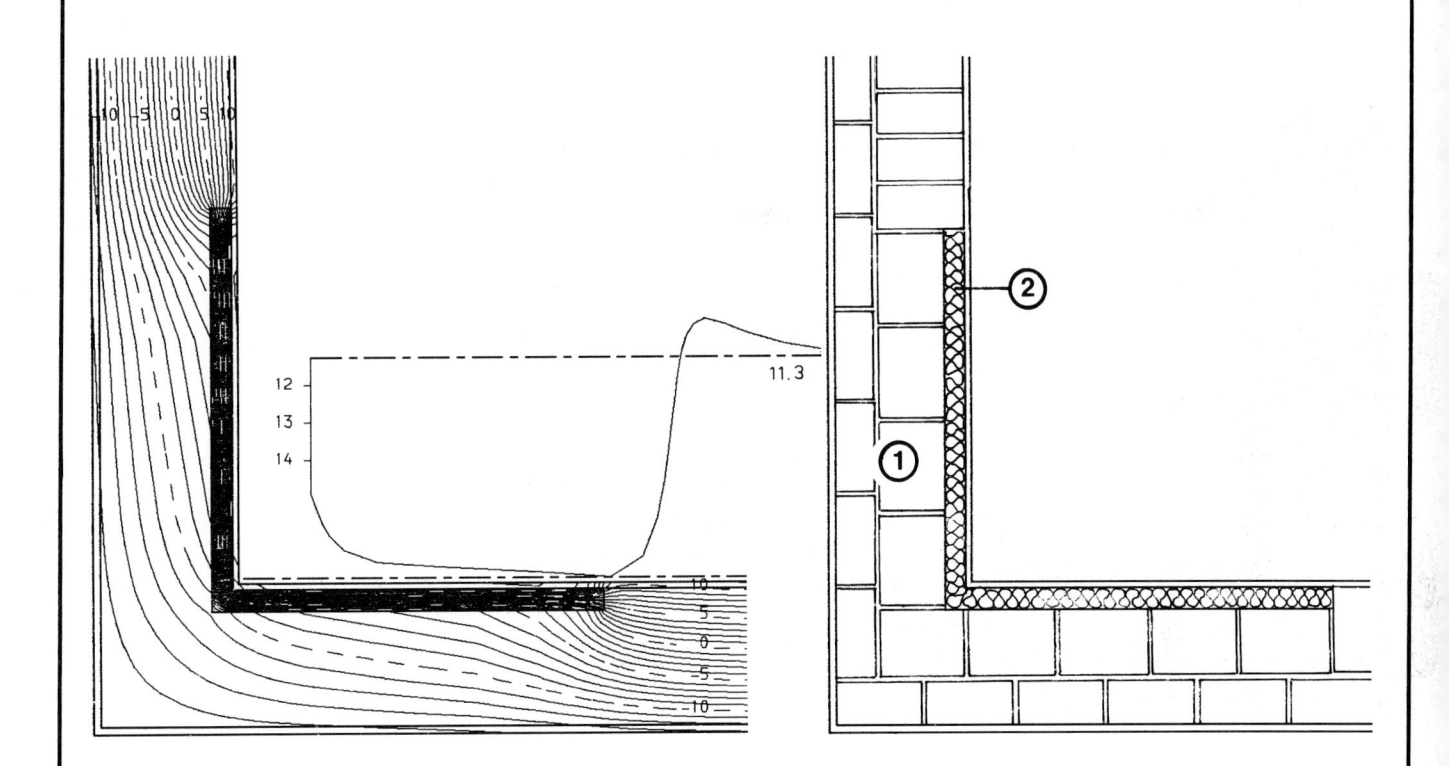

Erläuterung:
Erstreckt sich die Zusatzdämmung in 60 mm Dicke auf der Innenseite auf eine Länge von ca. 1 m, so sind die Innentemperaturen im ganzen Kantenbereich extrem günstig. Der Übergangseffekt aber bleibt. Eine bereichsweise Innendämmung löst bei einer 36,5-er Kalksandsteinwand selbst mit 60 mm Dämmstoffdicke das Tauwasserproblem nicht konsequent.

AUSSENKANTE Wände monolithisch						
Code	Art	Typ	Material	Dicke	Schicht	Ergebnis
Wärme-brücke	5.2 Kante					$k = 0{,}72$ W/m²K
unge-störte Bau-teile	2.2 Außenwand	1	4.1.5 lHlz (0,33)	365	1	$k_l = 0{,}13$ W/m K $\Delta l = 0{,}18$ m $\min \vartheta = 10{,}7$ °C

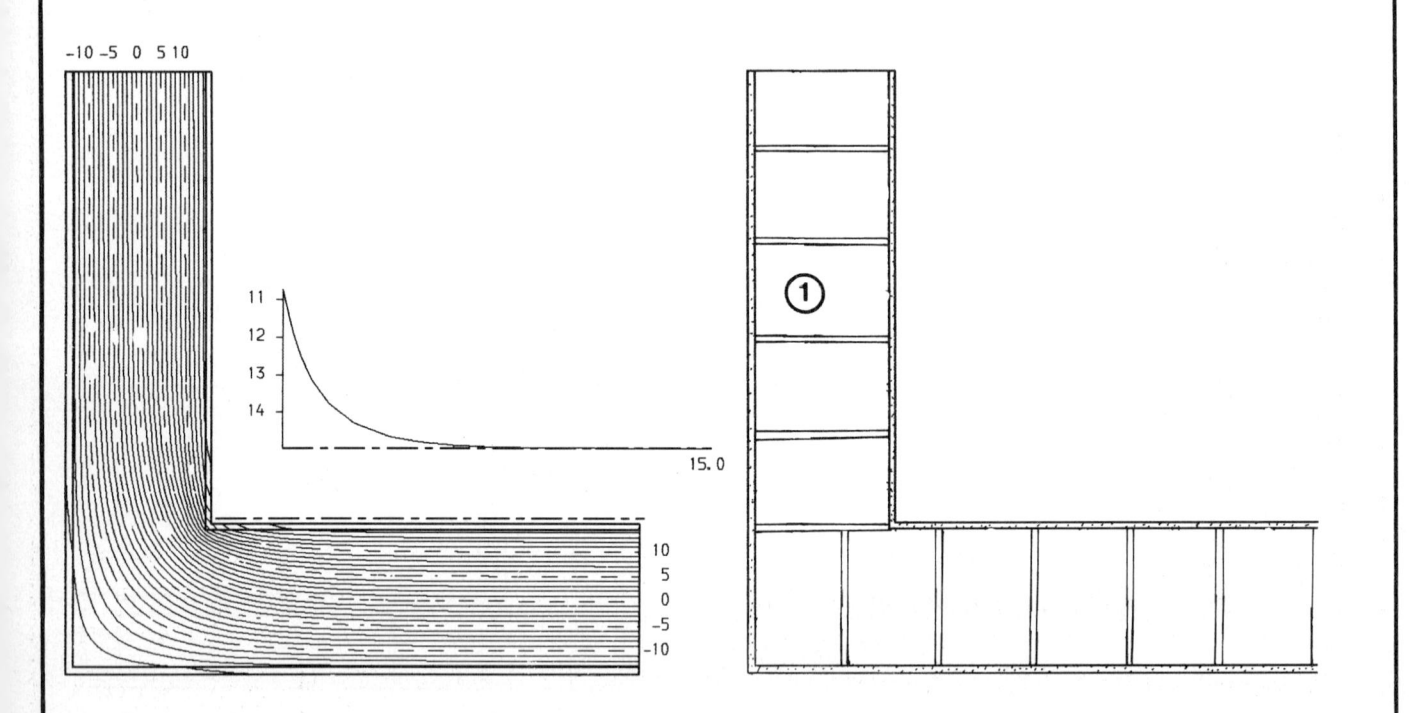

Erläuterung:
Gebäudekante in einer 36,5-er Außenwand aus Leichthochlochziegeln. Die Temperaturabnahme zur Kante hin beträgt hier nur noch 4,2 K gegenüber 5,2 K bei einer gleichdicken Kalksandsteinwand. Die Temperatur entlang der Innenkante liegt aber doch bei fast 11 °C. Mithin ist diese Wand noch akzeptabel, obwohl eine Verbesserung der Wärmedämmung entlang der Kante wünschenswert wäre.

Code	Art	Typ	Material	Dicke	Schicht	Ergebnis
AUSSENKANTE Wände außengedämmt, hinterlüftet							
Wärme-brücke	5.2 Kante					$k = 0,52$ W/m²K
unge-störte Bau-teile	2.2 Außenwand	3h	Außenhaut 5.6 Min.-Wolle 4.2 KS-Mauerwerk 6.1.1 Holzlattung	 50 300 	1 2 3 4	$k_l = 0,28$ W/m K $\Delta l = 0,54$ m $\min \vartheta = 12,3$ °C

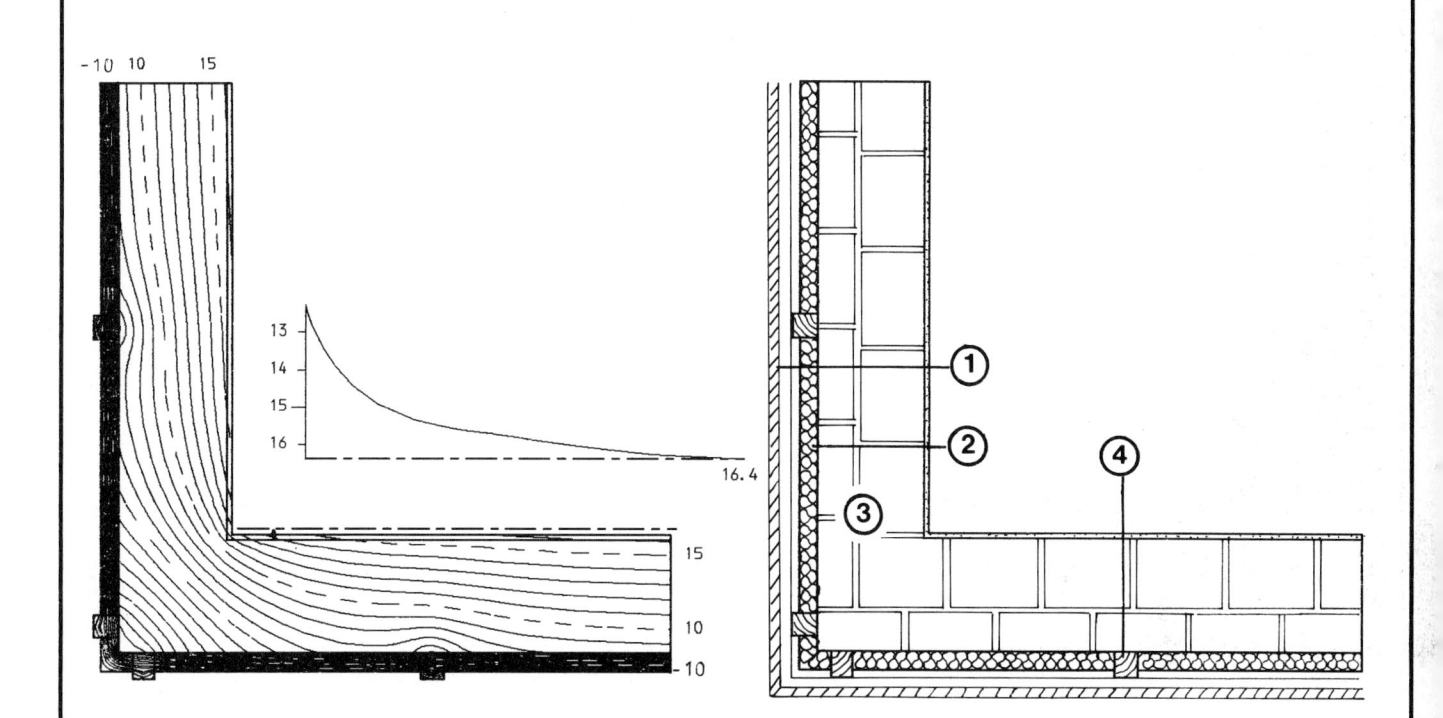

Erläuterung:
Wird eine 30-er Kalksandsteinwand mit hinterlüfteter Vorsatzschale außen mit 50 mm Mineralwolle gedämmt, so liegt die Temperatur entlang der Kante über 12 °C. Eine derartige Konstruktion stellt schon beinahe das mit wirtschaftlichen Mitteln erreichbare Optimum dar. Trotzdem beträgt der Abfall der Wandoberflächentemperatur zur Kante hier immer noch ca 4 K.

AUSSENKANTE Wände außengedämmt, hinterlüftet, fehlerhafte Kantenverarbeitung							
Code	Art	Typ	Material		Dicke	Schicht	E r g e b n i s
Wärme-brücke	5.2 Kante						$k = 0,52$ W/m²K
unge-störte Bau-teile	2.2 Außenwand	3h	5.6 4.2 6.1.1	Außenhaut Min.-Wolle KS-Mauerwerk Holzlattung	50 300	1 2 3 4	$k_l = 0,32$ W/m K $\Delta l = 0,62$ m $\min \vartheta = 11,7$ °C

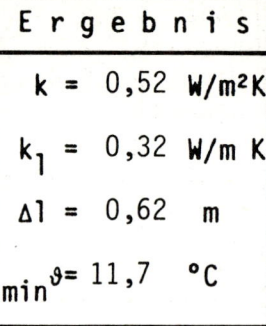

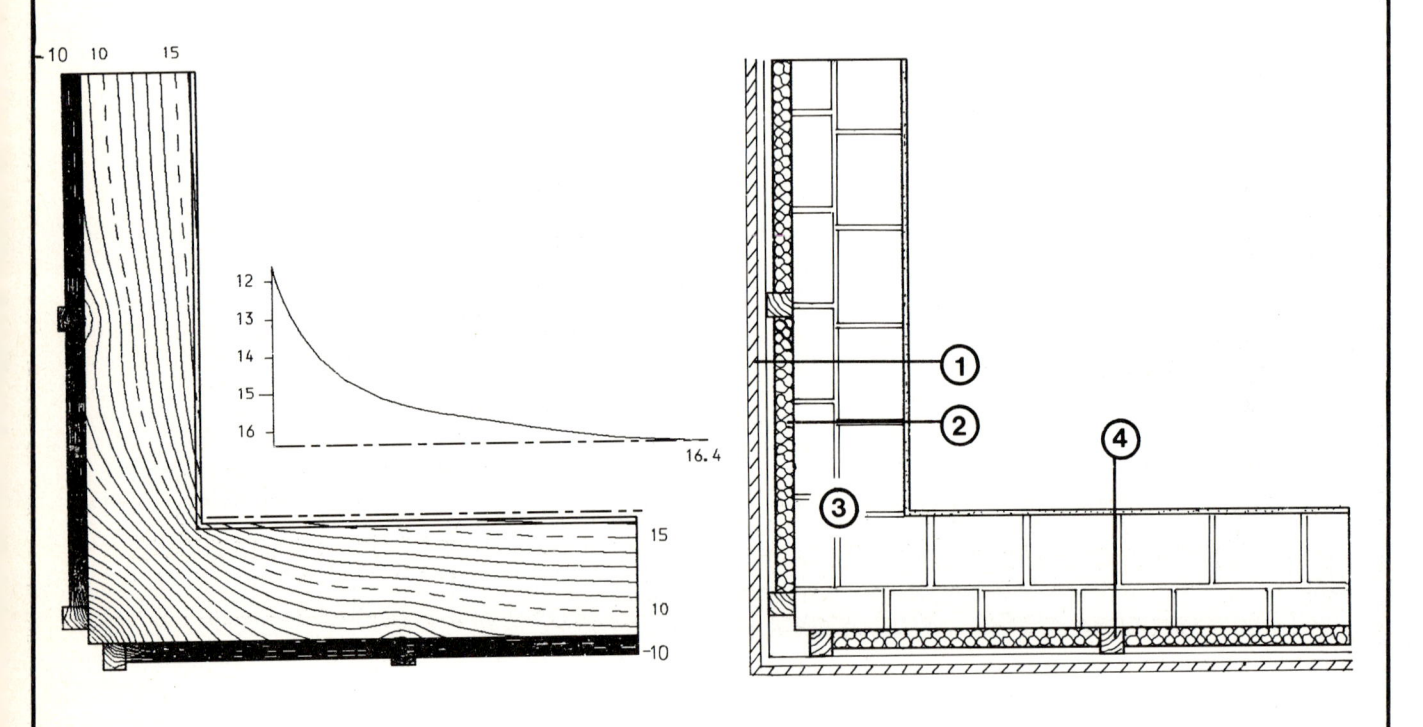

Erläuterung:
Bei außenseitig aufgebrachter Zusatzdämmung in Verbindung mit einer hinterlüfteten Vorsatzschale, die auf Lattung befestigt ist, kommt es oft zu Fehlstellen in der Dämmschicht an der kritischen Kante. Ist diese Fehlstelle klein, so bewegt sich die dadurch verursachte, zusätzliche Temperaturabsenkung um ca. 1 K. Natürlich verschlechtern sich die Verhältnisse mit wachsender Ausdehnung der Fehlstelle.

AUSSENKANTE Wände kerngedämmt							
Code	Art	Typ	Material		Dicke	Schicht	Ergebnis
Wärme-brücke	5.2 Kante						$k = 0{,}51$ W/m²K
unge-störte Bau-teile	2.2 Außenwand	3h	4.2 5.6 4.2	KS-Mauerwerk Min.-Wolle KS-Mauerwerk	115 50 175	1 2 3	$k_l = 0{,}07$ W/m K $\Delta l = 0{,}14$ m $\min \vartheta = 13{,}3$ °C

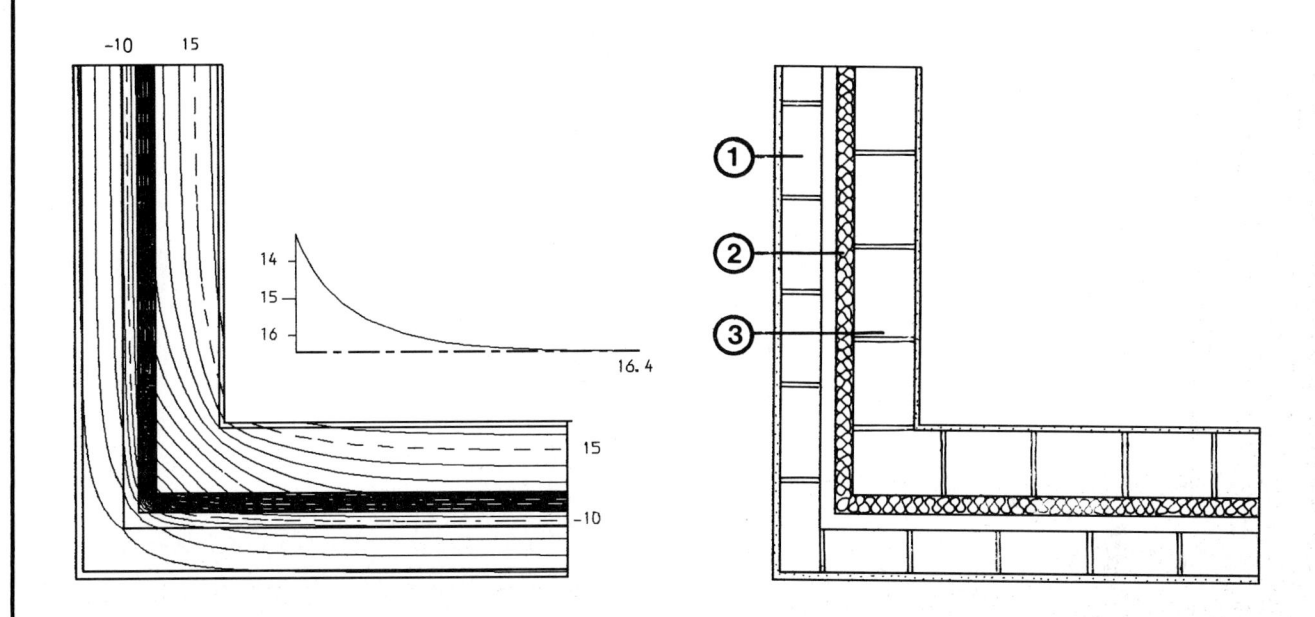

Erläuterung:
Bei der mit 50 mm Mineralwolle gedämmten Kalksandsteinwand mit hinterlüfteter Vorsatzschale müssen natürlich optimale Temperaturverhältnisse herrschen. Die Temperaturabsenkung zur Kante hin beträgt hier aber doch noch über 3 K.

AUSSENKANTE Beton-Sandwich						
Code	Art	Typ	Material	Dicke	Schicht	E r g e b n i s
Wärme-brücke	5.2 Kante					k = 0,63 W/m²K
unge-störte Bau-teile	2.2 Außenwand	3s	2.1 Beton 5.6 Min.-Wolle 2.1 Beton	60 50 140	1 2 3	k_1 = 0,14 W/m K Δl = 0,23 m $\min \vartheta$ = 13,3 °C

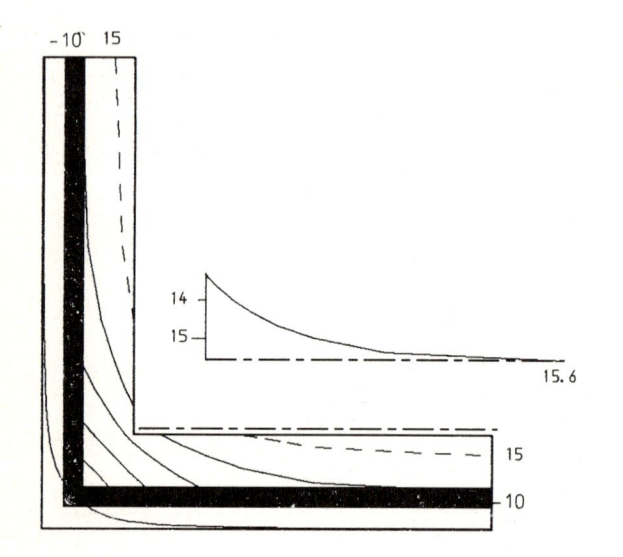

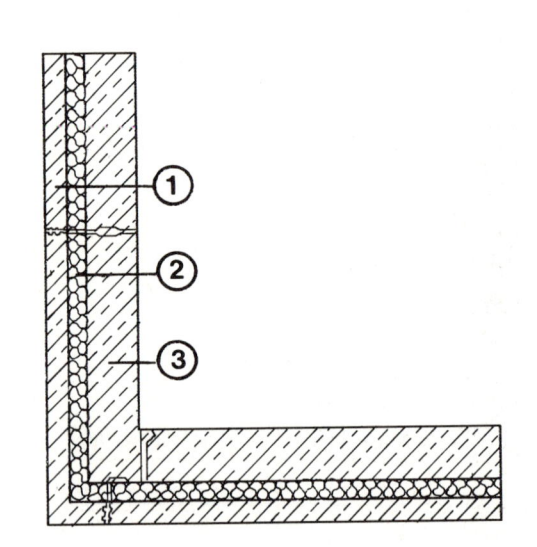

Erläuterung:
Hier ist eine typische Sandwich-Konstruktion dargestellt, wie sie beim Großtafelbau zur Ausführung kommt. Die Dämmung mit 50 mm Mineralwolle reicht aus, um sehr gute Verhältnisse zu schaffen. In der Kante macht sich die hohe Leitfähigkeit des Betons bemerkbar. Der Kanteneffekt strahlt zwar weiter aus, die Temperaturabsenkung beträgt aber nur ca. 2 K.

KANTENAUSBILDUNG MIT SONDERSTEINEN						
Code	Art	Typ	Material	Dicke	Schicht	Ergebnis
Wärme-brücke	5.2 Kanten					$k = 0,41$ W/m²K
unge-störte Bau-teile	2.2 Außenwand		2.4.2 LB 800 Luftschicht 2.4.2 LB 800 5.5.1 PS-Schaum 2.4.2 LB 800 Luftschicht 2.4.2 LB 800	30 25 25 60 25 40 35	1 2 3 4 5 6 7	$k_l = 0,106$ W/m K $\Delta l = 0,26$ m $\min \vartheta = 13,5$ °C

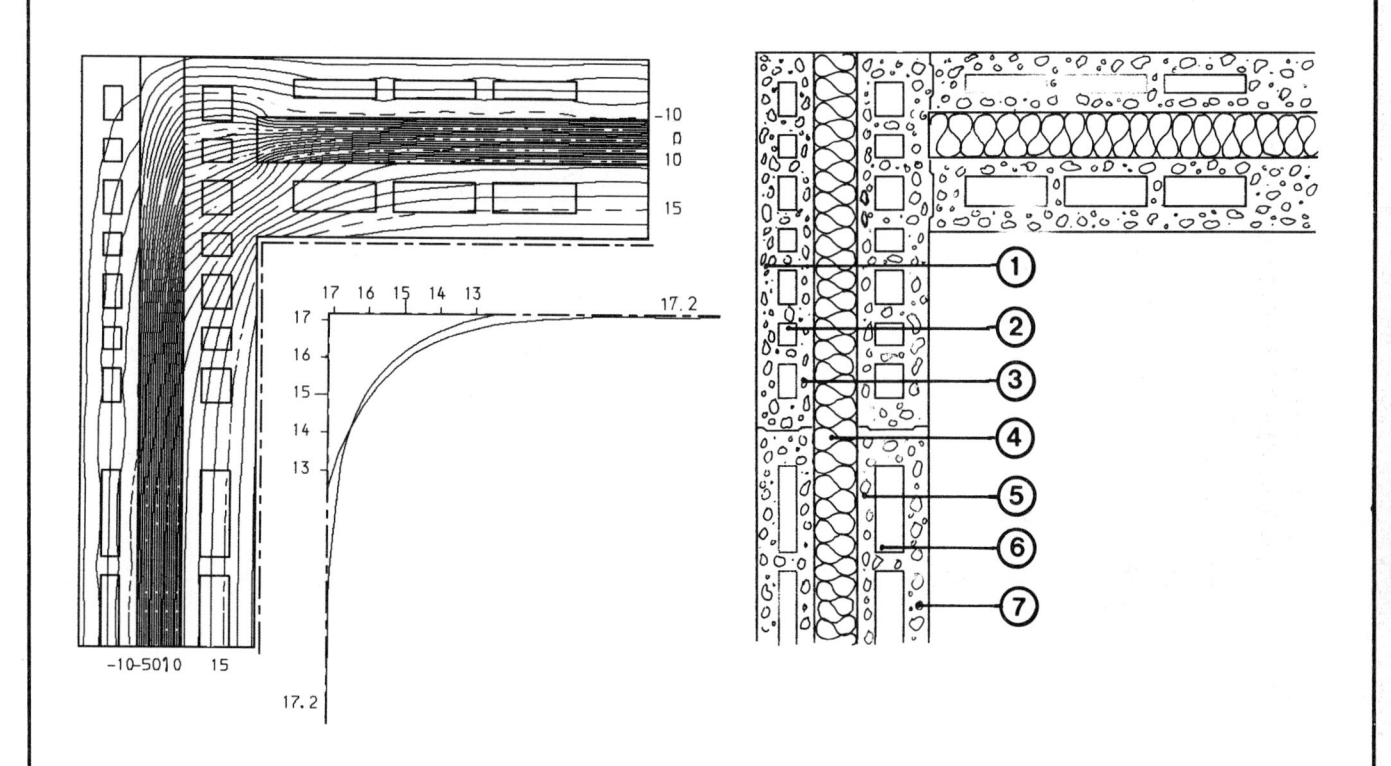

Erläuterung:
Hierbei handelt es sich um die Kante einer gemauerten Wand aus Sondersteinen, die zur Erhöhung der Wärmedämmung in der Mitte mit einer Polystyrol-Schicht versehen wurde.

Nicht berücksichtigt wurden Wärmeübertragungswege über die Verbindungsteile zwischen innerer und äußerer Leichtbetonschale sowie im Kantenbereich über die pro Lage versetzt angeordnete mittlere Wärmedämmung (räumliches Problem).

Die Kante ist nicht Tauwasser-gefährdet.

AUSSENKANTE Beton-Sandwich

Code	Art	Typ	Material		Dicke	Schicht	Ergebnis	
Wärme-brücke	5.2 Kante						$k =$	W/m^2K
unge-störte Bauteile	2.2 Außenwand	3s	2.1 5.6 2.1 5.6	Beton Min.-Wolle Beton Min.-Wolle		1 2 3 4	$k_l =$ $\Delta l =$ $min \vartheta =$	$W/m\ K$ m $°C$

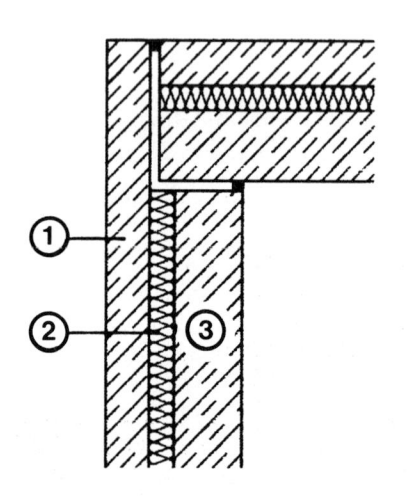

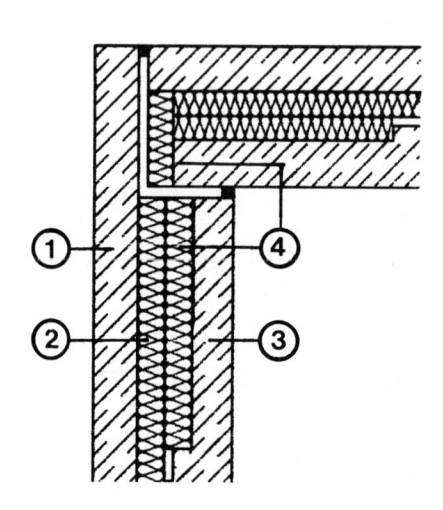

Erläuterung:
Hier sind zwei Kantenausbildungen von Sandwich-Konstruktionen einander gegenüber gestellt. In der Skizze links fehlt in der Kante die Dämmung. Das muß sich gerade in Anbetracht der hohen Leitfähigkeit des Betons sehr nachteilig bemerkbar machen. Es sollte deshalb eine solche Lücke in der Dämmung unbedingt vermieden werden. Besser ist es, wie rechts angegeben, die Dämmung im Kantenbereich zusätzlich zu verstärken.

AUSSENWANDANSCHLUSS Decke über Luftgeschoß							
Code	Art	Typ	Material	Dicke	Schicht	\multicolumn{2}{c}{Ergebnis}
Wärme-brücke	5.2 Kante					$k =$	$W/m^2 K$
unge-störte Bau-teile	2.2 Außenwand 4.3 Decke ü.Luftgesch.	1 2n	4 Mauerwerk 5.5.1 PS-Schaum 2.1 Beton 5.5.1 PS-Schaum		1 2 3 4	$k_l =$ $\Delta l =$ $\min \vartheta =$	$W/m\,K$ m $°C$

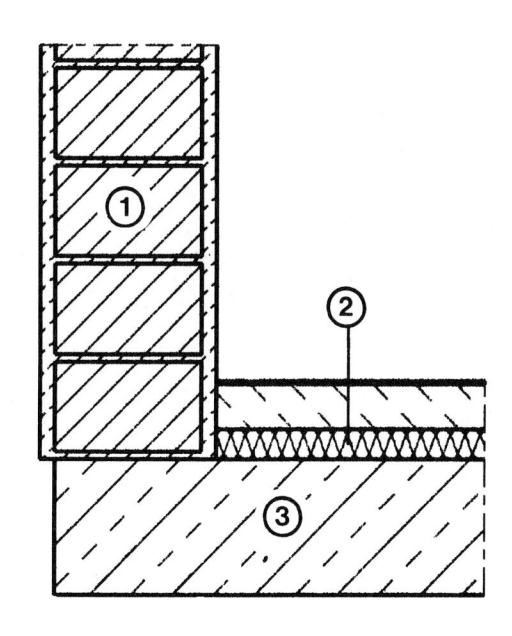

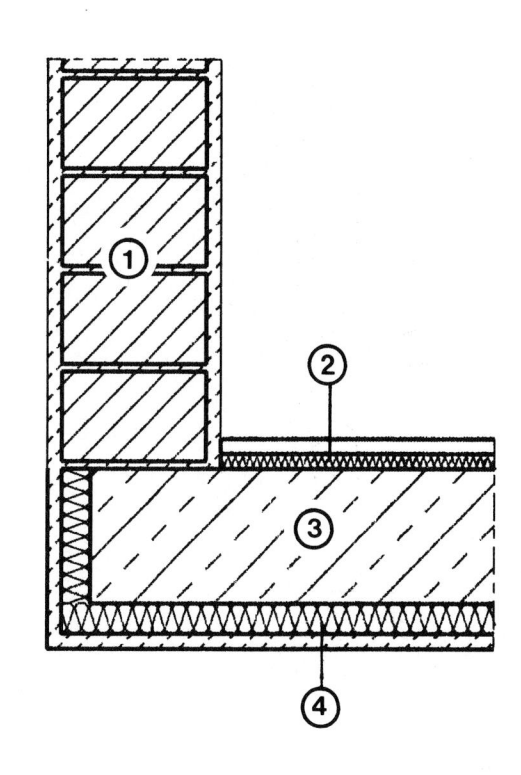

Erläuterung:
Hier wird die Außenkante einer Decke über einem Luftgeschoß gezeigt. Auch bei Außendämmung entsteht hier eine Wärmebrückenwirkung, die der einer in das Außenmauerwerk einbindenden, stirnseitig gedämmten Decke entspricht. Diese Auswirkungen sind insbesondere bei besser dämmendem Mauerwerk unerheblich und lassen sich ganz beseitigen, wenn man den vertikalen Dämmstreifen 0,25 m höher zieht. Bei Innendämmung jedoch entsteht eine sehr wirksame Wärmebrücke, wirksamer als bei der Innenwand (vgl. Seite 131), da hier der Kanteneffekt hinzukommt. Man kann die negativen Auswirkungen dieser Wärmebrücke mildern, indem man Wand und Deckenstirn mit einer Außendämmung versieht. Auch eine Innendämmung des Wandfußes ist theoretisch zur Verbesserung möglich. Ganz läßt sich bei Innendämmung die Wärmebrücke nur vermeiden, indem die Wand auf ganzer Höhe innen gedämmt wird.

DACHRAND mit Dämmprofil

Code	Art	Typ	Material	Dicke	Schicht	Ergebnis	
Wärme-brücke	5.2 Kante					$k =$	W/m²K
						$k_l =$	W/m K
unge-störte Bau-teile	2.2 Außenwand	2n	1.1 Putz 5.5.1 PS-Schaum 4.2 KS-Mauerwerk	20 60 240	1 2 3	$\Delta l =$	m
	4.1 Außendecke	2n	5.5.1 PS-Schaum 2.1 Beton 5.5.2 PUR-Formteil	80 180	4 5 6	$\min \vartheta =$	°C

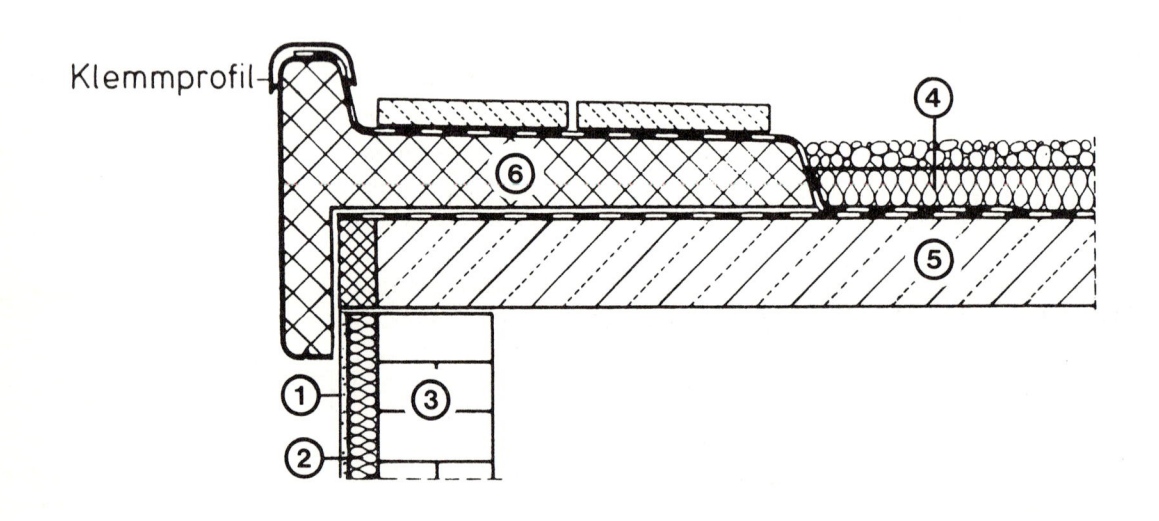

Klemmprofil

Erläuterung:
Die Dachaußenkante ist wärmetechnisch immer ein besonderes Problem, da sich hier der Kanteneffekt (vergl. Seite 85) und zusätzliche, materialbedingte Wärmebrücken überlagern. Prof. Cziesielski, TU Berlin, hat den Vorschlag gemacht, Dachrandprobleme mit Hilfe eines wärmedämmend ausgebildeten Schaumstoffprofils gemäß obiger Skizze zu lösen. Ein solches Bauelement wäre wärmetechnisch vorteilhaft. Die Temperatur entlang der Kante unterschreitet 14°C nicht.

<u>Literaturhinweis:</u> Cziesielski, E.: Wärmebrücken im Hochbau. Bauphysik 1985, Heft 5 und 6.

DACHRAND Stahlleichtbau							
Code	Art	Typ	Material	Dicke	Schicht	Ergebnis	
Wärme-brücke	5.2 Kante					$k =$	W/m^2K
unge-störte Bau-teile	2.2 Außenwand	3s	8.9.1 Trapezblech 5.6 Min.-Wolle 8.9.1 Trapezblech		1 2 3	$k_l =$ $\Delta l =$	$W/m\,K$ m
	6.1 Dachplatte	2n	5.5.1 PS-Schaum 8.9.1 Trapezblech		4 5	$min^\vartheta =$	°C

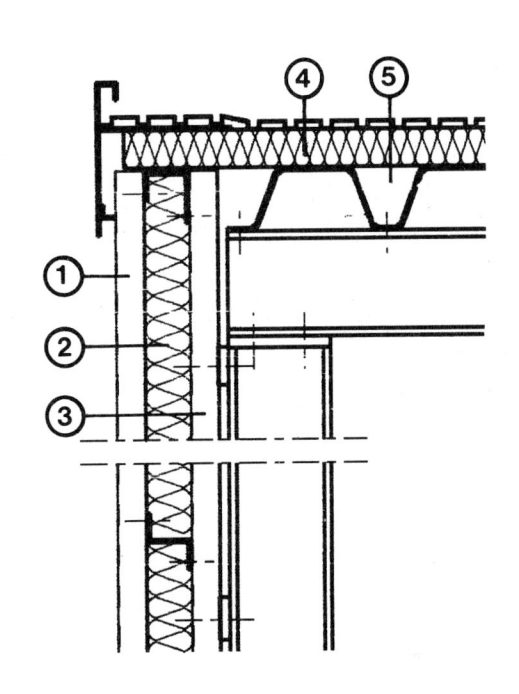

Erläuterung:
Hier handelt es sich um die zwischen Dach und Außenwand auftretende Kante bei einer Stahlkonstruktion. Hierbei ist die Wand zweischalig mit dazwischen befindlicher Wärmedämmung. Die beiden äußeren Metallschalen müssen aber miteinander verbunden werden, wodurch Wärmebrücken entstehen. Vgl. Seiten 51, 53, 54, 57, 59 u. 60. Hier befindet sich am oberen Ende der Wand ein C-förmiges Verbindungselement. Seine Wirkung wird verstärkt durch die Überlagerung mit dem "Kanteneffekt".

Code	Art	Typ	Material	Dicke	Schicht	Ergebnis
Wärme-brücke	5.2 Kante					$k = 0{,}56$ W/m²K
unge-störte Bau-teile	2.2 Außenwand 6.1 Dachplatte 5.3 Ringanker	1 2n	4.2 KSL-Mauerwerk 5.5.1 PS-Schaum 2.1 Beton 2.1 Beton	365 60 140	1 2 3 4	$k_l = 0{,}47$ W/m K $\Delta l = 0{,}84$ m $\min \vartheta = 6{,}5$ °C

DACHRAND Wand: monolithisch, mindestgedämmt Dach: Stahlbeton

auf das Dach bezogen

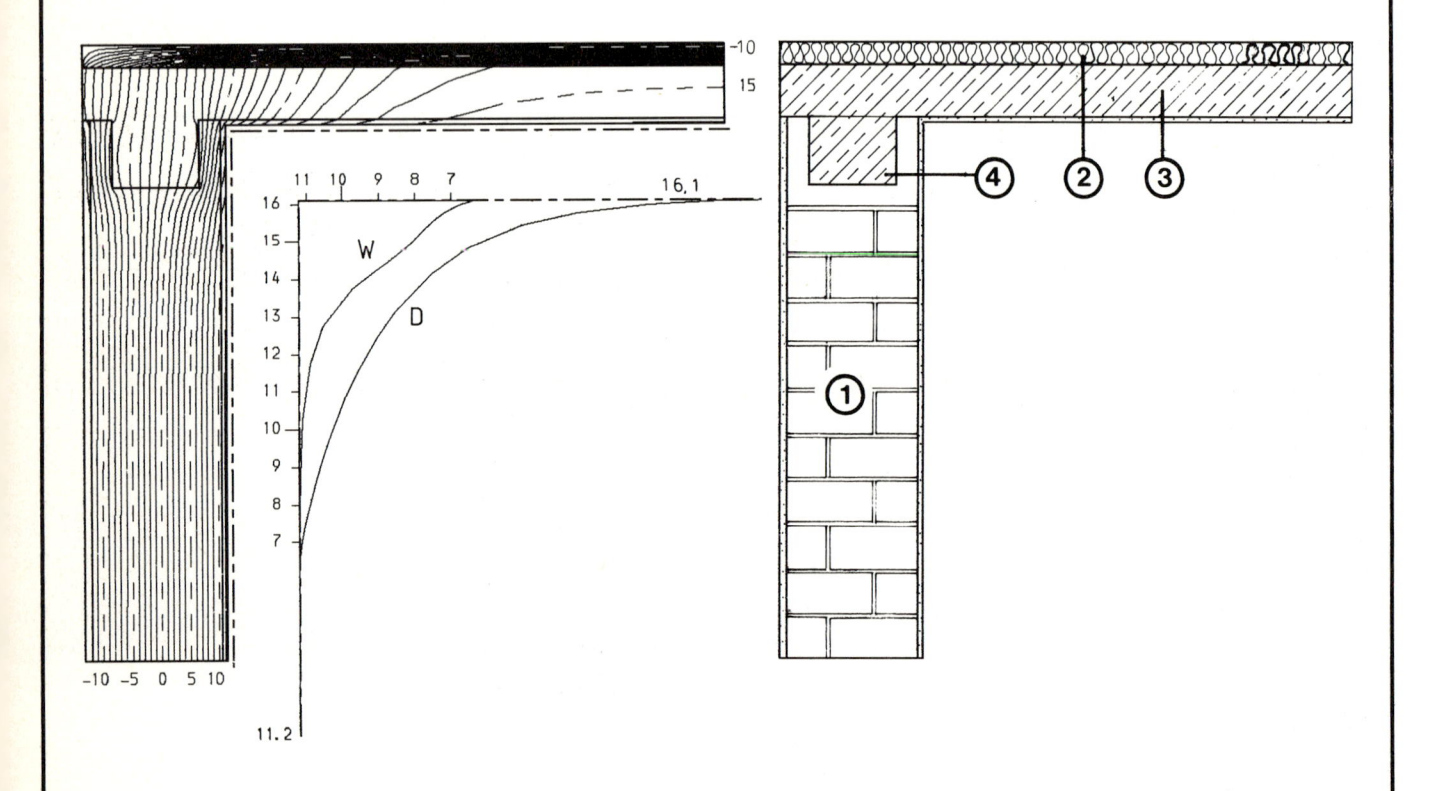

Erläuterung:
Auf diesen und den folgenden Seiten wird die Schwachstelle behandelt, die sich bei massiven Flachdächern an der Kante zwischen Betondecke und Außenwandmauerwerk einstellt. Hier wirkt Verschiedenes zusammen: Zunächst macht sich der "Kanteneffekt" bemerkbar. Oft ist der Rand der Betondecke nicht gedämmt oder besonders geformt, um Befestigungselemente aufnehmen zu können, mit denen die Dachrandverkleidung gehalten werden soll. Manchmal, insbesondere allerdings dann, wenn die Betondecke gleitend aufgelagert ist, wird unterhalb der Decke noch ein Betonanker angeordnet. Eine solche Lösung, bei der zwar die Dachdecke ausreichend gedämmt, deren Randbereich aber hinsichtlich der Dämmung vernachlässigt wurde, ist hier dargestellt. Wie zu erwarten, stellen sich in einem sogar ziemlich ausgehnten Bereich unzulässig niedrige Temperaturen ein.
Hier sind mit Sicherheit nachteilige Folgen zu erwarten.
Das oben zugrunde liegende Außenwandmauerwerk soll aus Kalksandsteinen bestehen, wie das auch auf den folgenden Seiten der Fall ist. Hier sind die Verhältnisse natürlich besonders ungünstig, einmal wegen des angenommenen Ringankers und natürlich auch deshalb, weil die Dämmeigenschaften einer solchen Wand ohnedies minimal sind.

DACHRAND Wand: monolithisch, mindestgedämmt Dach: Stahlbeton							
Code	Art	Typ	Material		Dicke	Schicht	Ergebnis
Wärme-brücke	5.2 Kante						k = 0,56 W/m²K
unge-störte Bau-teile	2.2 Außenwand 6.1 Dachplatte 5.3 Ringanker	1 2n	4.2 5.5.1 2.1 5.5.1 2.1	KSL-Mauerwerk PS-Schaum Beton PS-Schaum Beton	365 60 140 60	1 2 3 4 5	k_l = 0,33 W/m K Δl = 0,59 m min ϑ = 8,2 °C auf das Dach bezogen

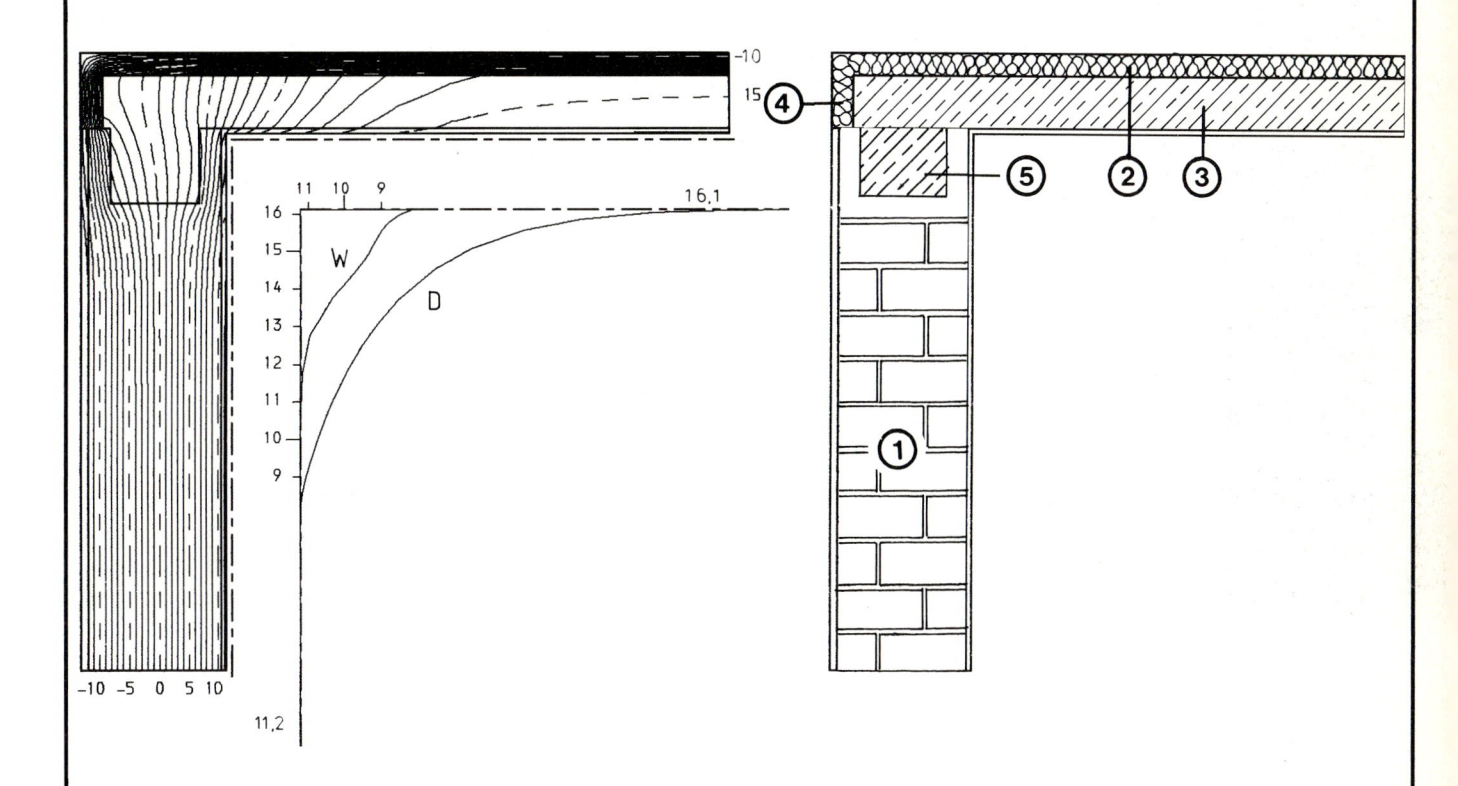

Erläuterung:
Hier ist wenigstens eine stirnseitige Dämmung der Deckenplatte angenommen. Natürlich würde man, wenn schon ein Ringanker vorhanden ist, auch dessen Außenseite dämmen, wie das auf der nächsten Seite dargestellt ist. Zum Vergleich damit, aber auch mit den folgenden Seiten, wo der Ringanker fehlt, wurde die o.a. Anordnung mituntersucht. Man sieht, daß die Dämmung der Deckenstirnfläche sich bereits sehr günstig auswirkt. Die Temperatur entlang der Kante stieg gegenüber der ungedämmten Variante um fast 2 K, ist aber immer noch viel zu niedrig.

DACHRAND Wand: monolithisch, mindestgedämmt Dach: Stahlbeton							
Code	Art	Typ	Material	Dicke	Schicht	E r g e b n i s
Wärme-brücke	5.2 Kante					$k = 0,56$ W/m²K
unge-störte Bau-teile	2.2 Außenwand 6.1 Dachplatte 5.3 Ringanker	1 2n	4.2 KSL-Mauerwerk 5.5.1 PS-Schaum 2.1 Beton 5.5.1 PS-Schaum 2.1 Beton	365 60 140 60	1 2 3 4 5	$k_l = 0,15$ W/m K $\Delta l = 0,27$ m $\min \vartheta = 10,4$ °C auf das Dach bezogen

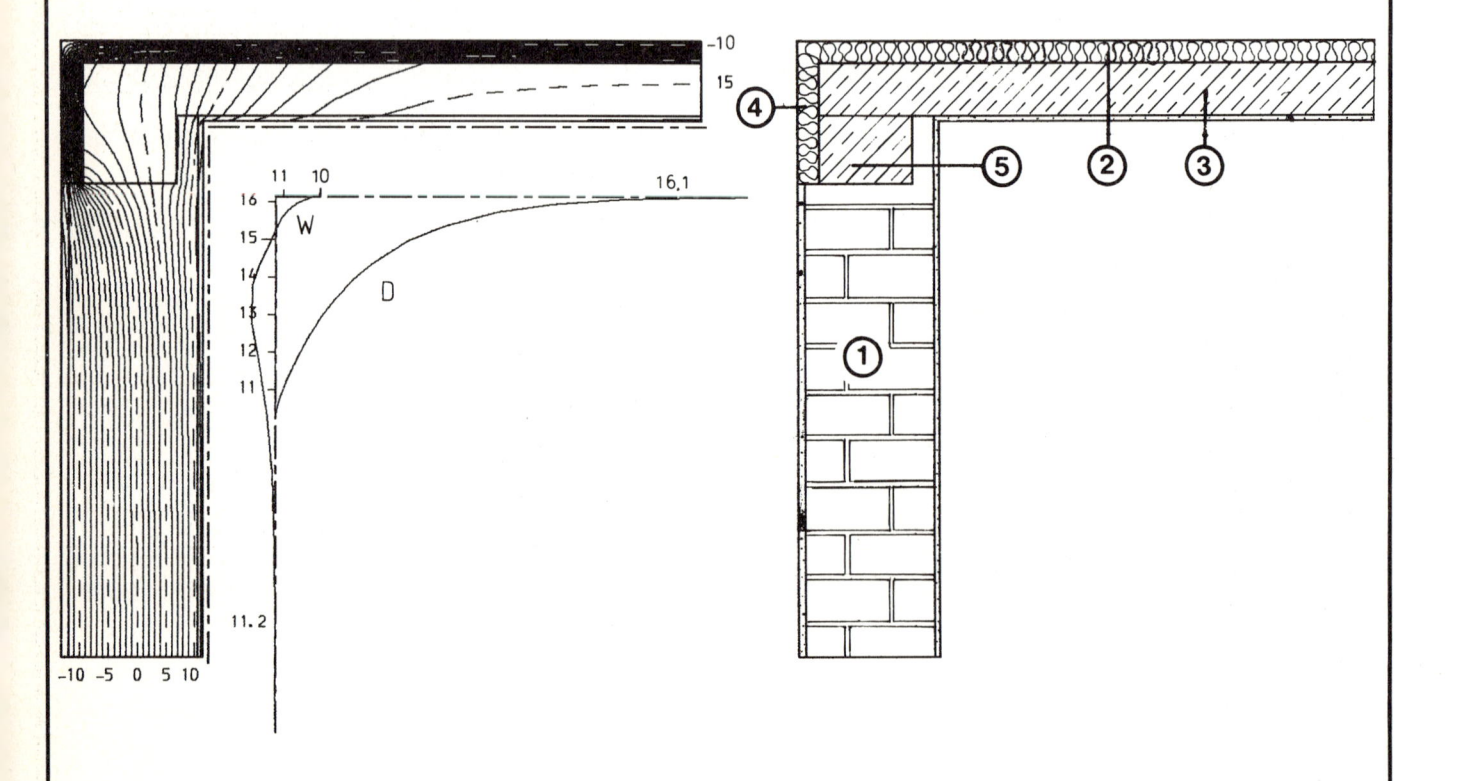

Erläuterung:
Hier ist nun auch die Ringankeraußenseite gedämmt. Ausführungsmäßig bedeutet das keinen Mehraufwand. Allerdings kann man jetzt zur Herstellung des Ringankers keine Formsteine mehr einsetzen, sondern wird entweder innen auch dämmen (günstiger) oder den Ringanker innen bündig ausführen (ungünstiger). In dem oben dargestellten Fall erreicht man als niedrigste Temperatur entlang der Kante gerade etwa 10° C.

Code	Art	Typ	Material	Dicke	Schicht	Ergebnis
	DACHRAND Wand: monolithisch, mindestgedämmt Dach: Stahlbeton					
Wärme-brücke	5.2 Kante					$k = 0{,}56$ W/m²K $k_l = 0{,}35$ W/m K
unge-störte Bau-teile	2.2 Außenwand 6.1 Dachplatte	1 2n	4.2 KSL-Mauerwerk 5.5.1 PS-Schaum 2.1 Beton	365 60 140	1 2 3	$\Delta l = 0{,}63$ m $\min \vartheta = 7{,}5$ °C auf das Dach bezogen

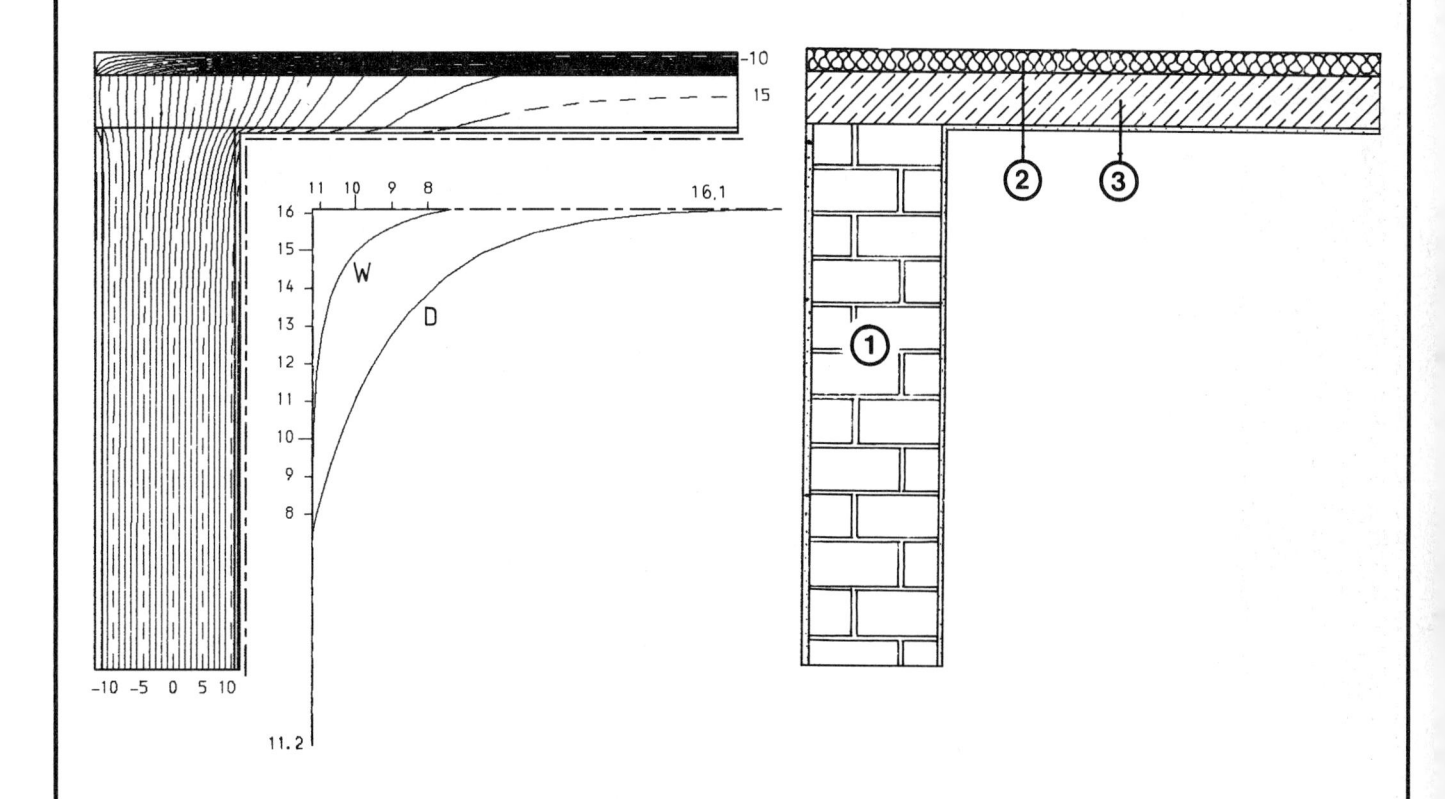

Erläuterung:
Nunmehr werden die gleichen Anordnungen mit denselben Materialien wie vorher, jedoch ohne Ringanker untersucht. Die ungedämmte Deckenstirn hat auch hier unakzeptabel niedrige Temperaturen entlang der Kante zur Folge. Wie jedoch der Vergleich mit Seite 104 zeigt, sind die Temperaturen und die Wärmeverluste erwartungsgemäß etwas günstiger als bei Vorhandensein des Ringankers.

Code	Art	Typ	Material	Dicke	Schicht	E r g e b n i s
Wärme-brücke	5.2 Kante					$k = 0{,}56$ W/m²K
unge-störte Bau-teile	2.2 Außenwand 6.1 Dachplatte	1 2n	4.2 KSL-Mauerwerk 5.5.1 PS-Schaum 2.1 Beton 5.5.1 PS-Schaum	365 60 140 60	1 2 3 4	$k_1 = 0{,}23$ W/m K $\Delta l = 0{,}41$ m $\min\vartheta = 9{,}4$ °C

DACHRAND Wand: monolithisch, mindestgedämmt Dach: Stahlbeton

auf das Dach bezogen

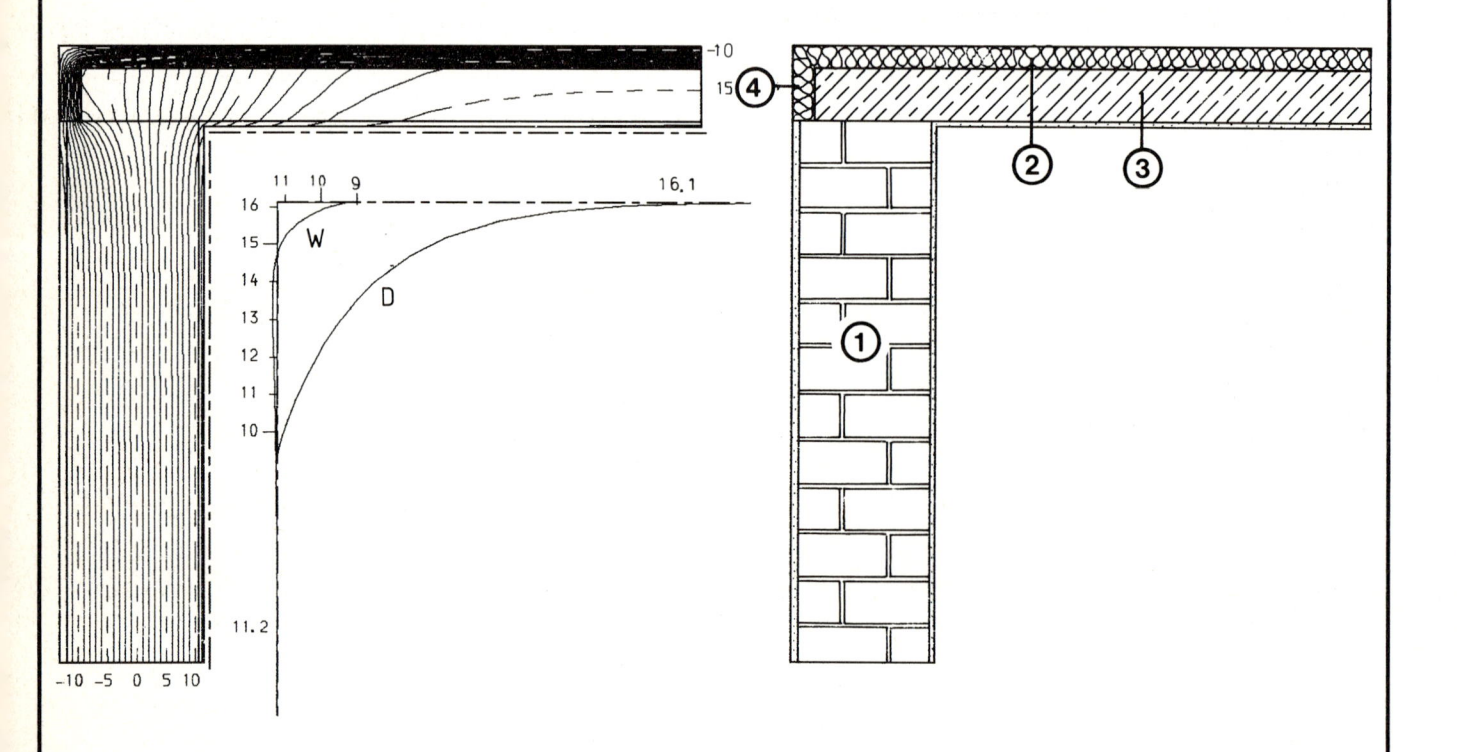

Erläuterung:
Günstigere Verhältnisse als bei Vorhandensein des Ringankers ergeben sich auch bei zusätzlicher Dämmung der Deckenstirn (vgl. Seite 105). Aber die Temperatur entlang der Kante ist immer noch unter 10° C. Bei 36,5er Kalksandsteinmauerwerk genügt also auch die stirnseitige Dämmung der Dachdecke nicht, um ausreichende Sicherheit gegen Tau-wasserbildung zu erhalten.

DACHRAND Wand: monolithisch, mindestgedämmt Dach: Stahlbeton						
Code	Art	Typ	Material	Dicke	Schicht	E r g e b n i s
Wärme-brücke	5.2 Kante					$k = 0{,}56$ W/m²K
unge-störte Bau-teile	2.2 Außenwand 6.1 Dachplatte	1 2n	4.2 KSL-Mauerwerk 5.5.1 PS-Schaum 2.1 Beton 5.5.1 PS-Schaum	365 60 140 60	1 2 3 4	$k_l = 0{,}11$ W/m K $\Delta l = 0{,}19$ m $\min \vartheta = 11{,}0$ °C auf das Dach bezogen

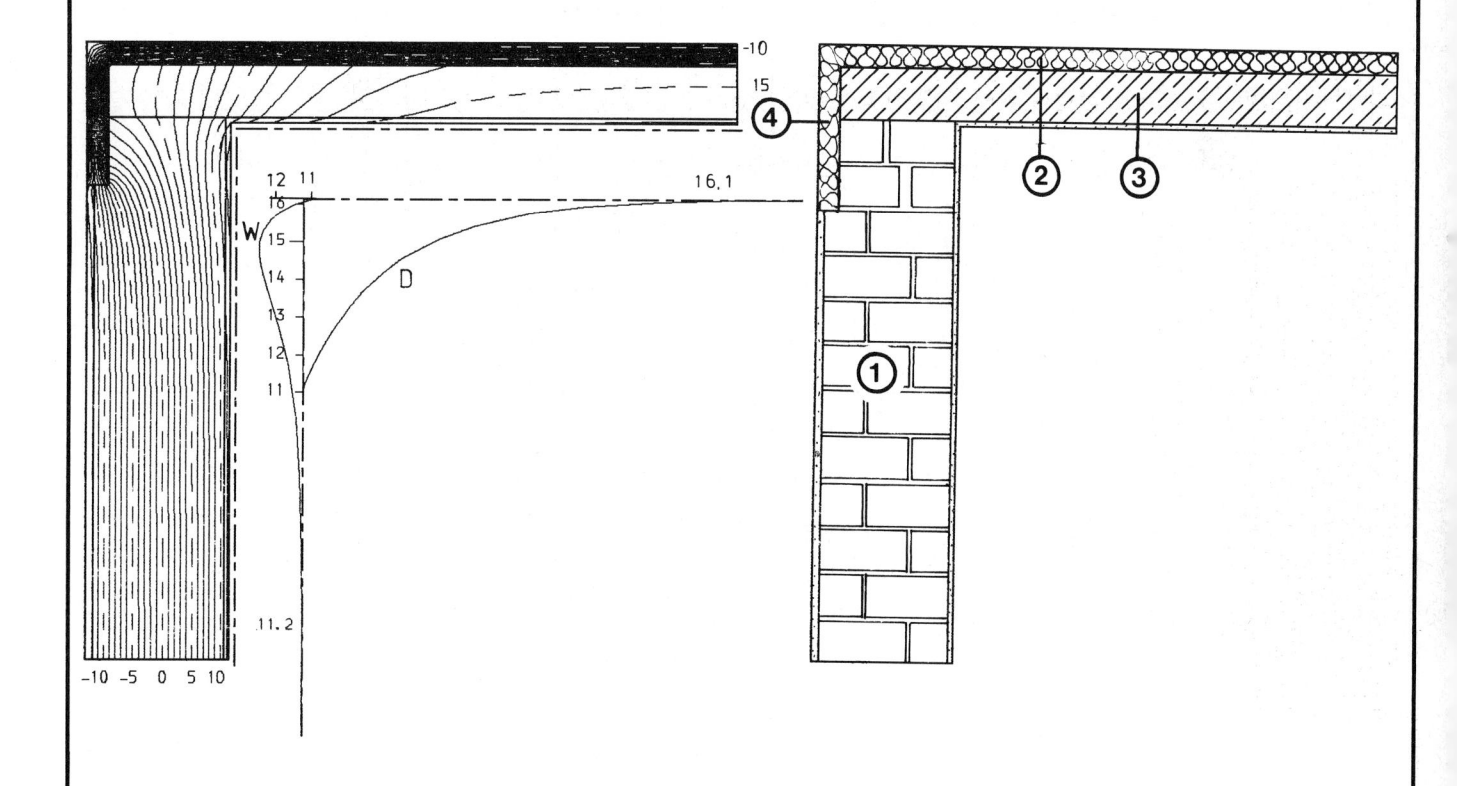

Erläuterung:
Es ist frappierend, wie günstig sich eine Dämmung auswirkt, die etwa um Deckenstärke über die Deckenstirn hinaus nach unten geführt wird. Jetzt wird entlang der Kante dieselbe Temperatur erreicht wie im ungestörten Bereich der Wand. Diese Erkenntnis verdient besondere Beachtung: Dämmstreifen vor einer Deckenstirn sollten immer ein bis zwei Steinlagen nach oben und unten über die Decke hinausgezogen werden.

DACHRAND Wand: monolithisch, Dach: Stahlbeton							
Code	Art	Typ	Material	Dicke	Schicht	\multicolumn{2}{l	}{E r g e b n i s}
Wärme-brücke	5.2 Kante					k =	0,56 W/m²K
unge-störte Bau-teile	2.2 Außenwand 6.1 Dachplatte 5.3 Ringanker	1 2n	4.1.5 1Hlz (0,33) 5.5.1 PS-Schaum 2.1 Beton 2.1 Beton	365 60 140	1 2 3 4	k_l = Δl = $\min \vartheta$ =	0,48 W/m K 0,85 m 7,4 °C

auf das Dach bezogen

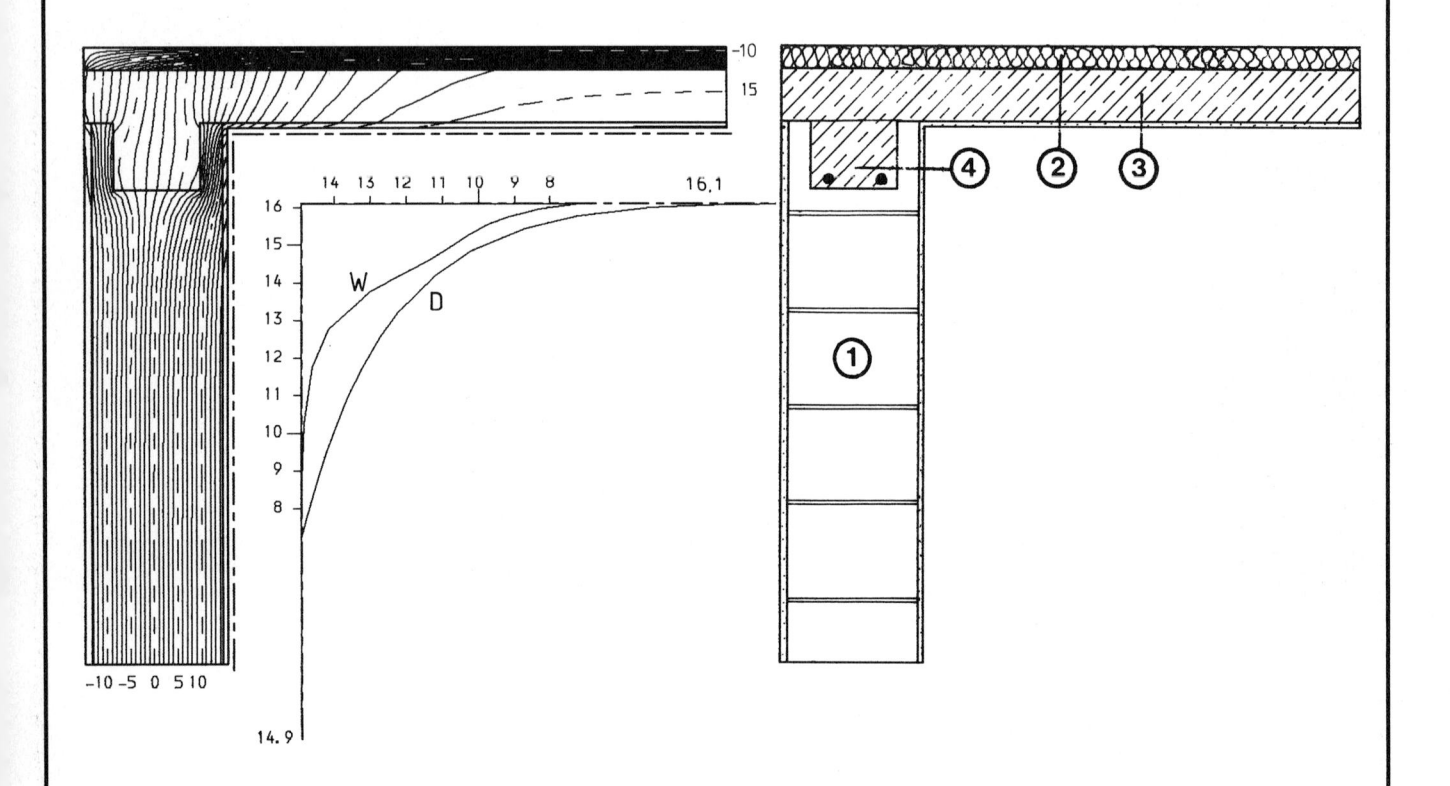

Erläuterung:
Auf dieser und den folgenden Seiten ist die Dachrandausbildung bei 36,5-er Leicht-hochlochziegel-Mauerwerk in Verbindung mit einer Betondachdecke mit und ohne Ringan-ker dargestellt. Es zeigt sich im Vergleich mit Seite 104 zwar der günstige Einfluß des besser dämmenden Mauerwerks. Ohne Dämmmaßnahmen an der Stirn sind die Temperaturen aber auch nicht akzeptabel.

DACHRAND Wand: monolithisch, Dach: Stahlbeton					
Code	Art	Typ	Material	Dicke	Schicht
Wärme-brücke	5.2 Kante				
unge-störte Bau-teile	2.2 Außenwand 6.1 Dachplatte 5.3 Ringanker	1 2n	4.1.5 1Hlz (0,33) 5.5.1 PS-Schaum 2.1 Beton 5.5.1 PS-Schaum 2.1 Beton	365 60 140 60	1 2 3 4 5

Ergebnis

$k = 0{,}56$ W/m²K

$k_1 = 0{,}32$ W/m K

$\Delta l = 0{,}58$ m

$\min \vartheta = 9{,}5$ °C

auf das Dach bezogen

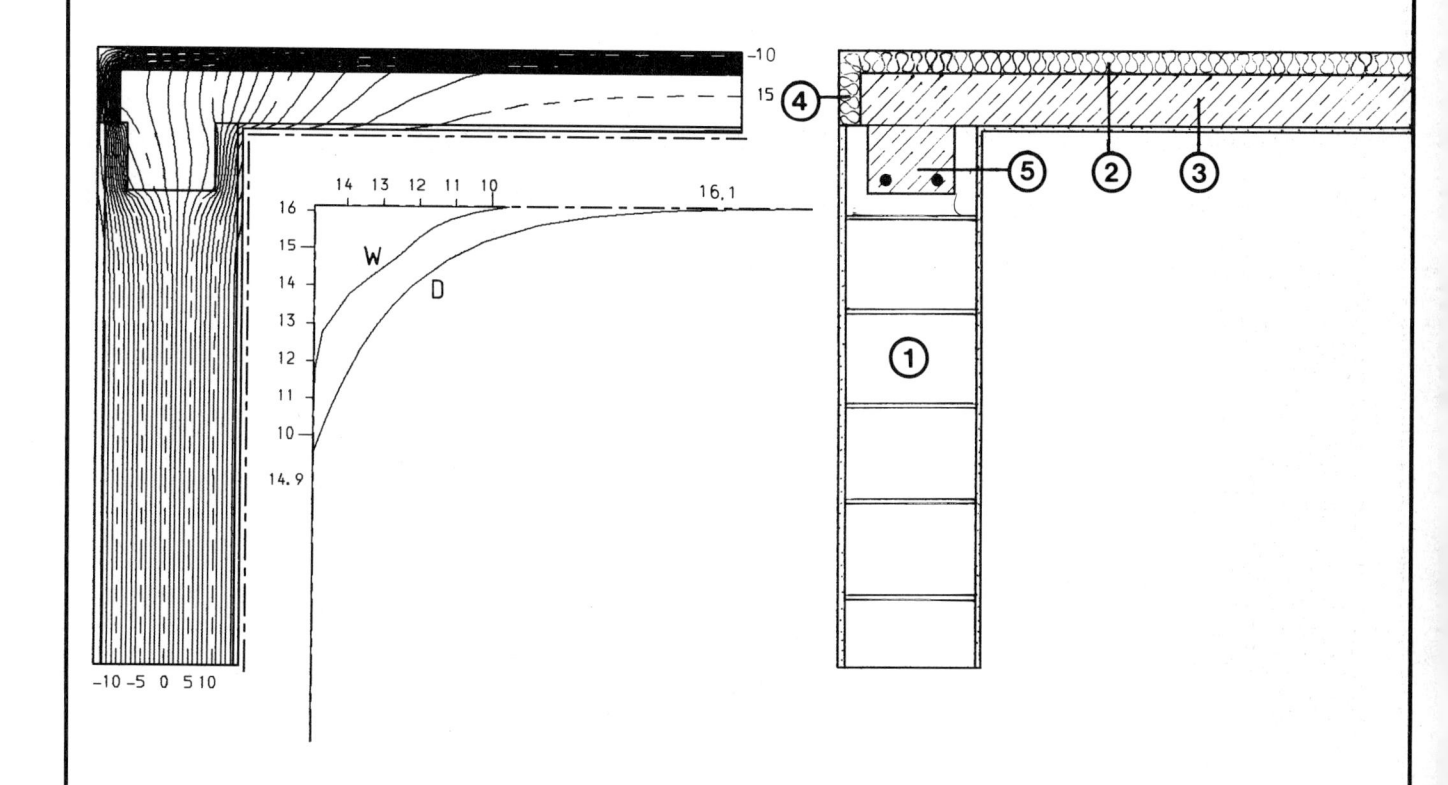

Erläuterung:
Wird nur die Stirnseite der Deckenplatte zusätzlich gedämmt, so sind zwar auch hier die Temperaturen günstiger als bei Kalksandsteinmauerwerk, aber doch noch nicht zufriedenstellend.

Code	Art	Typ	Material	Dicke	Schicht	Ergebnis
Wärme-brücke	5.2 Kante					$k = 0{,}56$ W/m²K
unge-störte Bau-teile	2.2 Außenwand 6.1 Dachplatte 5.3 Ringanker	1 2n	4.1.5 1Hlz (0,33) 5.5.1 PS-Schaum 2.1 Beton 5.5.1 PS-Schaum 2.1 Beton	365 60 140 60	1 2 3 4 5	$k_l = 0{,}25$ W/m K $\Delta l = 0{,}46$ m $\min \vartheta = 11{,}4$ °C auf das Dach bezogen

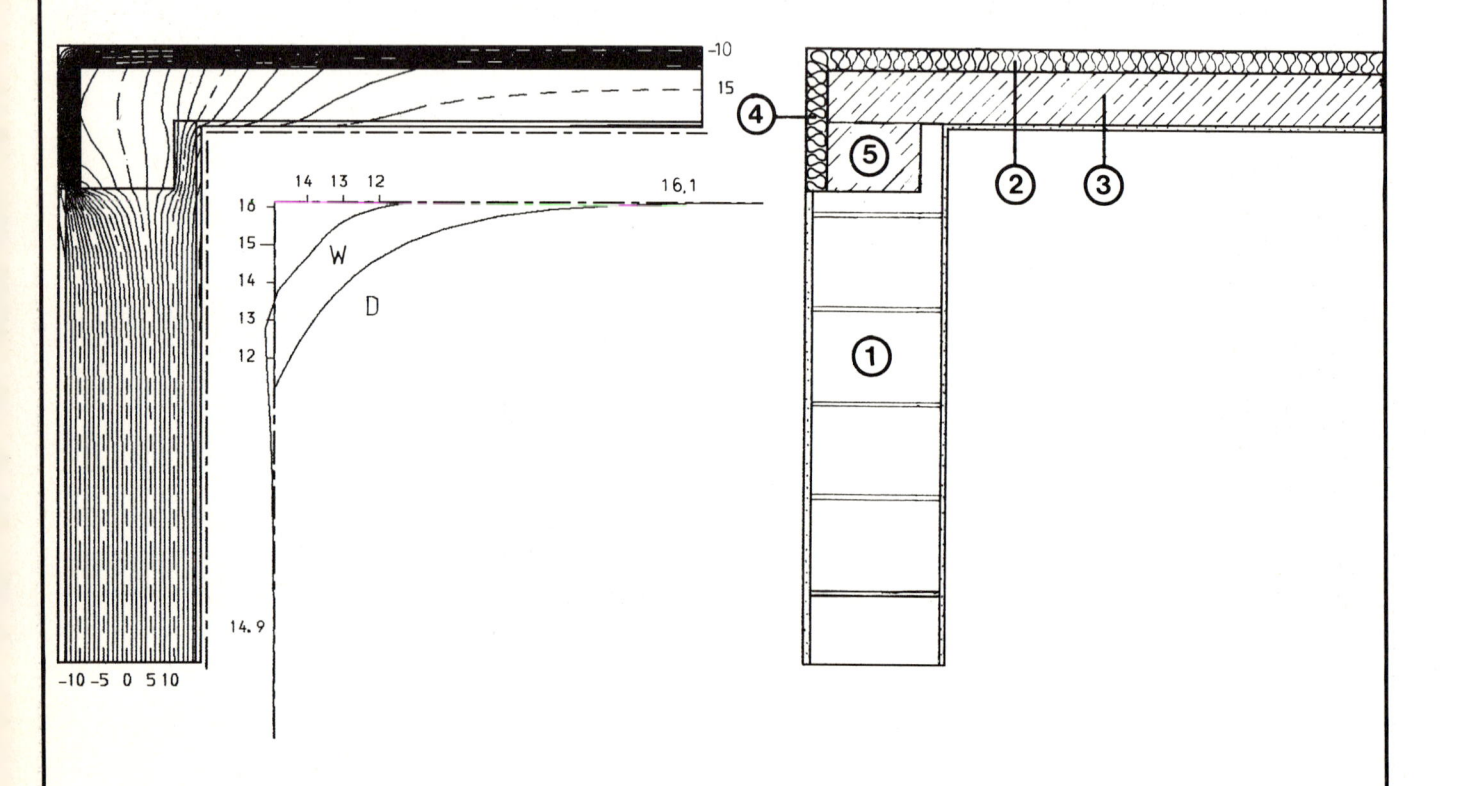

DACHRAND Wand: monolithisch,   Dach: Stahlbeton

Erläuterung:
Wird auch die Ringankeraußenfläche gedämmt, so entstehen bei der 36,5-er Wand aus Leichthochlochziegeln bereits annehmbare Temperaturen. Wenn also ein Ringanker angeordnet werden sollte, so genügen Formsteine nicht, eine außenseitige Dämmung des Ringankers ist notwendig.

DACHRAND Wand: monolithisch, Dach: Stahlbeton						
Code	Art	Typ	Material	Dicke	Schicht	E r g e b n i s
Wärme-brücke	5.2 Kante					$k = 0{,}56$ W/m²K
unge-störte Bau-teile	2.2 Außenwand 6.1 Dachplatte	1 2n	4.1.5 1Hlz (0,33) 5.5.1 PS-Schaum 2.1 Beton	365 60 140	1 2 3	$k_l = 0{,}36$ W/m K $\Delta l = 0{,}65$ m $\min \vartheta = 8{,}3$ °C

auf das Dach bezogen

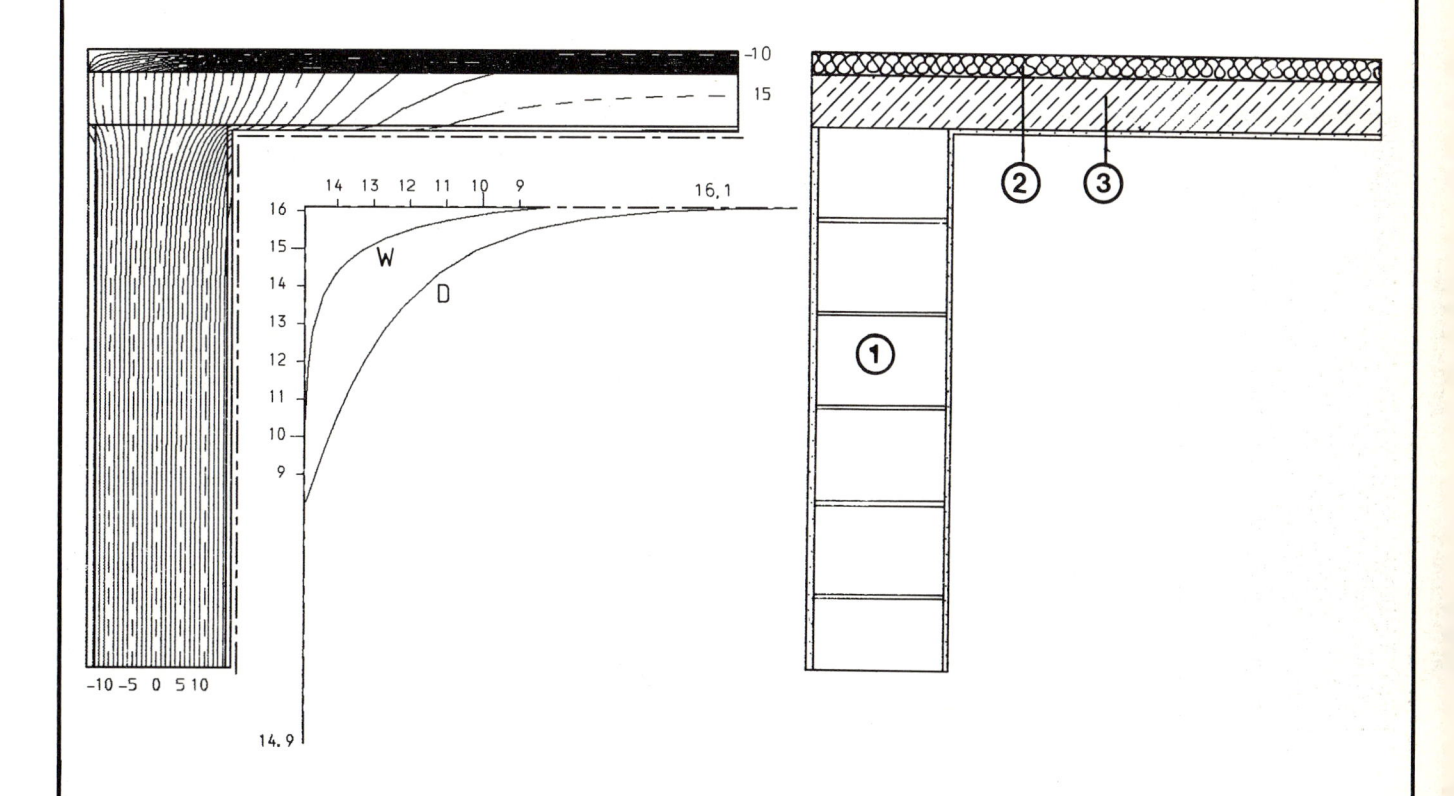

Erläuterung:
Auch ohne Ringanker entsteht bei fehlender Dämmung der Deckenstirn eine sehr wirksame Wärmebrücke, die Temperaturen entlang der Kante unter 9° C zur Folge hat. In dieser Weise sollte der Dachrand daher grundsätzlich nicht mehr ausgeführt werden.

DACHRAND Wand: monolithisch, Dach: Stahlbeton							
Code	Art	Typ	Material		Dicke	Schicht	E r g e b n i s
Wärme-brücke	5.2 Kante						k = 0,56 W/m²K
unge-störte Bau-teile	2.2 Außenwand 6.1 Dachplatte	1 2n	4.1.5 1Hlz (0,33) 5.5.1 PS-Schaum 2.1 Beton 5.5.1 PS-Schaum		365 60 140 60	1 2 3 4	k_l = 0,22 W/m K Δl = 0,40 m $min \vartheta$= 10,8 °C

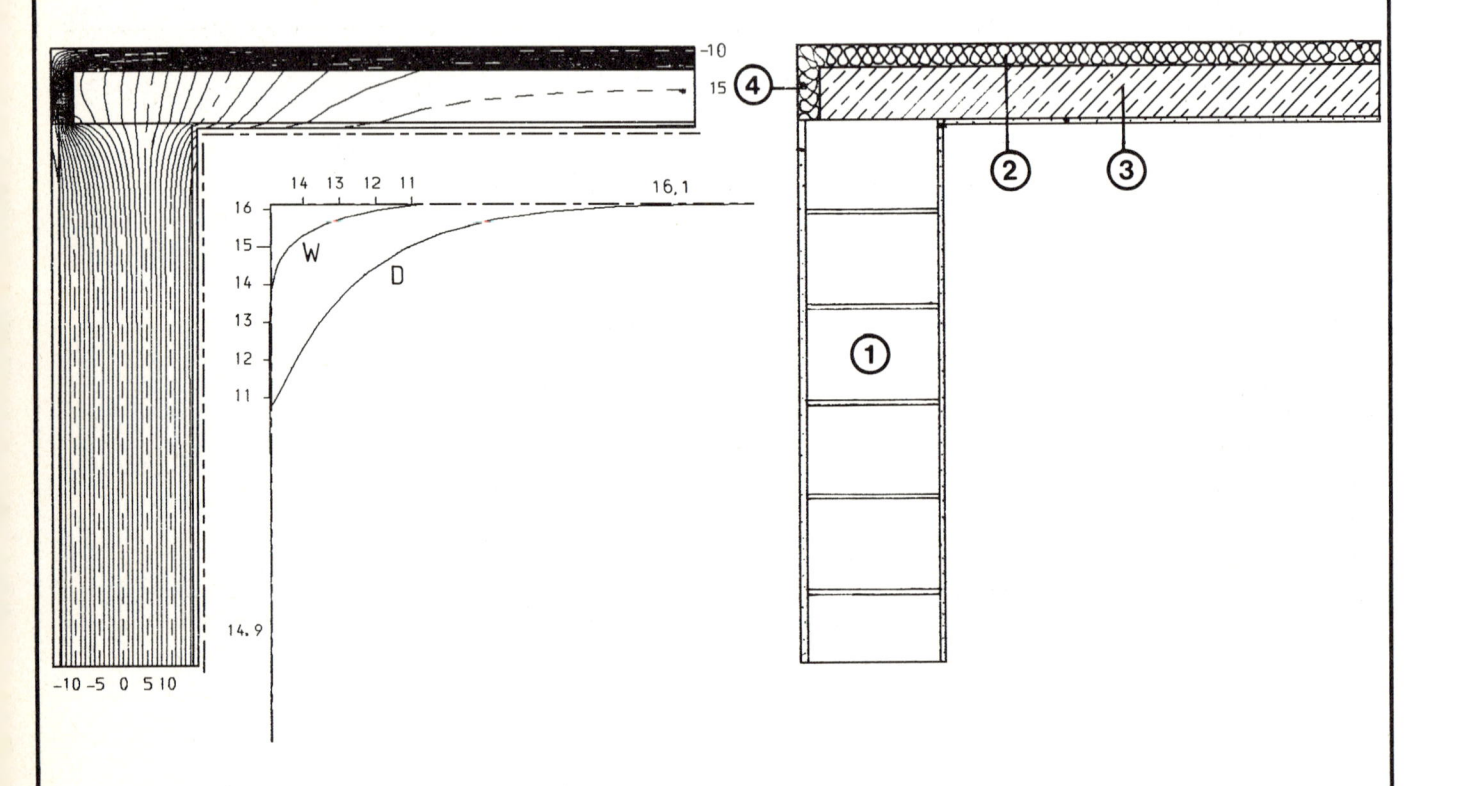

auf das Dach bezogen

Erläuterung:
Wird dagegen auch die Deckenstirn gedämmt, so entstehen sofort Temperaturverhältnisse, die als hinnehmbar anzusehen sind. Mit geringem Mehraufwand ließen sich die Verhältnisse allerdings wesentlich verbessern. Wie der Vergleich der Seiten 108 und 109 zeigt, werden die Temperaturen wesentlich günstiger, wenn die Dämmung noch um Deckenstärke weiter nach unten gezogen wird. Bei 36,5-er Mauerwerk läßt sich das sehr einfach machen, indem ein bis zwei Steinlagen unter der Decke in 30-er Mauerwerk hergestellt werden.

DACHRAND Wand: monolithisch, mindestgedämmt Dach: Gasbeton							
Code	Art	Typ	Material		Dicke	Schicht	E r g e b n i s
Wärme-brücke	5.2 Kante						$k = 0{,}41$ W/m²K
unge-störte Bau-teile	2.2 Außenwand	1	4.2	KSL-Mauerwerk	365	1	$k_l = 0{,}29$ W/m K
	6.1 Dachplatte	2n	5.5.1	PS-Schaum	60	2	$\Delta l = 0{,}71$ m
			2.3	GB (0,21)	140	3	
	5.3 Ringanker		2.1	Beton		4	$\min \vartheta = 8{,}3$ °C

auf das Dach bezogen

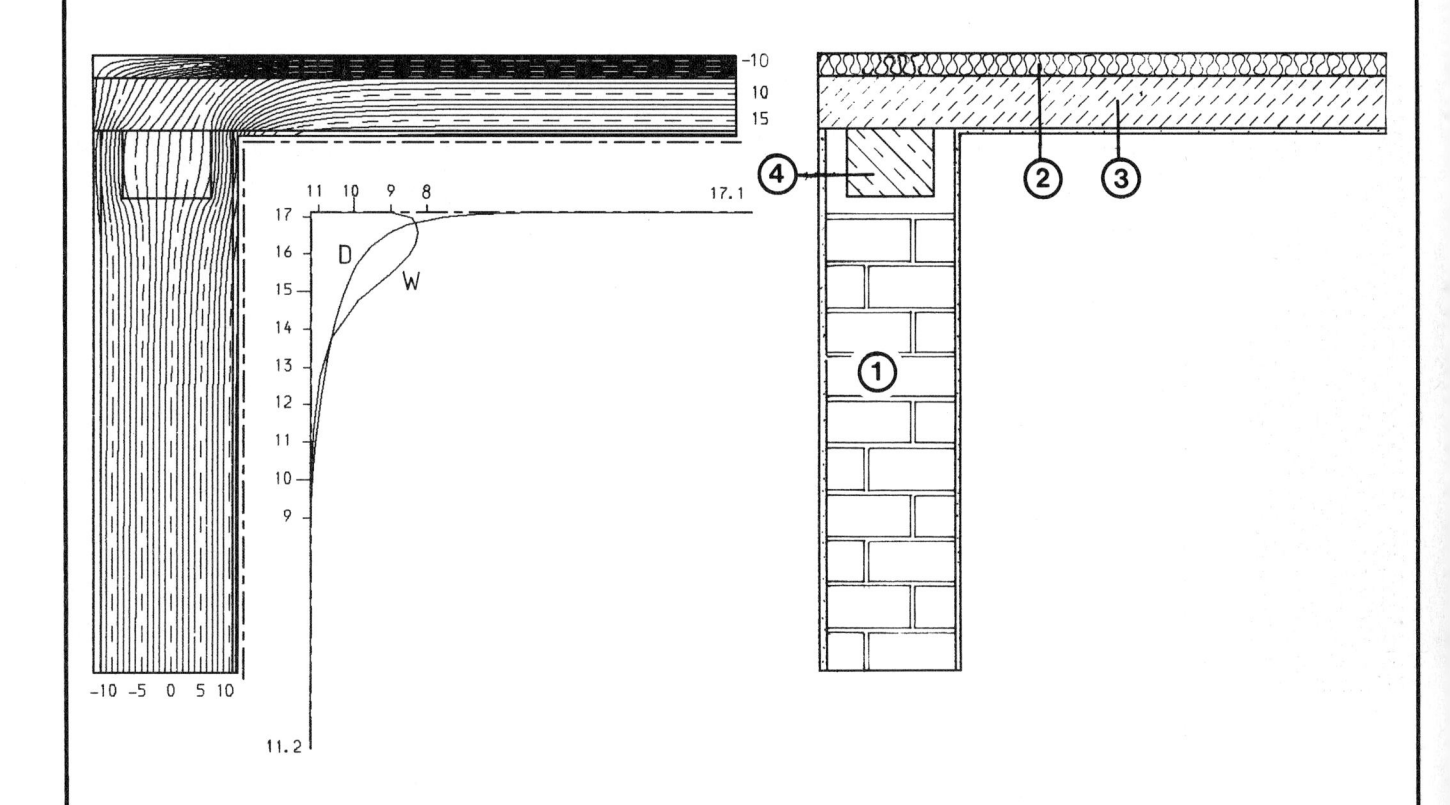

Erläuterung:
Die Schwachstelle Dachrand bei Flachdächern ist in erster Linie durch das Zusammenwirken des Kanteneffekts mit der Leitfähigkeit der Betonplatte bedingt. Ersetzt man daher die Betonplatte durch eine Platte aus weniger leitfähigem Material, so sind günstigere Verhältnisse zu erwarten. Das trifft auch ganz eindeutig zu, wie der Vergleich mit Seite 104 zeigt. Selbst bei Kalksandsteinmauerwerk und dem hier wohl auch notwendigen Ringanker treten sehr viel günstigere Temperaturen auf, als bei einer Betondecke, wenn sie auch, absolut genommen, noch zu niedrig sind.

Code	Art	Typ	Material	Dicke	Schicht	Ergebnis	
\multicolumn{7}{l}{DACHRAND Wand: monolithisch, mindestgedämmt Dach: Gasbeton}	
Wärme-brücke	5.2 Kante					k = 0,41	W/m²K
unge-störte Bau-teile	2.2 Außenwand 6.1 Dachplatte	1 2n	4.2 KSL-Mauerwerk 5.5.1 PS-Schaum 2.3 GB (0,21)	365 60 140	1 2 3	k_l = 0,09 Δl = 0,21 min ϑ= 10,6	W/m K m °C

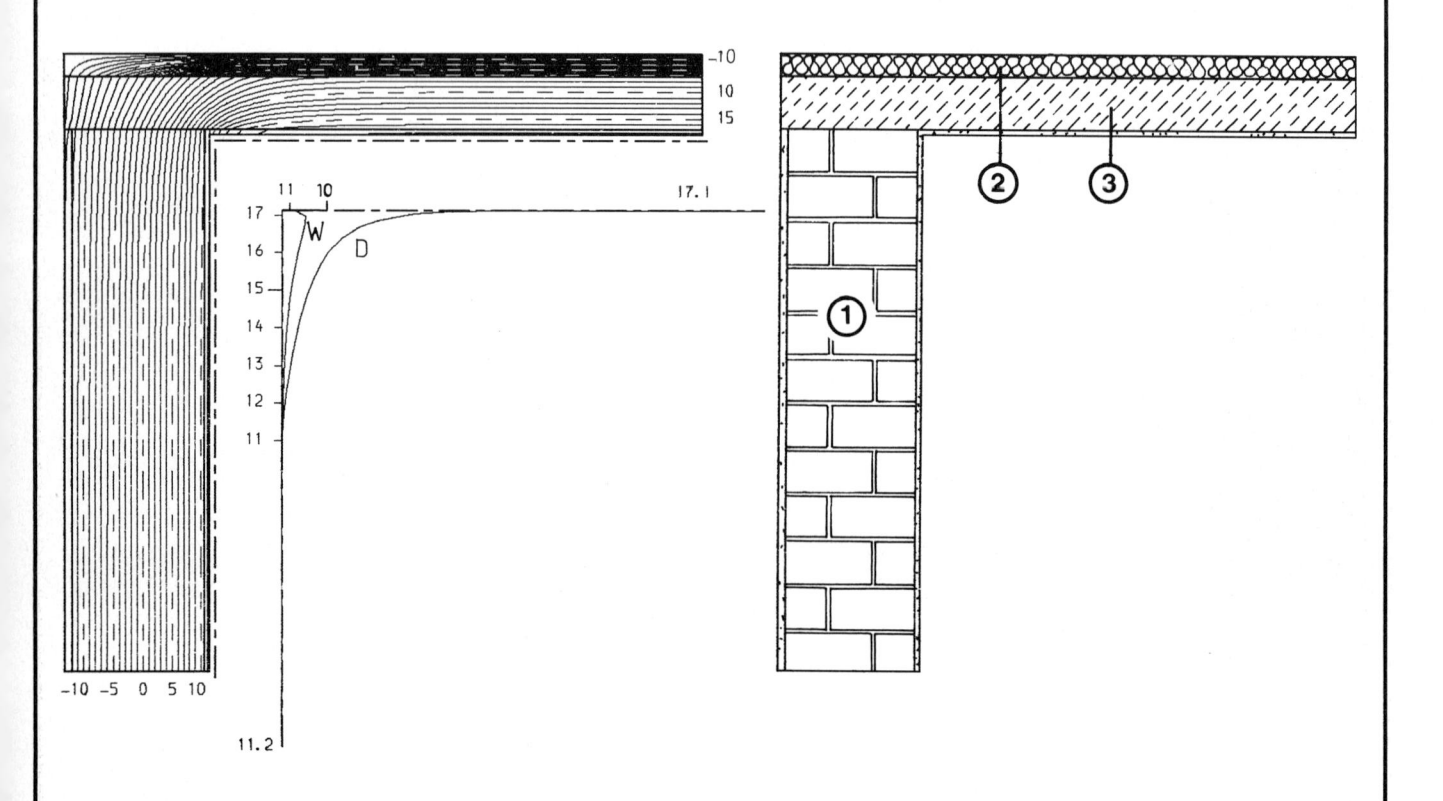

auf das Dach bezogen

Erläuterung:
Entfällt der Stahlbetonringanker, so entstehen selbst ohne Dämmung der Deckenstirn auch bei 36,5-er Kalksandsteinmauerwerk schon annehmbare Temperaturen. Das liegt natürlich daran, daß die Gasbetondeckenplatte bei der hier angenommenen Auflagertiefe von 36,5 cm schon selbst eine so wirksame Dämmschicht darstellt, daß es einer zusätzlichen Dämmung der Deckenstirn gar nicht mehr bedarf.

DACHRAND Wand: monolithisch, mindestgedämmt Dach: Gasbeton							Ergebnis	
Code	Art	Typ	Material		Dicke	Schicht	
Wärme-brücke	5.2 Kante						$k = 0{,}41$ W/m²K
unge-störte Bauteile	2.2 Außenwand 6.1 Dachplatte 5.3 Ringanker	1 2n	4.2 5.5.1 2.3 5.5.1 2.1	KSL-Mauerwerk PS-Schaum GB (0,21) PS-Schaum Beton	365 60 140 60	1 2 3 4 5	$k_l = 0{,}09$ W/m K $\Delta l = 0{,}22$ m $\min \vartheta = 10{,}6$ °C auf das Dach bezogen

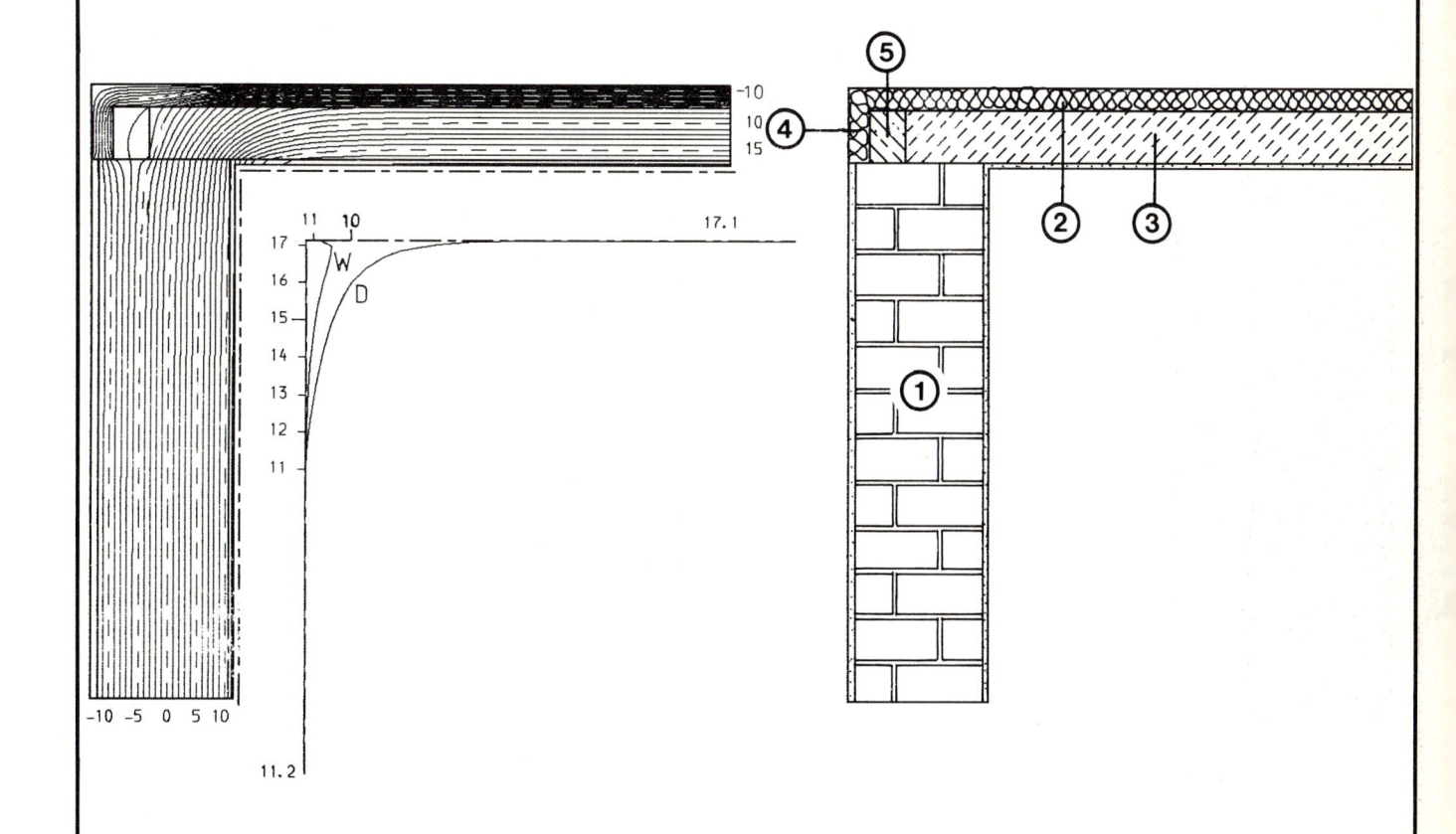

Erläuterung:
Was auf der Seite zuvor schon gesagt wurde, findet sich hier bestätigt: Eine zusätzliche Dämmung der Deckenstirn hat bei einer Gasbetondeckenplatte mit einer Auflagertiefe von 36,5 cm praktisch keinen Einfluß auf die Innentemperaturen. Obenstehend ist die Auflagertiefe zwar zugunsten eines Stahlbetonzuggliedes verkürzt. Bei fehlender Stirndämmung hätte das natürlich negative Auswirkungen. so aber entstehen Temperaturverhältnisse, die denen auf Seite 116 praktisch gleichen.

DACHRAND Wand: monolithisch, Dach: Gasbeton							
Code	Art	Typ	Material	Dicke	Schicht	\multicolumn{2}{l}{E r g e b n i s}
Wärme-brücke	5.2 Kante					k =	0,41 W/m²K
unge-störte Bau-teile	2.2 Außenwand 6.1 Dachplatte 5.3 Ringanker	1 2n	4.1.5 lH1z (0,33) 5.5.1 PS-Schaum 2.3 GB (0,21) 2.1 Beton	365 60 140	1 2 3 4	k_l = Δl = $\min \vartheta$ =	0,21 W/m K 0,51 m 10,7 °C

auf das Dach bezogen

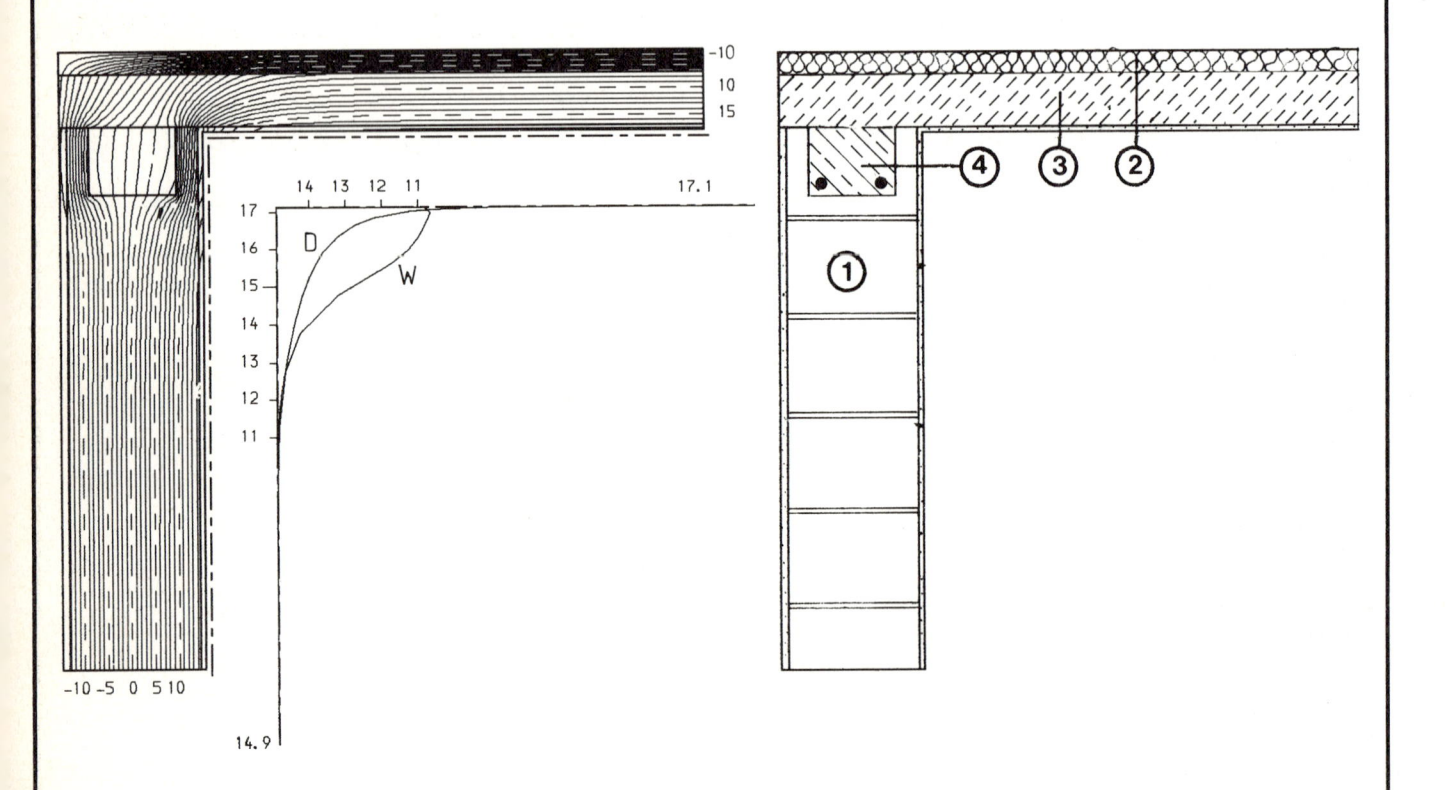

Erläuterung:
Nunmehr finden sich im folgenden einige Kombinationen einer 36,5-er Außenwand aus Leichthochlochziegeln mit einer Gasbetondeckenplatte. Vorstehend ist der in solchen Fällen meist nötige Ringanker ohne außenseitige Dämmung vorhanden. Dadurch werden die Verhältnisse natürlich merklich verschlechtert. Den Einfluß des ungedämmten Ringankers erkennt man deutlich an dem "Bauch" den der Temperaturverlauf entlang der Wand unterhalb der Decke aufweist.

DACHRAND Wand: monolithisch, Dach: Gasbeton							Ergebnis
Code	Art	Typ	Material	Dicke	Schicht	
Wärme-brücke	5.2 Kante					$k = 0{,}41$ W/m²K
unge-störte Bau-teile	2.2 Außenwand 6.1 Dachplatte	1 2n	4.1.5 1Hlz (0,33) 5.5.1 PS-Schaum 2.3 GB (0,21)	365 60 140	1 2 3	$k_l = 0{,}09$ W/m K $\Delta l = 0{,}21$ m $\min \vartheta = 13{,}0$ °C

auf das Dach bezogen

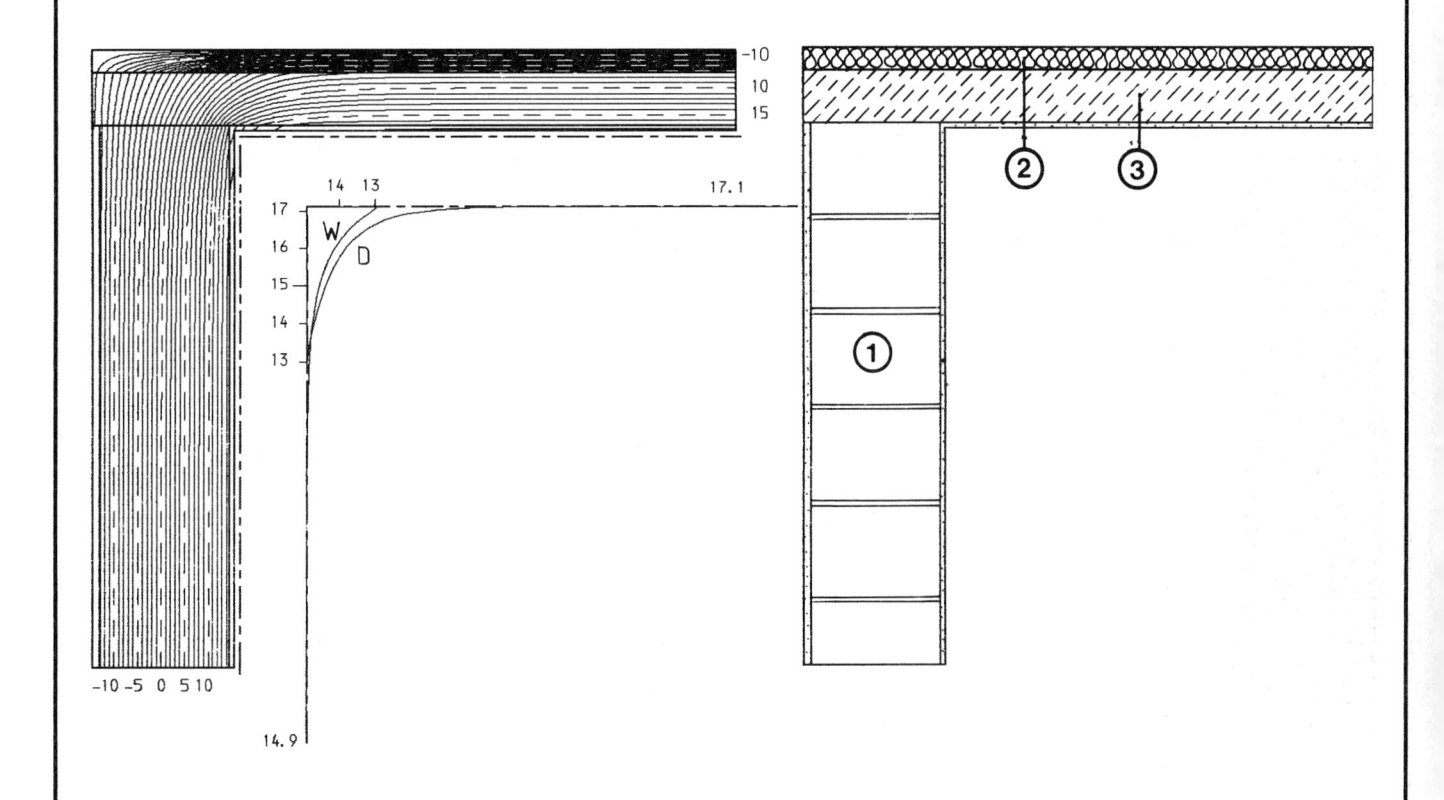

Erläuterung:
Ist der Ringanker entbehrlich, so würden auch ohne Dämmung der Deckenstirn schon recht günstige Temperaturverhältnisse entstehen. Es ist ja einleuchtend: haben beide Materialien, das der Decke und das der Wand etwa gleich gute Dämmeigenschaften, so bleibt ja nur der "Kanteneffekt" als Wärmebrückenbildner übrig.

DACHRAND Wand: monolithisch, Dach: Gasbeton							
Code	Art	Typ	Material	Dicke	Schicht	\multicolumn{2}{l}{E r g e b n i s}
Wärme-brücke	5.2 Kante					k =	0,41 W/m²K
unge-störte Bau-teile	2.2 Außenwand 6.1 Dachplatte 5.3 Ringanker	1 2n	4.1.5 1Hlz (0,33) 5.5.1 PS-Schaum 2.3 GB (0,21) 5.5.1 PS-Schaum 2.1 Beton	365 60 140 60	1 2 3 4 5	k_1 = Δl = $\min \vartheta$=	0,09 W/m K 0,21 m 13,0 °C

auf das Dach bezogen

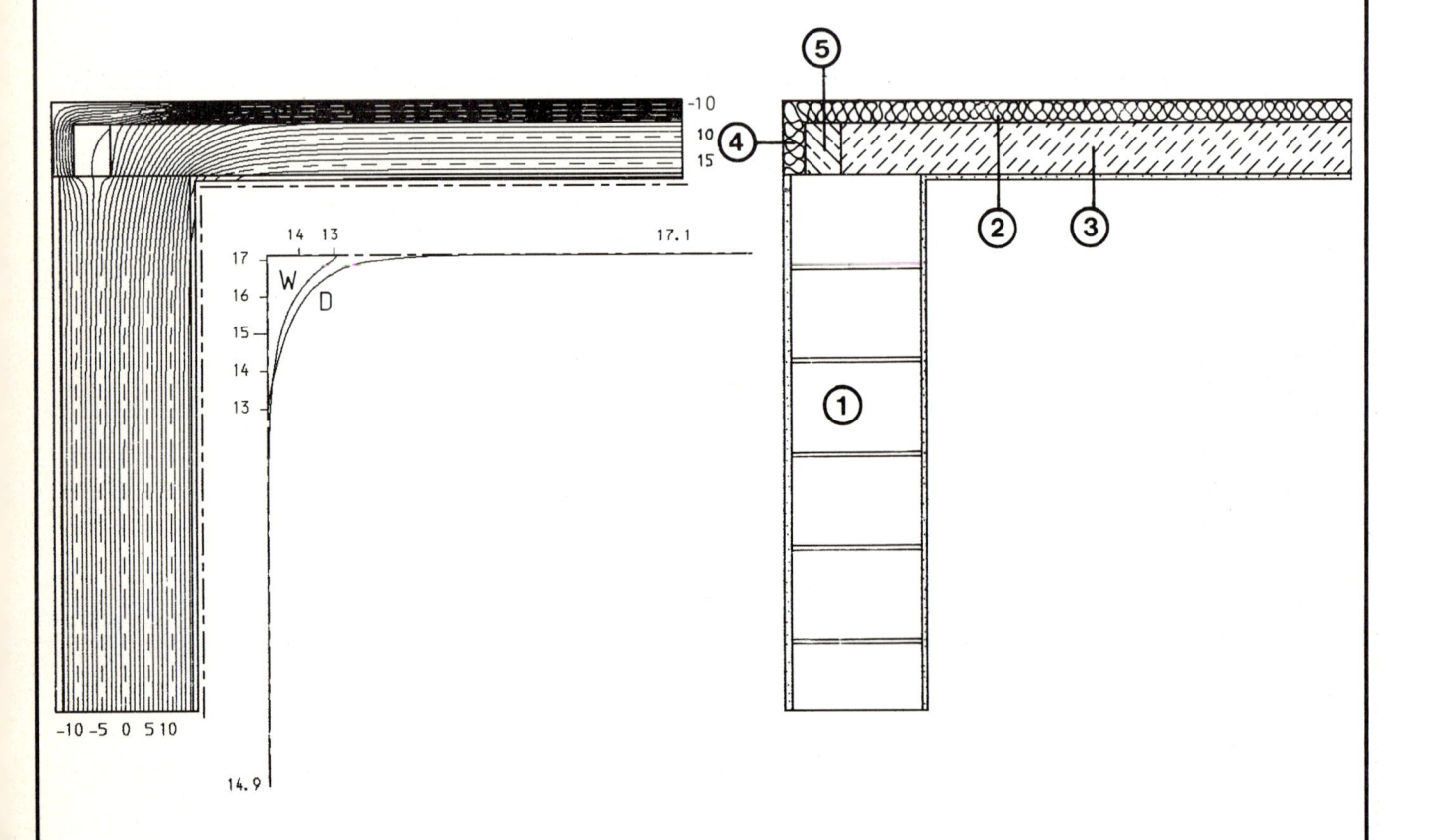

Erläuterung:
Vorstehende Skizzen zeigen, daß die stirnseitige Dämmung bei einer Gasbeton-deckenplatte nur Bedeutung hat, wenn ein Zugglied oder Ringankerbalken vor-handen ist. Die Verhältnisse oben entsprechen denjenigen auf der Seite zuvor. Bei größeren Ringankerabmessungen empfiehlt es sich aber, die Dämmung noch weiter nach unten zu ziehen.

Code	Art	Typ	Material	Dicke	Schicht	Ergebnis
Wärme-brücke	5.2 Kante					$k = 0{,}41$ W/m²K
unge-störte Bau-teile	2.2 Außenwand 6.1 Dachplatte 5.3 Ringanker	1 2n	2.3 GB (0,21) 5.5.1 PS-Schaum 2.3 GB (0,21) 2.1 Beton	300 60 140	1 2 3 4	$k_l = 0{,}12$ W/m K $\Delta l = 0{,}29$ m $\min \vartheta = 12{,}6$ °C

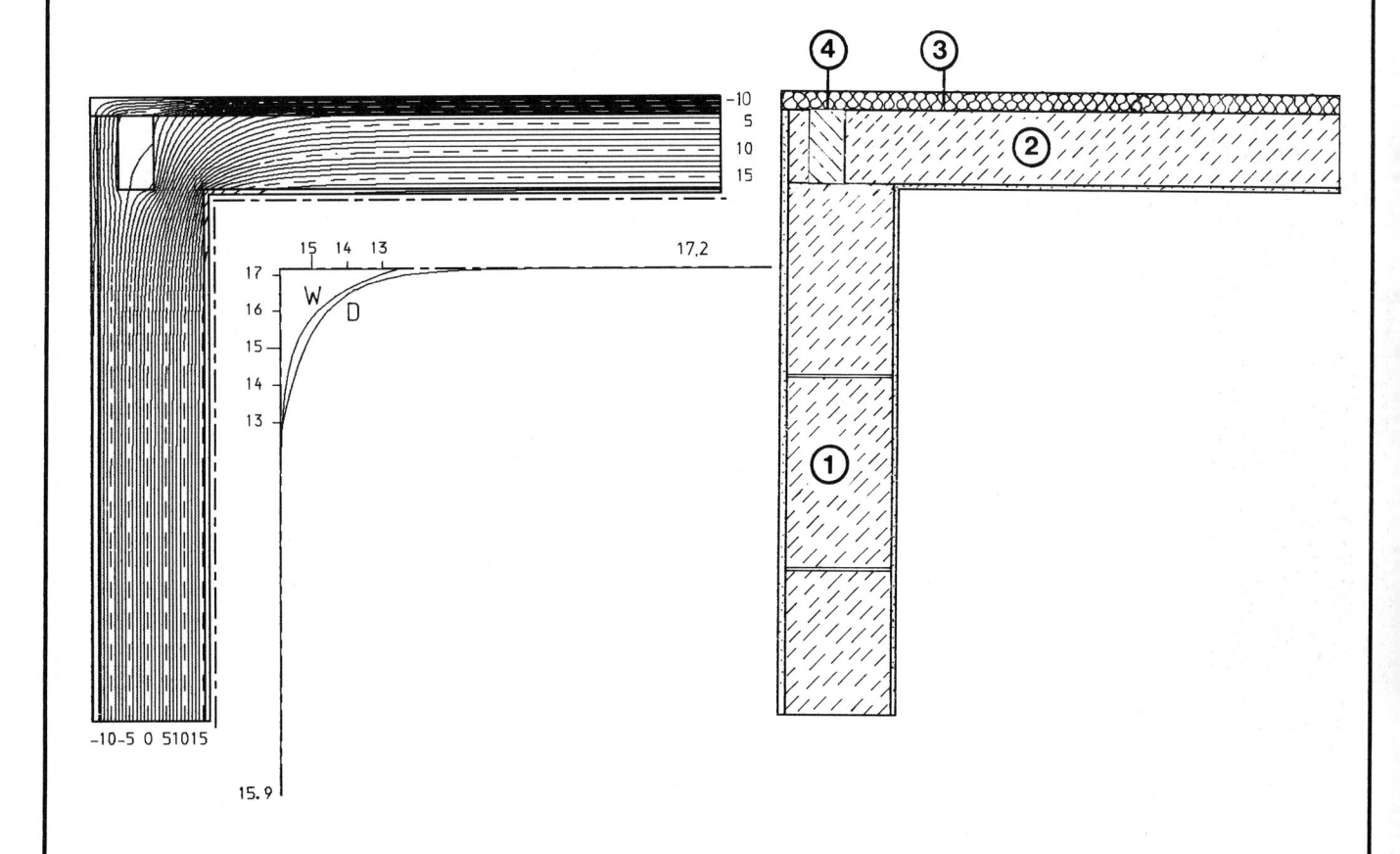

DACHRAND Wand und Dach: Gasbeton

auf das Dach bezogen

Erläuterung:
Hier ist eine bauliche Lösung dargestellt, bei der Wand und Decke aus Gasbeton bestehen. Obwohl keine stirnseitige Dämmung des Betonringankers angenommen wurde, sind die Temperaturen in Ordnung. Besser wäre es natürlich, den Ringanker außen zu dämmen.

DACHRAND Wand: kerngedämmt   Dach: Stahlbeton

Code	Art	Typ	Material		Dicke	Schicht
Wärmebrücke	5.2 Kante					
ungestörte Bauteile	2.2 Außenwand	3s	4.2	KSL-Mauerwerk	115	1
			5.6	Min.-Wolle	50	2
			4.2	KSL-Mauerwerk	175	3
	6.1 Dachplatte	2n	5.5.1	PS-Schaum	60	4
			2.1	Beton	140	5
			5.5.1	PS-Schaum	80	6
	5.3 Ringanker		2.1	Beton		7

Ergebnis

$k = 0{,}56$ W/m²K

$k_l = 0{,}27$ W/m K

$\Delta l = 0{,}49$ m

$\min \vartheta = 11{,}5$ °C

auf das Dach bezogen

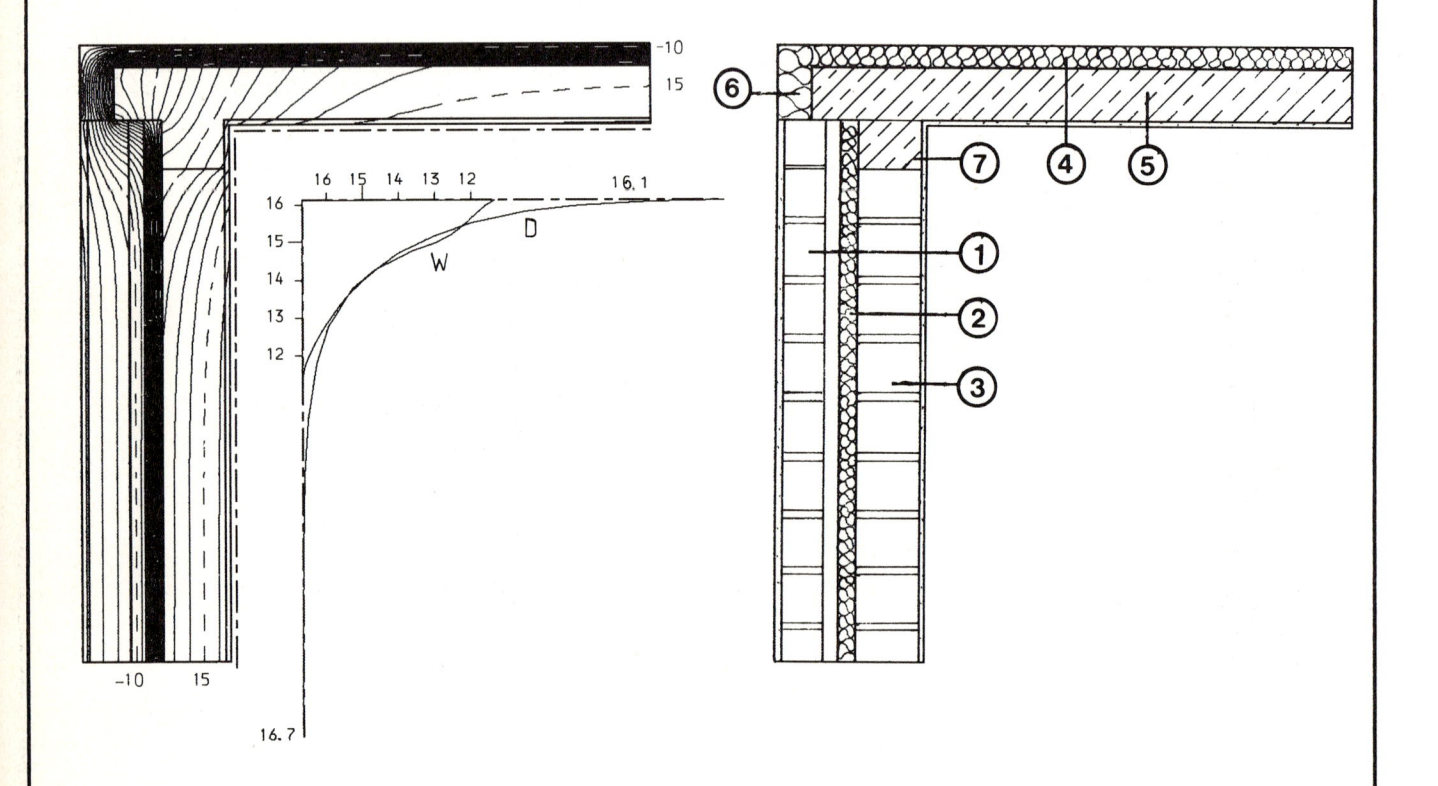

Erläuterung:
Im folgenden werden Anordnungen mit kerngedämmten Außenwänden aus Kalksandstein untersucht. Obwohl die Dämmung der Deckenstirn bei obiger Lösung eine Wärmebrücke zur äußeren Mauerwerkschale zuläßt, sind die Temperaturen noch hinnehmbar. Besser wäre es, eine geschlossene Dämmschürze von der Kerndämmung ausgehend um die Deckenstirn herumzuziehen. Ähnliches würde für ein Sandwich-Außenwandelement gelten.

DACHRAND Wand: kerngedämmt Dach: Stahlbeton							Ergebnis
Code	Art	Typ	Material	Dicke	Schicht	
Wärme-brücke	5.2 Kante					$k = 0{,}56$ W/m²K
unge-störte Bau-teile	2.2 Außenwand	3s	4.2 KSL-Mauerwerk	115	1	$k_l = 0{,}27$ W/m K
			5.6 Min.-Wolle	50	2	$\Delta l = 0{,}49$ m
			4.2 KSL-Mauerwerk	175	3	$\min \vartheta = 11{,}5$ °C
	6.1 Dachplatte	2n	5.5.1 PS-Schaum	60	4	
			2.1 Beton	140	5	auf das Dach bezogen
			5.5.1 PS-Schaum	80	7	

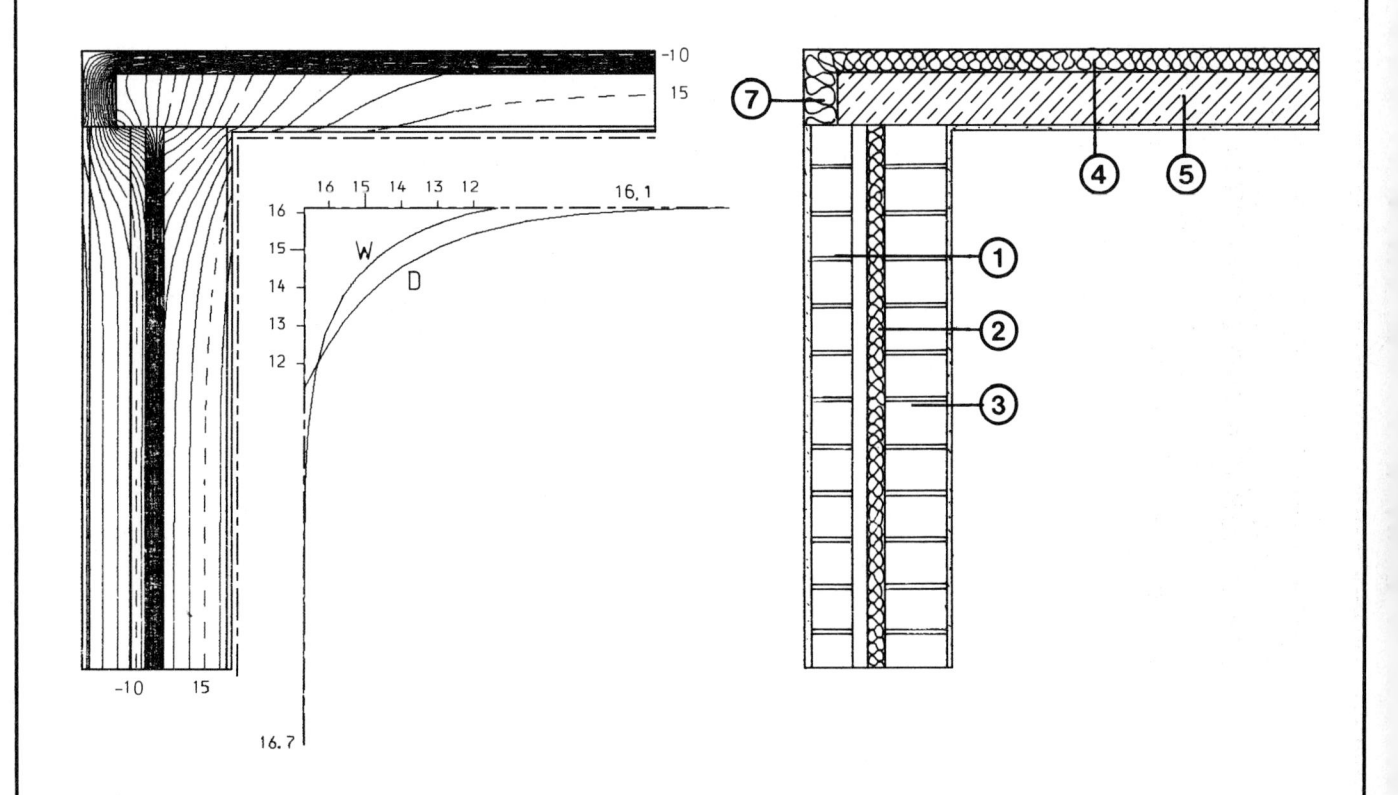

Erläuterung:
Zum Vergleich mit der Seite zuvor ist hier dieselbe Anordnung, jedoch ohne Ringanker untersucht worden. Man sieht, der Ringanker "bringt hier nicht viel".

DACHRAND Wand: kerngedämmt Dach: Gasbeton							E r g e b n i s
Code	Art	Typ	Material	Dicke	Schicht	
Wärme-brücke	5.2 Kante					k = 0,41 W/m²K
unge-störte Bau-teile	2.2 Außenwand	3s	4.2 KSL-Mauerwerk 5.6 Min.-Wolle 4.2 KSL-Mauerwerk	115 50 175	1 2 3	k_l = 0,15 W/m K Δl = 0,37 m
	6.1 Dachplatte	2n	5.5.1 PS-Schaum 2.3 GB (0,21)	60 140	4 5	$min \vartheta$= 13,2 °C
	5.3 Ringanker		2.1 Beton		6	auf das Dach bezogen

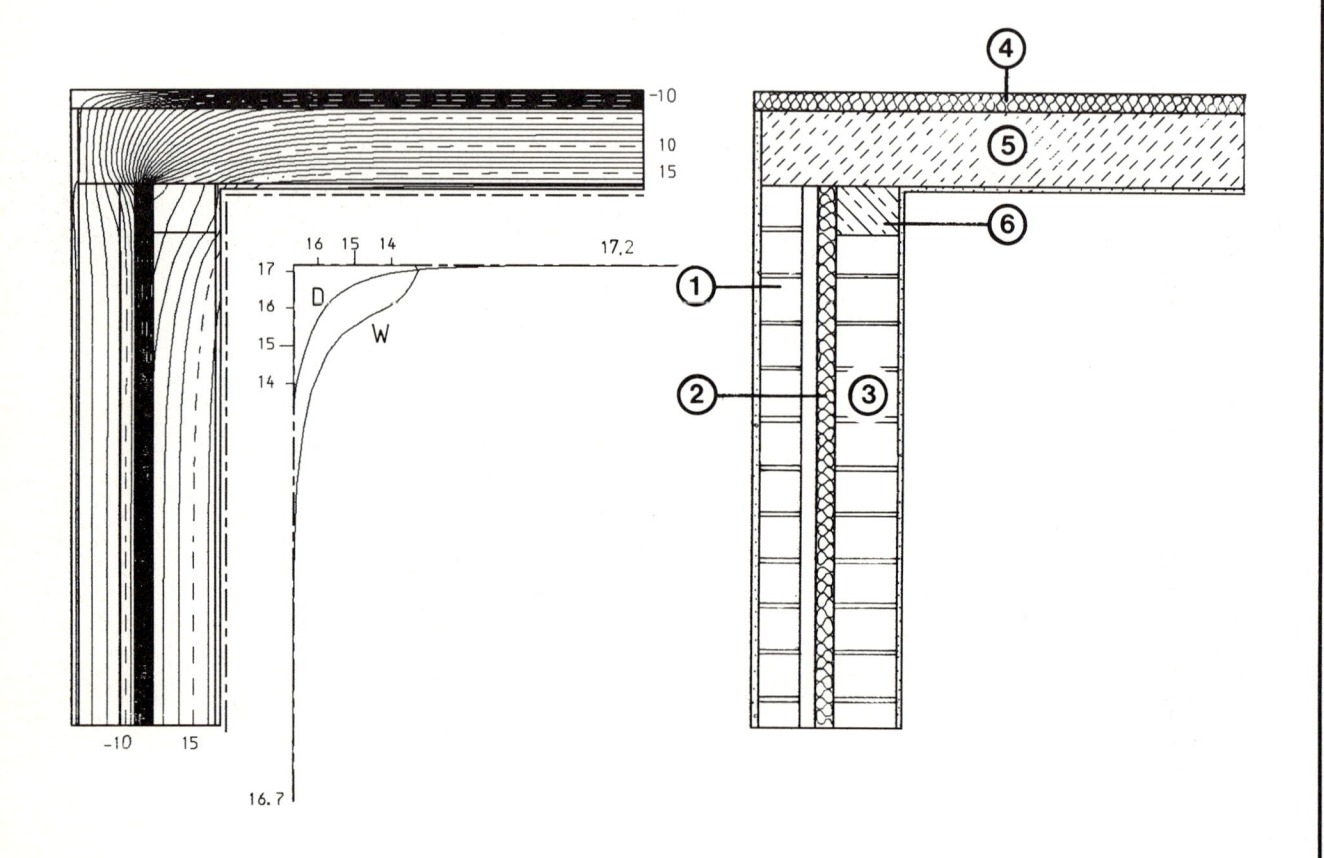

Erläuterung:
Besteht die Decke aus Gasbeton, so wird die Situation durch die Dämmfähigkeit dieses Materials wesentlich entschärft. Auch bei Vorhandensein eines Ringankers ist diese Konstruktion unverändert akzeptabel.

DACHRAND Wand: kerngedämmt Dach: Gasbeton							
Code	Art	Typ	Material		Dicke	Schicht	Ergebnis
Wärme-brücke	5.2 Kante						$k = 0{,}41$ W/m²K
unge-störte Bau-teile	2.2 Außenwand	3s	4.2 5.6 4.2	KSL-Mauerwerk Min.-Wolle KSL-Mauerwerk	115 50 175	1 2 3	$k_1 = 0{,}13$ W/m K $\Delta l = 0{,}30$ m
	6.1 Dachplatte	2n	5.5.1 2.3	PS-Schaum GB (0,21)	60 140	4 5	$\min \vartheta = 13{,}8$ °C

auf das Dach bezogen

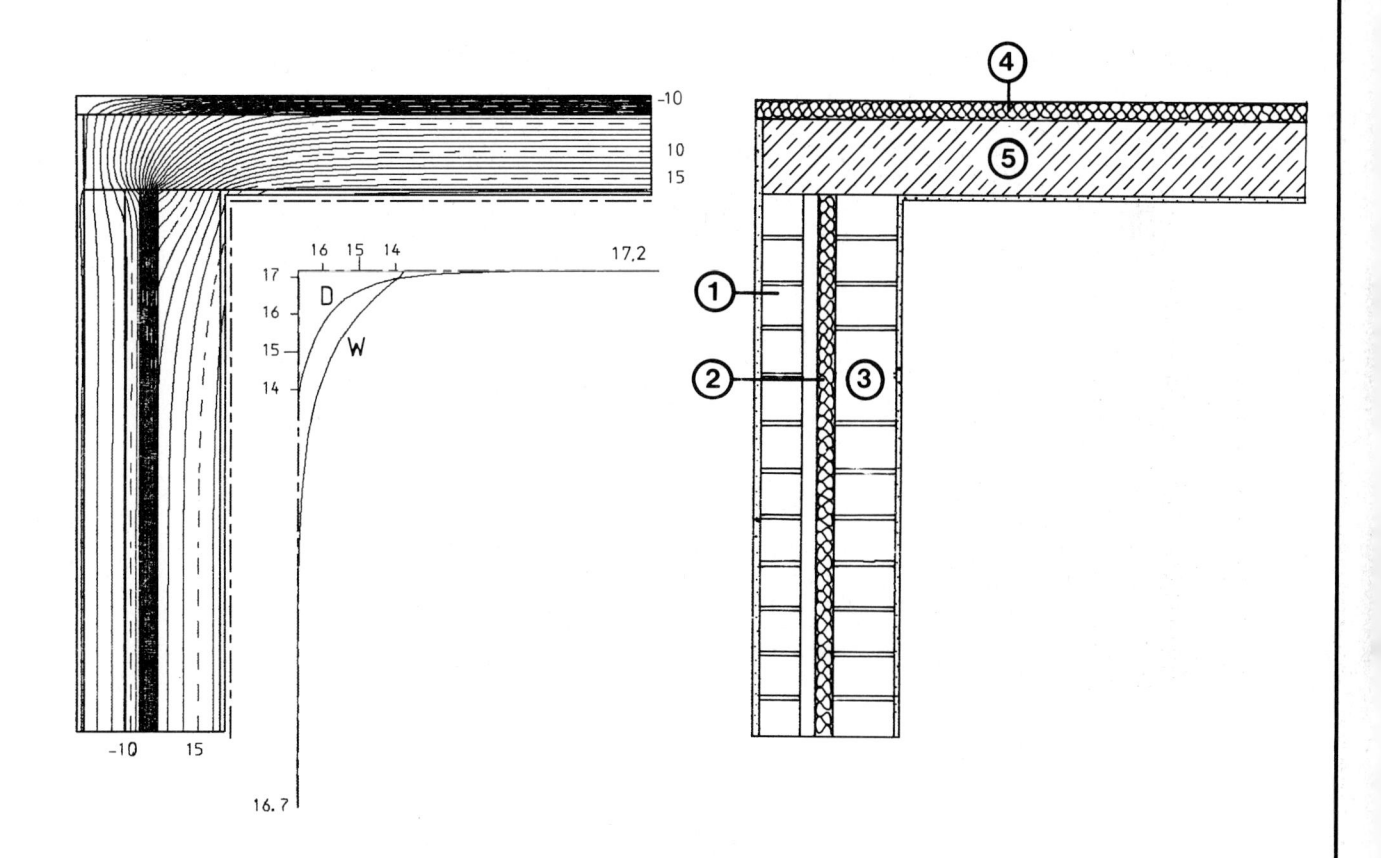

Erläuterung:
Hier fehlt zwar der Ringanker, aber auf eine Dämmung der Deckenstirn wurde verzichtet, weil diese angesichts der Mauerdicke und der damit in Zusammenhang stehenden Dämmwirkung der Gasbetondecke keine fühlbare Wirkung erwarten läßt. Die Ergebnisse sind etwas günstiger als mit Ringbalken.

DACHRAND Wand: monolithisch, mindestgedämmt Dach: Holzleichtbau							Ergebnis
Code	Art	Typ	Material		Dicke	Schicht	
Wärme-brücke	5.2 Kante						$k = 0{,}29$ W/m²K
unge-störte Bau-teile	2.2 Außenwand	1	4.2	KSL-Mauerwerk	365	1	$k_l = 0{,}22$ W/m K
	6.1 Dachplatte	3s	6.2	Spanplatte	16	2	$\Delta l = 0{,}76$ m
			5.6	Min.-Wolle	120	3	
			6.2	Spanplatte	16	4	$\min \vartheta = 5{,}4$ °C
			6.1	Sparren		5	
	5.3 Ringanker		2.1	Beton		6	auf das Dach bezogen

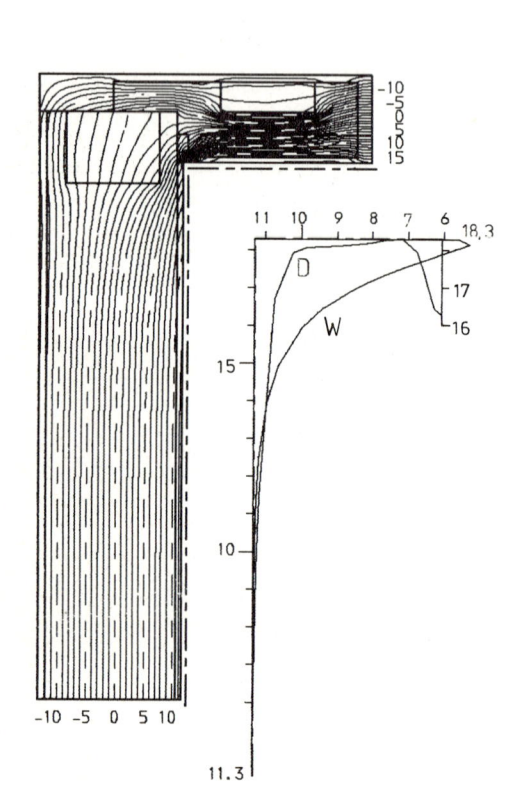

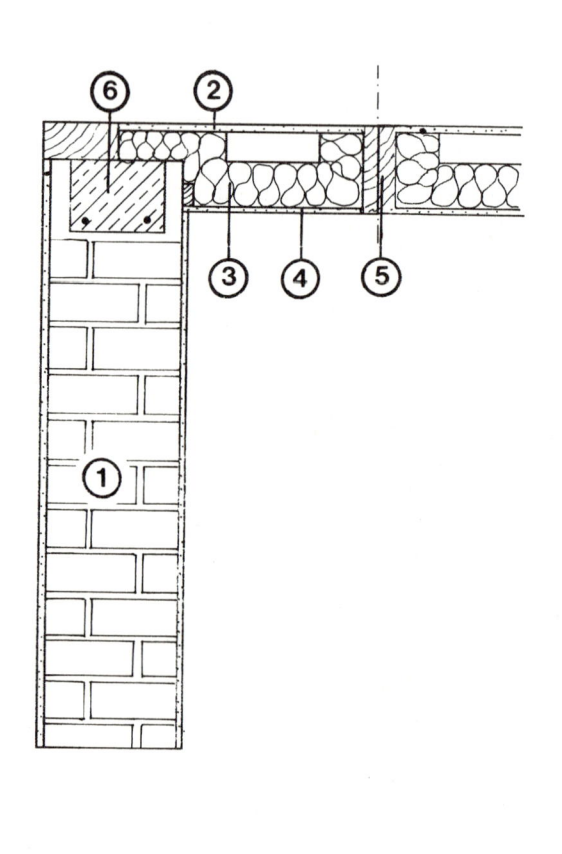

Erläuterung:
Obwohl es sich hier um ein (Holz-) Deckensystem mit guter Dämmfähigkeit handelt, wirkt sich hier der hoch liegende, ungedämmte Ringanker sehr ungünstig aus. Auch in solchen Fällen ist daher eine konsequente Dämmung der Mauerkrone und des Ringankers erforderlich.

DACHRAND Wand: monolithisch Dach: Holzleichtbau						
Code	Art	Typ	Material	Dicke	Schicht	Ergebnis
Wärme-brücke	5.2 Kante					k = 0,29 W/m²K
unge-störte Bau-teile	2.2 Außenwand 6.1 Dachplatte 5.3 Ringanker	1 3s	4.1.5 lHlz (0,33) 6.2 Spanplatte 5.6 Min.-Wolle 6.2 Spanplatte 6.1 Sparren 2.1 Beton	365 16 120 16	1 2 3 4 5 6	k_l = 0,21 W/m K Δl = 0,74 m min^{ϑ}= 8,1 °C auf das Dach bezogen

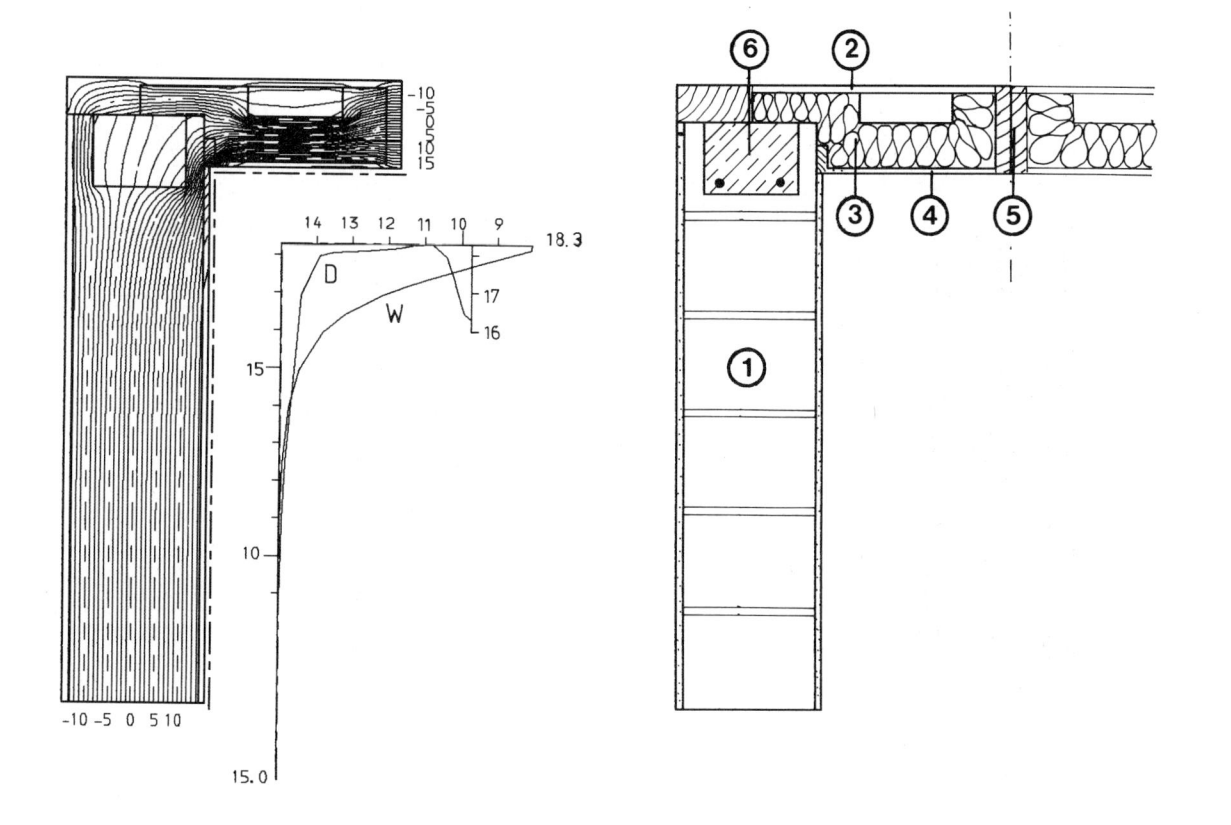

Erläuterung:
An den prinzipiell ungünstigen Verhältnissen, wie sie auf der vorangehenden Seite angesprochen wurden, ändert auch das besser dämmende Außenwandmauerwerk nichts. Auch hier muß eine konsequente Dämmung von Mauerkrone und Ringanker verlangt werden.

DACHRAND Wand: kerngedämmt Dach: Holzleichtbau							
Code	Art	Typ	Material	Dicke	Schicht	E r g e b n i s
Wärme-brücke	5.2 Kante					$k = 0{,}29$ W/m²K
unge-störte Bau-teile	2.2 Außenwand	3s	4.2 KSL-Mauerwerk 5.6 Min.-Wolle 4.2 KSL-Mauerwerk	115 50 175	1 2 3	$k_l = 0{,}22$ W/m K $\Delta l = 0{,}76$ m
	6.1 Dachplatte	3s	6.2 Spanplatte 5.6 Min.-Wolle 6.2 Spanplatte 6.1 Sparren	16 120 16 	4 5 6 7	$\min \vartheta = 9{,}8$ °C auf das Dach bezogen
	5.3 Ringanker		2.1 Beton		8	

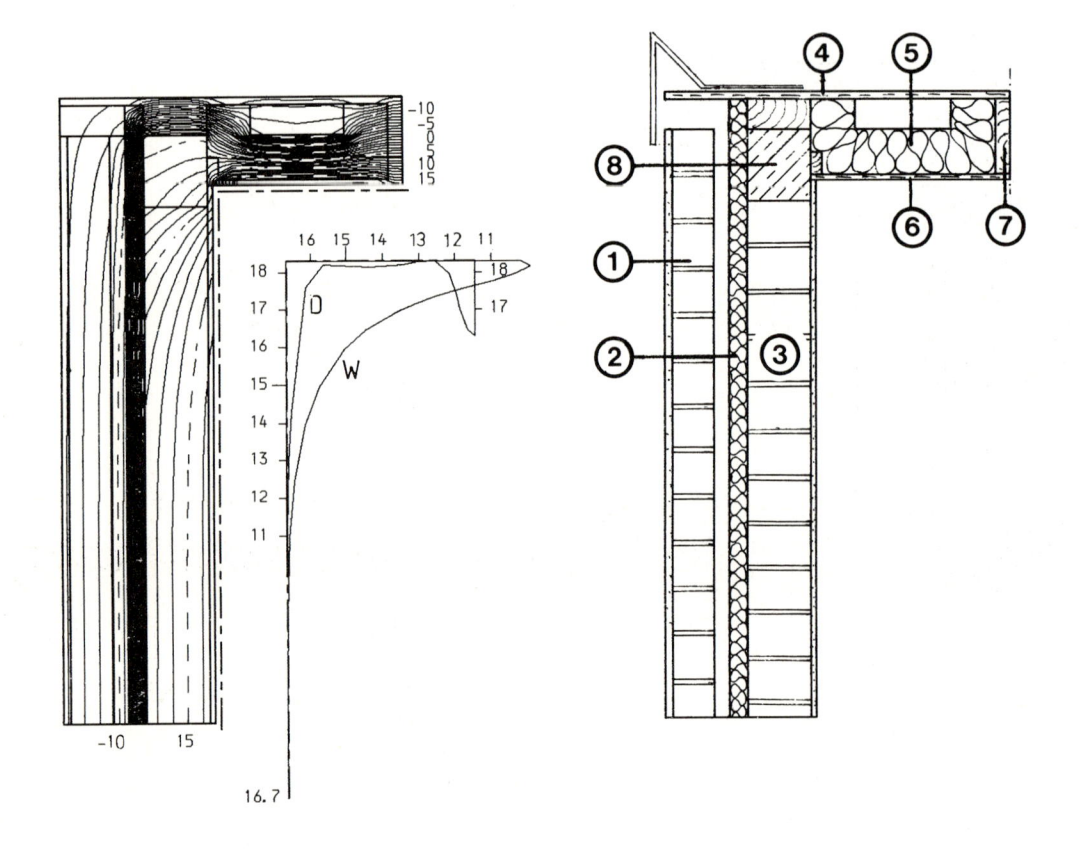

Erläuterung:
Hier tritt uns eine kerngedämmte Wand in Verbindung mit einer Holzdecke entgegen. Auch hier zeigt die Mauerkrone wieder Schwächen hinsichtlich der Dämmung. Sie beste- hen im wesentlichen in der unzureichenden Dämmung des Ringbalkens nach oben. An der Unterkante des Ringbalkens wird die Temperaturgrenze von 10° C unterschritten!

TRAUFE Pfettendach, Dachraum nicht ausgebaut							Ergebnis	
Code	Art	Typ	Material		Dicke	Schicht		
Wärme-brücke	5.2 Kante						k =	0,55 W/m²K
unge-störte Bau-teile	2.2 Außenwand 4.1 Dachdecke	1 2n	4.1.5 5.6 2.1 5.5.1	1Hlz (0,33) Min.-Wolle Beton PS-Schaum	365 60 140 60	1 2 3 4	k_1 = Δl = min ϑ =	0,42 W/m K 0,76 m 7,2 °C

auf das Dach bezogen

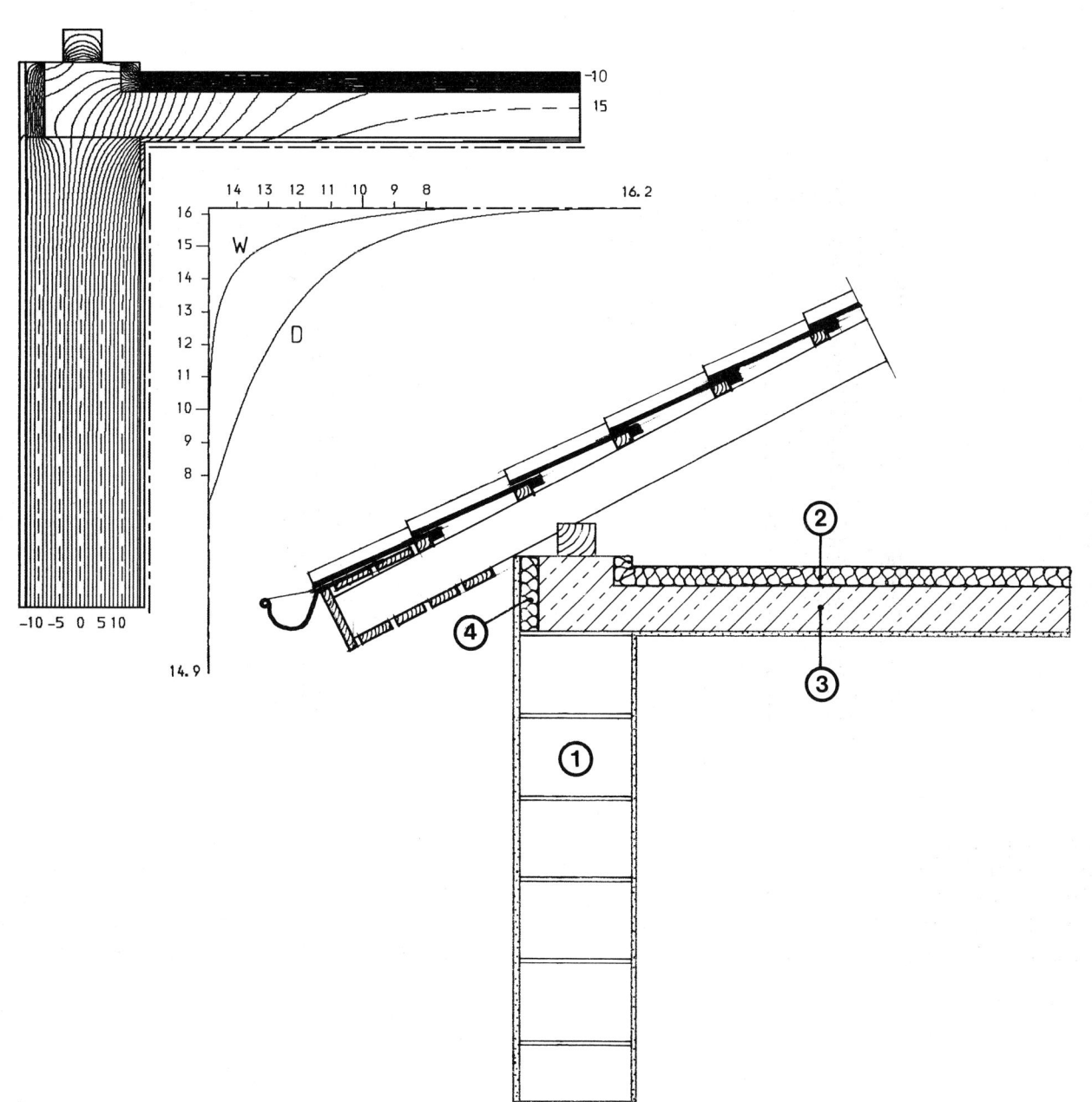

Erläuterung:
Obenstehend ist der Taufbereich eines Pfettendaches schematisch dargestellt. Deutlich ist hier zu sehen, wie gravierend sich Lücken in der Wärmedämmung gerade hier auswirken, weil an dieser Stelle der "Kanteneffekt" ohnedies schon ungünstige Verhältnisse entstehen läßt. Es muß deshalb vermieden werden, daß die Wärmedämmung an dieser kritischen Schwachstelle Lücken aufweist, was konstruktiv ohne Schwierigkeit möglich ist.

Code	Art	Typ	Material	Dicke	Schicht	Ergebnis	
\multicolumn{7}{l}{TRAUFE Sparrendach, Dachraum nicht ausgebaut}	

Code	Art	Typ	Material	Dicke	Schicht	Ergebnis	
Wärme-brücke	5.2 Kante					$k =$	W/m^2K
unge-störte Bauteile	2.2 Außenwand 4.1 Dachdecke	1 2n	4.1.5 1Hlz 5.6 Min.-Wolle 2.1 Beton 5.5.1 PS-Schaum	365 60 160 60	1 2 3 4	$k_1 =$ $\Delta l =$ $\min \vartheta =$	$W/m\,K$ m °C

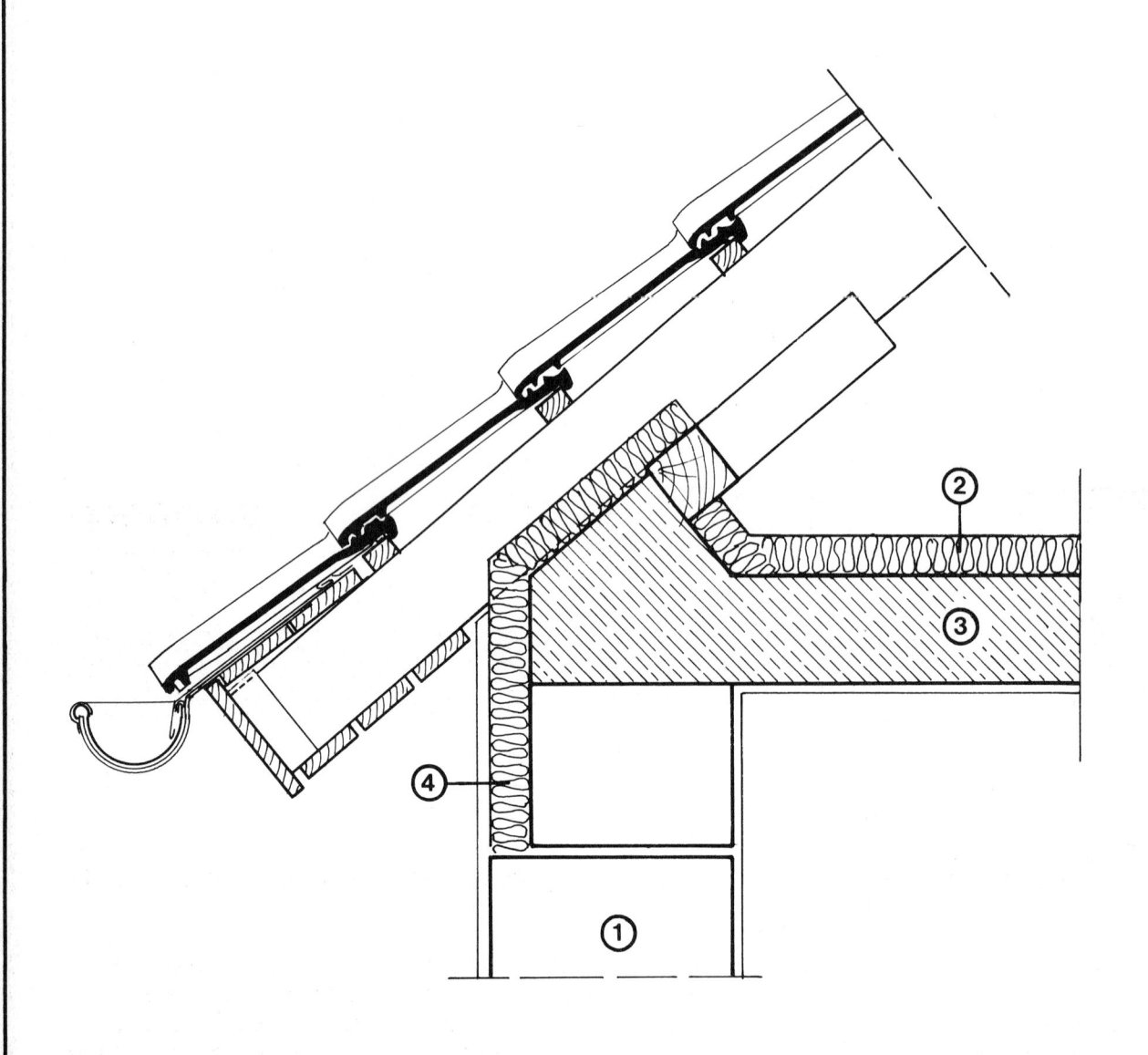

Erläuterung:
Im Vergleich zu der vorangehenden Seite ist hier der Fußpunkt eines Sparrendaches dargestellt, jedoch weist hier die Wärmedämmung keine Lücke auf. Rechenergebnisse hierfür liegen nicht vor, jedoch dürfte $\min \vartheta_{0i}$ in diesem Fall kaum unter 10° C liegen.

INNENWANDANSCHLUSS Decke über Luftgeschoß							
Code	Art	Typ	Material	Dicke	Schicht	\multicolumn{2}{l|}{E r g e b n i s}
Wärme-brücke	5.3 Einlassung					$k =$	W/m²K
unge-störte Bau-teile	2.3 Innenwand 4.3 Decke ü.Luftgesch.	1 2n (3b)	4 Mauerwerk 5.5.1 PS-Schaum 2.1 Beton 5.5.1 PS-Schaum		1 2 3 4	$k_l =$ $\Delta l =$ $\min \vartheta =$	W/m K m °C

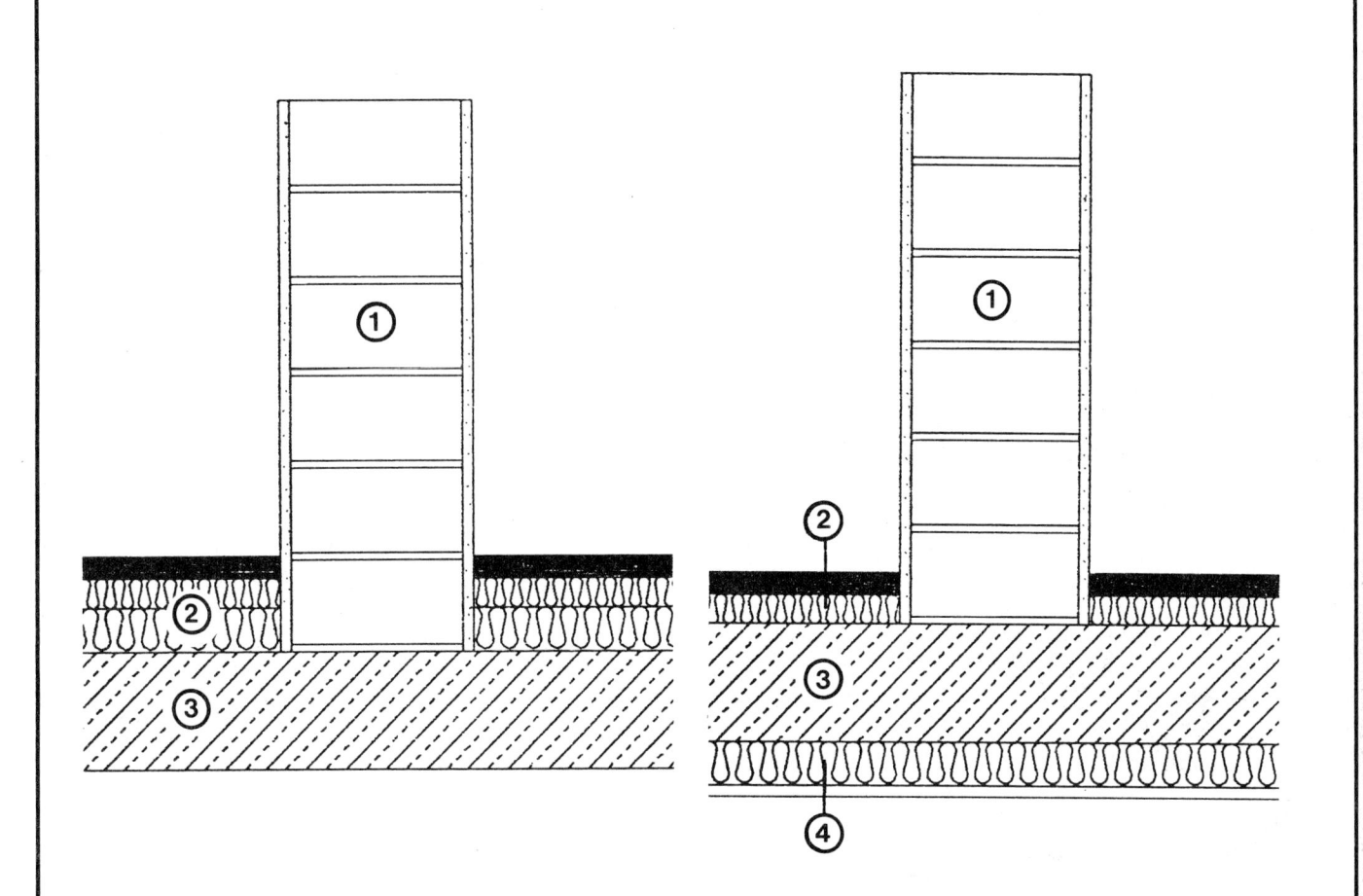

Erläuterung:

Die Decke über dem Luftgeschoß muß gedämmt werden. Man steht dann vor der Entscheidung: Innen- oder Außendämmung.

Bei Innendämmung bleibt die Betonplatte unter der Dämmschicht kalt. Die Wand - insbesondere, wenn sie gut leitet - stellt eine Wärmebrücke zur Decke her und wird natürlich oberhalb der Decke noch sehr niedrige Temperaturen haben. Man kann die Verhältnisse verbessern, indem man für die Wand ein Material bzw. eine Konstruktion möglichst geringer Leitfähigkeit wählt, z.B. eine Leichtwand. Es wäre auch an eine beidseitige Dämmung der Wand bis auf ca. 50 cm Höhe zu denken, was aber baupraktisch aufwendig ist (unten 17,5-er Mauerwerk beidseitig gedämmt, darauf dann 24-er Mauerwerk). Die dickere Dämmschicht erfordert u. U. auch einen Estrich höherer Biegesteifigkeit.

Bei Außendämmung dagegen ergeben sich keine Tauwasserprobleme, keine Temperaturzwänge zwischen Decke und Wand, vor allem aber keine erhöhten Wärmeverluste.

KELLERWANDANSCHLUSS Beton-Sandwich							
Code	Art	Typ	Material		Dicke	Schicht	E r g e b n i s
Wärme-brücke	5.3 Einlassung						k = 0,65 W/m²K
unge-störte Bau-teile	2.1 Kellerwand	1	2.1	Beton	140	1	k_l = 0,25 W/m K
	2.2 Außenwand	3s	2.1	Beton	50	2	Δl = 0,38 m
			5.5.1	PS-Schaum	50	3	$\min \vartheta$ = 8,0 °C
			2.1	Beton	140	4	
	4.4 Kellerdecke	2i	5.5.1	PS-Schaum	25	5	auf die Außenwand 2.2 bezogen
			2.1	Beton	160	6	

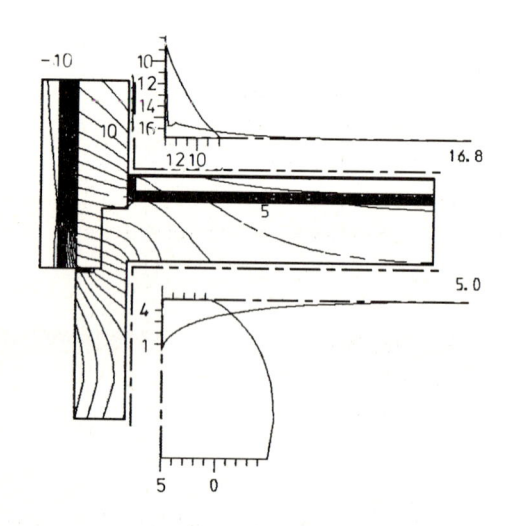

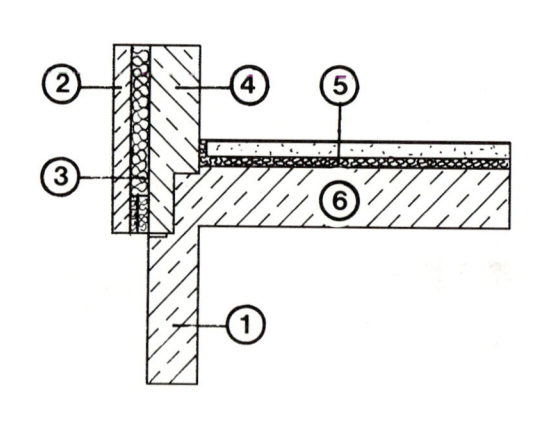

Erläuterung:
Die Abbildung zeigt den Anschluß einer gut gedämmten Außenwand - hier eines Sandwich-elements - an eine oberirdisch liegende, ungedämmte Kellerwand. Die dargestellte Lösung ist noch als günstig zu bezeichnen, weil die Dämmung den Deckenknoten über-greift. Trotzdem kommt es im Knotenbereich zu erheblichen Auskühlungen und Wärme-verlusten.

Daß im Keller niedrige Tempereaturen auftreten, mag hinnehmbar sein, wenn der Keller nur Abstell- und keine Nutzräume enthält. Bedenklich wäre dann aber der Wärmeverlust über die Kellerdecke. Ungünstig sind auch die niedrigen Temperaturen an der Wandin-nenseite unmittelbar über der Decke. Sie ließen sich dadurch vermeiden, daß die Sandwich-Innenschale aus Konstruktions-Leichtbeton ausgebildet wird. Am sinnvollsten ist es, die Kellerwand - zumindest über Gelände - außen zu dämmen. Eine konsequente Dämmung der Kelleraußenwände bietet überdies für die Kellerräume viel bessere Nutzungsmöglichkeiten.

KELLERWANDANSCHLUSS Beton-Sandwich							
Code	Art		Typ	Material	Dicke	Schicht	E r g e b n i s
Wärme-brücke	5.3 Einlassung						$k = 0{,}65$ W/m²K
unge-störte Bauteile	2.1 Kellerwand		3b	5.5.1 PS-Schaum $s_a=$	50	1	$k_l = 0{,}17$ W/m K
				2.1 Beton	140	2	$\Delta l = 0{,}25$ m
				5.5.1 PS-Schaum $s_i=$	20	3	$\min \vartheta = 11{,}0$ °C
	2.2 Außenwand		3s	2.1 Beton	50	4	
				5.5.1 PS-Schaum	50	5	auf die
				2.1 Beton	140	6	Außenwand
				5.5.1 PS-Schaum $s_D=$	0	7	2.2 bezogen
	4.4 Kellerdecke		3b	5.5.1 PS-Schaum	25	8	
				2.1 Beton	160	9	
				5.5.1 PS-Schaum $s_i=$	20	10	

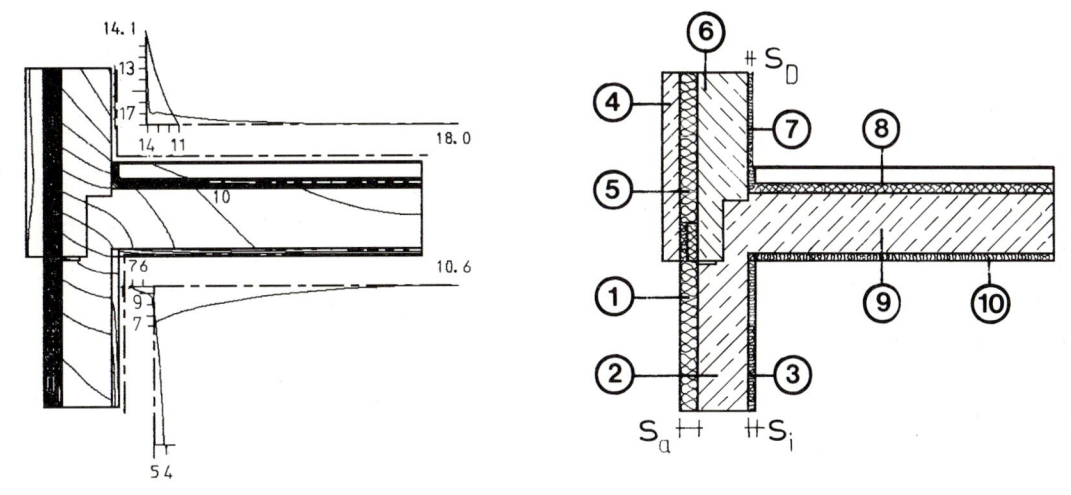

Erläuterung:
Es werden hier Möglichkeiten untersucht, die Konstruktion der Vorseite wärmetechnisch zu verbessern.
Die rechnerische Kellertemperatur von 5°C läßt auch eine Wärmebrücke zum Keller hin entstehen. Abhilfe: die zusätzlichen Dämmschichten (3) oder (7).

Parametervariation. Parameter: Material der Außenwand-Innenschale: Beton/Leichtbeton
Zusatzdämmung der Innenschale innen: s_D
Zusatzdämmung des Kellers innen/außen: s_i / s_a

	Material der Außenwand-Innenschale (6)			
Verbesserungsmaßnahmen	Beton		Leichtbeton ($\lambda = 1{,}2$)	
	$\min\vartheta$ °C	k_l W/mK	$\min\vartheta$ °C	k_l W/mK
1 Ausgangssituation (Vorseite)	8,0	0,25	9,5	0,21
2 Außenwanddämmung innen: $s_D = 5$ mm	11,8	0,17	12,1	0,15
3 Kellerdämmung außen: $s_a = 50$ mm	10,5	0,16	11,0	0,14
4 Kellerdämmung außen: $s_a = 50$ mm innen: $s_i = 20$ mm	11,0	0,17	11,2	0,15

KELLERWANDANSCHLUSS		zweischaliges Leichtziegel-Mauerwerk						
Code	Art		Typ	Material		Dicke	Schicht	Ergebnis
Wärme-brücke	5.3 Einlassung							$k =$ W/m²K
ungestörte Bauteile	2.1 Kellerwand 2.2 Außenwand 4.4 Kellerdecke		1 2h 2n	4.1.5 lHlz 4.1.3 VMz 4.1.5 lHlz 5.5.1 PS-Schaum 2.1 Beton 5.5.1 PS-Schaum			1 2 3 4 5 6	$k_l =$ W/m K $\Delta l =$ m $\min \vartheta =$ °C

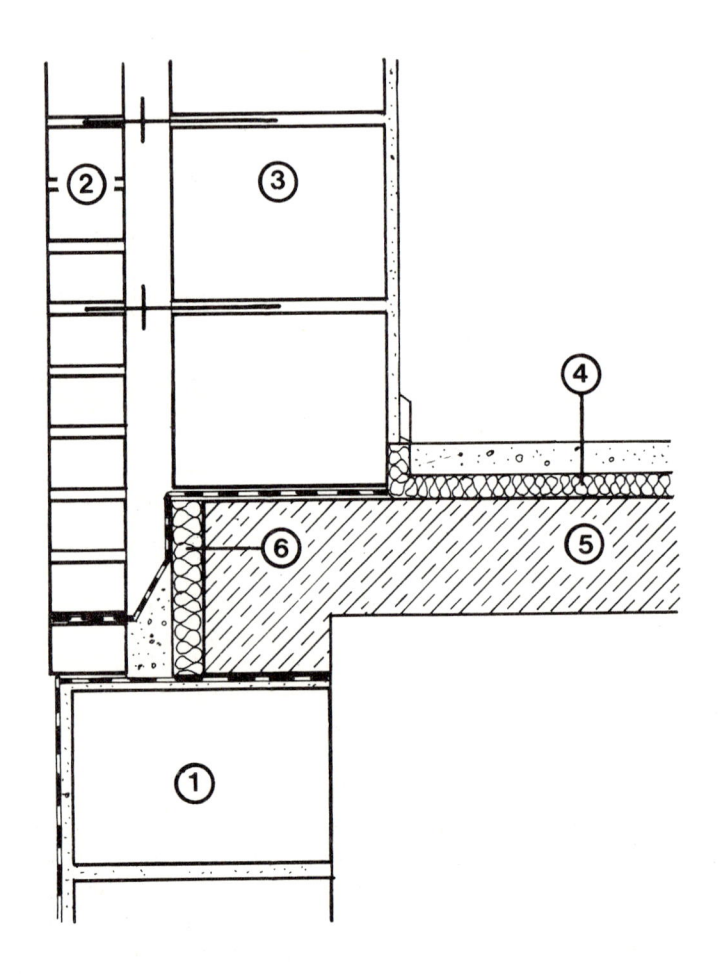

Erläuterung:
Bei einer zweischaligen Außenwand rückt die Stirndämmung auch der Kellerdecke folgerichtig nach innen. Eine Wärmebrücke entsteht dann über die Kelleraußenwand. Sie macht sich umso weniger bemerkbar, je weiter man die Dämmschürze vor der Deckenstirn nach unten zieht (wie bei Kellerdecken unter einschaligen Außenwänden auch).

Code	Art	Typ	Material		Dicke	Schicht	Ergebnis
KELLERWANDANSCHLUSS Außenwand aus Holztafeln, Kellerwand Mauerwerk							
Wärme-brücke	5.3 Einlassung						$k = 0{,}41$ W/m²K
unge-störte Bau-teile	2.1 Kellerwand	1	4.2	KS-Mauerwerk	300	1	$k_l = 0{,}14$ W/m K
	2.2 Außenwand	3h	3.1	AZ-Platten	8	2	$\Delta l = 0{,}35$ m
			5.6	Min.-Wolle	80	3	$\min \vartheta = 11{,}8$ °C
			3.5	GK-Platten	13	4	
			6.2	Spanplatten	10	5	
	4.4 Kellerdecke	2n	5.5.1	PS-Schaum	40	6	
			2.1	Beton	180	7	

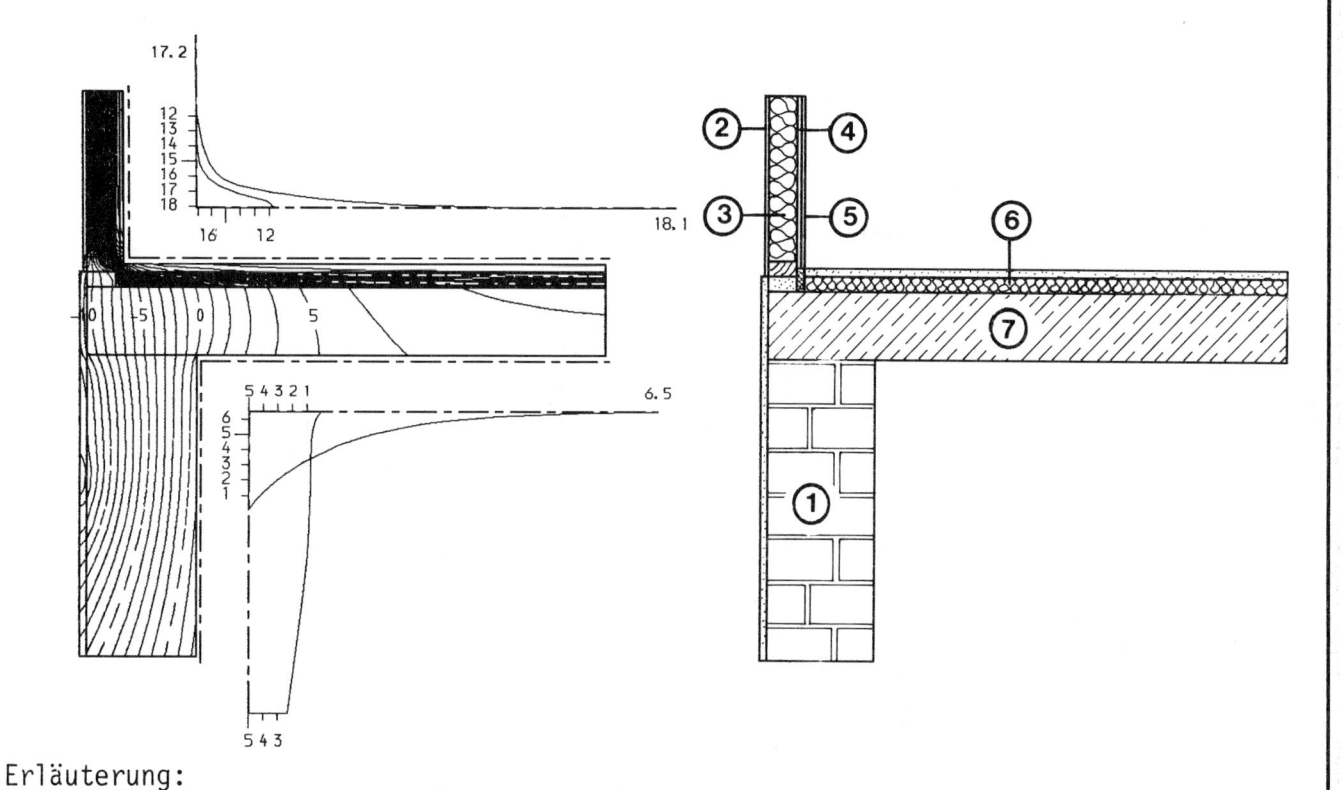

Erläuterung:
Der Anschluß eines leichten (und dünnen!) Außenwandpaneels an eine Betondecke ist in der Regel etwas kritisch, insbesondere dann, wenn darunter eine (schwach dämmende) Kellerwand steht (rechnerische Kellertemperatur 5 °C!) und die Betondecke stirnseitig nicht gedämmt ist. Man erkennt die starke Temperaturabsenkung an der Deckenunterseite, die bei einem reinen Abstellkeller unbedenklich ist, aber bei höherer Kellerraumtemperatur und anderer Nutzung relativ gesehen erhalten bleibt und dann zu Nutzungsbeeinträchtigungen führen muß. Auf der Deckenoberseite wirkt sich die geschlossene Dämmfront günstig aus, die hier vom Außenwandpaneel in den gedämmten Fußboden (schwimmender Estrich) übergeht.

Code	Art	Typ	Material		Dicke	Schicht	Ergebnis
Wärme-brücke	5.3 Einlassung						$k = 0{,}29$ W/m²K
unge-störte Bau-teile	2.1 Kellerwand	1	4.2	KS-Mauerwerk	300	1	$k_l = 0{,}14$ W/m K
	2.2 Außenwand	3h	3.1	AZ-Platten	8	2	$\Delta l = 0{,}48$ m
			5.6	Min.-Wolle	120	3	$\min \vartheta = 12{,}3$ °C
			3.5	GK-Platten	13	4	
			6.2	Spanplatten	10	5	
	4.4 Kellerdecke	2n	5.5.1	PS-Schaum	40	6	
			2.1	Beton	180	7	

KELLERWANDANSCHLUSS Außenwand aus Holztafeln, Kellerwand Mauerwerk

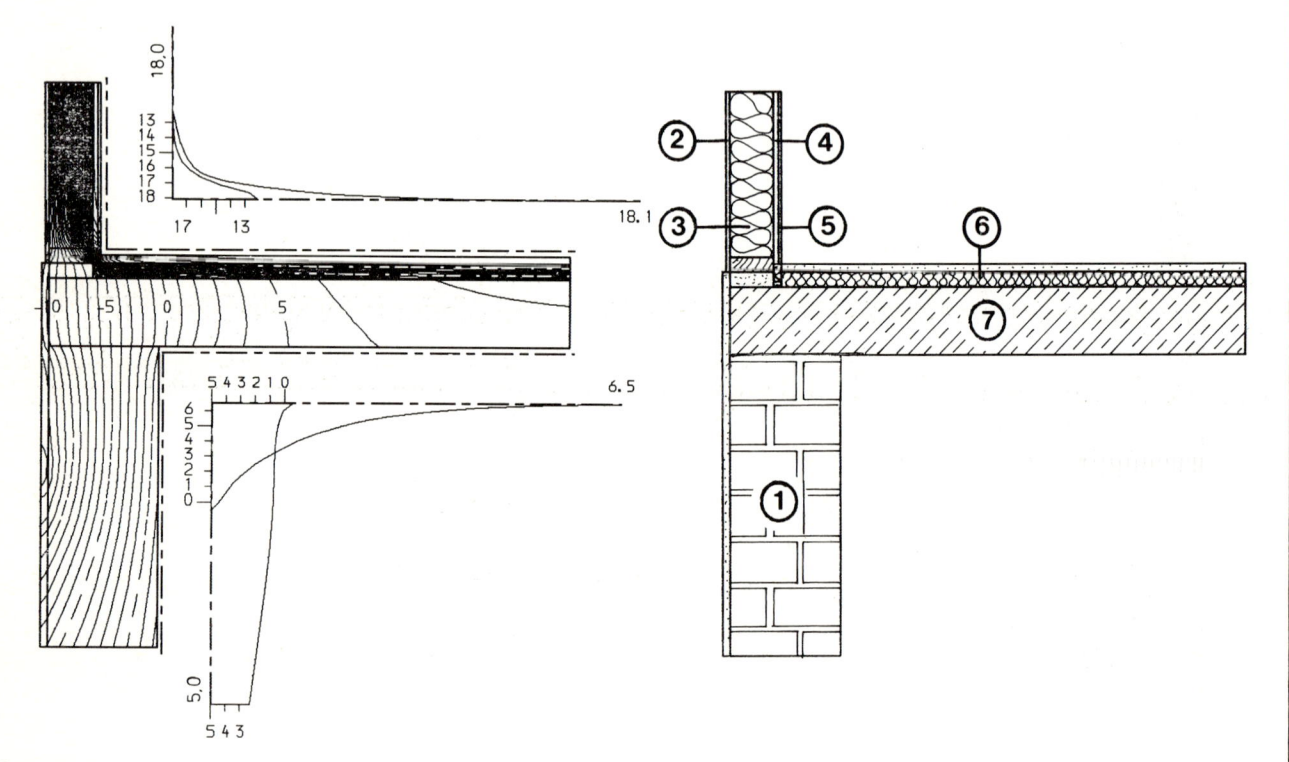

Erläuterung:
Im Vergleich zu der vorseitig dargestelletn Anordnung ist die Dämmschicht im Außenwandpaneel von 80 mm auf 120 mm vergrößert worden. An den ungünstigen Verhältnissen
an der Kante Decke-Kellerwand hat sich jedoch praktisch nichts geändert.

Code	Art	Typ	Material	Dicke	Schicht	Ergebnis
KELLERWANDANSCHLUSS Außenwand aus Holztafeln, Kellerwand Mauerwerk							
Wärme-brücke	5.3 Einlassung					$k = 0,29$ W/m²K
unge-störte Bau-teile	2.1 Kellerwand	1	4.2 KS-Mauerwerk	300	1	$k_l = 0,12$ W/m K
	2.2 Außenwand	3h	3.1 AZ-Platten	8	2	$\Delta l = 0,40$ m
			5.6 Min.-Wolle	120	3	$\min^\vartheta = 13,0$ °C
			3.5 GK-Platten	13	4	
			6.2 Spanplatten	10	5	
	4.4 Kellerdecke	2n	5.5.1 PS-Schaum	40	6	
			2.1 Beton	180	7	
			5.5.1 PS-Schaum	20	8	

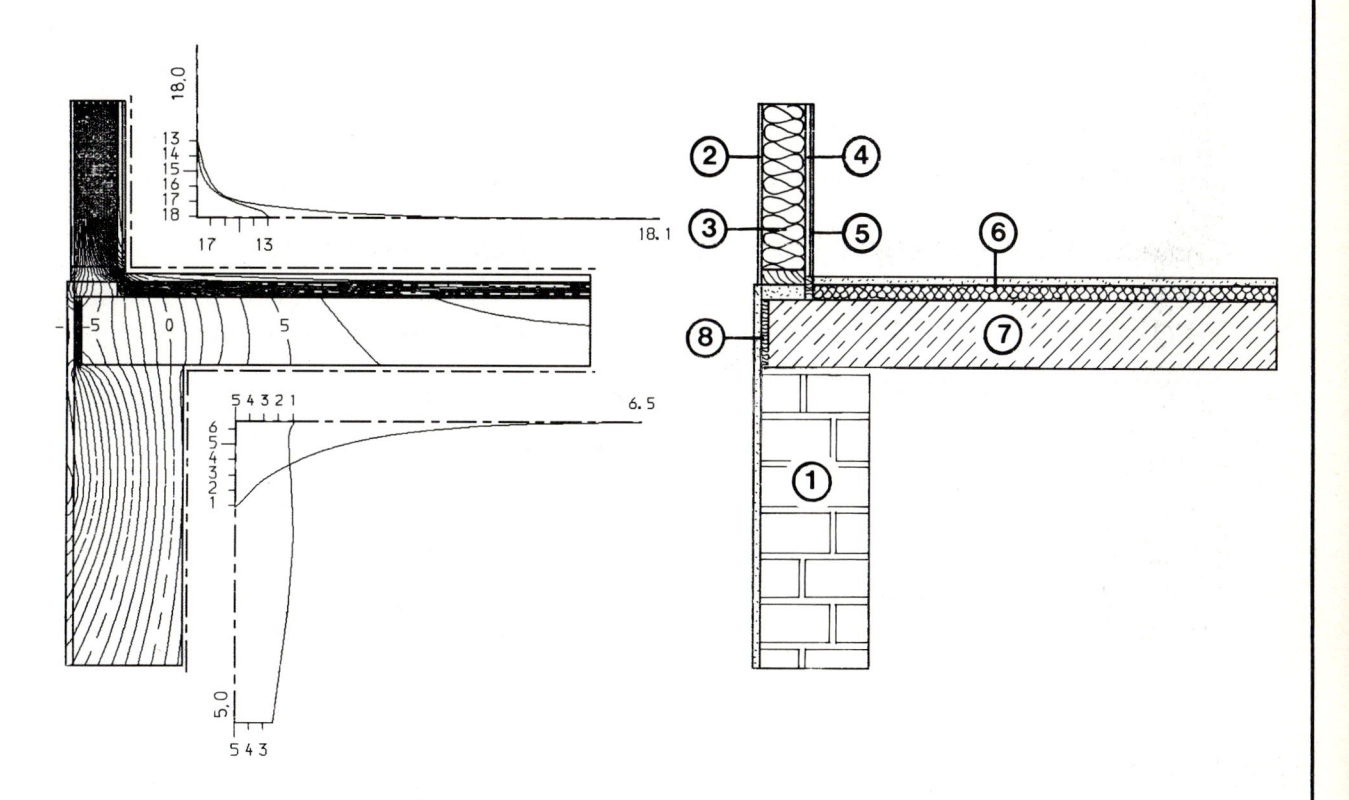

Erläuterung:
Die Konstruktion ist hier dieselbe wie vorseitig, jedoch ist die Deckenstirnseite gedämmt. Im Vergleich mit den auf der vorangehenden Seite dargestellten Verhältnissen wird deutlich, daß diese geringfügige Maßnahme schon etwas bringt.
Noch wesentlich besser wäre es natürlich, die Kellerwand außen komplett und mit einer Dämmschicht angemessener Stärke zu dämmen, zumindest dort, wo nicht bewußt niedrige Temperaturen angestrebt werden.

KELLERWANDANSCHLUSS	Außenwand aus Holztafeln, Kellerwand Beton					
Code	Art	Typ	Material	Dicke	Schicht	Ergebnis
Wärme-brücke	5.3 Einlassung					$k = 0{,}29$ W/m²K
unge-störte Bau-teile	2.1 Kellerwand	1	2.1 Beton	300	1	$k_l = 0{,}17$ W/m K
	2.2 Außenwand	3h	3.1 AZ-Platten	8	2	$\Delta l = 0{,}58$ m
			5.6 Min.-Wolle	120	3	
			3.5 GK-Platten	13	4	$\min \vartheta = 12{,}5$ °C
			6.2 Spanplatten	10	5	
	4.4 Kellerdecke	2n	5.5.1 PS-Schaum	40	6	
			2.1 Beton	180	7	
			5.5.1 PS-Schaum	60	8	
			5.5.1 PS-Schaum	20	9	

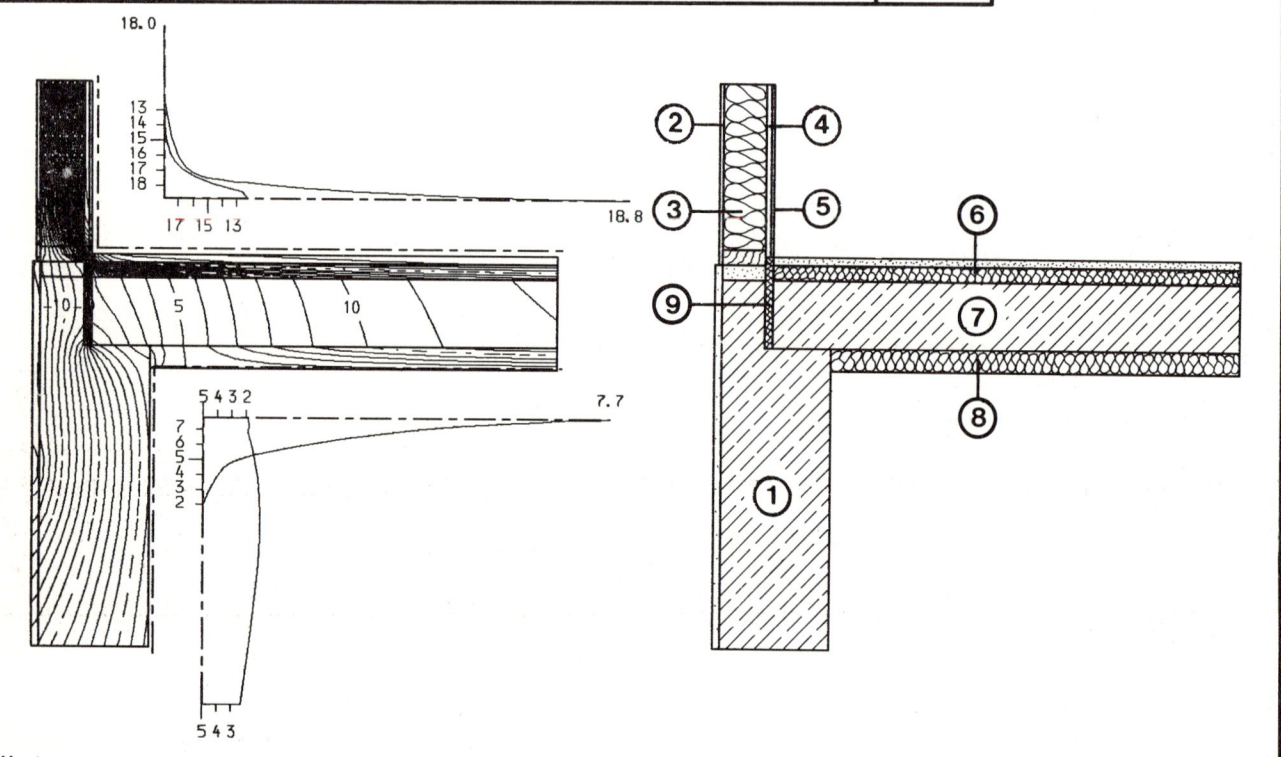

Erläuterung:
Eine weitere Verbesserung wird dadurch erreicht, daß die Dämmung der Deckenstirn nach innen verlegt wird und durch eine zusätzliche Dämmung der Deckenunterseite. Letztere kommt natürlich in erster Linie der Minderung der Wärmeverluste durch die Kellerdecke in den unbeheizten Keller (rechnerische Kellertemperatur 5 °C) zugute.

OBERER FENSTERANSCHLUSS außen, mit Rolladen, Wand monolithisch						
Code	Art	Typ	Material	Dicke	Schicht	Ergebnis
Wärme-brücke	5.3 Einlassung					$k = 0,72$ W/m²K
unge-störte Bau-teile	2.2 Außenwand	1	1.1 Putz 4.1.5 1Hlz W 1.3 Putz	20 365 15	1 2 3	$k_l = 0,32$ W/m K $\Delta l = 0,47$ m $\min \vartheta = 9,5$ °C
	1.1 Fensterscheibe	3s	8.3 Glas k=2,0		4	
	1.2 Rahmen	1	6.1.1 Holz	65	5	
	1.6 Rolladenkasten	2n	5.5.1 PS-Schaum 5.1.5 1Hlz W	30 115	6 7	
	4.2 Innendecke	2n	5.5.1 PS-Schaum 2.1 Beton 5.5.1 PS-Schaum	20 160 50	8 9 10	

Erläuterung:
Hier liegt ein Sturz aus Ziegelaterial hinter dem sinnvoll gedämmten Rolladenkasten. Die Abschirmung der Betonplatte ist in diesem Fall besser und wirksamer als bei den auf Seiten 140 und 141 dargestellten Varianten, so daß die Temperatur in der einspringenden Ecke schon fast 15°C erreicht. Fehlte der Sturz, so ließe sich fast dasselbe Ergebnis dadurch erreichen, daß der Rolladenkasten oben und nach rückwärts stärker gedämmt würde.
Eine Schwachstelle bildet sich hier am Übergang des Rolladenkastens zum Fensterrahmen aus. Man erkennt daran, wie wichtig auch die Dämmung des Rolladenkastens nach unten ist. Sie ließe sich hier konstruktiv durchaus noch verstärken.

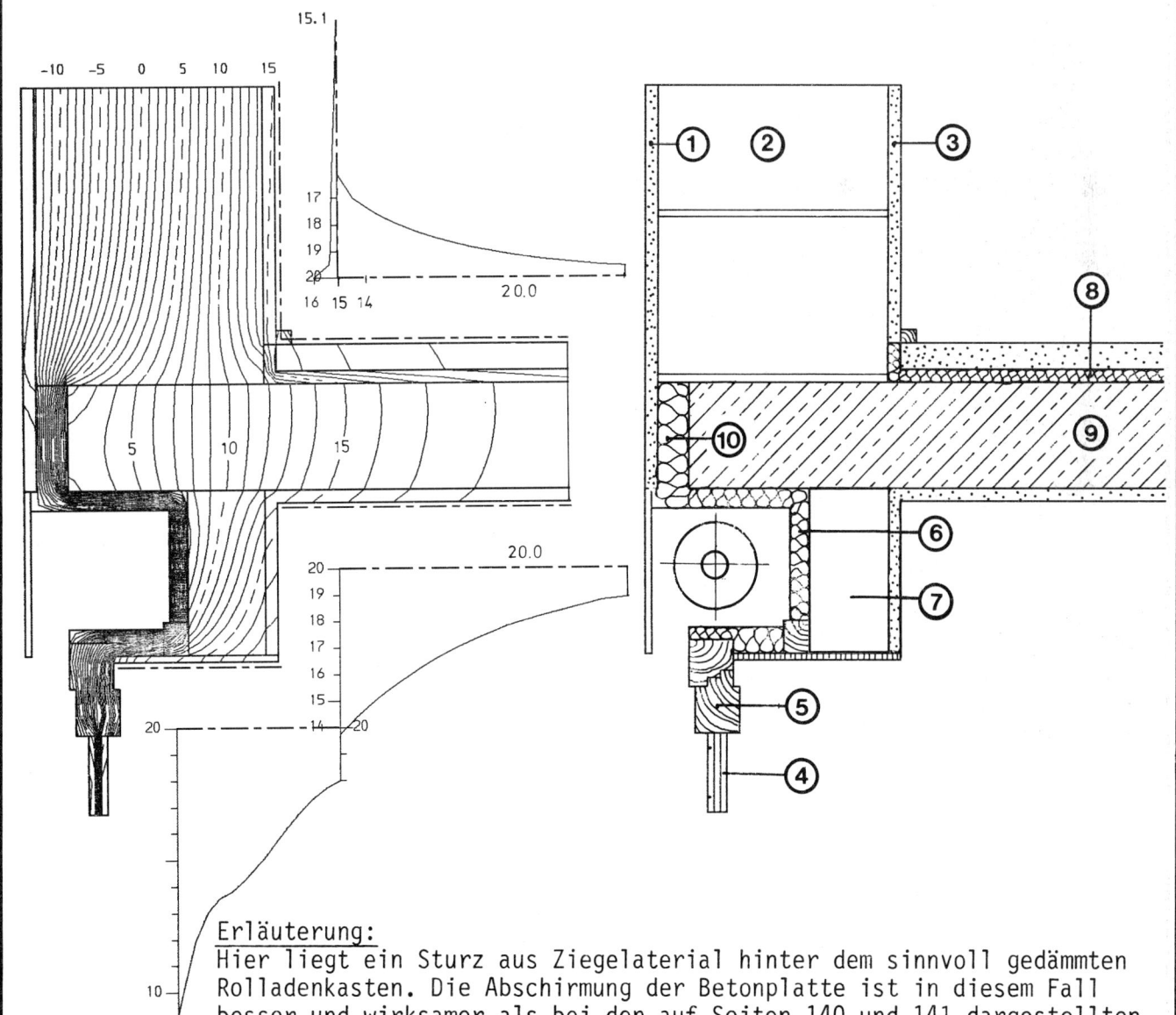

Code	Art	Typ	Material		Dicke	Schicht	Ergebnis
Wärme-brücke	5.3 Einlassung						$k = 0,72$ W/m²K
unge-störte Bau-teile	2.2 Außenwand	1	1.1	Putz	20	1	$k_l = 0,71$ W/m K
			4.1.5	1Hlz W	365	2	$\Delta l = 1,00$ m
			1.3	Putz	15	3	$min^\vartheta = 8,5$ °C
	1.1 Fensterscheibe	3s	8.3	Glas k=2,0		4	
	1.2 Rahmen	1	6.1.1	Holz	65	5	
	1.6 Rolladenkasten	2n	5.5.1	PS-Schaum	30	6	
			5.1.5	1Hlz W	115	7	
	4.2 Innendecke	2n	5.5.1	PS-Schaum	20	8	
			2.1	Beton	160	9	
			5.5.1	PS-Schaum	50	10	

OBERER FENSTERANSCHLUSS mittig, mit Rolladen, Wand monolithisch

— 140 —

Erläuterung:
Hier liegt ein Ziegelsturz vor dem Rolladenkasten, so daß dort - verglichen mit Seite 139 - eine Lücke in der Dämmschicht entsteht. Obwohl die Dämmung des Rolladenkastens an sich konsequent vorgenommen ist, muß dieser Lücke wegen ein Temperatur-Abfall auf unter 11° C hingenommen werden.

OBERER FENSTERANSCHLUSS innen, mit Rolladen, Wand monolithisch

Code	Art	Typ	Material		Dicke	Schicht
Wärme-brücke	5.3 Einlassung					
unge-störte Bauteile	2.2 Außenwand	1	1.1	Putz	20	1
			4.1.5	1Hlz W	365	2
			1.3	Putz	15	3
	1.1 Fensterscheibe	3s	8.3	Glas k=2,0		4
	1.2 Rahmen	1	6.1.1	Holz	65	5
	1.6 Rolladenkasten	2n	5.5.1	PS-Schaum	30	6
			5.1.5	1Hlz W	115	7
	4.2 Innendecke	2n	5.5.1	PS-Schaum	240	8
			2.1	Beton	160	9
			5.5.1	PS-Schaum	50	10

Ergebnis

$k = 0,72$ W/m²K

$k_1 = 0,53$ W/m K

$\Delta l = 0,74$ m

$\min \vartheta = 10,7$ °C

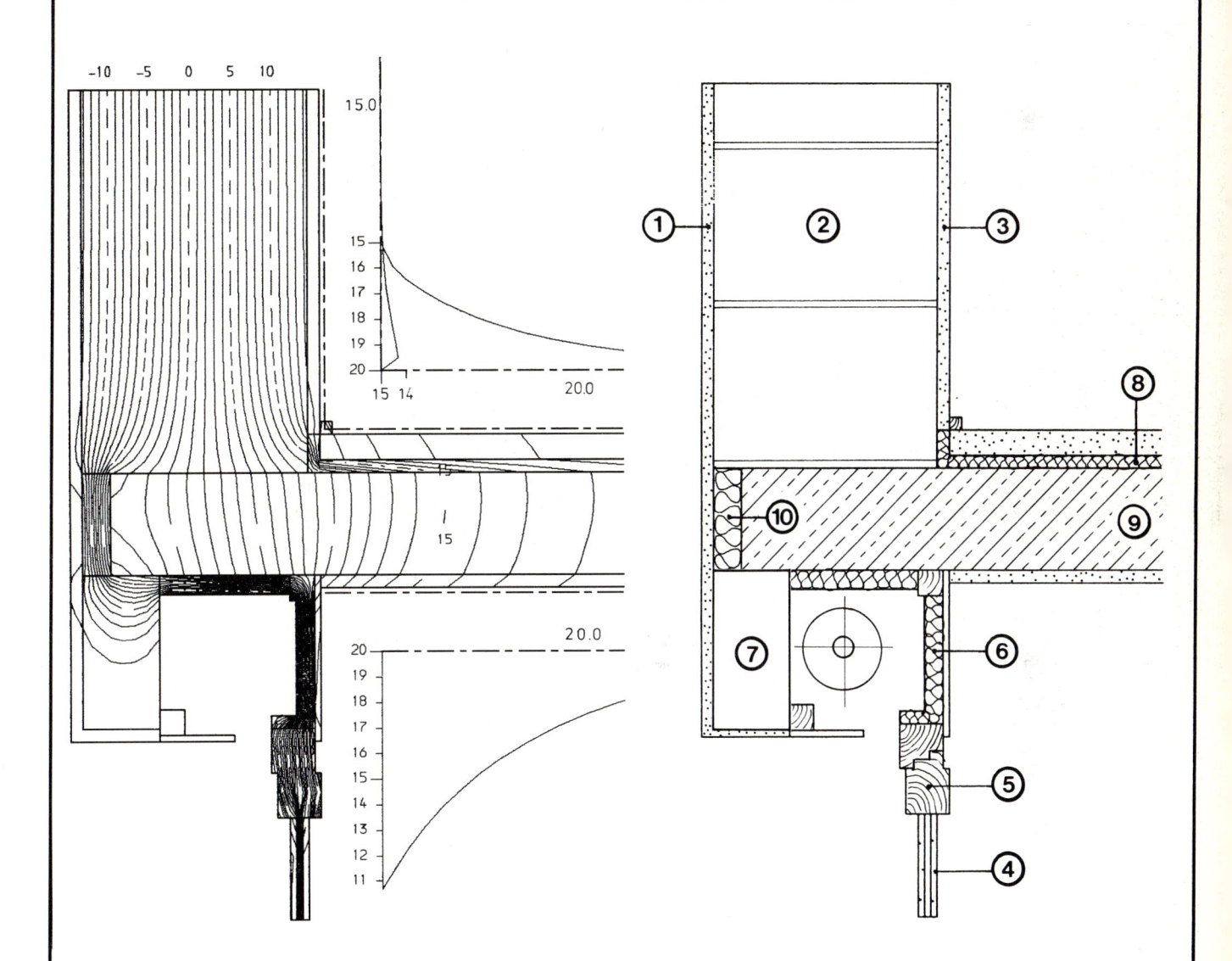

Erläuterung:
Im Unterschied zu Seite 139 ist hier der Fensteranschlag nach hinten gerückt und liegt nun praktisch bündig mit der Hinterkante Rolladenkasten. An den Temperaturen ändert sich damit fast nichts, die Wärmeverluste im Sturzbereich sind allerdings geringer.

OBERER FENSTERANSCHLUSS mittig, mit Rolladen, Wand kerngedämmt							Ergebnis	
Code	Art	Typ	Material || Dicke	Schicht		
Wärme-brücke	5.3 Einlassung						k = 0,60 W/m²K
unge-störte Bau-teile	2.2 Außenwand	3s	4.2	KS-Mauerwerk	115	1	k_l = 0,43 W/m K
			1.1.	Mörtel	20	2	Δl = 0,71 m
			5.5.1	PS-Schaum	40	3	
			4.2	KS-Mauerwerk	175	4	min ϑ = 11,4 °C
	1.1 Fensterscheibe	3s	8.3	Glas k=2,0		5	
	1.2 Rahmen	1	6.1.1	Holz	65	6	
	1.6 Rolladenkasten	1	5.5.1	PS-Schaum	30	7	
	4.2 Innendecke	2n	5.5.1	PS-Schaum	20	8	
			2.1	Beton	160	9	
			5.5.1	PS-Schaum	50	10	

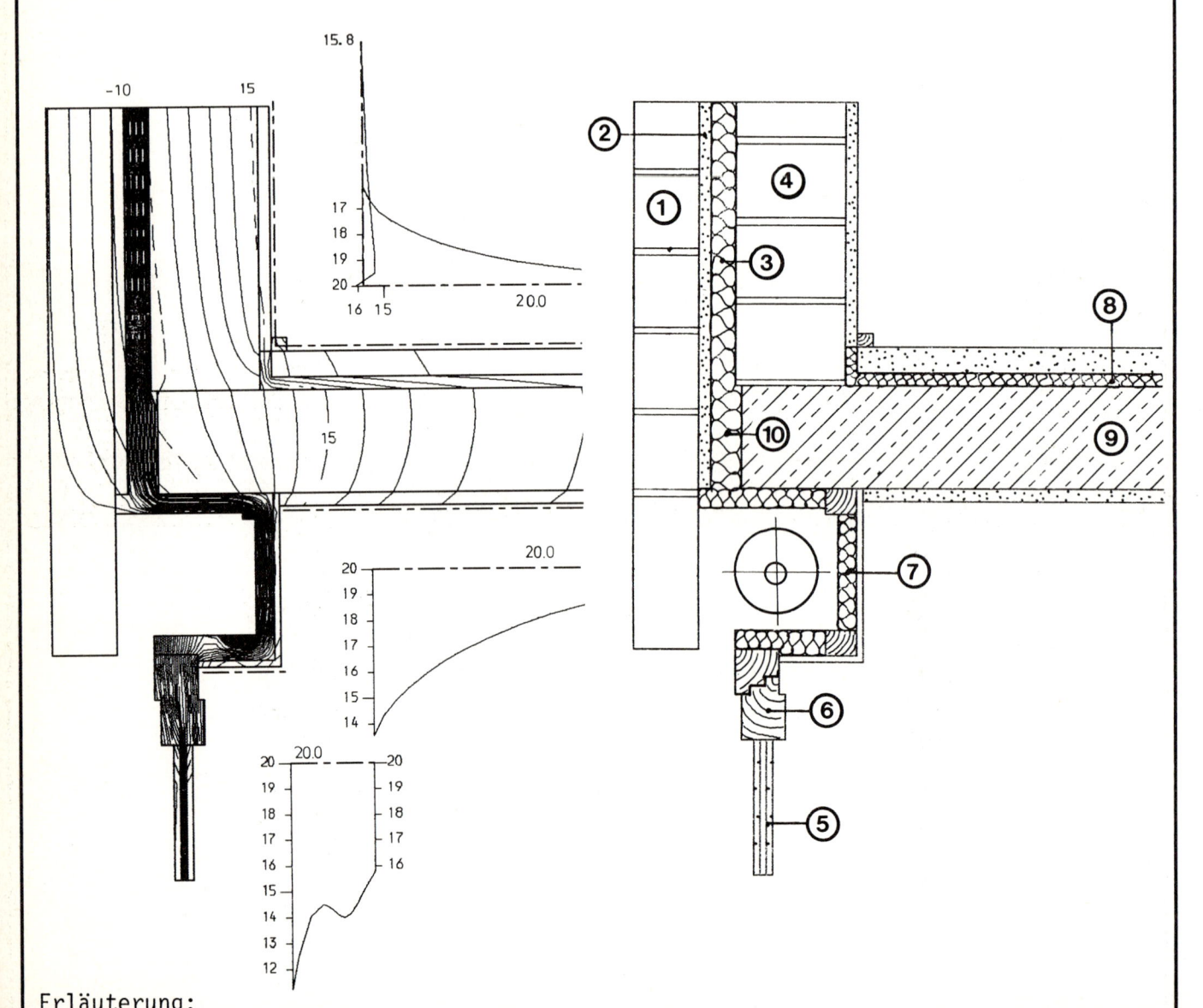

Erläuterung:
Hier ist ein Deckenknoten mit Rolladenkasten in Verbindung mit einer kerngedämmten Wand dargestellt. Die Außenschale (Sturz) bildet eine den Rolladenkasten verdeckende Schürze. Die Wärmedämmung kann lückenlos von der Wand ausgehend um den Rolladenkasten geführt werden. Bis zum Fensterrahmen-Ansatz ergeben sich deshalb günstige Tempera-turverhältnisse.

OBERER FENSTERANSCHLUSS innen, mit Rolläden, Wand kerngedämmt							Ergebnis
Code	Art	Typ	Material	Dicke	Schicht	
Wärme-brücke	5.3 Einlassung					$k = 0,60$ W/m²K
unge-störte Bauteile	2.2 Außenwand	3s	4.2 KS-Mauerwerk	115	1	$k_l = 0,35$ W/m K
			1.1. Mörtel	20	2	$\Delta l = 0,58$ m
			5.5.1 PS-Schaum	40	3	$\min\vartheta = 13,4$ °C
			4.2 KS-Mauerwerk	175	4	
	1.1 Fensterscheibe	3s	8.3 Glas k=2,0		5	
	1.2 Rahmen	1	6.1.1 Holz	65	6	
	1.6 Rolladenkasten	1	5.5.1 PS-Schaum	30	7	
	4.2 Innendecke	2n	5.5.1 PS-Schaum	20	8	
			2.1 Beton	160	9	

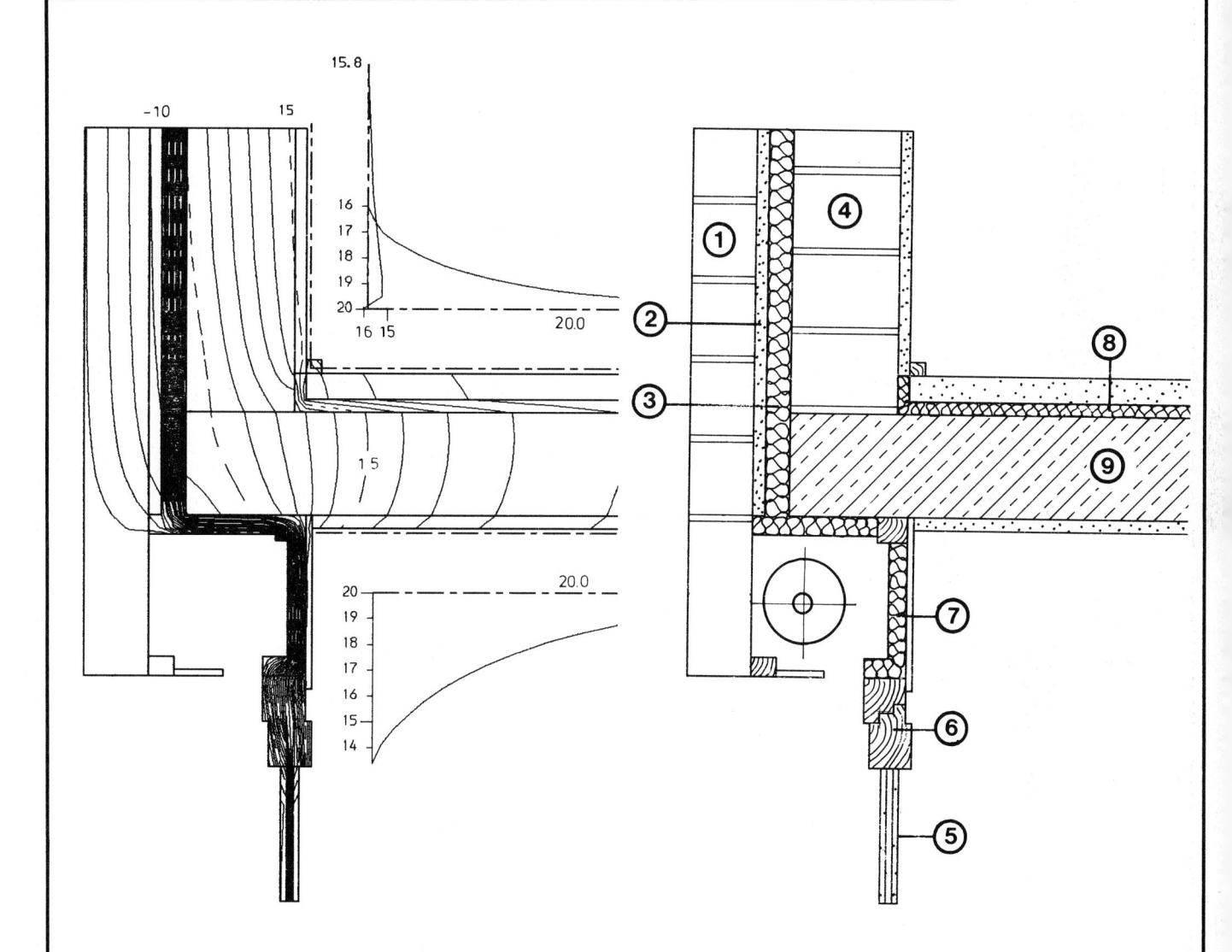

Erläuterung:
Der einzige Unterschied gegenüber der auf Seite 142 dargestellten Lösung besteht in dem zurückgesetzten Fensteranschlag. Größere Auswirkungen hat diese Veränderung jedoch nicht.

OBERER FENSTERANSCHLUSS außen, mit Rolladen							E r g e b n i s	
Code	Art	Typ	Material	Dicke	Schicht		
Wärme-brücke	5.3 Einlassung					k =	W/m²K
unge-störte Bau-teile	1.1 Fensterscheibe 1.2 Rahmen 1.6 Rolladenkasten 4.2 Innendecke	3s 1 1 2n	8.3 Glas 6.1.1 Holz 5.5.1 PS-Schaum 5.5.1 PS-Schaum 2.1 Beton 5.5.1 PS-Schaum		1 2 3 4 5	$k_l =$ $\Delta l =$ $min\vartheta=$	W/m K m °C

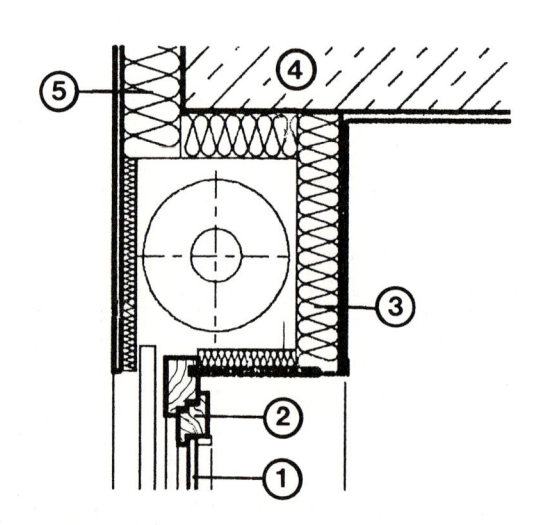

Erläuterung:
Beispiel eines Rolladenkastens, der nicht konsequent gestaltet wurde. Am wichtigsten ist die Dämmung nach hinten und nach unten. Etwas weniger intensiv könnte die Dämmung nach oben sein. Richtiger wäre es also gewesen, Dämmschichtdicke nach oben und unten zu vertauschen. Die Dämmung nach außen ist meist - wie hier - überflüssig. Dagegen sollte eine Dämmung an beiden Seiten nicht fehlen und auf die Antriebe auch hinsichtlich deren Winddichtigkeit geachtet werden.

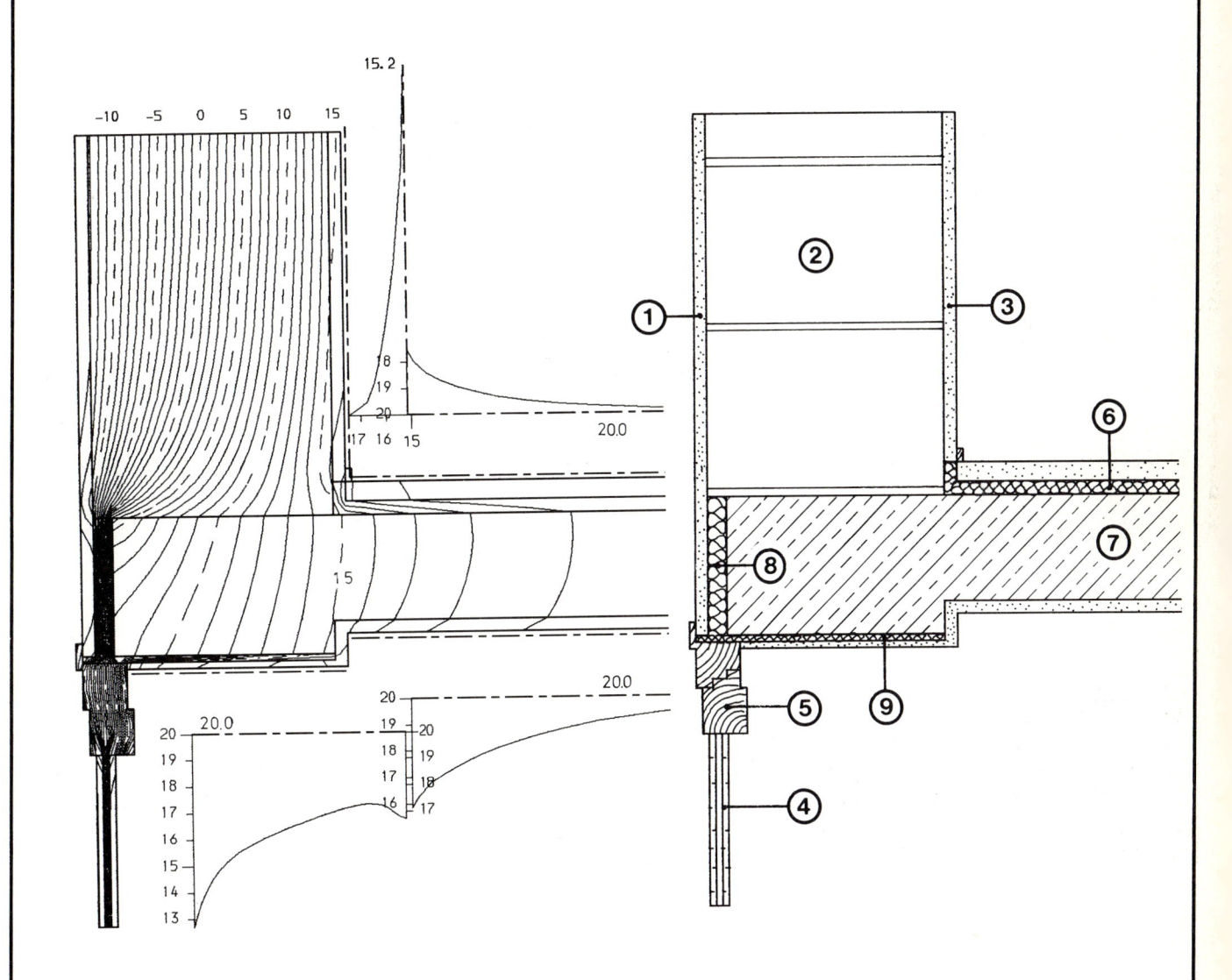

OBERER FENSTERANSCHLUSS außen, Wand monolithisch

Code	Art	Typ	Material	Dicke	Schicht
Wärme-brücke	5.3 Einlassung				
unge-störte Bauteile	2.2 Außenwand	1	1.1 Putz	20	1
			4.1.5 lHlz W	365	2
			1.3 Putz	15	3
	1.1 Fensterscheibe	3s	8.3 Glas k=2,0		4
	1.2 Rahmen	1	6.1.1 Holz	65	5
	4.2 Innendecke	2n	5.5.1 PS-Schaum	20	6
			2.1 Beton	160	7
			5.5.1 PS-Schaum	40	8
			5.5.1 PS-Schaum	15	9

Ergebnis

$k = 0{,}72$ W/m²K
$k_l = 0{,}35$ W/m K
$\Delta l = 0{,}50$ m
$\min \vartheta = 12{,}7$ °C

Erläuterung:
Auf dieser und den nächsten Seiten ist der obere Fensteranschluß bei einer Außenwand aus 36,5-er Leichthochlochziegel-Mauerwerk dargestellt. In beiden Fällen ist die untere Leibung zusätzlich gedämmt. Dann ergeben sich auch bei Außenanschlag günstige Temperaturverhältnisse an der Leibung.

Code	Art	Typ	Material	Dicke	Schicht	Ergebnis
Wärme-brücke	5.3 Einlassung					$k = 0{,}72$ W/m²K
unge-störte Bau-teile	2.2 Außenwand	1	1.1 Putz 4.1.5 1Hlz W 1.3 Putz	20 365 15	1 2 3	$k_l = 0{,}34$ W/m K
	1.1 Fensterscheibe	3s	8.3 Glas k=2,0		4	$\Delta l = 0{,}48$ m
	1.2 Rahmen	1	6.1.1 Holz	65	5	$\min\vartheta = 11{,}2$ °C
	4.2 Innendecke	2n	5.5.1 PS-Schaum 2.1 Beton 5.5.1 PS-Schaum 5.5.1 PS-Schaum	20 160 40 15	6 7 8 9	

OBERER FENSTERANSCHLUSS mittig, Wand monolithisch

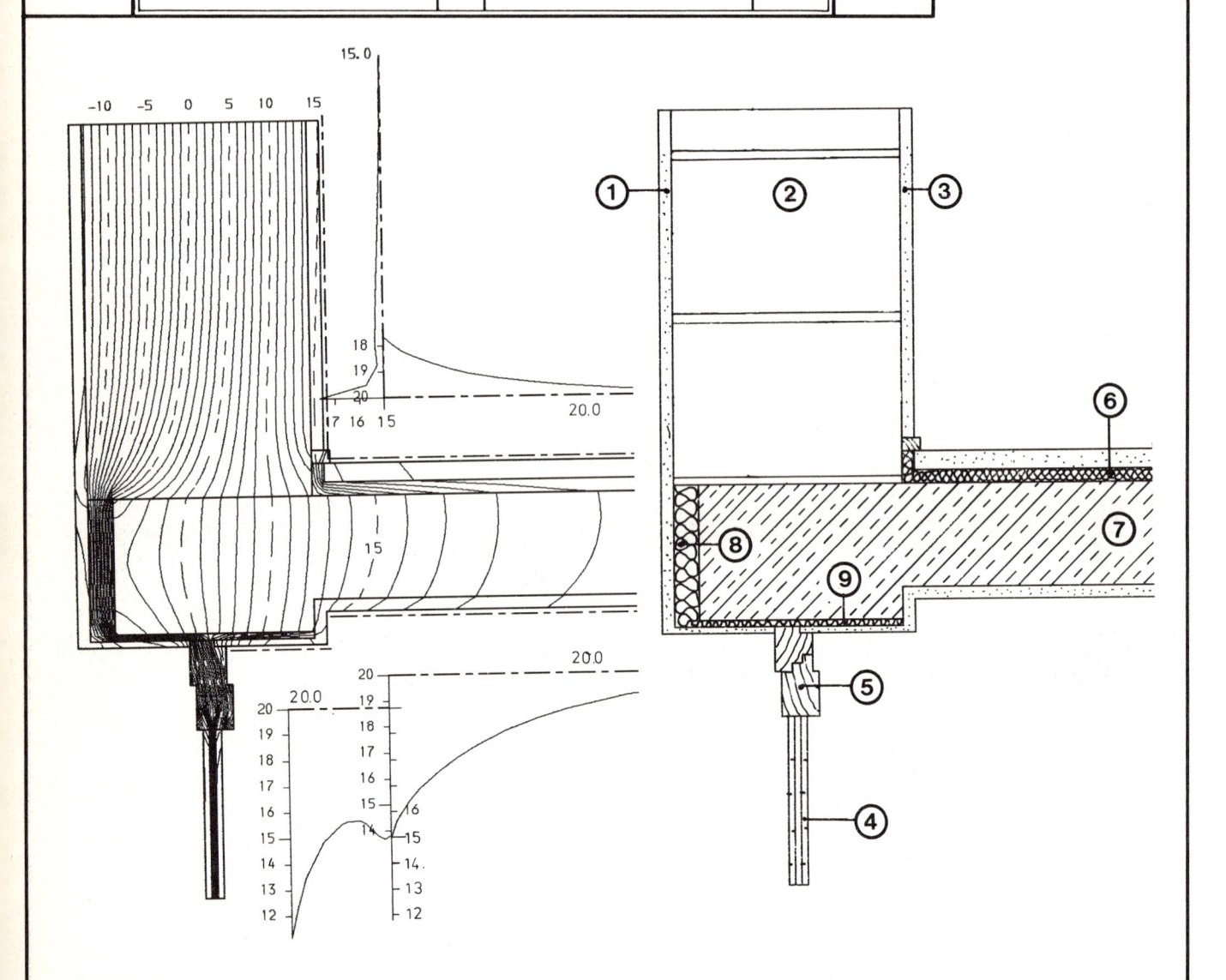

Erläuterung:
Auch hier entstehen günstige Temperaturverhältnisse, die sich von denen bei Außenanschlag nur im Blendrahmenbereich unterscheiden. Dartaus folgt, daß auch bei Mittenanschlag kein Tauwasser an der Leibung zu erwarten wäre, unter der Vorraussetzung allerdings, daß diese außen und innen gedämmt würde.

OBERER FENSTERANSCHLUSS innen, Wand monolithisch

Code	Art	Typ	Material	Dicke	Schicht
Wärmebrücke	5.3 Einlassung				
ungestörte Bauteile	2.2 Außenwand	1	1.1 Putz	20	1
			4.1.5 1Hlz W	365	2
			1.3 Putz	15	3
	1.1 Fensterscheibe	3s	8.3 Glas k=2,0		4
	1.2 Rahmen	1	6.1.1 Holz	65	5
	4.2 Innendecke	2n	5.5.1 PS-Schaum	20	6
			2.1 Beton	160	7
			5.5.1 PS-Schaum	40	8
			5.5.1 PS-Schaum	15	9

Ergebnis

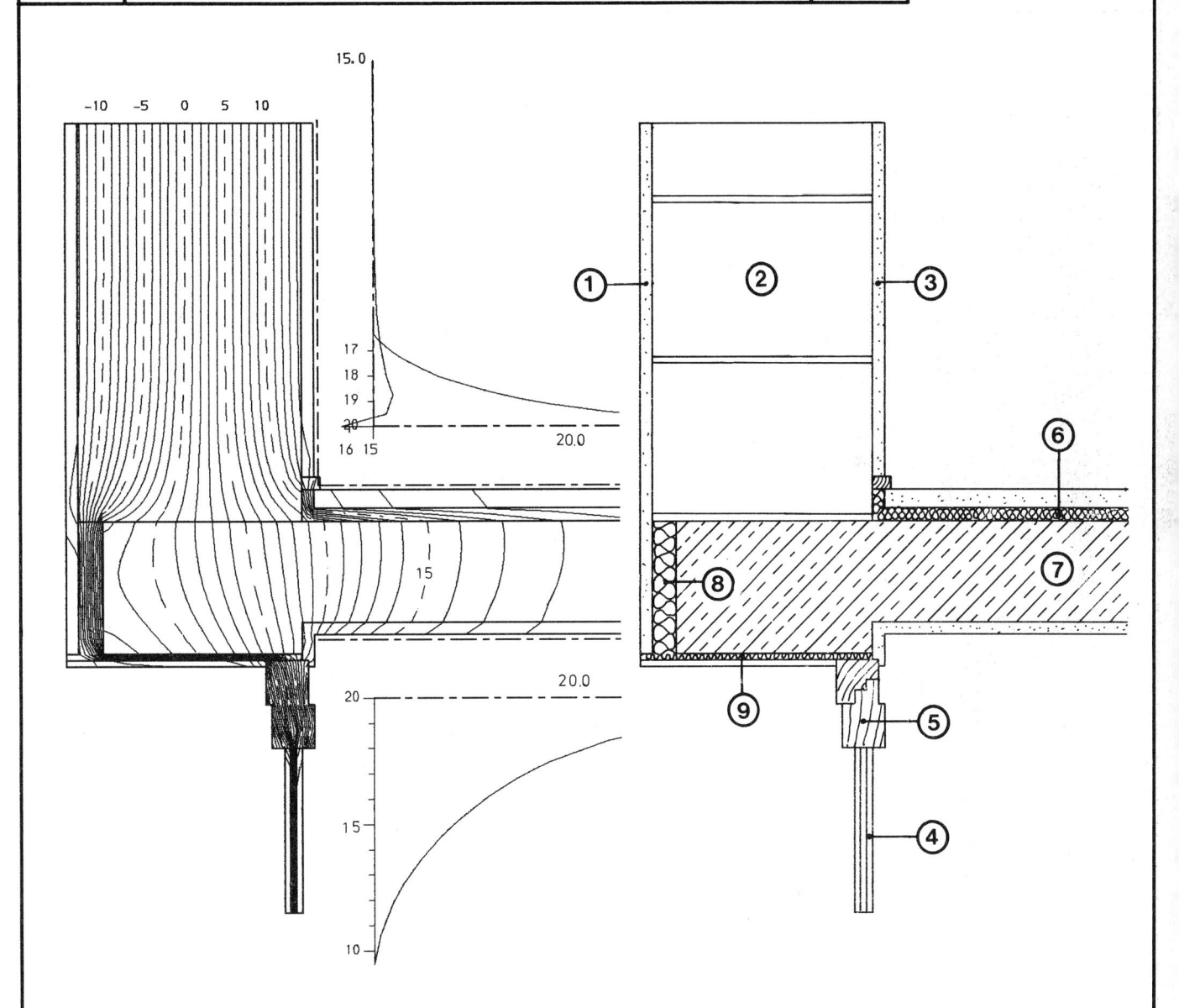

$k = 0{,}72$ W/m²K
$k_l = 0{,}42$ W/m K
$\Delta l = 0{,}59$ m
$\min \vartheta = 9{,}5$ °C

Erläuterung:
Bei Innenanschlag ergeben sich keine nennenswerten Veränderungen im Vergleich mit den vorangegangenen Lösungen

Code	Art	Typ	Material	Dicke	Schicht	Ergebnis
\multicolumn{6}{l	}{OBERER FENSTERANSCHLUSS mittig, Wand kerngedämmt}	
Wärme-brücke	5.3 Einlassung					$k = 0{,}41$ W/m²K
unge-störte Bau-teile	2.2 Außenwand	3s	4.2 KS (0,79) 5.6 Min.-Wolle 4.2 KS (0,56)	115 80 175	1 2 3	$k_1 = 0{,}37$ W/m K $\Delta l = 0{,}89$ m
	1.1 Fensterscheibe 1.2 Rahmen 4.2 Innendecke	3s 1 2n	8.3 Glas k=2,0 6.1.1 Holz 5.5.1 PS-Schaum 2.1 Beton 5.5.1 PS-Schaum	 65 40 180 20	4 5 6 7 8	$\min \vartheta = 13{,}6$ °C

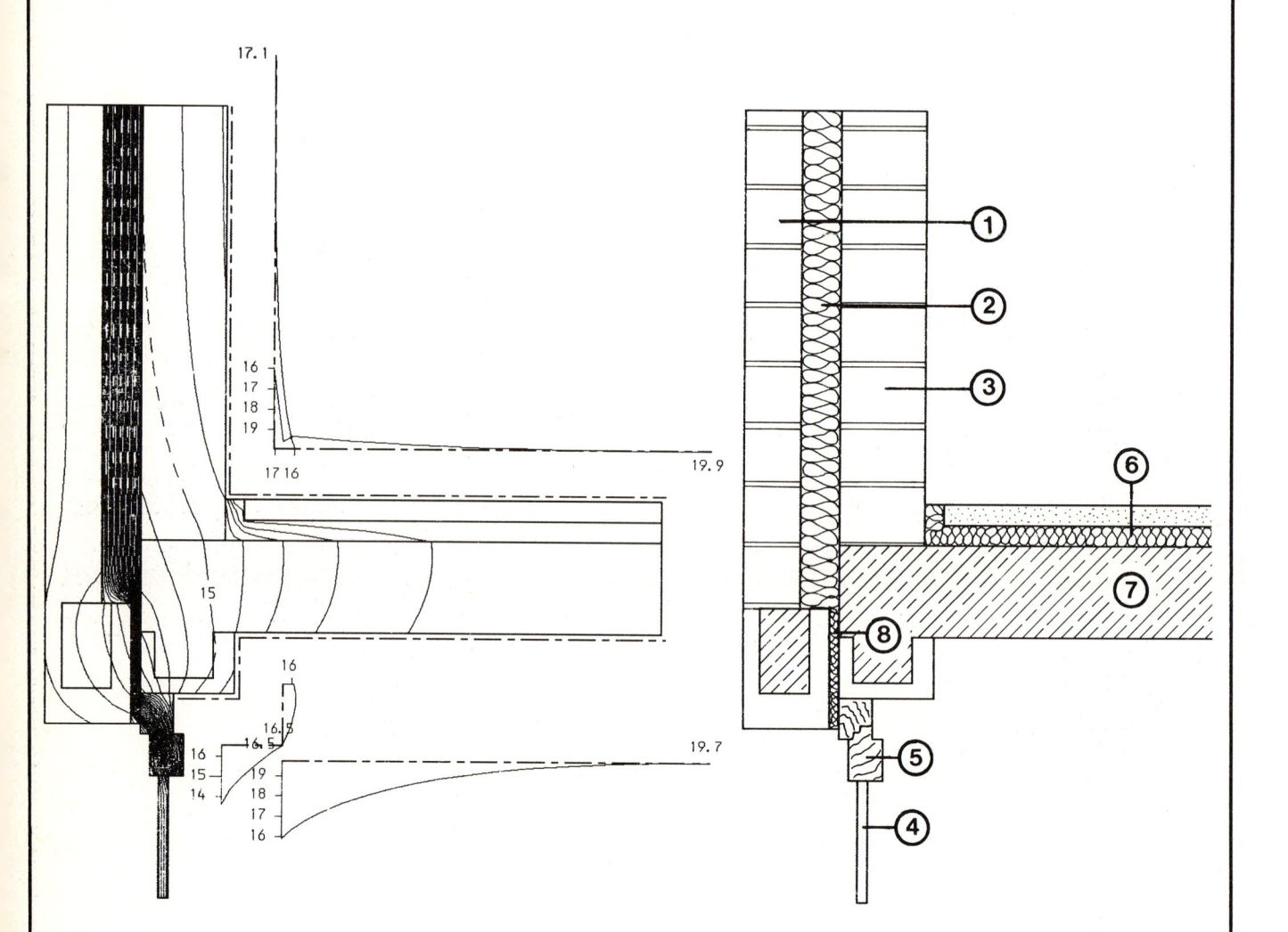

Erläuterung:
Auf diesen und den beiden folgenden Seiten werden Fensteranschlüsse an kerngedämmte Wände dargestellt. Hier handelt es sich um eine Wand aus Kalksandsteinen, wobei die Dämmschicht im Sturzbereich auf 20 mm Dicke reduziert wurde. Das Bild läßt erkennen, wie günstig sich eine solche lückenlose Trennschicht auf die Temperaturen auswirkt.

— 149 —

Code	Art		Typ	Material		Dicke	Schicht	Ergebnis
Wärme-brücke	5.3 Einlassung							k = 0,60 W/m²K
unge-störte Bauteile	2.2 Außenwand		3s	4.2	KS-Mauerwerk	115	1	k_l = 0,29 W/m K
				1.1.	Mörtel	20	2	Δl = 0,50 m
				5.5.1	PS-Schaum	40	3	
				4.2	KS-Mauerwerk	175	4	min ϑ = 13,1 °C
	1.1 Fensterscheibe		3s	8.3	Glas k=2,0		5	
	1.2 Rahmen		1	6.1.1	Holz	65	6	
	4.2 Innendecke		2n	5.5.1	PS-Schaum	20	7	
				2.1	Beton	160	8	
				5.5.1	PS-Schaum	80	9	

OBERER FENSTERANSCHLUSS mittig, Wand kerngedämmt

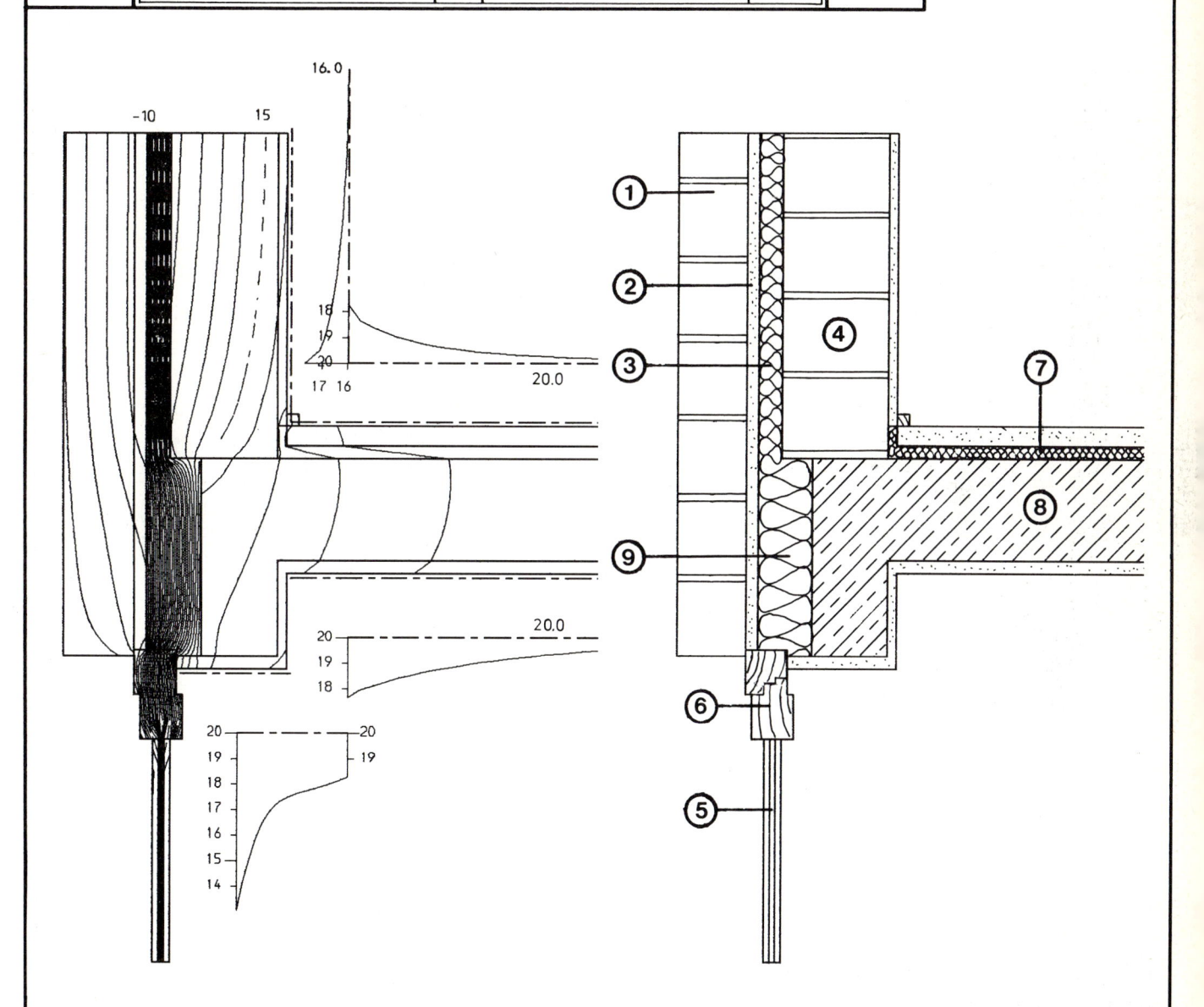

Erläuterung:
Im Vergleich zu Seite 150 ist hier vor der Deckenstirn eine verstärkte Dämmschicht vorhanden. Demzufolge sind die Temperaturen etwas günstiger und die Wärmeverluste geringer.

- 150 -

OBERER FENSTERANSCHLUSS innen, Wand kerngedämmt

Code	Art	Typ	Material	Dicke	Schicht	Ergebnis
Wärme-brücke	5.3 Einlassung					$k = 0{,}60$ W/m²K
unge-störte Bau-teile	2.2 Außenwand	3s	4.2 KS-Mauerwerk 1.1. Mörtel 5.5.1 PS-Schaum 4.2 KS-Mauerwerk	115 20 40 175	1 2 3 4	$k_1 = 0{,}27$ W/m K $\Delta l = 0{,}45$ m $\min \vartheta = 13{,}9$ °C
	1.1 Fensterscheibe	3s	8.3 Glas k=2,0		5	
	1.2 Rahmen	1	6.1.1 Holz	65	6	
	4.2 Innendecke	2n	5.5.1 PS-Schaum 2.1 Beton 5.5.1 PS-Schaum	20 160 20	7 8 9	

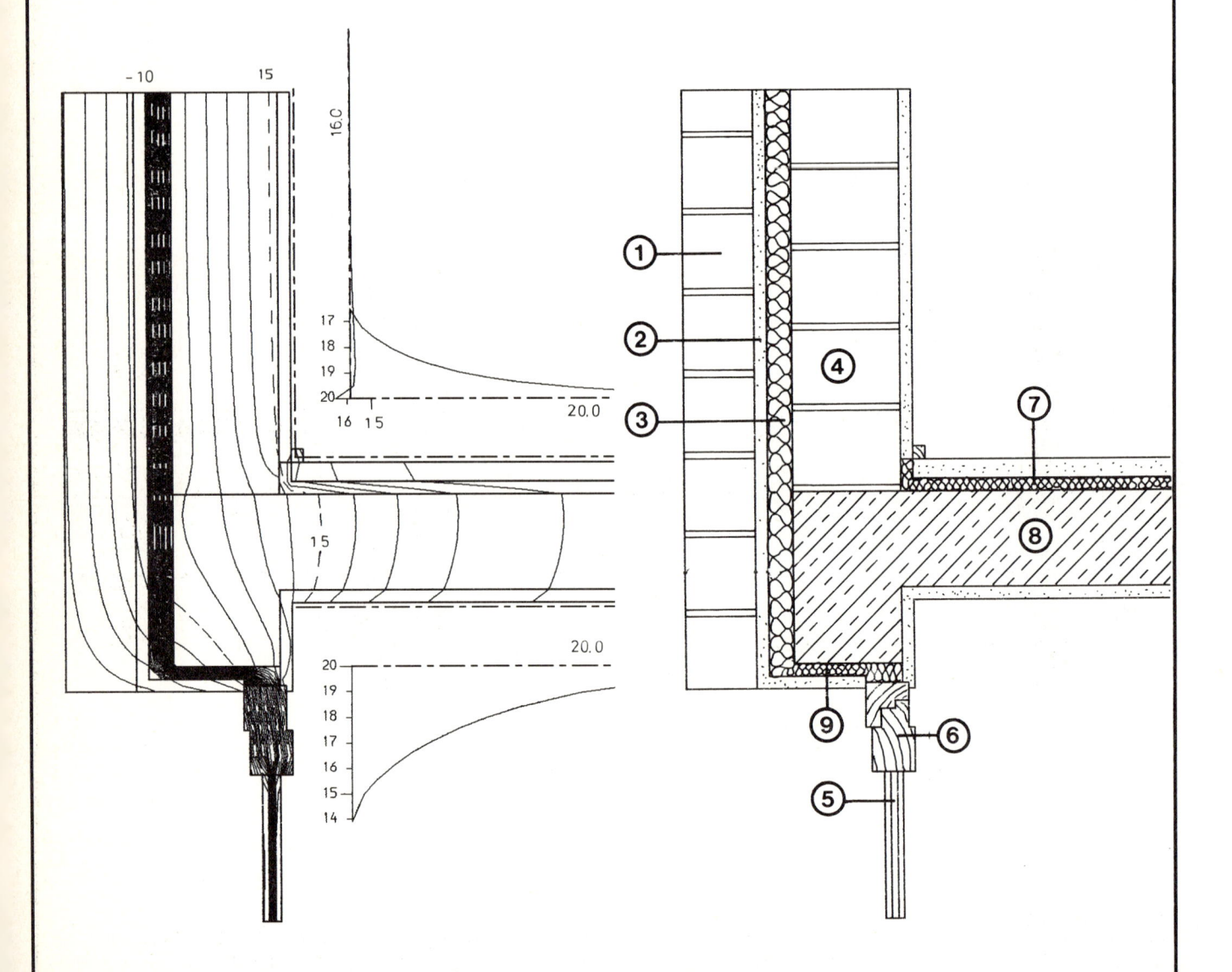

Erläuterung:
Hier ist der obere Fensteranschluß an eine kerngedämmte Kalksandsteinwand mit Innenanschlag dargestellt. Die Dämmung der Deckenunterseite außerhalb des Fensters ist hier unverzichtbar. Die Temperatur an der Deckeninnenkante ist dann zwar niedriger ald bei Mittenbefestigung, insgesamt aber sind die Temperaturverhältnisse recht günstig.

OBERER FENSTERANSCHLUSS an Deckenhohlraum, Wand innengedämmt							Ergebnis
Code	Art	Typ	Material	Dicke	Schicht	
Wärme-brücke	5.3 Einlassung					$k = 0{,}44$ W/m²K
unge-störte Bau-teile	2.2 Außenwand	2i	4.1.3 Hlz (0,81)	115	1	$k_l = 1{,}23$ W/m K
			Luft	60	2	$\Delta l = 2{,}77$ m
			4.1.3 Hlz (0,81)	175	3	
			5.5.1 PS-Schaum	40	4	$\min \vartheta = 6{,}0$ °C
1.1	Fensterscheibe	3s	8.3 Glas k=2,0		5	
1.2	Rahmen	1	6.1.1 Holz	65	6	
4.2	Innendecke	3b	5.5.1 PS-Schaum	40	7	
			2.1 Beton	200	8	
			Luftraum	250	9	
			5.6 Min.-Wolle	40	10	
5.2	Sturz		2.2 Beton	100	11	

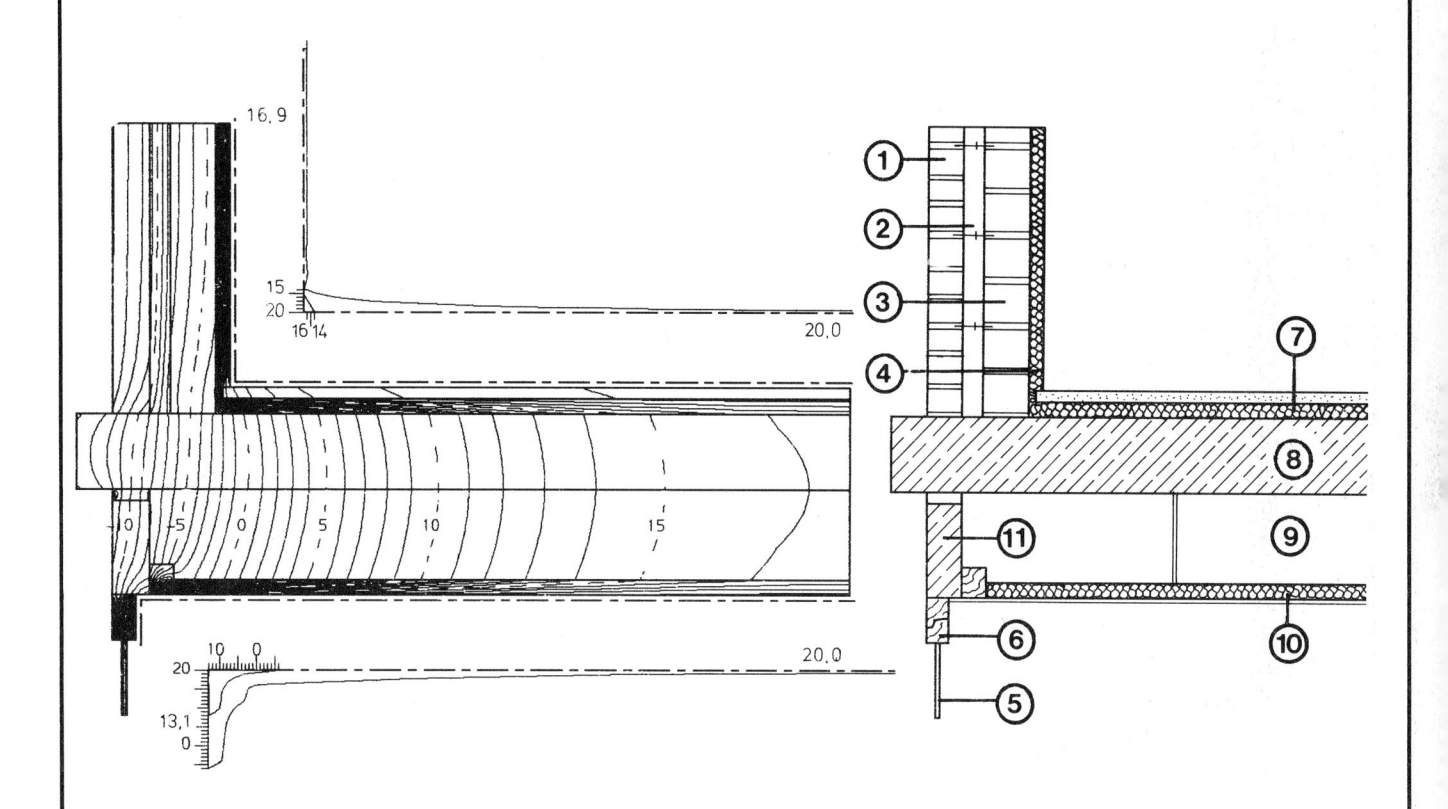

Erläuterung:
Es kommen in der Praxis immer noch Details zur Ausführung, bei denen Wärmebrückenprobleme überhaupt nicht beachtet werden. Hier ein Beispiel dafür: Nicht nur die Betondecke durchdringt die Außenwand, sondern auch der äußere Abschluß des Deckenhohlraumes ist ungedämmt. Die Kantentemperatur sinkt daher unter 0 °C, vom Wärmeverlust ganz zu schweigen. Es wäre hier leicht gewesen, den Deckenhohlraum nach außen hin reichlich zu dämmen und auch die "Leckstelle" an der unteren, inneren Ecke des Sturzbalkens zu beseitigen.

INNENWANDANSCHLUSS Mauerwerk monolithisch, mindestgedämmt							Ergebnis	
Code	Art	Typ	Material		Dicke	Schicht		
Wärme-brücke	5.3 Einlassung						k =	1,24 W/m²K
unge-störte Bau-teile	2.2 Außenwand	1	4.2	KS-Mauerwerk	365	1	k_1 =	0,20 W/m K
	2.3 Innenwand	1	4.2	KS-Mauerwerk	240	2	Δl =	0,16 m
							min$^\vartheta$=	11,3 °C

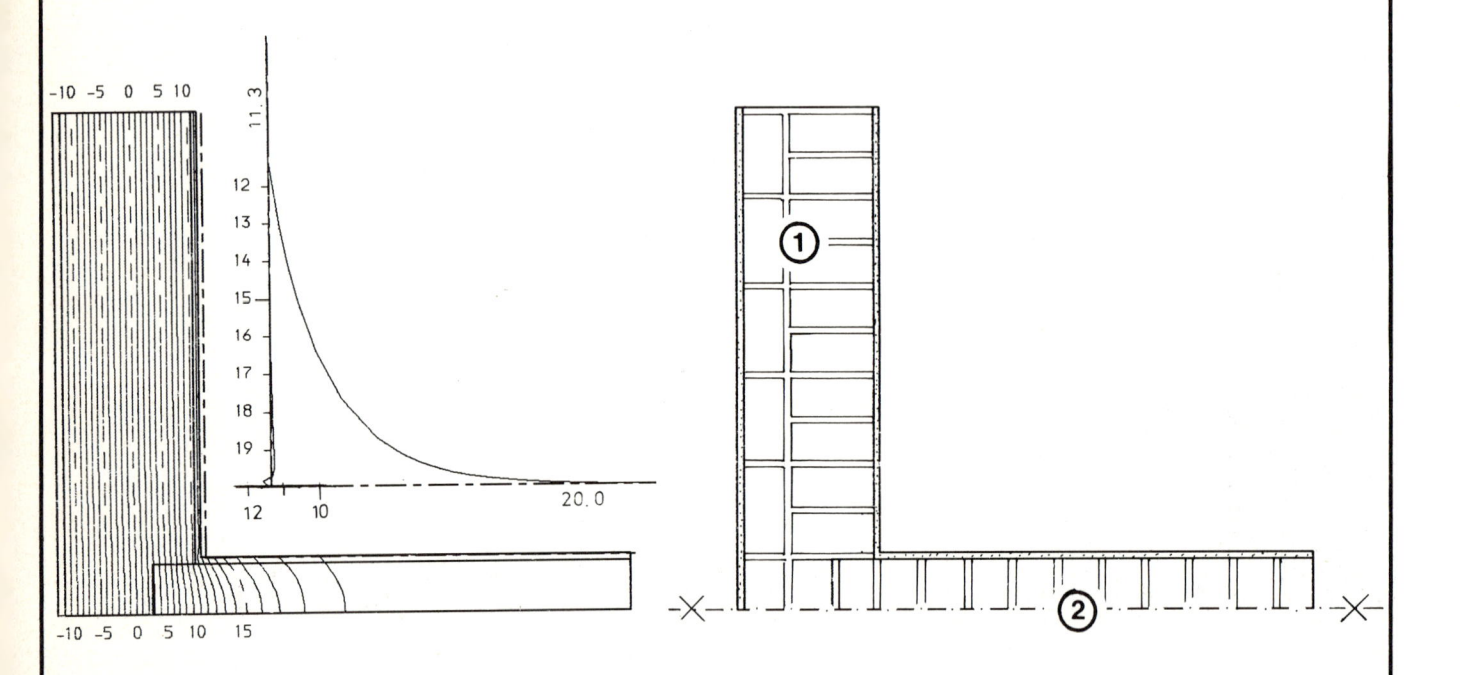

Erläuterung:
Auf dieser und den folgenden Seiten ist die Einbindung einer Innenwand in eine Außenwand behandelt. Variiert werden dabei Baustoff, Dicke bzw. Schichtaufbau der Wände.

Generell zeigt sich, daß eine solche Querwand natürlich in Außenwandnähe die Temperatur der Außenwandoberfläche annimmt, ansonsten aber keinen Einfluß auf die Außenwandtemperaturen und nur verhältnismäßig geringen Einfluß auf die Wärmeverluste hat.

Code	Art	Typ	Material	Dicke	Schicht	Ergebnis
INNENWANDANSCHLUSS Mauerwerk monolithisch, Innenwand schwer							
Wärme-brücke	5.3 Einlassung					$k = 0{,}72$ W/m²K
unge-störte Bau-teile	2.2 Außenwand 2.3 Innenwand	1 1	4.1.5 lHlz (0,33) 4.1.3 Hlz (0,70)	365 240	1 2	$k_l = 0{,}14$ W/m K $\Delta l = 0{,}18$ m $\min^\vartheta = 15{,}0$ °C

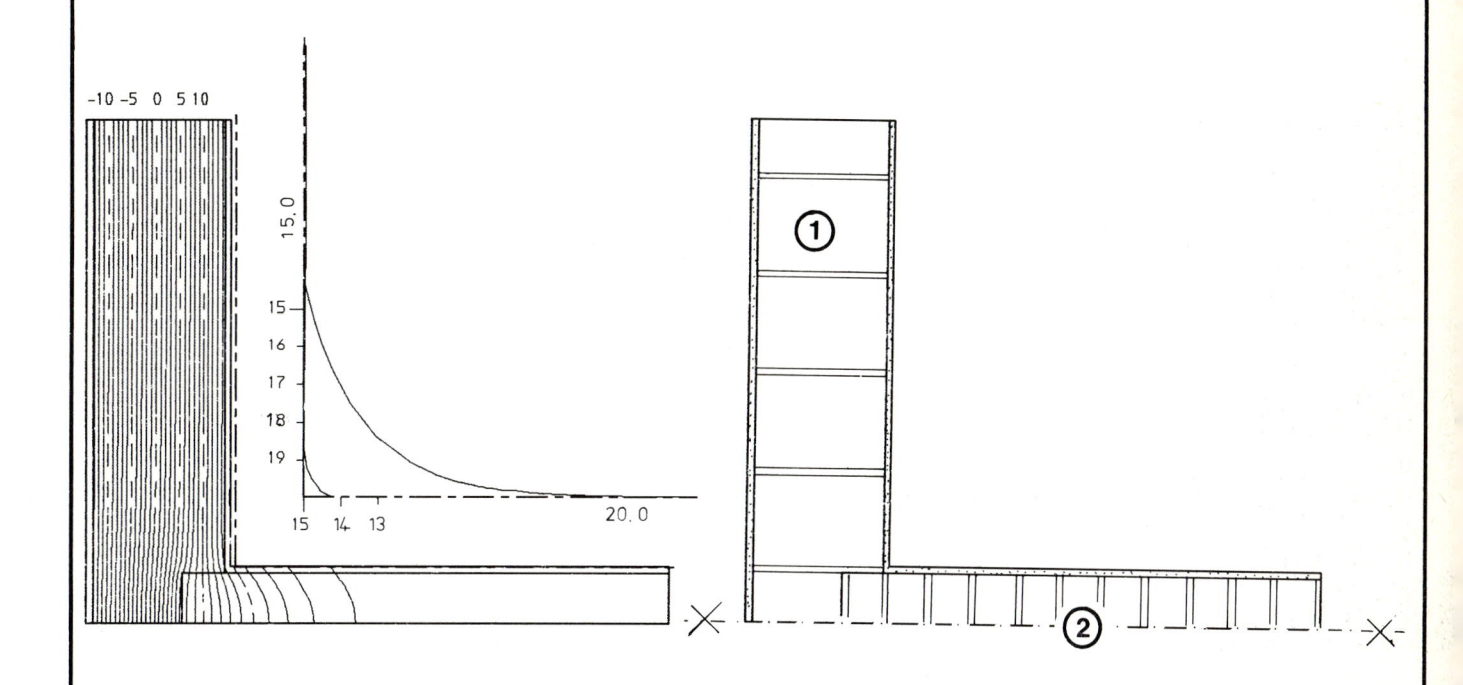

Erläuterung:
Im Gegensatz zur vorangehenden Seite ist hier eine Außenwand aus Leichthochlochziegeln behandelt. Hier ist der Temperaturabfall an der Einbindestelle der Trennwand schon fühlbarer, aber dennoch ganz und gar unbedenklich.

INNENWANDANSCHLUSS Mauerwerk monolithisch							
Code	Art	Typ	Material	Dicke	Schicht	\multicolumn{2}{l}{E r g e b n i s}
Wärme-brücke	5.3 Einlassung					k =	0,72 W/m²K
unge-störte Bau-teile	2.2 Außenwand 2.3 Innenwand	1 1	4.1.5 lHlz (0,33) 4.1.5 lHlz (0,33)	365 240	1 2	k_l = Δl = $\min \vartheta$ =	0,11 W/m K 0,15 m 15,0 °C

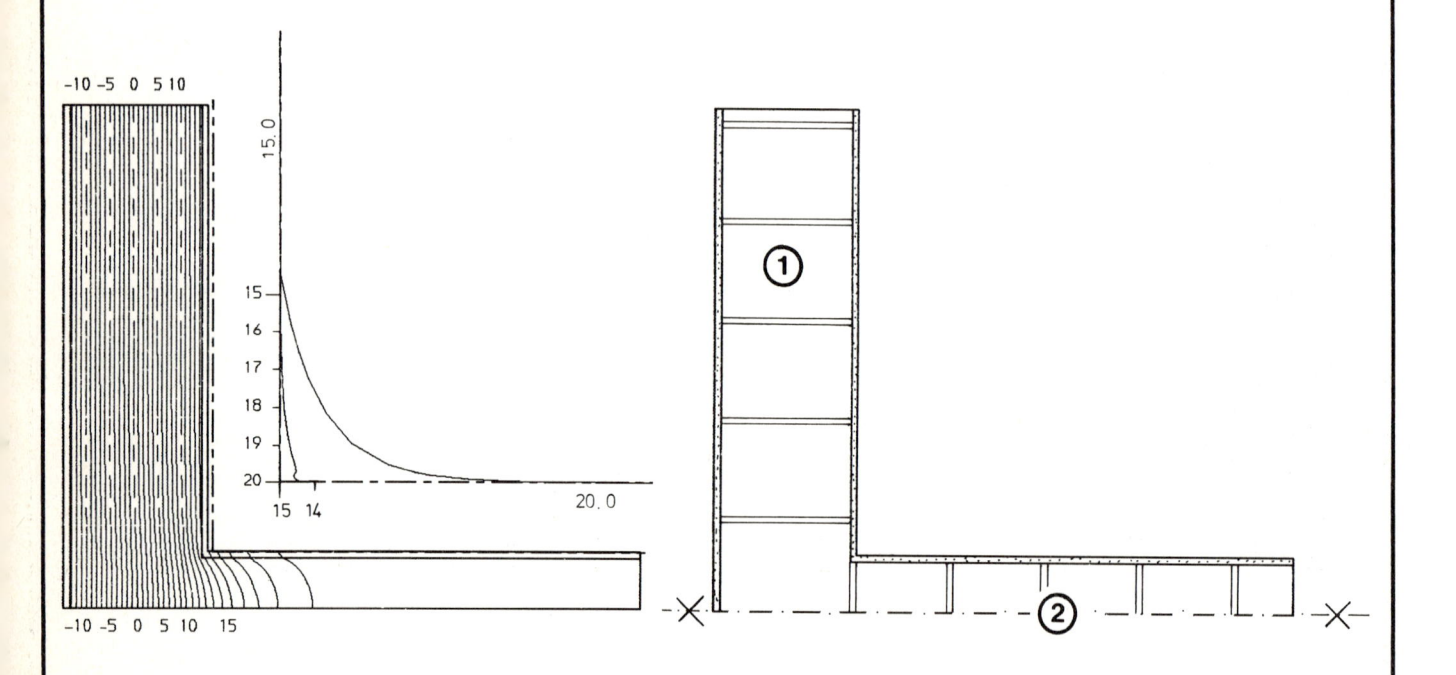

Erläuterung:
Außen- und Innenwand bestehen hier aus Leichthochlochziegeln. Alle Zahlenwerte sind hier etwas günstiger als auf den vorangehenden Seiten.

INNENWANDANSCHLUSS Mauerwerk monolithisch, Innenwand Beton							
Code	Art	Typ	Material	Dicke	Schicht	\multicolumn{2}{c}{E r g e b n i s}	
Wärme-brücke	5.3 Einlassung					k	= 0,72 W/m²K
unge-störte Bau-teile	2.2 Außenwand 2.3 Innenwand	1 1	4.1.5 1Hlz (0,33) 2.1 Beton	365 140	1 2	k_l Δl $\min \vartheta$	= 0,09 W/m K = 0,13 m = 15,0 °C

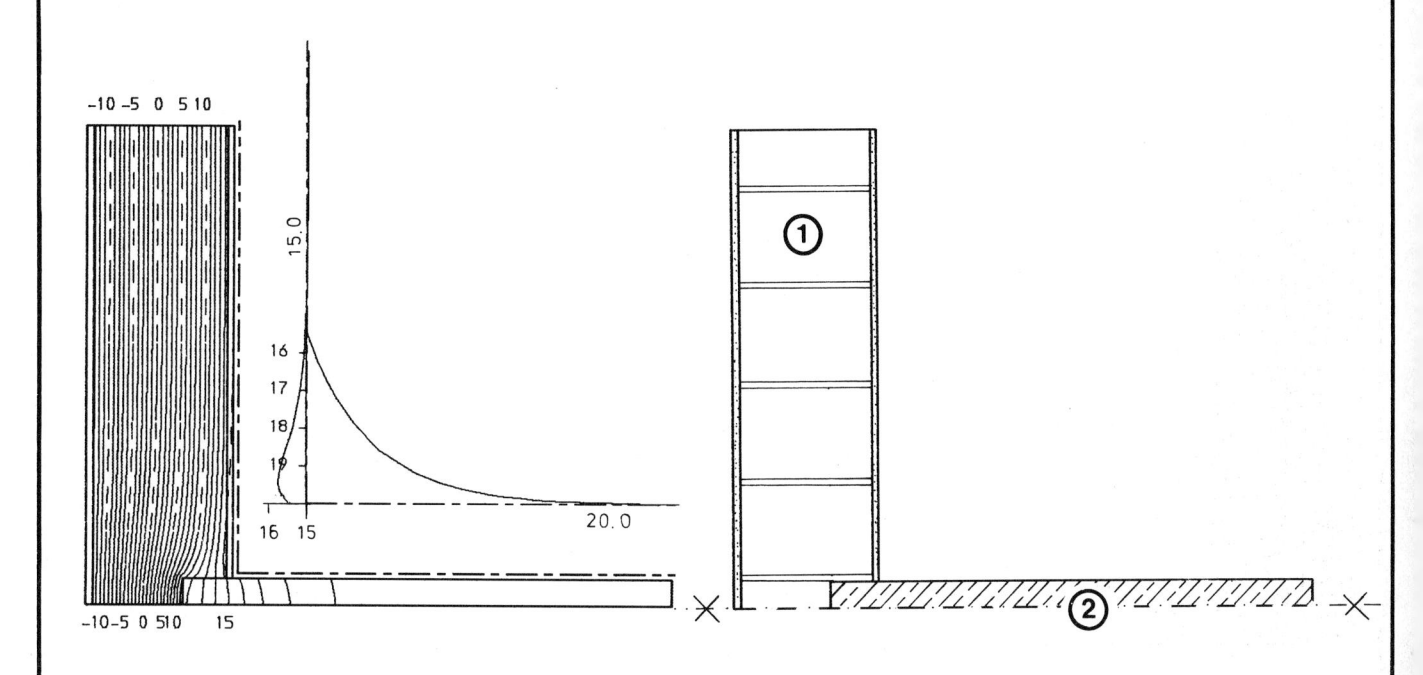

Erläuterung:
Die aus Beton bestehende Trennwand erzeugt erstaunlicherweise bei ihrer Einbindung in die Außenwand aus Leichthochlochziegeln günstigere Verhältnisse als andere Trennwände. Das gilt aber - wie die nächste Seite zeigt - nur dann, wenn die Einbindetiefe der Betonwand gering ist.

INNENWANDANSCHLUSS Mauerwerk monolithisch, Innenwand Beton tief eingebunden							
Code	Art	Typ	Material	Dicke	Schicht	\multicolumn{2}{c}{E r g e b n i s}
Wärme-brücke	5.3 Einlassung					k =	0,72 W/m²K
unge-störte Bau-teile	2.2 Außenwand 2.3 Innenwand	1 1	4.1.5 lHlz (0,33) 2.1 Beton	365 140	1 2	k_l = Δl = $\min \vartheta$ =	0,14 W/m K 0,20 m 14,0 °C

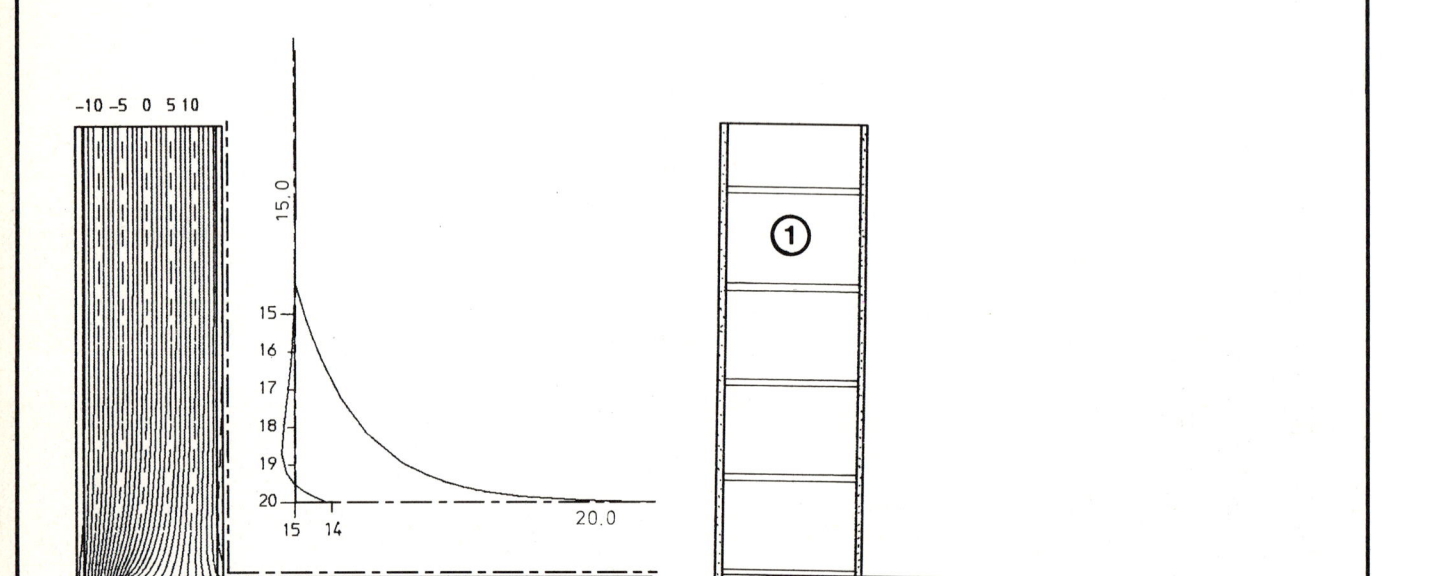

Erläuterung:
Sobald nämlich die Beton-Trennwand tiefer in die Leichthochlochziegel- Außenwand einbindet, tritt ein deutlicher Temperaturabfall ein und die Wärmeverluste steigen.

INNENWANDANSCHLUSS Mauerwerk außengedämmt							Ergebnis	
Code	Art	Typ	Material		Dicke	Schicht		
Wärme-brücke	5.3 Einlassung						k =	0,78 W/m²K
unge-störte Bau-teile	2.2 Außenwand	2n	5.5.1	PS-Schaum	20	1	k_l =	0,13 W/m K
			4.2	KS-Mauerwerk	365	2	Δl =	0,16 m
	2.3 Innenwand	1	4.2	KS-Mauerwerk	240	3	$\min \vartheta$ =	14,5 °C

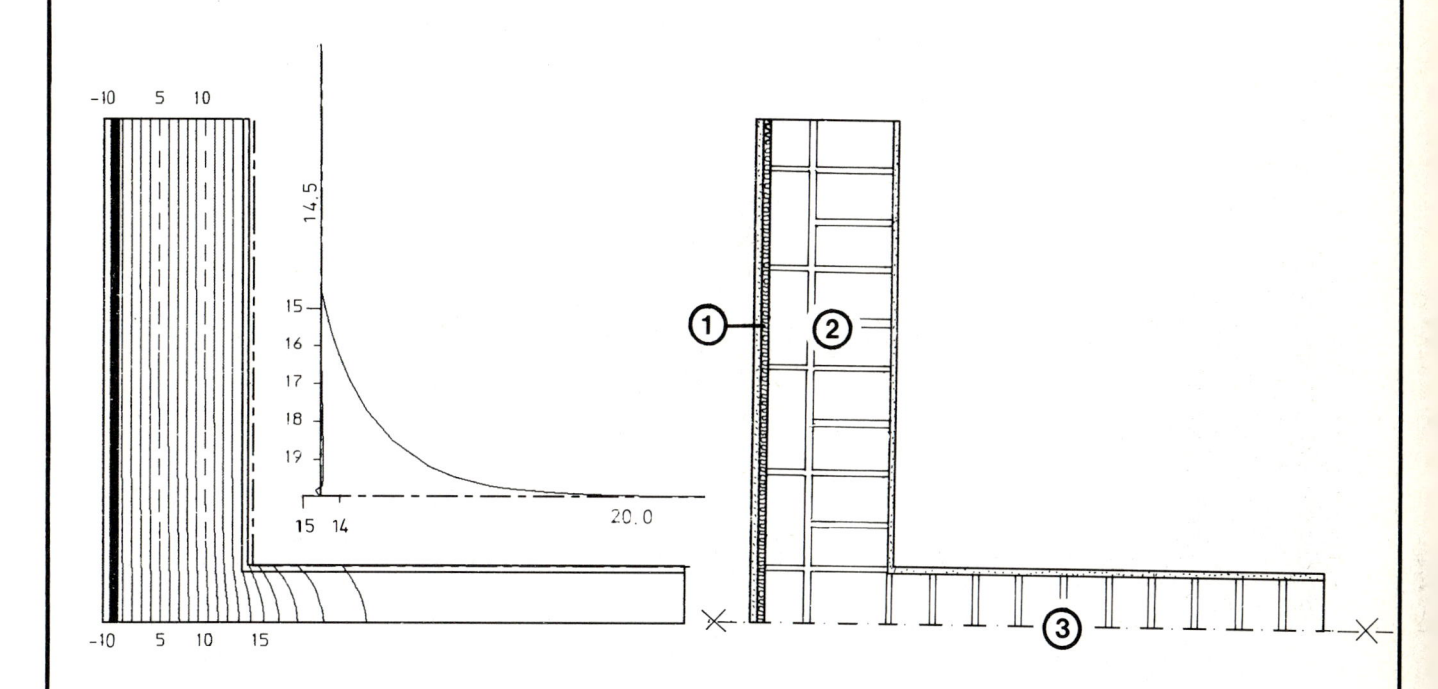

Erläuterung:
Besteht die Außenwand aus Kalksandsteinmauerwerk, das außen zusätzlich - und wenn auch, wie hier, nur mit 20 mm PS-Schaum - gedämmt ist, so so ruft die Trennwand praktisch gar keine Temperaturveränderungen gegenüber dem ungestörten Bereich mehr hervor.

Code	Art	Typ	Material	Dicke	Schicht	Ergebnis
INNENWANDANSCHLUSS Mauerwerk außengedämmt, hinterlüftet							
Wärme-brücke	5.3 Einlassung					$k = 0{,}53$ W/m²K
unge-störte Bau-teile	2.2 Außenwand	3h	Außenhaut 5.5.1 PS-Schaum 4.2 KS-Mauerwerk	50 300	1 2 3	$k_1 = 0{,}06$ W/m K $\Delta l = 0{,}11$ m
	2.3 Innenwand	1	4.2 KS-Mauerwerk	240	4	$\min \vartheta = 15{,}7$ °C

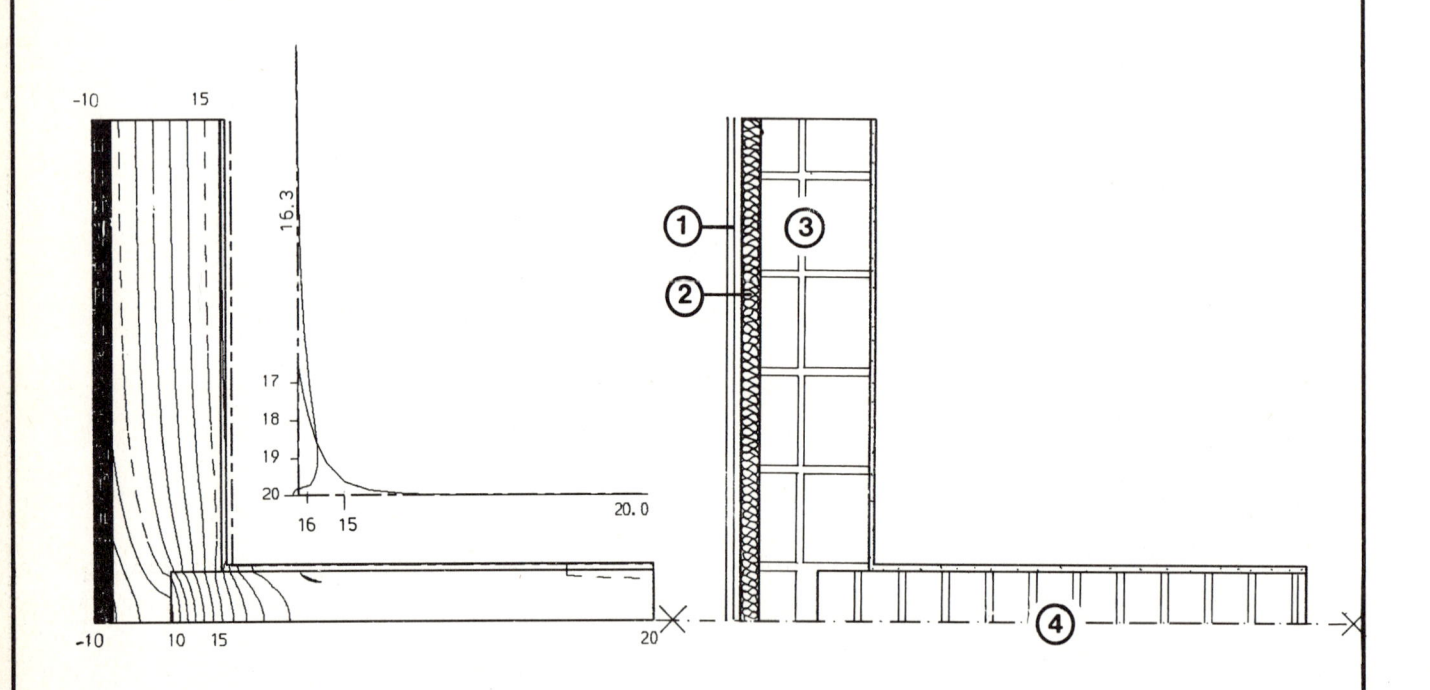

Erläuterung:
Bei höherem Dämmaufwand (Außendämmung 50 mm PS-Schaum) treten die Temperaturveränderungen deutlicher zutage, sind aber technisch ohne Bedeutung. Die Wärmeverluste sind natürlich geringer.

INNENWANDANSCHLUSS Mauerwerk innengedämmt							Ergebnis
Code	Art	Typ	Material	Dicke	Schicht	
Wärme-brücke	5.3 Einlassung					$k = 0,78$ W/m²K
unge-störte Bauteile	2.2 Außenwand	2i	4.2 KS-Mauerwerk 5.5.1 PS-Schaum	365 20	1 2	$k_l = 0,22$ W/m K $\Delta l = 0,28$ m
	2.3 Innenwand	1	4.2 KS-Mauerwerk	240	3	$min\vartheta = 11,1$ °C

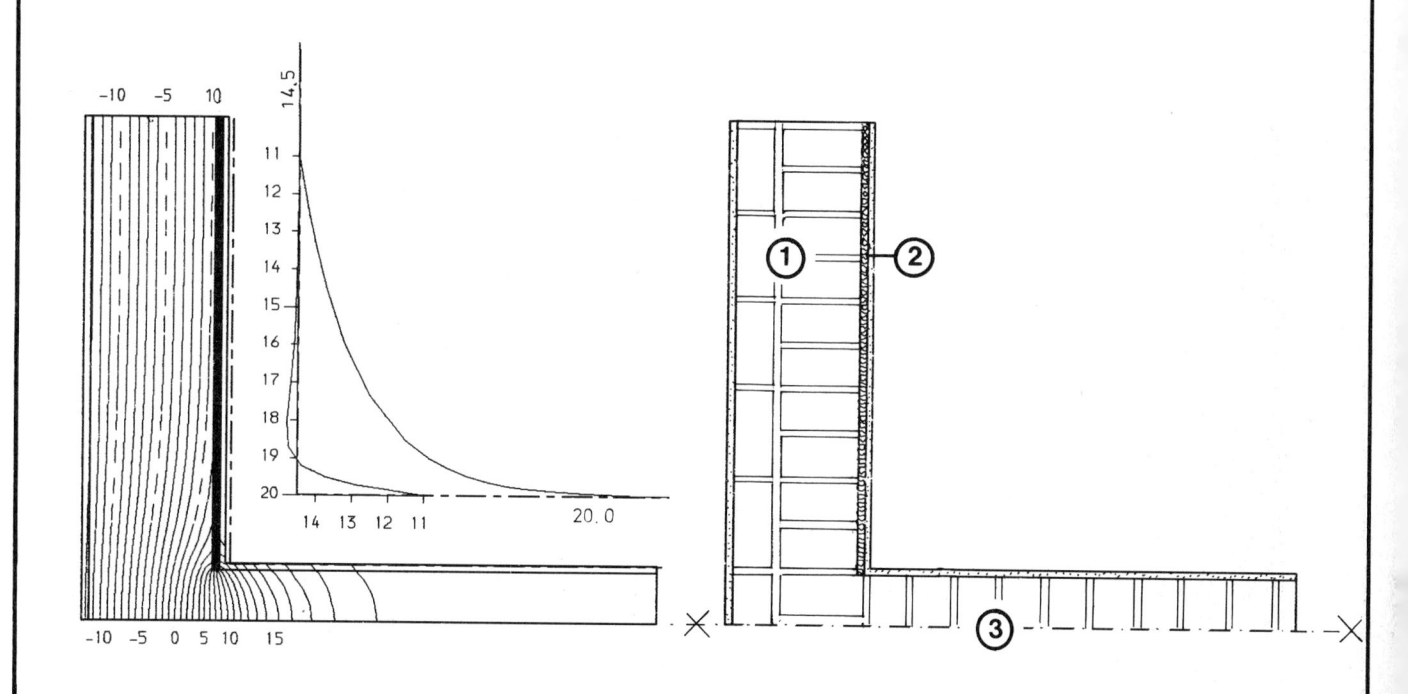

Erläuterung:
Eine zusätzliche Innendämmung einer Außenwand aus 36,5-er Kalksandsteinmauerwerk weist an der Einbindestelle der Trennwand zwangsläufig eine Lücke auf. Diese Lücke macht sich sehr stark bemerkbar. Die Temperatur sinkt dort auf ca. 11° C ab, die Wärmeverluste wachsen erheblich an.

Code	Art	Typ	Material	Dicke	Schicht	E r g e b n i s
INNENWANDANSCHLUSS Mauerwerk kerngedämmt, schwer							
Wärme-brücke	5.3 Einlassung					$k = 0{,}48$ W/m²K
unge-störte Bau-teile	2.2 Außenwand	3s	4.2 KS-Mauerwerk 5.5.1 PS-Schaum 4.2 KS-Mauerwerk	115 50 175	1 2 3	$k_l = 0{,}09$ W/m K $\Delta l = 0{,}18$ m
	2.3 Innenwand	1	4.2 KS-Mauerwerk	240	4	$\min \vartheta = 16{,}6$ °C

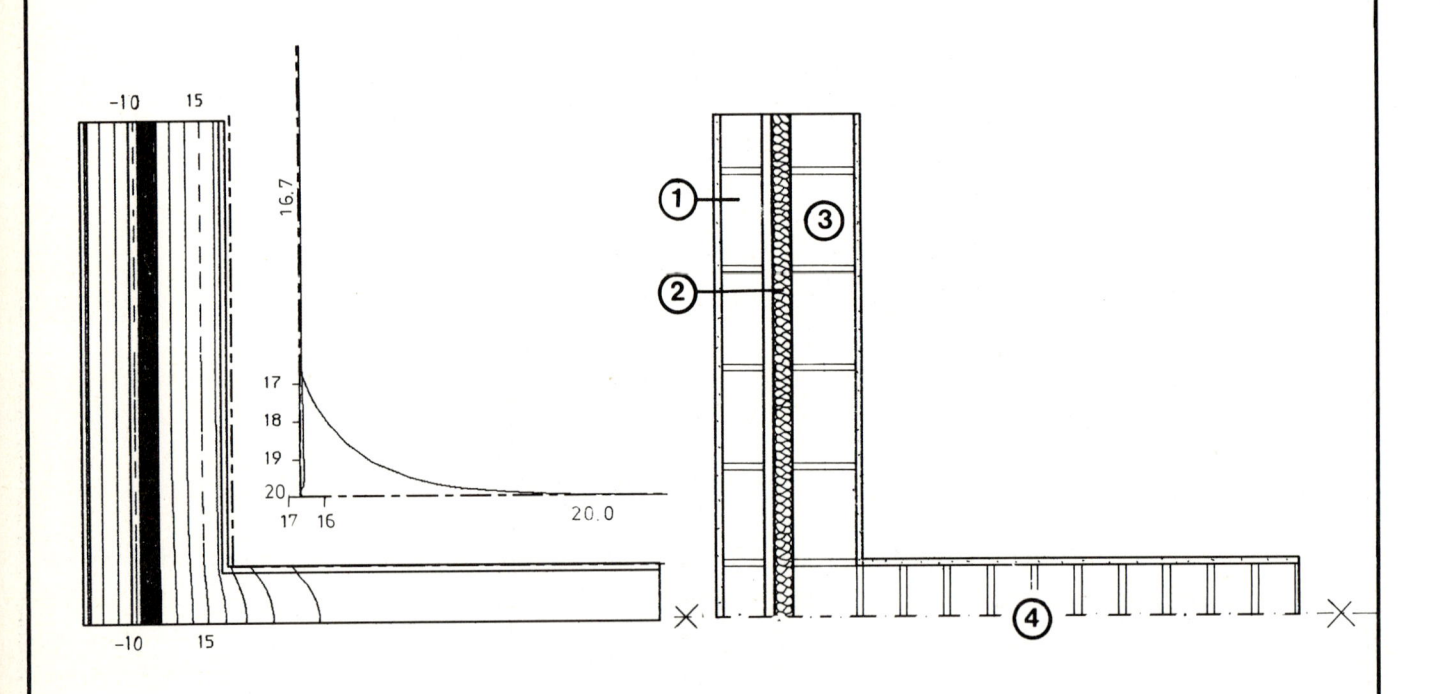

Erläuterung:
Der Vollständigkeit halber wurde auch noch eine Außenwand mit Kerndämmung durchgerechnet. Auch hier hat die Innenwand keinen Einfluß mehr auf die Temperaturen. Zusätzliche Wärmeverluste - wenn auch sehr geringe - treten allerdings immer noch auf.

DACHGESIMS							
Code	Art	Typ	Material		Dicke	Schicht	E r g e b n i s
Wärme-brücke	5.3 Einlassung						$k =$ W/m²K
							$k_l =$ W/m K
unge-störte Bau-teile	2.2 Außenwand	1	4	Mauerwerk		1	$\Delta l =$ m
	6.1 Dachplatte	2n	5.5.1	PS-Schaum		2	
			2.1	Beton		3	$min \vartheta =$ °C
	6.2 Dachgesims	2n	5.5.1	PS-Schaum		4	
			2.1	Beton		5	

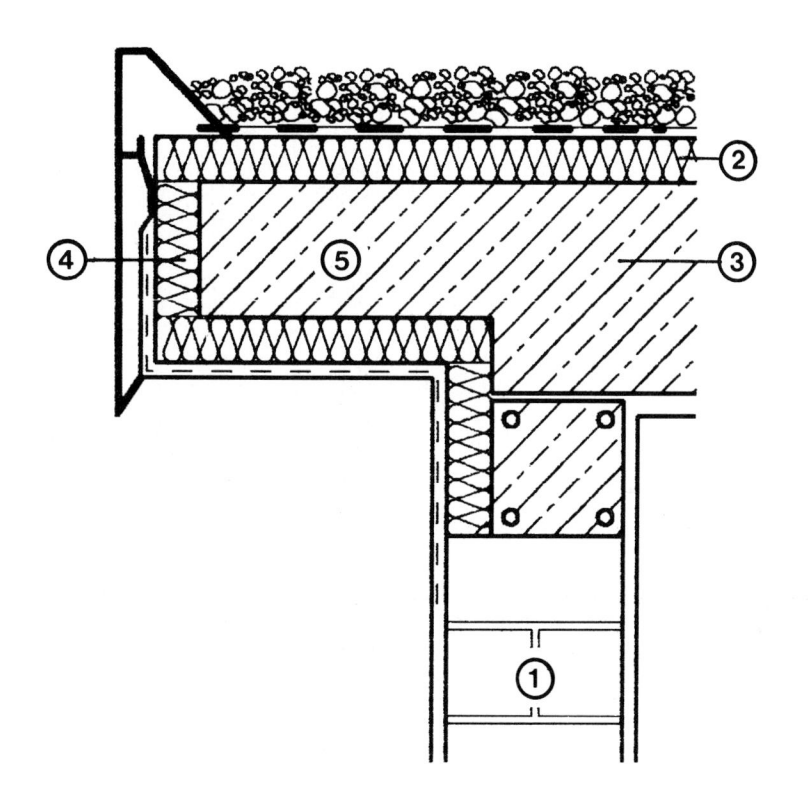

Erläuterung:
Bei einer auskragenden Dachplatte entstehen ähnliche Verhältnisse, wie bei einer "Attika" aus Beton (vgl. Seiten 166-168, 174 und 175). Beides sind gewissermaßen aus dem Baukörper hervortretende Kühlrippen, die mit und ohne Dämmung eine Wärmebrücke bilden, zumal auch der "Kanteneffekt" mitwirkt. Je weiter die Betonplatte auskragt, umso geringer ist der Einfluß der Rundum-Dämmung. Es kommt hinzu, daß die Befestigung des Dachrandprofils im Regelfall eine weitere Wärmebrücke bildet und daß auch der Übergang vom Mauerwerk zur Betonplatte als Schwachstelle anzusehen ist. Im vorliegenden Fall, in welchem mit Rücksicht auf eine Gleitfuge unter der Decke ein Ringanker notwendig ist, wäre eine Verbesserung dadurch zu erreichen, daß die Dämmung noch um 1 bis 2 Steinlagen tiefer gezogen wird. Trotzdem muß Tauwasserbildung entlang der Kante, insbesondere aber in der Gebäudedecke befürchtet werden.

Für Lisenen, d.h. nach außen auskragende Mauervorsprünge, und Gesimse gilt ähnliches.

ATTIKA Stahlleichtbau							
Code	Art	Typ	Material	Dicke	Schicht	\multicolumn{2}{l}{E r g e b n i s}

ATTIKA Stahlleichtbau						
Code	Art	Typ	Material	Dicke	Schicht	Ergebnis
Wärme-brücke	5.3 Einlassung					$k = 0{,}59$ W/m²K
unge-störte Bau-teile	2.2 Außenwand	3h	8.9.1 Trapezblech 5.6 Min.-Wolle 8.9.1 Stahlkassette	1 120 1	1 2 3	$k_1 = 0{,}27$ W/m K $\Delta l = 0{,}45$ m $\min \vartheta = 7{,}7$ °C
	2.6 Attika	3h	8.9.1 Trapezblech 5.6 Min.-Wolle 8.9.1 Stahlkassette	1 120 1	4 5 6	auf das Dach bezogen
	6.2 Dachplatte	2n	8.1.3 Kies (0,055) 5.5.1 PS-Schaum 8.9.1 Trapezblech	50 80 1	7 8 9	

Erläuterung:
Hier ist die Dachrandausbildung mit Attika bei einer Stahlkonstruktion dargestellt. Die innere Schale der Außenwand besteht aus Kassettenblechen. Sie grenzen im Attikabereich an die Außenluft und bilden eine Wärmebrücke zu den Trapezblechen der Dachkonstruktion. Dem überlagert sich der "Kanteneffekt". Wenn trotzdem noch Temperaturen über 7° C auftreten, so sorgt dafür der "Ausbreitungseffekt" in den Blechen. Die zusätzlichen Wärmeverluste sind erheblich.
Die Dämmung in der Wand ist dicker gewählt worden als im Dach, um dort die Wärmebrückenwirkung der Kassettenstege (3) und der "Konterlattung" (s. Schnitt A-A) auszugleichen (vergl. auch Seite 53 und 60).

ATTIKA	Stahlleichtbau, Attikainnenseite zusätzlich gedämmt					
Code	Art	Typ	Material	Dicke	Schicht	**E r g e b n i s**
Wärme-brücke	5.3 Einlassung					$k = 0,59$ W/m²K
unge-störte Bau-teile	2.2 Außenwand	3h	8.9.1 Trapezblech 5.6 Min.-Wolle 8.9.1 Stahlkassette	1 120 1	1 2 3	$k_l = 0,16$ W/m K $\Delta l = 0,27$ m $min\vartheta = 11,7$ °C
	2.6 Attika	3h	8.9.1 Trapezblech 5.6 Min.-Wolle 8.9.1 Stahlkassette	1 120 1	4 5 6	
	6.2 Dachplatte	2n	5.5.1 PS-Schaum 8.1.3 Kies (0,55) 5.5.1 PS-Schaum 8.9.1 Trapezblech	100 50 80 1	7 8 9 10	auf das Dach bezogen

Erläuterung:
Um den ungünstigen, auf der vorangehenden Seite dargestellten Verhältnissen zu begegnen, sind hier die Stahlkassetten im Bereich der Attika zusätzlich innen gedämmt. Der Erfolg dieser Maßnahme ist unerwartet groß. Die Temperatur entlang der Kante steigt auf 11,7° C, der k_l - Wert ermäßigt sich um 40 %.

ATTIKA Stahlleichtbau, Trennung des Innenprofils							
Code	Art	Typ	Material	Dicke	Schicht	\multicolumn{2}{c}{E r g e b n i s}

Code	Art	Typ	Material	Dicke	Schicht	Ergebnis
Wärmebrücke	5.3 Einlassung					$k = 0,59$ W/m²K
ungestörte Bauteile	2.2 Außenwand	3h	8.9.1 Trapezblech 5.6 Min.-Wolle 8.9.1 Stahlkassette	1 120 1	1 2 3	$k_l = 0,06$ W/m K $\Delta l = 0,11$ m
	2.6 Attika	3h	8.9.1 Trapezblech 5.6 Min.-Wolle 8.9.1 Stahlkassette	1 120 1	4 5 6	$\min \vartheta = 15,8$ °C
	6.2 Dachplatte	2n	8.1.3 Kies (0,55) 5.5.1 PS-Schaum 8.9.1 Trapezblech	50 80 1	7 8 9	auf das Dach bezogen

Erläuterung:
Hierbei sollte dargelegt werden, wie groß im Vergleich mit der Ursprungskonstruktion zwei Seiten zuvor der Einfluß einer von innen nach außen durchgehenden Blechbekleidung ist bzw. nicht ist, indem das Kassettenblech im Bereich der Dachdämmung (rein theoretisch) weggelassen wurde. Die Attika durchkühlt total, es bildet sich ein kaum merklicher Kanteneffekt aus, wobei die Minimaltemperatur praktisch der Oberflächentemperatur an der Unterseite des ungestörten Daches entspricht.

Code	Art	Typ	Material	Dicke	Schicht	E r g e b n i s
Wärme-brücke	5.3 Einlassung					$k = 0{,}56$ W/m²K
unge-störte Bau-teile	2.2 Außenwand 4.1 Kaltdach 2.6 Attika 5.3 Ringanker	1 2n 1	4.1.5 1Hlz (0,33) 5.5.1 PS-Schaum 2.1 Beton 2.1 Beton 2.1 Beton	365 60 140 200	1 2 3 4 5	$k_l = 0{,}57$ W/m K $\Delta l = 1{,}02$ m $\min \vartheta = 6{,}0$ °C

ATTIKA Beton kurz, Wand mit Ringanker

auf das Dach bezogen

Erläuterung:
Auf dieser und den folgenden Seiten werden Dachrandausbildungen von Flachdächern dargestellt, bei welchen die Verhältnisse dadurch noch ungünstiger sind, daß am Dachrand eine Attika angeordnet werden soll. Untersucht wurden Attiken aus 1Hlz-Mauerwerk oder Beton mit verschiedener Dicke und Höhe.

Auf dieser Seite ist lediglich eine ungedämmte Deckenverstärkung aus Beton, allerdings auch noch in Verbindung mit einem Betonringanker dargestellt. Wie man sieht, führt eine derartig ausgeprägte Wärmebrücke zu Kantentemperaturen von ca. 6° C und zu einem ausgedehnten Tauwasserbereich.

Noch ungünstiger wären die Temperaturverhältnisse natürlich bei einer Außenwand aus 36,5-er Kalksandsteinmauerwerk. Das gilt auch für alle folgenden Blätter.

ATTIKA Beton mittelhoch, Wand mit Ringanker						
Code	Art	Typ	Material	Dicke	Schicht	Ergebnis
Wärme-brücke	5.3 Einlassung					$k = 0{,}56$ W/m²K
unge-störte Bau-teile	2.2 Außenwand 4.1 Kaltdach 2.6 Attika 5.3 Ringanker	1 2n 1	4.1.5 1Hlz (0,33) 5.5.1 PS-Schaum 2.1 Beton 2.1 Beton 2.1 Beton	365 60 140 200 	1 2 3 4 5	$k_1 = 0{,}57$ W/m K $\Delta l = 1{,}02$ m $\min \vartheta = 6{,}0$ °C auf das Dach bezogen

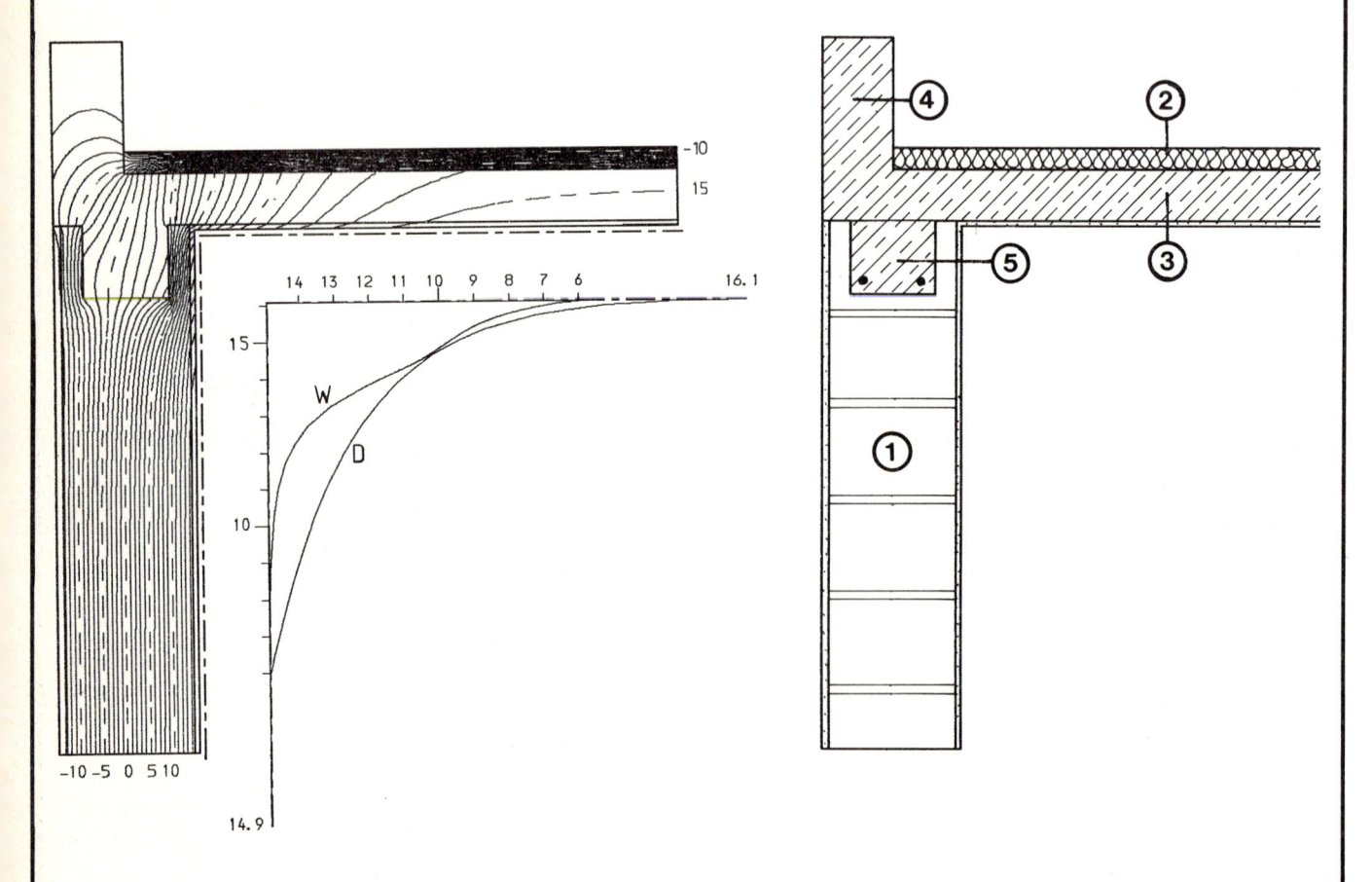

Erläuterung:
Hier ist dieselbe Anordnung dargestellt wie auf der vorangehenden Seite, jedoch ist die ungedämmte Betondecke sogar noch als Drempel von 30 cm Höhe ausgebildet. Trotzdem hat sich gegenüber der vorhergehenden Seite praktisch nichts geändert. Die höhere "Kühlrippe" wirkt sich also gar nicht mehr aus.

ATTIKA Beton hoch, Wand mit Ringanker							Ergebnis	
Code	Art	Typ	Material || Dicke	Schicht		
Wärme-brücke	5.3 Einlassung						k = 0,56 W/m²K
unge-störte Bauteile	2.2 Außenwand	1	4.1.5	1Hlz (0,33)	365	1	k_l = 0,57 W/m K
	4.1 Kaltdach	2n	5.5.1	PS-Schaum	60	2	Δl = 1,02 m
			2.1	Beton	140	3	
	2.6 Attika	1	2.1	Beton	200	4	$\min \vartheta$= 6,0 °C
	5.3 Ringanker		2.1	Beton		5	

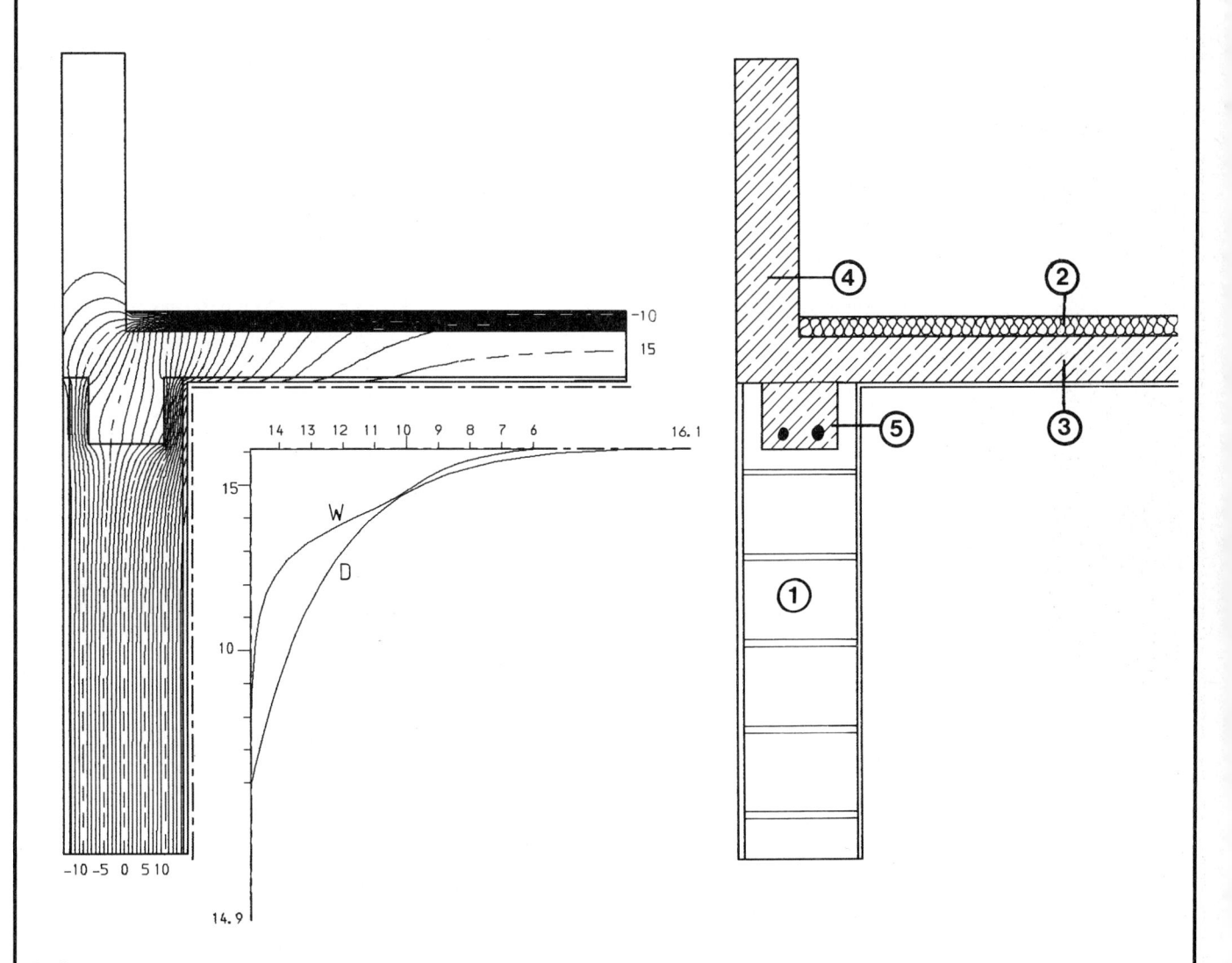

auf das Dach bezogen

Erläuterung:
Unter Beibehaltung aller Materialien und Konstruktionsdetails der beiden vorangehenden Seiten ist hier die Betondecke zu einer 90 cm hohen, ungedämmten Attika aufgekantet. Überraschenderweise ergeben sich hier eher günstigere Werte als zuvor. Man sieht auch, daß das Isothermenfeld nicht weiter in die Attika hineingreift als vorher, d.h. der obere Teil der Attika beteiligt sich an der Wärmeableitung gar nicht mehr.

ATTIKA Beton hoch						
Code	Art	Typ	Material	Dicke	Schicht	Ergebnis
Wärme-brücke	5.3 Einlassung					k = 0,56 W/m²K
unge-störte Bau-teile	2.2 Außenwand 4.1 Kaltdach 2.6 Attika	1 2n 1	4.1.5 1H1z (0,33) 5.5 PS-Schaum 2.1 Beton 2.1 Beton	365 60 140 200	1 2 3 4	k_l = 0,44 W/m K Δl = 0,78 m $min \vartheta$ = 6,9 °C

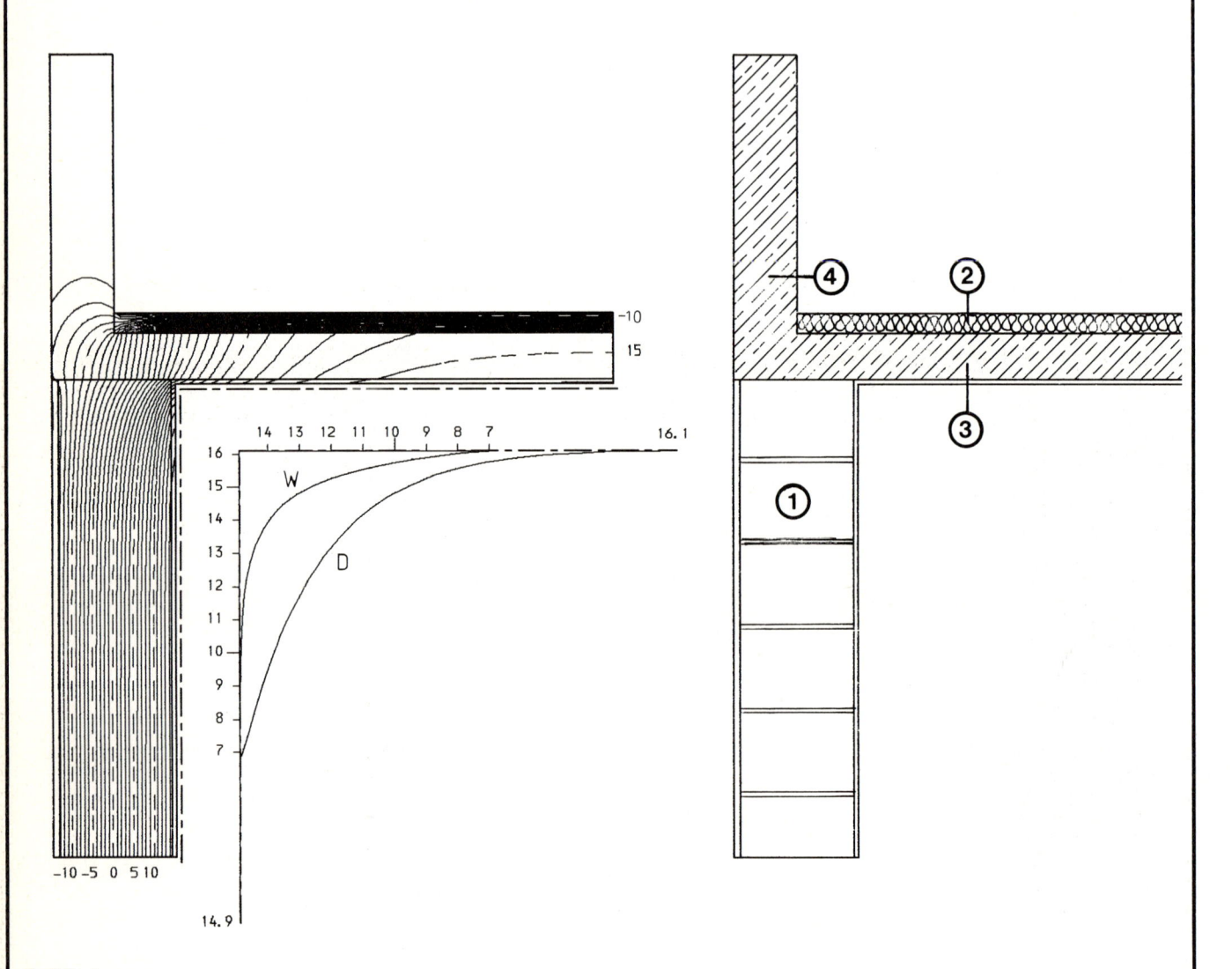

auf das Dach bezogen

Erläuterung:
Hier stimmt wieder alles mit der auf der vorangehenden Seite dargestellten Konstruktion überein, es fehlt jedoch der Ringanker. Da der im Mauerwerk (in Formsteine) eingegossene Ringanker eine zusätzliche Schwachstelle entstehen läßt, sind bei Fortfall desselben günstigere Verhältnisse zu erwarten. Das ist natürlich auch der Fall. Die verbleibende Wärmebrücke über die ungedämmte Attika sorgt aber immer noch für unzulässig niedrige Temperaturen.

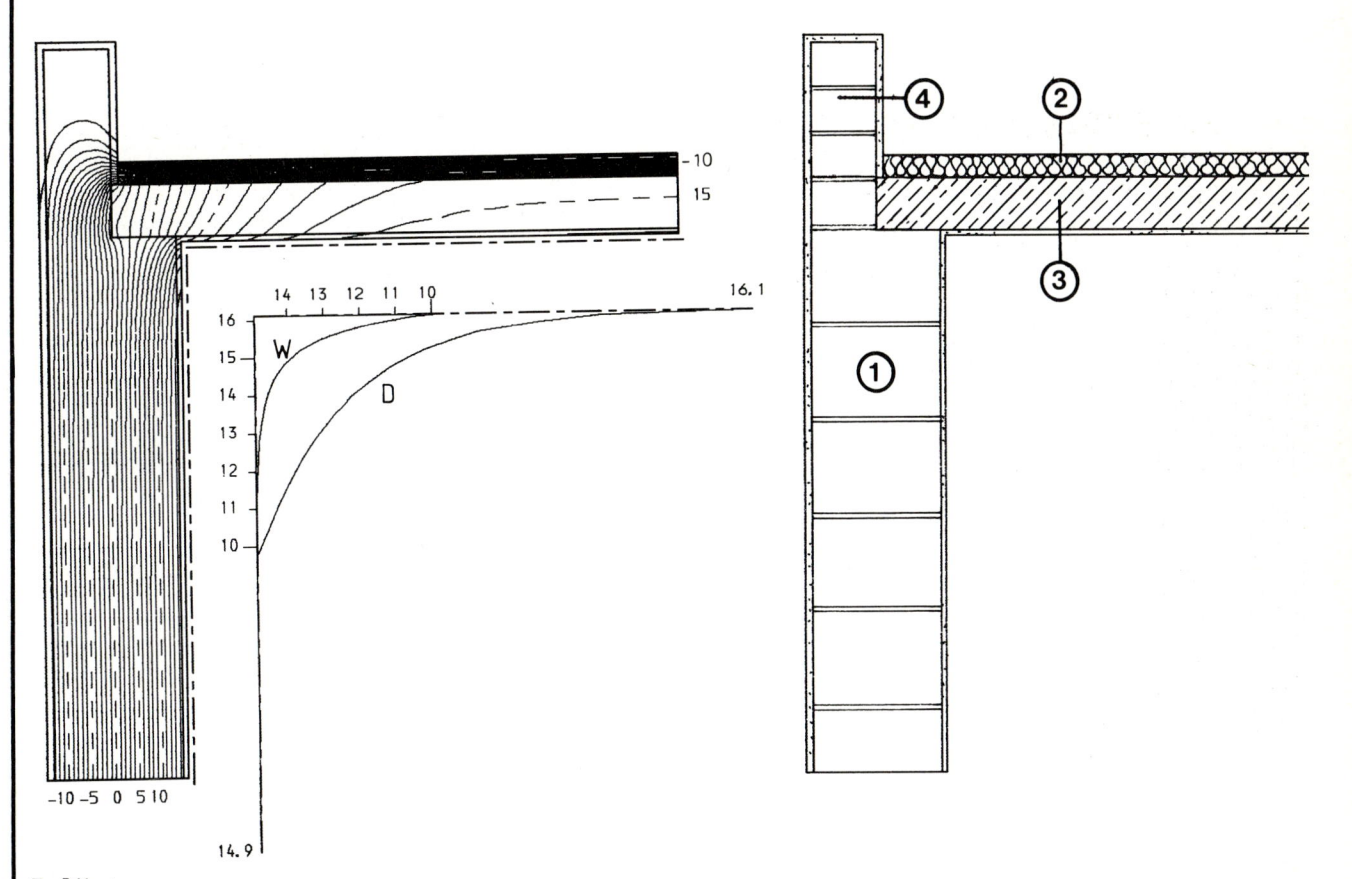

Code	Art	Typ	Material	Dicke	Schicht
ATTIKA Mauerwerk kurz					
Wärme-brücke	5.3 Einlassung				
unge-störte Bau-teile	2.2 Außenwand	1	4.1.5 1Hlz (0,33)	365	1
	4.1 Kaltdach	2n	5.5.1 PS-Schaum	60	2
			2.1 Beton	140	3
	2.6 Attika	1	4.1.5 1Hlz (0,33)	175	4

Ergebnis

$k = 0{,}56$ W/m²K

$k_l = 0{,}28$ W/m K

$\Delta l = 0{,}50$ m

$\min \vartheta = 9{,}8$ °C

auf das Dach bezogen

Erläuterung:
Hier nun ist die Attika gemauert und das Deckenauflager verkürzt. Der durch die "Kühlrippe" verstärkte "Kanteneffekt" bleibt jedoch weiter wirksam. Auch hier liegt die Temperatur entlang der Kante noch unter 10°C.
Im oberen Bereich ist die Attika vollständig durchkühlt, eine Erhöhung der Attika würde somit am Temperaturbild nichts ändern.

Code	Art	Typ	Material	Dicke	Schicht	E r g e b n i s
ATTIKA Mauerwerk hoch						
Wärme-brücke	5.3 Einlassung					$k = 0{,}56$ W/m²K
unge-störte Bau-teile	2.2 Außenwand 4.1 Kaltdach 2.6 Attika	1 2n 1	4.1.5 1Hlz (0,33) 5.5.1 PS-Schaum 2.1 Beton 4.1.5 1Hlz (0,33)	365 60 140 175	1 2 3 4	$k_l = 0{,}28$ W/m K $\Delta l = 0{,}50$ m $\min \vartheta = 9{,}8$ °C

auf das Dach bezogen

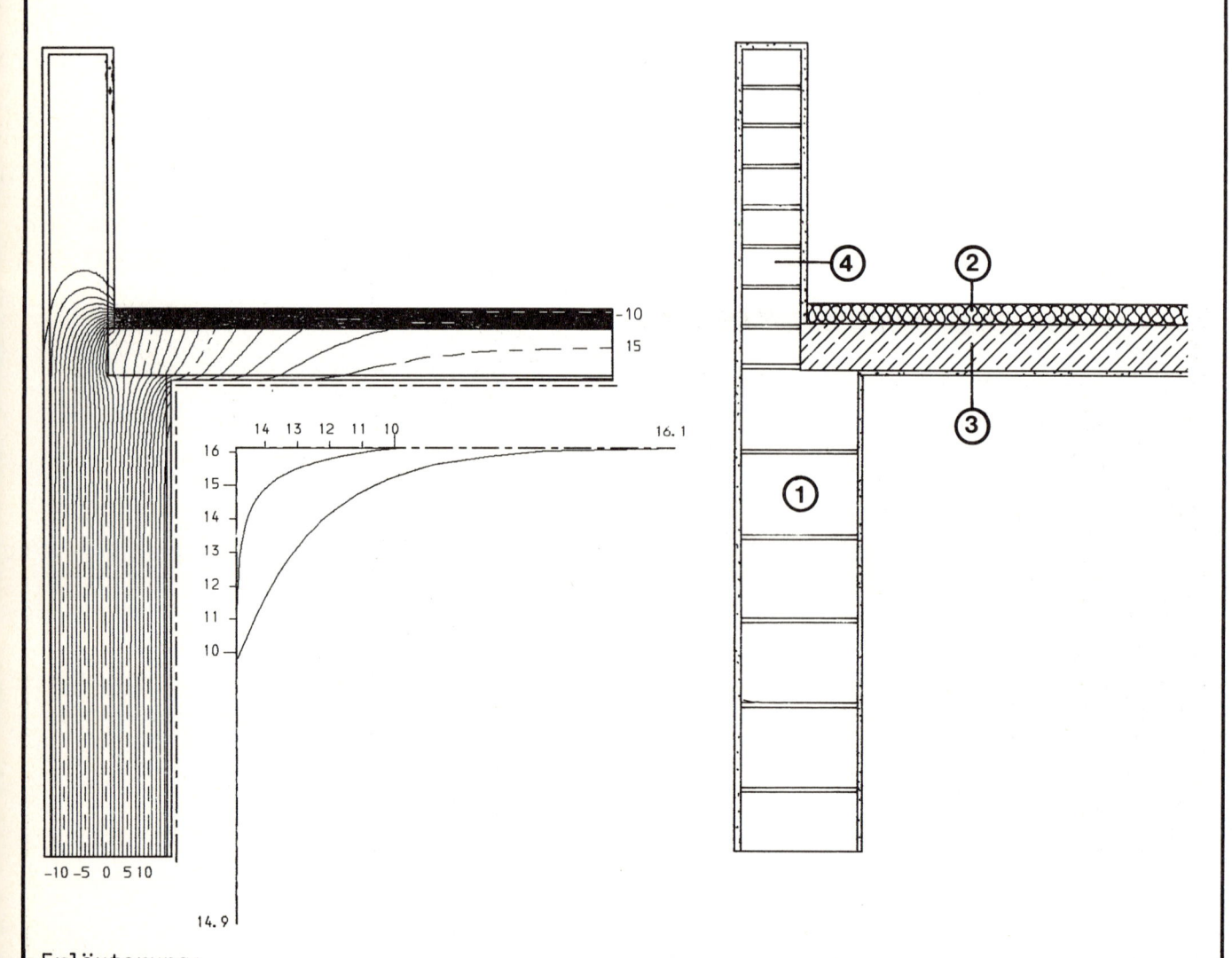

Erläuterung:
Wie vorseitig schon angedeutet, hat die Erhöhung der gemauerten Attika auf 0,9 m Höhe im Vergleich zu der von 0,3 m Höhe der Vorseite keine Veränderung der Temperaturen und auch der Wärmeverluste zur Folge. Die vorstehenden Skizzen wurden trotzdem aufgenommen, um zu demonstrieren, daß sich dieser Sachverhalt bereits aus dem vorseitigen Isothermenbild ablesen ließ.

Code	Art		Typ	Material	Dicke	Schicht	E r g e b n i s
\multicolumn{7}{l}{ATTIKA Mauerwerk hoch und breit, Wand mit Ringanker, Decke stirnseitig gedämmt}	

Code	Art	Typ	Material	Dicke	Schicht	Ergebnis
Wärme-brücke	5.3 Einlassung					k = 0,56 W/m²K
unge-störte Bau-teile	2.2 Außenwand	1	4.1.5 1Hlz (0,33)	365	1	k_l = 0,49 W/m K
	4.1 Kaltdach	2n	5.5.1 PS-Schaum	60	2	Δl = 0,89 m
			2.1 Beton	140	3	min ϑ = 7,1 °C
	2.6 Attika	1	4.1.5 1Hlz (0,33)	200	4	
			5.5.1 PS-Schaum	40	5	auf das Dach bezogen
	5.3 Ringanker		2.1 Beton		6	

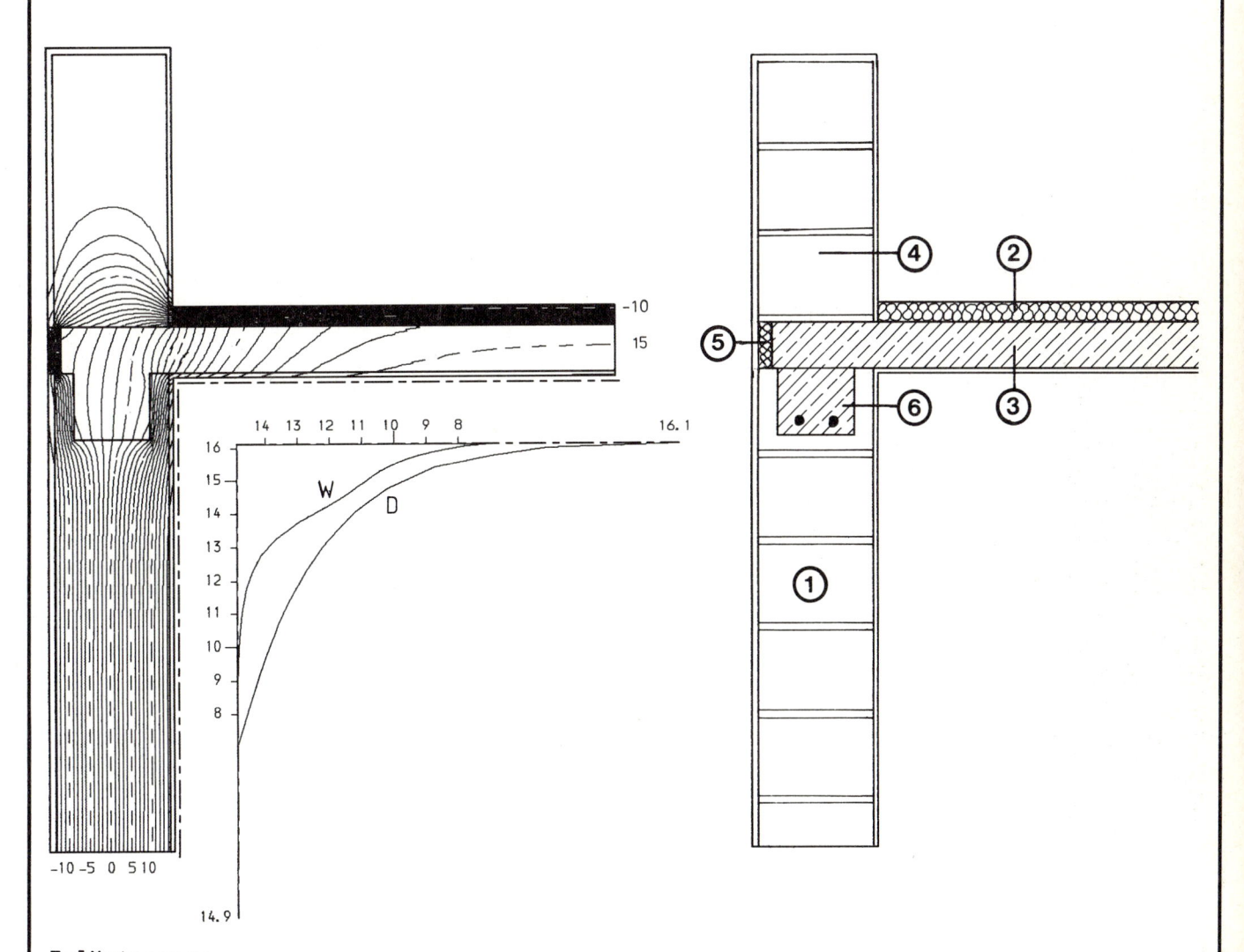

Erläuterung:
Gegenüber der vorangehenden Seite wurde die Mauerdicke der Attika nun auf 36,6 cm vergrößert. Die Decke ist an der Stirn gedämmt, nicht aber der Ringanker, der als sehr ungünstige Version wieder vorgesehen wurde. Die stirnseitige Dämmung der Betondecke nützt nicht viel, denn sie kann ja nach unten und nach oben Wärme abgeben, soweit sie mit Mauerwerk oder Ringanker in Berührung steht. Insofern wirkt sich die Dicke des Attika-Mauerwerks sogar ungünstig aus. Man erwartet von dieser Dachrandausbildung trotzdem nicht, daß die Temperatur entlang der Innenkante bei nur 7°C liegt!

ATTIKA Mauerwerk hoch und breit, Decke stirnseitig gedämmt						
Code	Art	Typ	Material	Dicke	Schicht	Ergebnis
Wärme-brücke	5.3 Einlassung					$k = 0{,}56$ W/m²K
unge-störte Bau-teile	2.2 Außenwand 4.1 Kaltdach 2.6 Attika	1 2n 1	4.1.5 1Hlz (0,33) 5.5.1 PS-Schaum 2.1 Beton 4.1.5 1Hlz (0,33) 5.5.1 PS-Schaum	365 60 140 200 40	1 2 3 4 5	$k_1 = 0{,}39$ W/m K $\Delta l = 0{,}70$ m $\min \vartheta = 7{,}8$ °C

auf das Dach bezogen

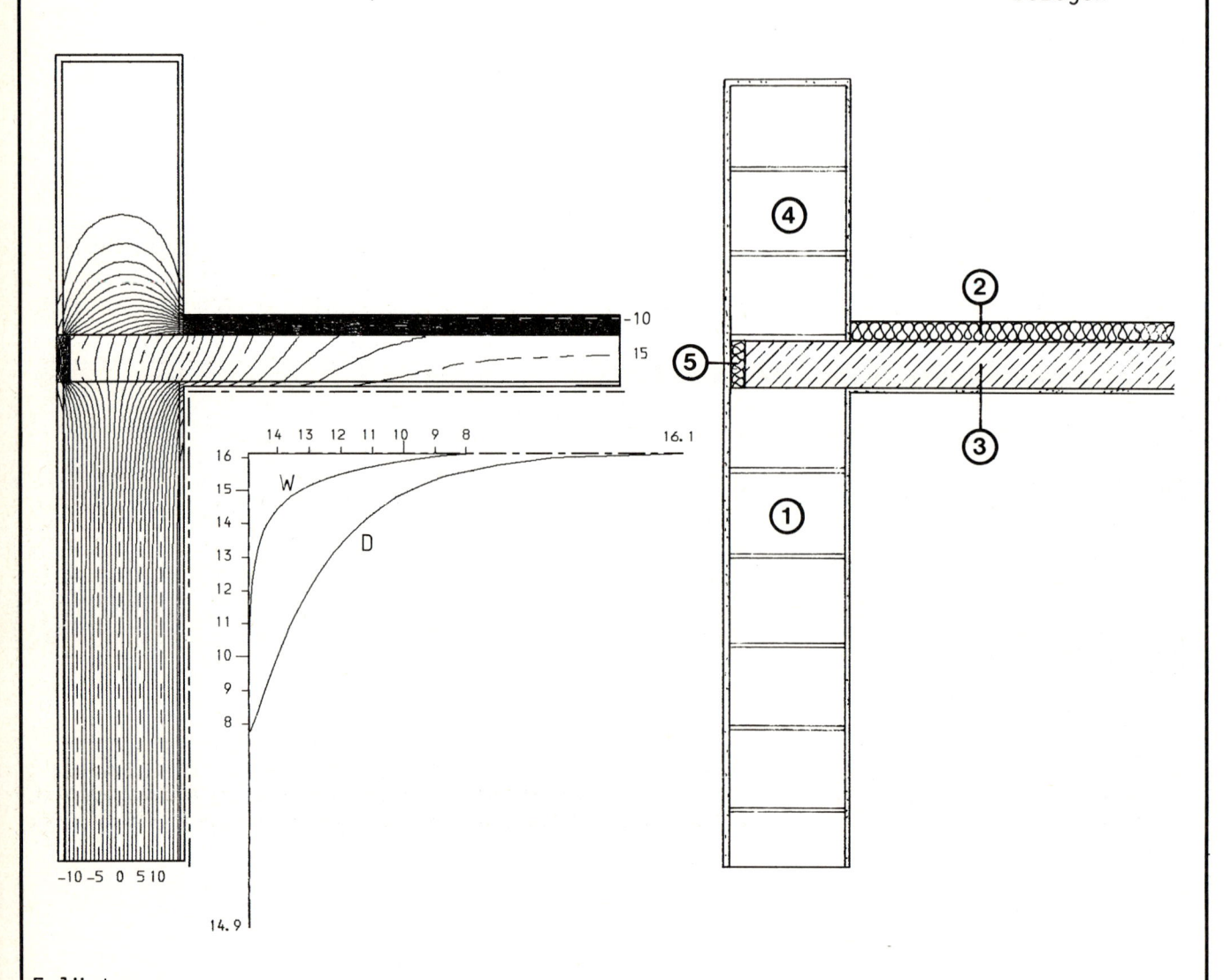

Erläuterung:
Hier fehlt zwar der auf dem vorangegangenen Blatt noch vorhandene Ringanker. Aber mehr als 1 K Temperaturerhöhung ist durch seine Beseitigung nicht zu erreichen. Um hier überhaupt zu erträglichen Verhältnissen zu kommen, ist folgendes zu empfehlen: Gleichviel, ob die Attika aus Mauerwerk oder Beton besteht, sollte sie innen und außen sehr wirksam gedämmt werden (Dämmschichtdicke größer 60 mm) und die Dämmung sollte außen noch ca. 25 cm unter das Deckenauflager bzw. unter Unterkante Ringanker geführt werden.

ATTIKA Mauerwerk hoch und breit, Decke kurz eingebunden							Ergebnis	
Code	Art	Typ	Material	Dicke	Schicht			
Wärme-brücke	5.3 Einlassung					k =	0,56 W/m²K
unge-störte Bau-teile	2.2 Außenwand	1	4.1.5 1Hlz (0,33)	365	1	k_l =	0,35 W/m K
	4.1 Kaltdach	2n	5.5.1 PS-Schaum	60	2	Δl =	0,63 m
			2.1 Beton	140	3		
	2.6 Attika	1	4.1.5 1Hlz (0,33)	200	4	$min\vartheta$ =	8,7 °C

auf das Dach bezogen

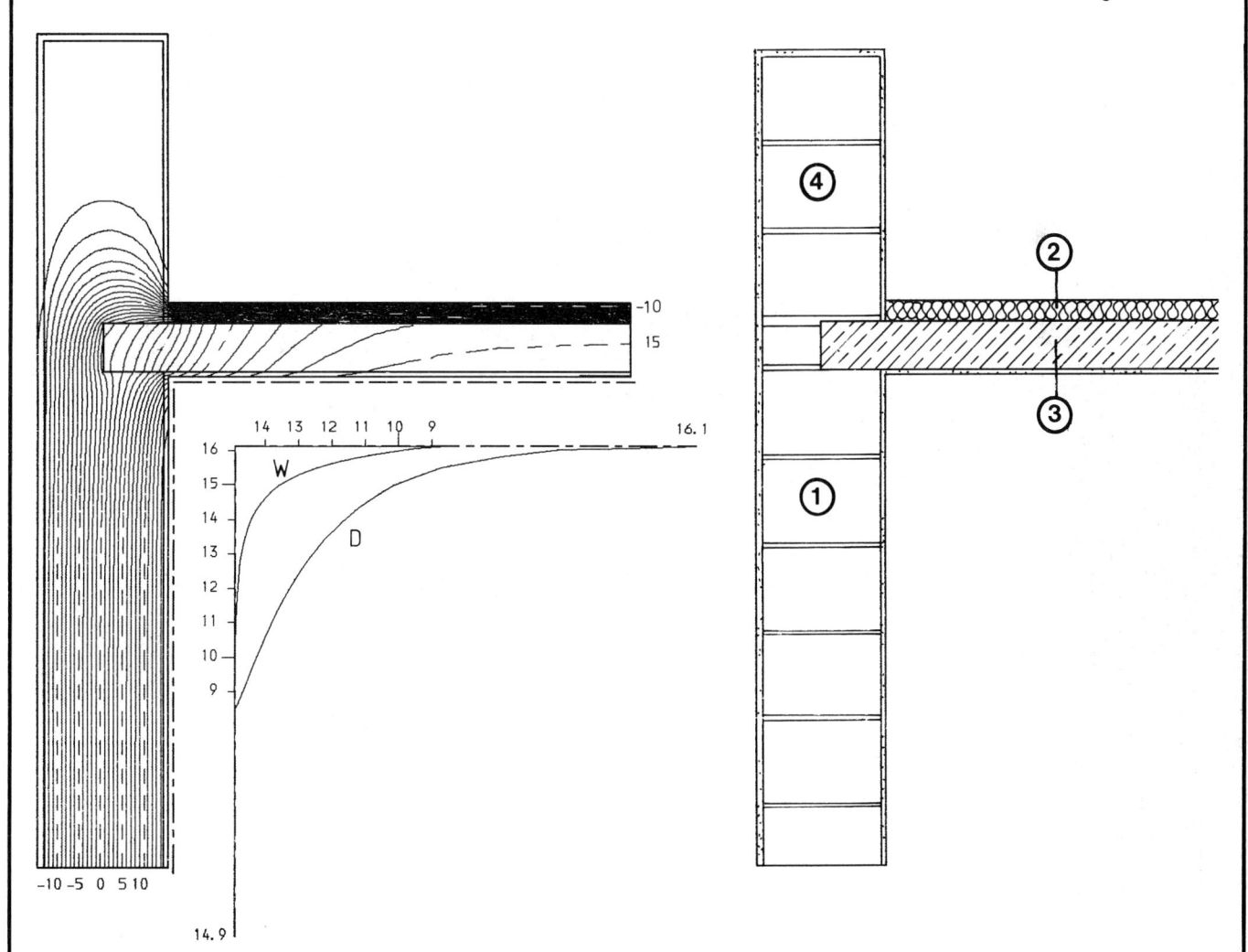

Erläuterung:
Hier ist versucht worden, das Deckenauflager innerhalb des Leichthochlochziegel-Mauerwerks zu verkürzen, um damit die Einwirkungslänge des kalten Mauerwerks auf die Betonplatte zu reduzieren. Die Isothermen verraten deutlich, daß der kalte Mauerwerksblock der Attika nach wie vor die Deckentemperatur im Auflagerbereich bestimmt. Auch auf diese Weise lassen sich mithin erträgliche Verhältnisse nicht herbeiführen.

ATTIKA Beton gedämmt, Wand mit Ringanker

Code	Art	Typ	Material	Dicke	Schicht
Wärme-brücke	5.3 Einlassung				
unge-störte Bau-teile	2.2 Außenwand	1	4.1.5 1Hlz (0,33)	365	1
	4.1 Kaltdach	2n	5.5.1 PS-Schaum	60	2
			2.1 Beton	140	3
	2.6 Attika	2	2.1 Beton	200	4
			5.5.1 PS-Schaum	40	5
	5.3 Ringanker		2.1 Beton		6

Ergebnis

$k = 0{,}56$ W/m²K

$k_l = 0{,}44$ W/m K

$\Delta l = 0{,}80$ m

$\min \vartheta = 7{,}8$ °C

auf das Dach bezogen

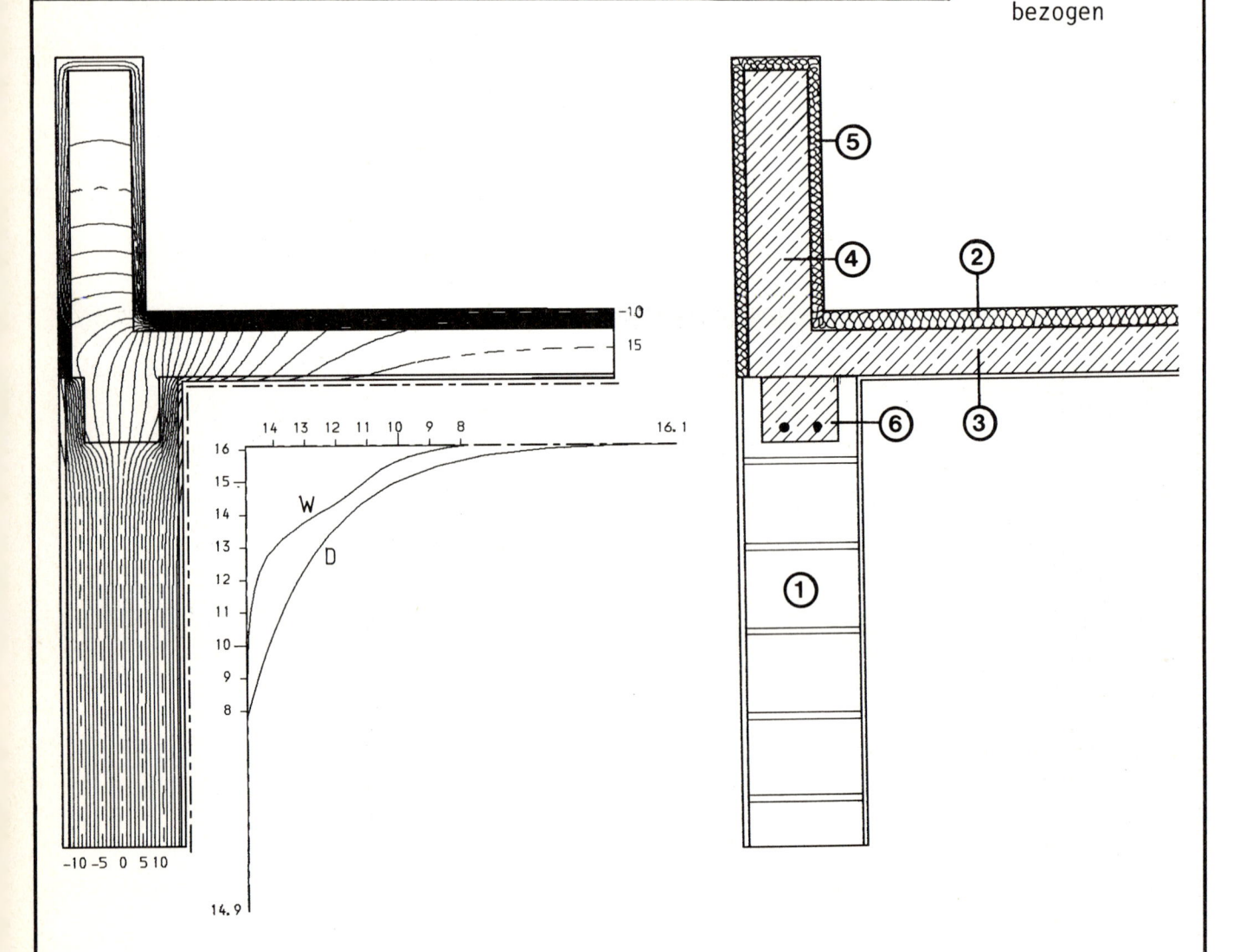

Erläuterung:
Wenn schon eine Attika gewünscht wird und aus Beton hergestellt werden soll, liegt es nahe, sie durch Ummantelung zu dämmen. Das Resultat ist enttäuschend. Gegenüber der ungedämmten Version werden zwar 2 K gewonnen, die Temperatur an der Kante erreicht aber mit Mühe doch nur 8°C und auch der Wärmeverlust vermindert sich nicht sehr. An den Isothermen erkennt man, daß nun die ganze Oberfläche der Attika zur Wärmeabgabe herangezogen wird und das gleicht den durch die Dämmung vergrößerten Wärmedurchlaß-widerstand aus.

ATTIKA Beton gedämmt						
Code	Art	Typ	Material	Dicke	Schicht	Ergebnis
Wärme-brücke	5.3 Einlassung					$k = 0{,}56$ W/m²K
unge-störte Bau-teile	2.2 Außenwand 4.1 Kaltdach 2.6 Attika	1 2n 2	4.1.5 1Hlz (0,33) 5.5.1 PS-Schaum 2.1 Beton 2.1 Beton 5.5.1 PS-Schaum	365 60 140 200 40	1 2 3 4 5	$k_l = 0{,}33$ W/m K $\Delta l = 0{,}60$ m $\min \vartheta = 8{,}8$ °C

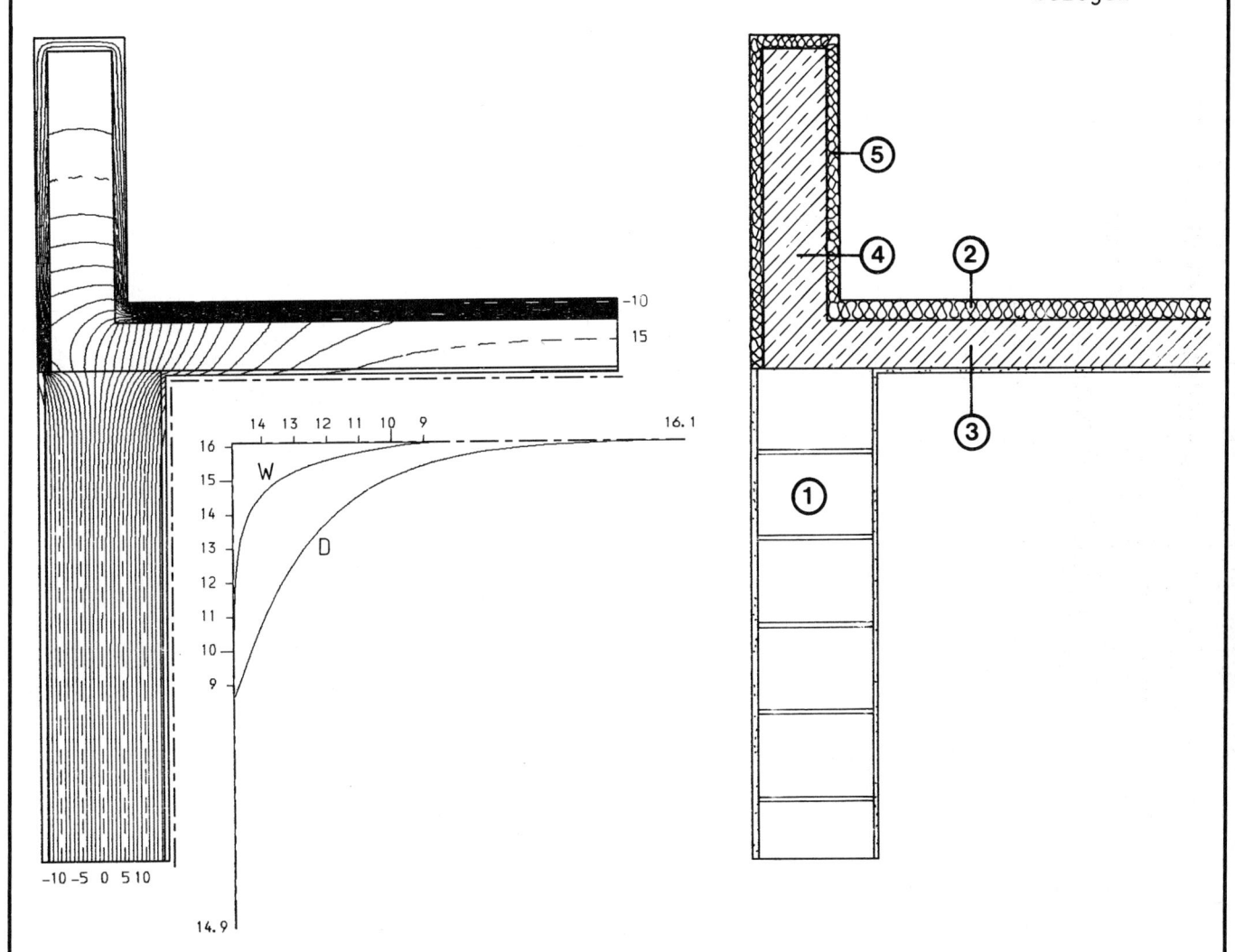

auf das Dach bezogen

Erläuterung:
Hier ist wiederum dieselbe Konstruktion dargestellt wie auf der vorangehenden Seite, jedoch ohne Ringanker. Man sieht auch hier: der Ringanker bewirkt eine Veränderung der Ecktemperaturen um knapp 1 K. Dieser Unterschied wäre auch wohl zu erwarten, wenn der Ringanker außen gedämmt wäre und innen bündig mit dem Mauerwerk abschlösse.
Zur Verbesserung kann nochmals empfohlen werden, die Dämmung noch ca. 25 cm unter das Deckenauflager zu führen.
Insgesamt lehren die vorangegangenen Seiten, daß eine Attika - auch gemauert - oder eine auskragende Dachplatte immer problematisch ist. Sie sollten - wenn unvermeidlich - möglichst klein ausgebildet und extrem stark gedämmt sein.

DECKENANSCHLUSS Mauerwerk monolithisch mindestgedämmt, Decke durchgehend						
Code	Art	Typ	Material	Dicke	Schicht	E r g e b n i s
Wärme-brücke	5.3 Einlassung					$k = 1{,}24$ W/m²K
unge-störte Bau-teile	2.2 Außenwand 4.2 Innendecke	1 2n	4.2 KS-Mauerwerk 5.5.1 PS-Schaum 2.1 Beton	365 30 175	1 2 3	$k_1 = 0{,}57$ W/m K $\Delta l = 0{,}46$ m $\min \vartheta = 9{,}3$ °C

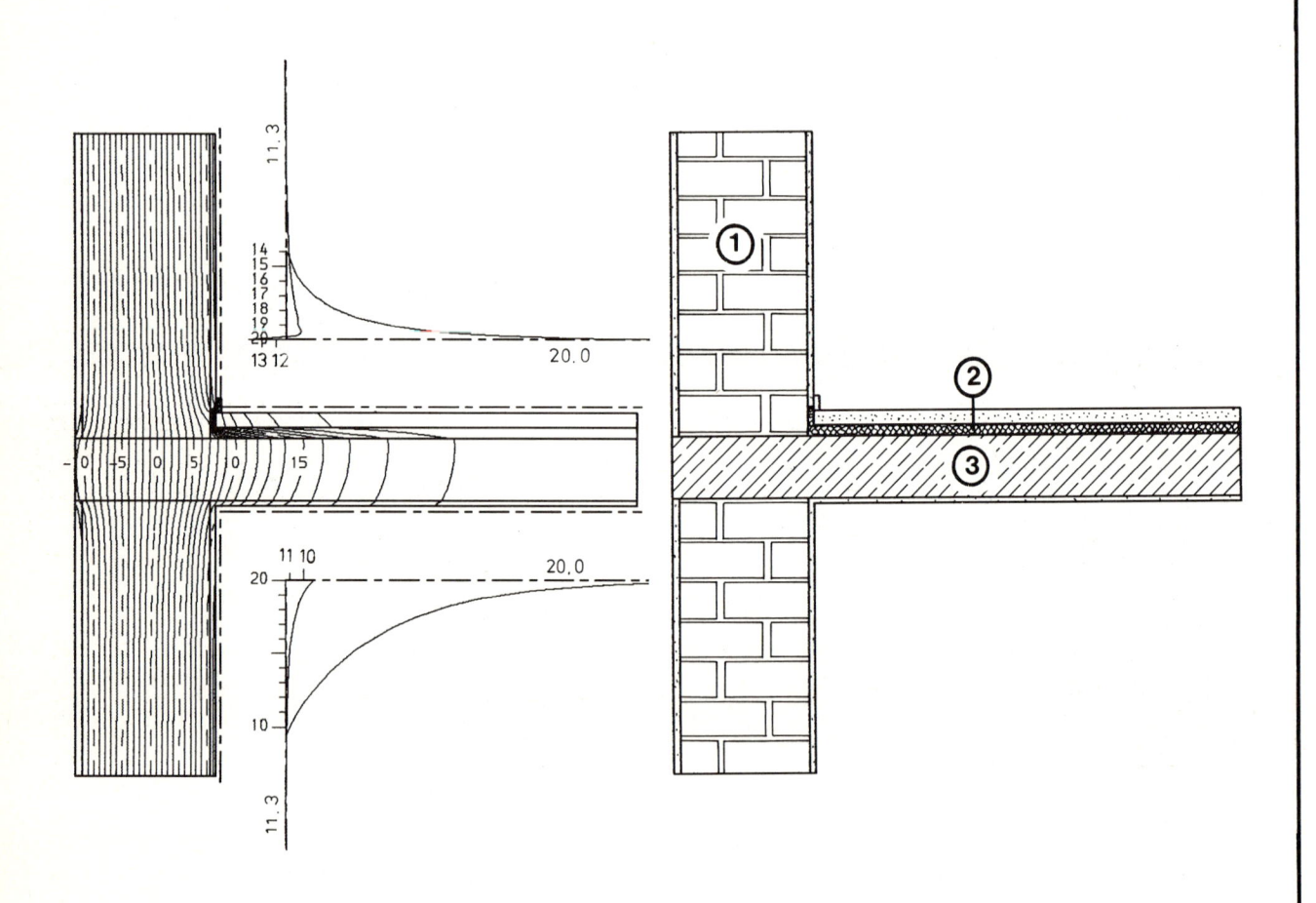

Erläuterung:
Eine, die Außenwand durchdringende, stirnseitig nicht gedämmte Betondecke ist eine altbekannte Wärmebrücke, die heute in aller Regel vermieden wird. Man sieht jedoch, daß sie selbst in einer Wand mit Mindestwärmeschutz keinesfalls so bedenklich ist wie etwa bei der gleichen Wand die Kante an einer Gebäudeecke! (vgl. Seite 85). Hier wird die kritische Temperatur von 10 °C nur geringfügig unterschritten. Die Deckenoberseite ist infolge des dort vorhandenen, schwimmenden Estrichs durchgehend gedämmt. Hier sind die Verhältnisse daher unbedenklich.

DECKENANSCHLUSS Mauerwerk monol. mindestgedämmt, Decke durchgehend, unters. gedämmt							
Code	Art	Typ	Material		Dicke	Schicht	Ergebnis
Wärme-brücke	5.3 Einlassung						$k = 1,24$ W/m²K
unge-störte Bau-teile	2.2 Außenwand 4.2 Innendecke	1 2n	4.2 5.5.1 2.1 5.5.1	KS-Mauerwerk PS-Schaum Beton PS-Schaum	365 30 175 20	1 2 3 4	$k_l = 0,55$ W/m K $\Delta l = 0,44$ m $min \vartheta = 10,3$ °C

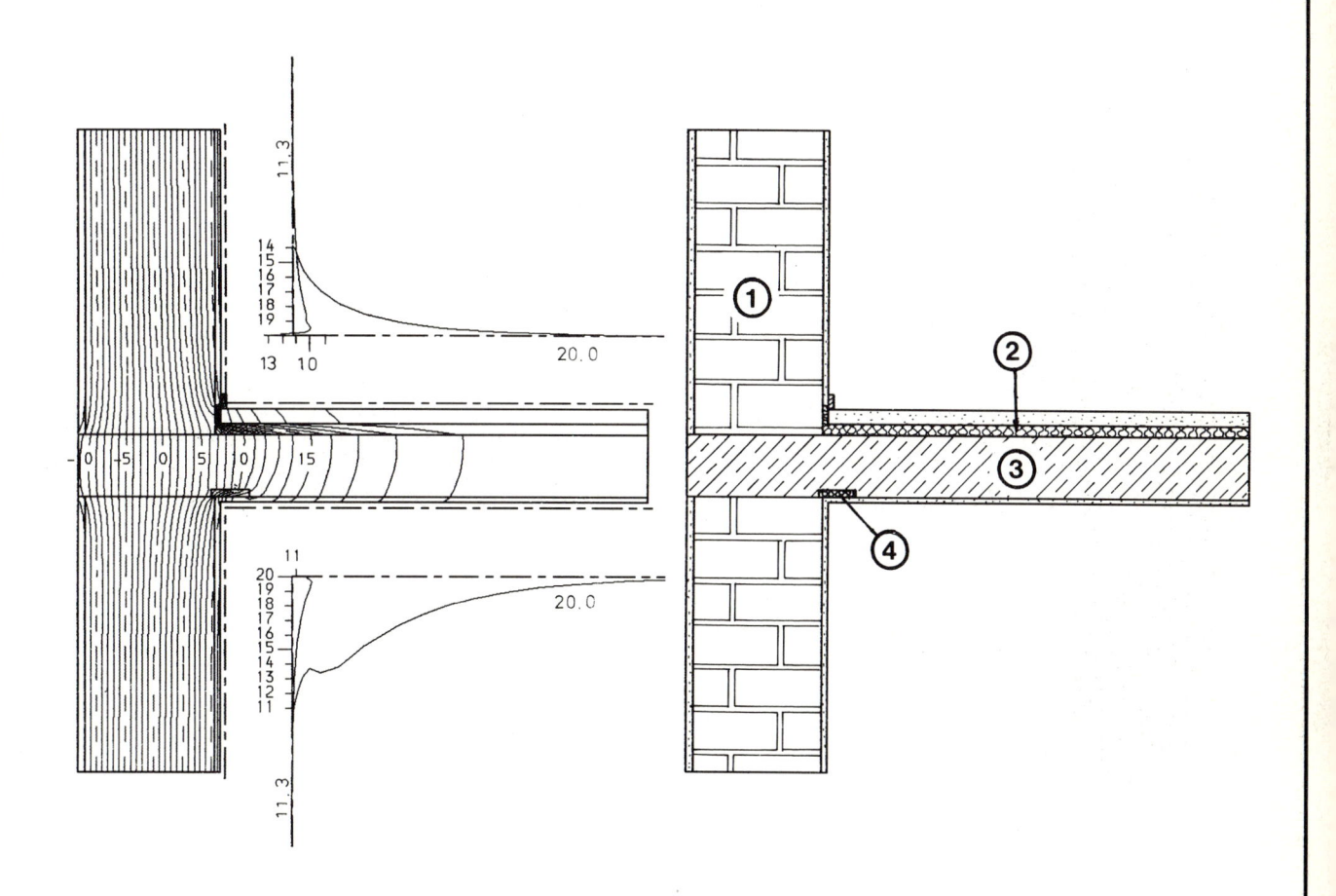

Erläuterung:
Man kann nun versuchen, die vorseitig vorgestellten Verhältnisse dadurch zu verbessern, daß man die Decke auch unterseitig, zumindest in unmittelbarer Nachbarschaft der Außenwand dämmt. Mit einem sehr schmalen Dämmstreifen erreicht man überraschenderweise schon eine Verbesserung von min ϑ_{oi} um 1 K. Man muß sich allerdings bei allen Innendämmungen darüber im klaren sein, daß eine zusätzliche Dampfsperre erforderlich ist. Das gilt auch für den schwimmenden Estrich, wo ja auch in der Regel über der Dämmschicht eine Folie verlegt wird.

DECKENANSCHLUSS Mauerwerk monol. mindestgedämmt, Decke durchgehend, unters. gedämmt						
Code	Art	Typ	Material	Dicke	Schicht	E r g e b n i s
Wärme-brücke	5.3 Einlassung					k = 1,24 W/m²K
unge-störte Bau-teile	2.2 Außenwand 4.2 Innendecke	1 2n	4.2 KS-Mauerwerk 5.5.1 PS-Schaum 2.1 Beton 5.5.1 PS-Schaum	365 30 175 20	1 2 3 4	k_1 = 0,51 W/m K Δl = 0,41 m $\min \vartheta$= 9,5 °C

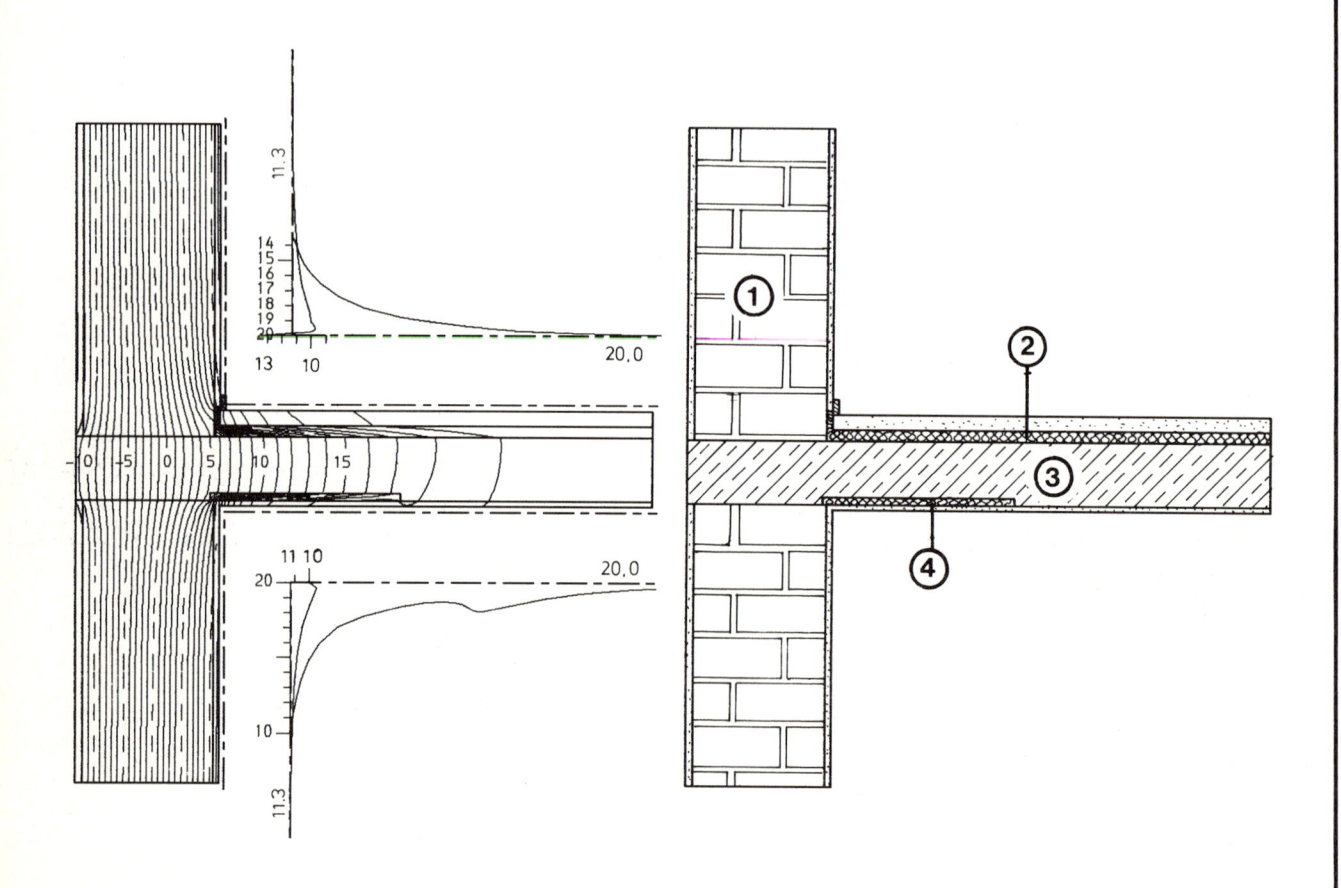

Erläuerung:
Verbreitert man den deckenunterseitigen Dämmstreifen, so stellt sich überraschenderweise keine weitere Verbesserung ein, wenn man die Decke unten nicht analog zu oben
durchgehend dämmen will. Die Breite eines solchen Dämmstreifens reicht also aus, wenn
sie der Dicke der Außenwand entspricht.

DECKENANSCHLUSS Mauerwerk monol. mindestgedämmt, Decke durchgehend, stirns. gedämmt							
Code	Art	Typ	Material		Dicke	Schicht	Ergebnis
Wärme-brücke	5.3 Einlassung						$k = 1{,}24$ W/m²K
unge-störte Bau-teile	2.2 Außenwand 4.2 Innendecke	1 2n	4.2 5.5.1 2.1 5.5.1	KS-Mauerwerk PS-Schaum Beton PS-Schaum	365 30 175 20	1 2 3 4	$k_l = 0{,}49$ W/m K $\Delta l = 0{,}40$ m $\min \vartheta = 10{,}5$ °C

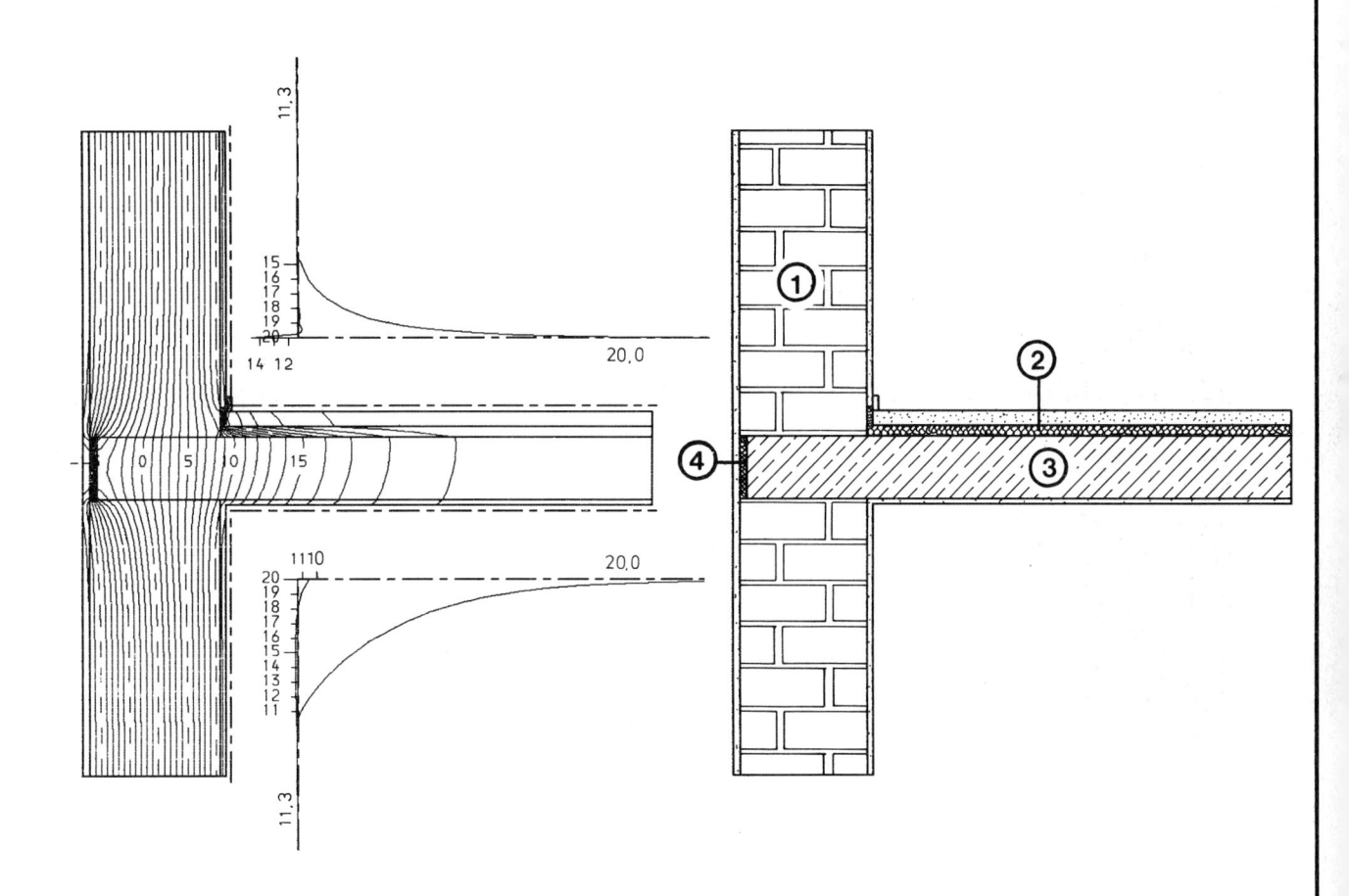

Erläuterung:
Meist wird die Deckenstirnseite mit einem Dämmstreifen in Deckendicke versehen.
Mit einer nur 20 mm dicken Dämmschicht aus PS-Schaum erreicht man jedoch nicht sehr viel.

Code	Art	Typ	Material	Dicke	Schicht	E r g e b n i s
Wärme-brücke	5.3 Einlassung					$k = 1{,}24$ W/m²K
unge-störte Bau-teile	2.2 Außenwand 4.2 Innendecke	1 2n	4.2 KS-Mauerwerk 5.5.1 PS-Schaum 2.1 Beton 5.5.1 PS-Schaum	365 30 175 60	1 2 3 4	$k_l = 0{,}29$ W/m K $\Delta l = 0{,}23$ m $\min \vartheta = 11{,}7$ °C

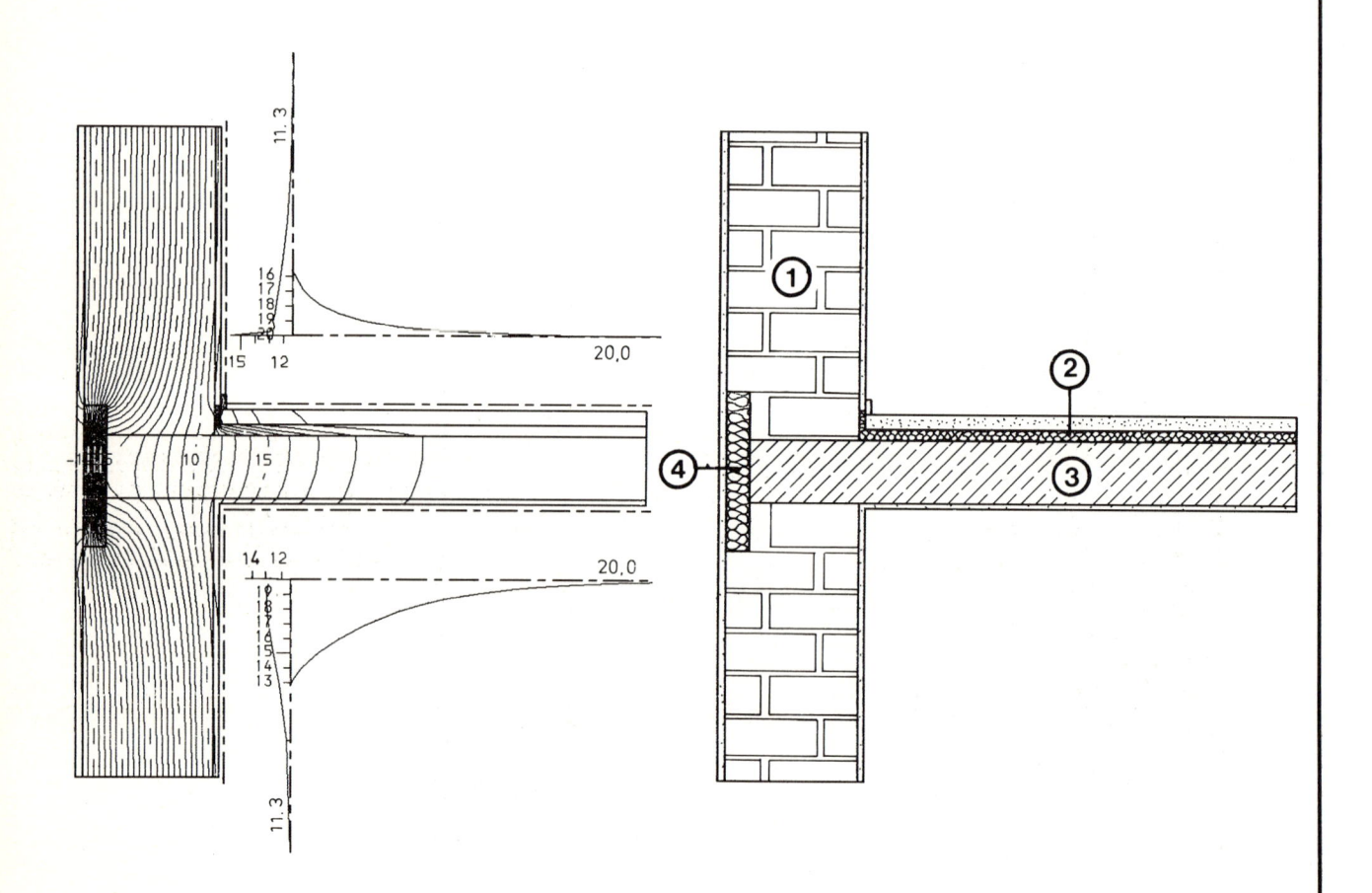

DECKENANSCHLUSS Mauerwerk monol. mindestgedämmt, Decke durchgehend, stirns. gedämmt

Erläuterung:
Der Dämmstreifen vor der Deckenstirn sollte schon mindestens 40 mm dick sein. Noch besser ist es, man dehnt ihn in der Höhe über die oben bzw. unten anschließenden Mauersteinlagen aus. Bei 36,5-er Mauerwerk läßt sich das sehr einfach so ausführen, daß man für diese beiden Lagen 30-er Mauerwerk herstellt, womit dann die Dämmschicht-dicke auf 60 mm ansteigt. Bei dem hier behandelten Mauerwerk mit Mindestwärmeschutz lohnt sich das allerdings nicht, weil es keinen Sinn hat, die Verhältnisse an der kritischen Stelle viel günstiger zu gestalten als im übrigen Wandbereich (wo die Temperatur ja nur 11,3 °C ist).

Code	Art	Typ	Material	Dicke	Schicht	E r g e b n i s
DECKENANSCHLUSS Mauerwerk monolithisch mindestgedämmt, Decke eingebunden							
Wärme-brücke	5.3 Einlassung					$k = 1{,}24$ W/m²K
unge-störte Bau-teile	2.2 Außenwand 4.2 Innendecke	1 2n	4.2 KS-Mauerwerk 5.5.1 PS-Schaum 2.1 Beton 5.5.1 PS-Schaum	365 30 175 20	1 2 3 4	$k_l = 0{,}40$ W/m K $\Delta l = 0{,}33$ m $\min \vartheta = 11{,}5$ °C

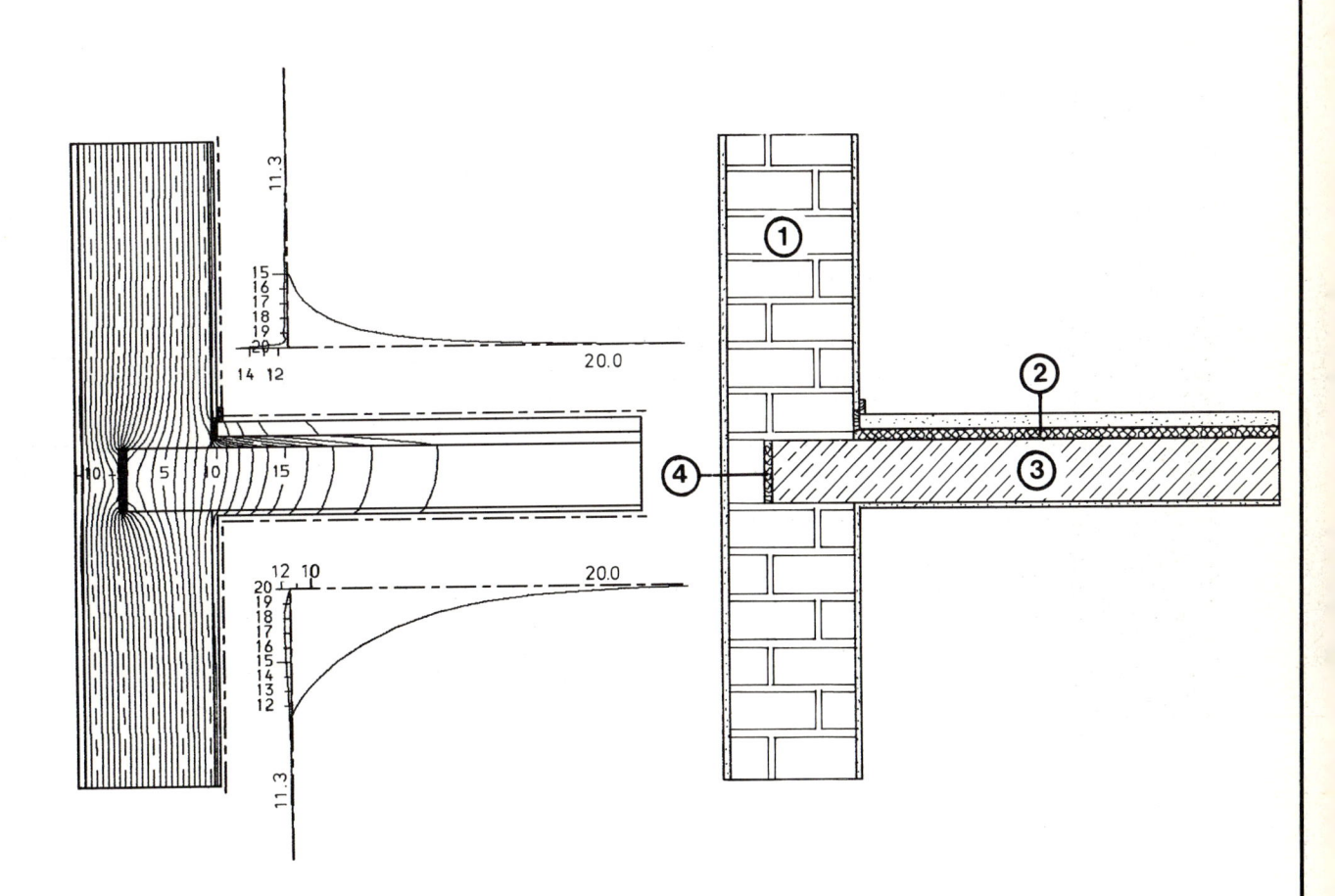

Erläuterung:
Ein Dämmstreifen als Putzgrund birgt gewisse Probleme. Aus diesem Grund wird es häufig vorgezogen, die Deckenstirn mit Mauersteinen zu verblenden. Dann kann ein Dämmstreifen zwischen Verblendstein und Deckenbeton angeordnet werden. Schon mit 20 mm PS-Schaum erreicht man damit bei 36,5-er Kalksandsteinmauerwerk ausreichende Werte.

Code	Art	Typ	Material	Dicke	Schicht	E r g e b n i s
Wärme-brücke	5.3 Einlassung					$k = 1{,}21$ W/m²K
unge-störte Bau-teile	2.2 Außenwand 4.2 Innendecke	1 2n	4.2 KS-Mauerwerk 5.5.1 PS-Schaum 2.1 Beton 5.5.1 PS-Schaum	365 30 175 20	1 2 3 4	$k_l = 0{,}32$ W/m K $\Delta l = 0{,}26$ m $\min \vartheta = 12{,}5$ °C

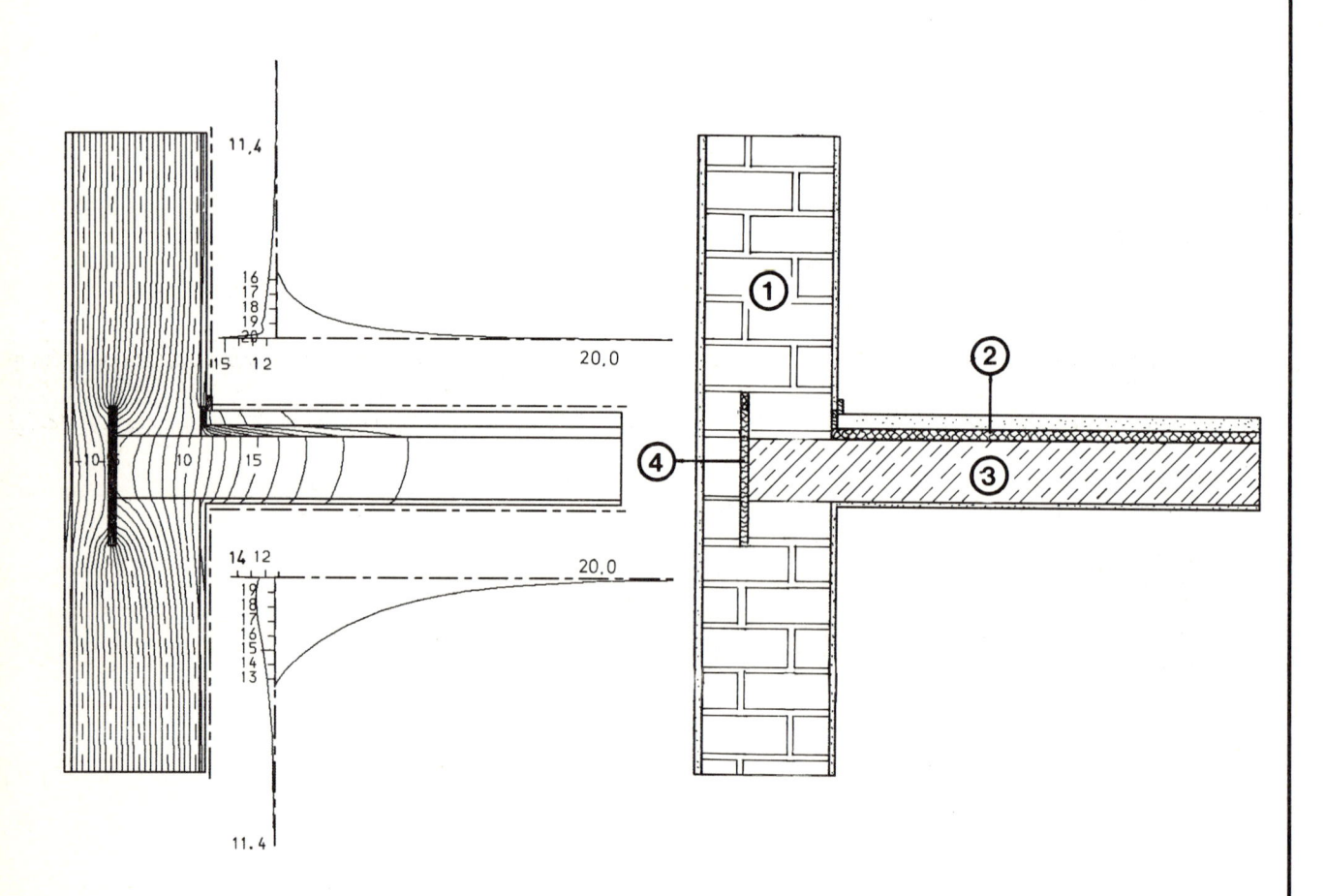

DECKENANSCHLUSS Mauerwerk monolithisch mindestgedämmt, Decke eingebunden

Erläuterung:
Der Vergleich der hier vorgestellten Anordnung mit der Vorangehenden macht deutlich, wie vorteilhaft sich die Ausdehnung des Dämmstreifens auswirkt. Betrug die Temperatur ϑ_{oi} an der kritischen Stelle 11,5 °C, so wurde sie nur durch die Verbreiterung des Dämmstreifens auf 12,5 °C angehoben. Allerdings besteht hier die Möglichkeit, daß im Dämmstreifen Kondenswasser auftritt, vor allem bei größerer Dicke desselben. Deshalb wird empfohlen, bei derartigen Lösungen auf der Innenseite des Dämmstreifens noch eine geeignete Dampfbremse vorzusehen.

DECKENANSCHLUSS Mauerwerk monolithisch, Decke durchgehend

Code	Art	Typ	Material	Dicke	Schicht	Ergebnis
Wärmebrücke	5.3 Einlassung					$k = 0{,}72$ W/m²K
ungestörte Bauteile	2.2 Außenwand 4.2 Innendecke	1 2n	4.1.5 1Hlz (0,33) 5.5.1 PS-Schaum 2.1 Beton	365 30 175	1 2 3	$k_1 = 0{,}55$ W/m K $\Delta l = 0{,}77$ m $\min \vartheta = 10{,}8$ °C

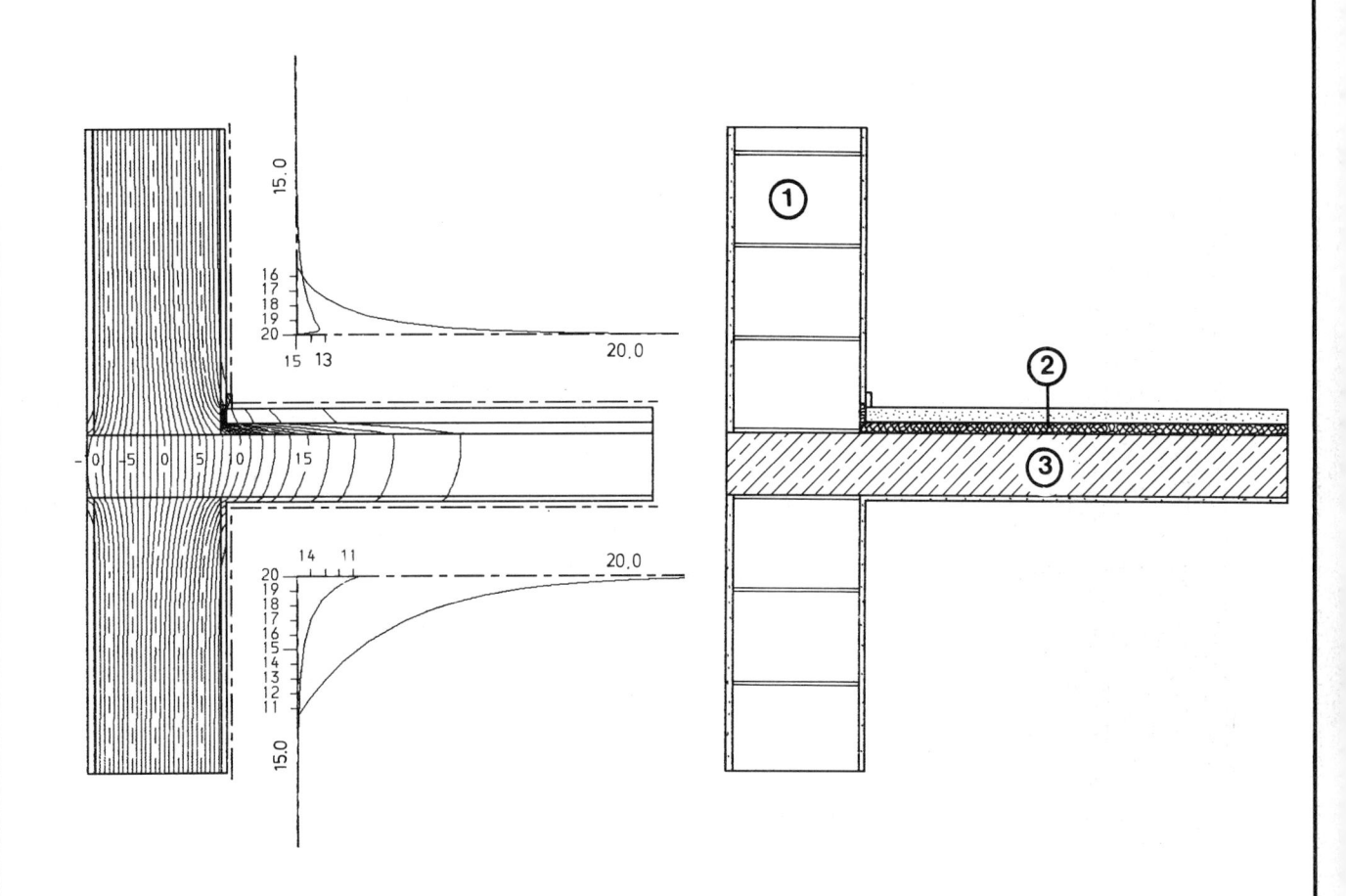

Erläuterung:
Auf diesen und den folgenden Seiten werden dieselben Anordnungen betrachtet wie auf den Vorangehenden, im Unterschied dazu nun aber mit einer Außenwand aus Leichthochlochziegeln. Damit steigt die innere Oberflächentemperatur der Wand im ungestörten Bereich von 11,3 °C auf 15 °C. Dementsprechend sinnvoll sind hier Maßnahmen zur Entschärfung der Wärmebrückenwirkung, die, wie ersichtlich, ohne zusätzliche Dämmmaßnahmen eine Absenkung der Temperatur auf 10,8 °C bewirkt. Dieser Wert könnte zwar - im Blick auf Tauwasserbildung - noch hingenommen werden, er läßt sich aber, wie die folgenden Seiten zeigen, mit geringem Aufwand beträchtlich anheben.

DECKENANSCHLUSS Mauerwerk monolithisch, Decke durchgehend, unterseitig gedämmt							
Code	Art	Typ	Material		Dicke	Schicht	E r g e b n i s
Wärme-brücke	5.3 Einlassung						k = 0,72 W/m²K
unge-störte Bau-teile	2.2 Außenwand 4.2 Innendecke	1 2n	4.1.5 5.5.1 2.1 5.5.1	1Hlz (0,33) PS-Schaum Beton PS-Schaum	365 30 175 20	1 2 3 4	k_l = 0,53 W/m K Δl = 0,74 m min ϑ = 12,4 °C

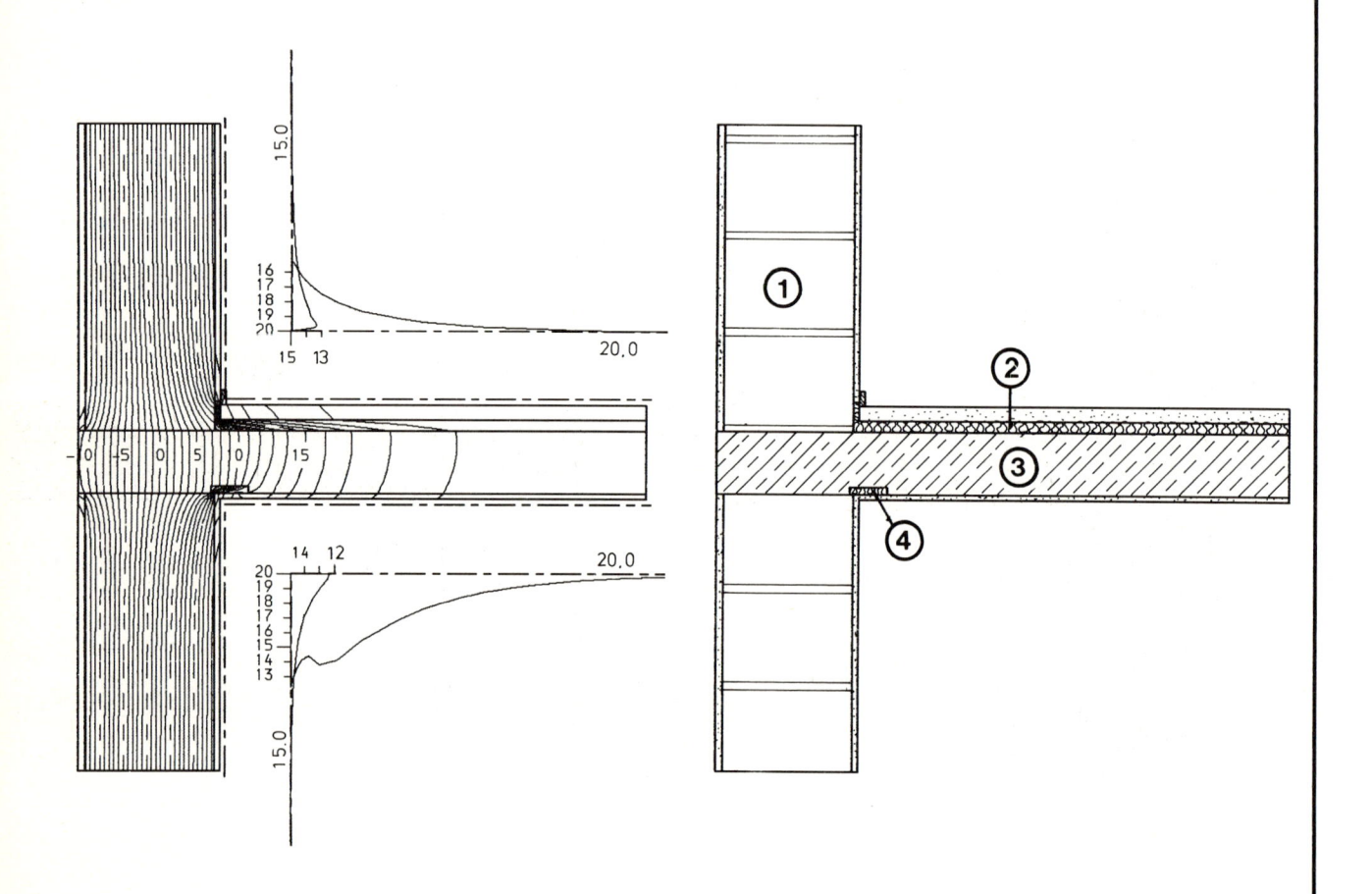

Erläuterung:
Bereits ein sehr schmaler Dämmstreifen im kritischen Bereich bewirkt eine Anhebung des niedrigsten Temperaturwertes um ca. 1,5 K. Auf die Notwendigkeit, eine Dampfsperre anzuordnen wird vorsorglich nochmals hingewiesen.

DECKENANSCHLUSS Mauerwerk monolithisch, Decke durchgehend, unterseitig gedämmt							
Code	Art	Typ	Material		Dicke	Schicht	**E r g e b n i s**
Wärme-brücke	5.3 Einlassung						$k = 0{,}72$ W/m²K
unge-störte Bau-teile	2.2 Außenwand 4.2 Innendecke	1 2n	4.1.5 5.5.1 2.1 5.5.1	1Hlz (0,33) PS-Schaum Beton PS-Schaum	365 30 175 20	1 2 3 4	$k_l = 0{,}50$ W/m K $\Delta l = 0{,}69$ m $\min \vartheta = 12{,}4$ °C

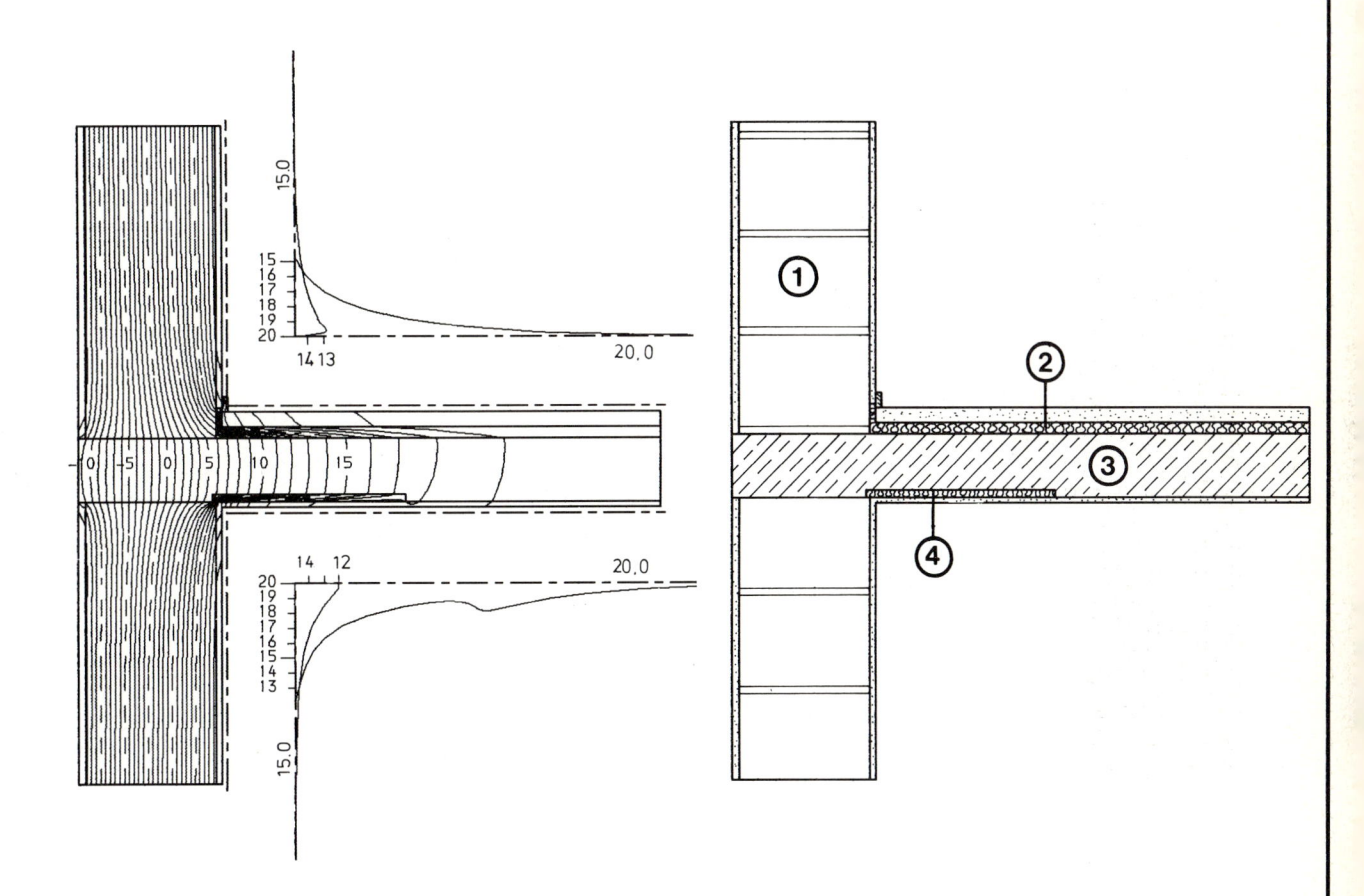

Erläuterung:
Wird der Dämmstreifen unter der Decke verbreitert ohne zugleich auch die Wand zu dämmen, wie das auf der Deckenoberseite durch den Randstreifen zur Abgrenzung des schwimmenden Estrichs geschieht, so wird dadurch keine Verbesserung erzielt. Eine derartige, unterseitige Dämmung kann daher mit einem Streifen geringer Breite erfolgen.

Code	Art	Typ	Material	Dicke	Schicht	E r g e b n i s
Wärme-brücke	5.3 Einlassung					k = 0,72 W/m²K
unge-störte Bau-teile	2.2 Außenwand 4.2 Innendecke	1 2n	4.1.5 1Hlz (0,33) 5.5.1 PS-Schaum 2.1 Beton 5.5.1 PS-Schaum	365 30 175 20	1 2 3 4	k_l = 0,41 W/m K Δl = 0,58 m $\min \vartheta$ = 12,6 °C

DECKENANSCHLUSS Mauerwerk monolithisch, Decke durchgehend, stirnseitig gedämmt

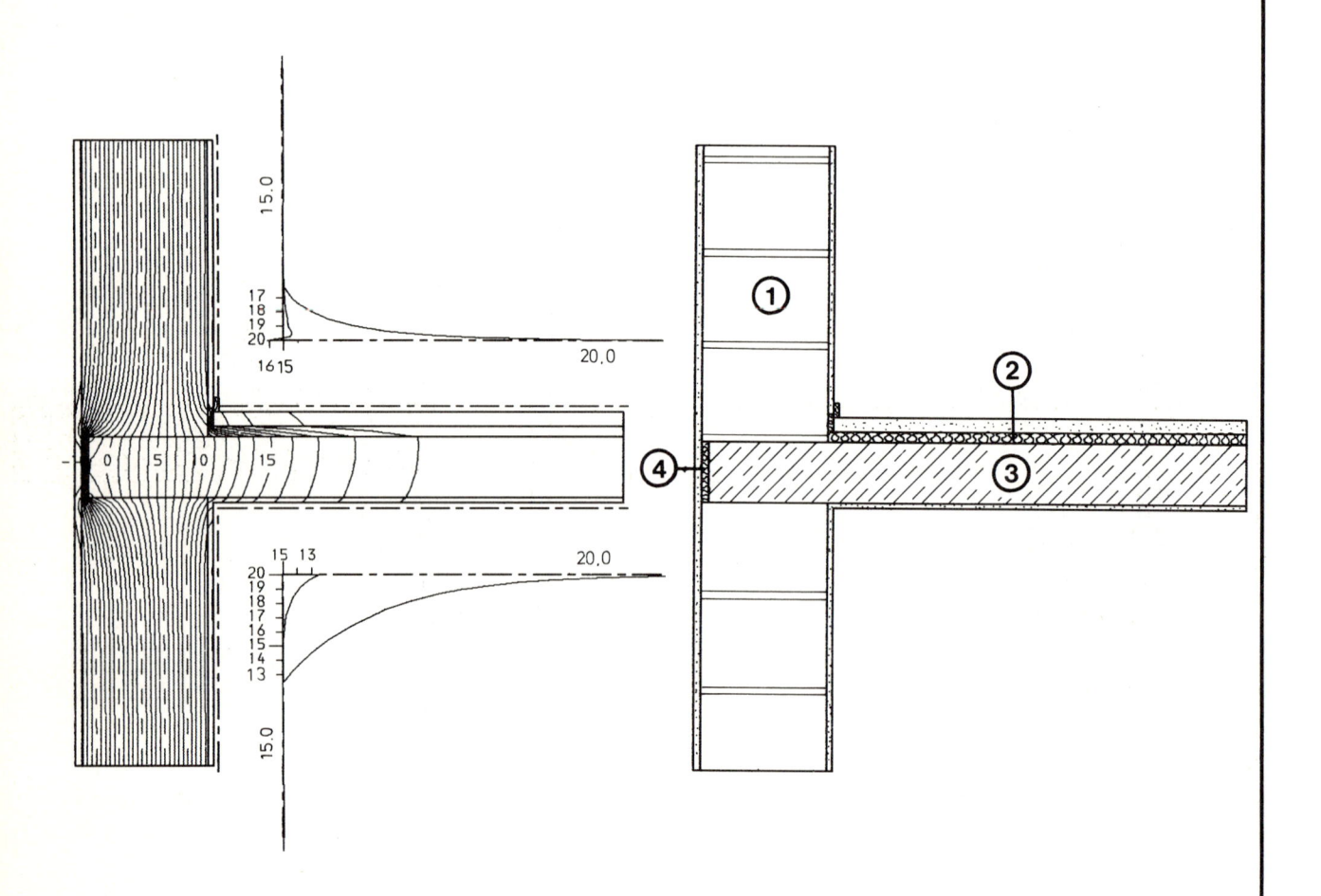

Erläuterung:
Etwa die gleiche Verbesserung der Temperaturen wie durch eine deckenunterseitige Innendämmung erreicht man durch einen vor der Deckenstirn angebrachten Dämmstreifen aus 20 mm PS-Schaum in Deckendicke. Der k_l-Wert allerdings ist in diesem Fall wesentlich günstiger. Ganz abgesehen davon, daß diese Zusatzdämmung viel einfacher zu realisieren ist als eine Innendämmung, ist sie also wärmetechnisch auch günstiger. Allerdings sollte man bei so hochwertigem Mauerwerk mit wirksamerer Dämmung arbeiten.

Code	Art	Typ	Material	Dicke	Schicht	Ergebnis
Wärme-brücke	5.3 Einlassung					$k = 0{,}70$ W/m²K
unge-störte Bau-teile	2.2 Außenwand 4.2 Innendecke	1 2n	4.1.5 1Hlz (0,33) 5.5.1 PS-Schaum 2.1 Beton 5.5.1 PS-Schaum	365 30 175 60	1 2 3 4	$k_l = 0{,}22$ W/m K $\Delta l = 0{,}32$ m $\min \vartheta = 15{,}0$ °C

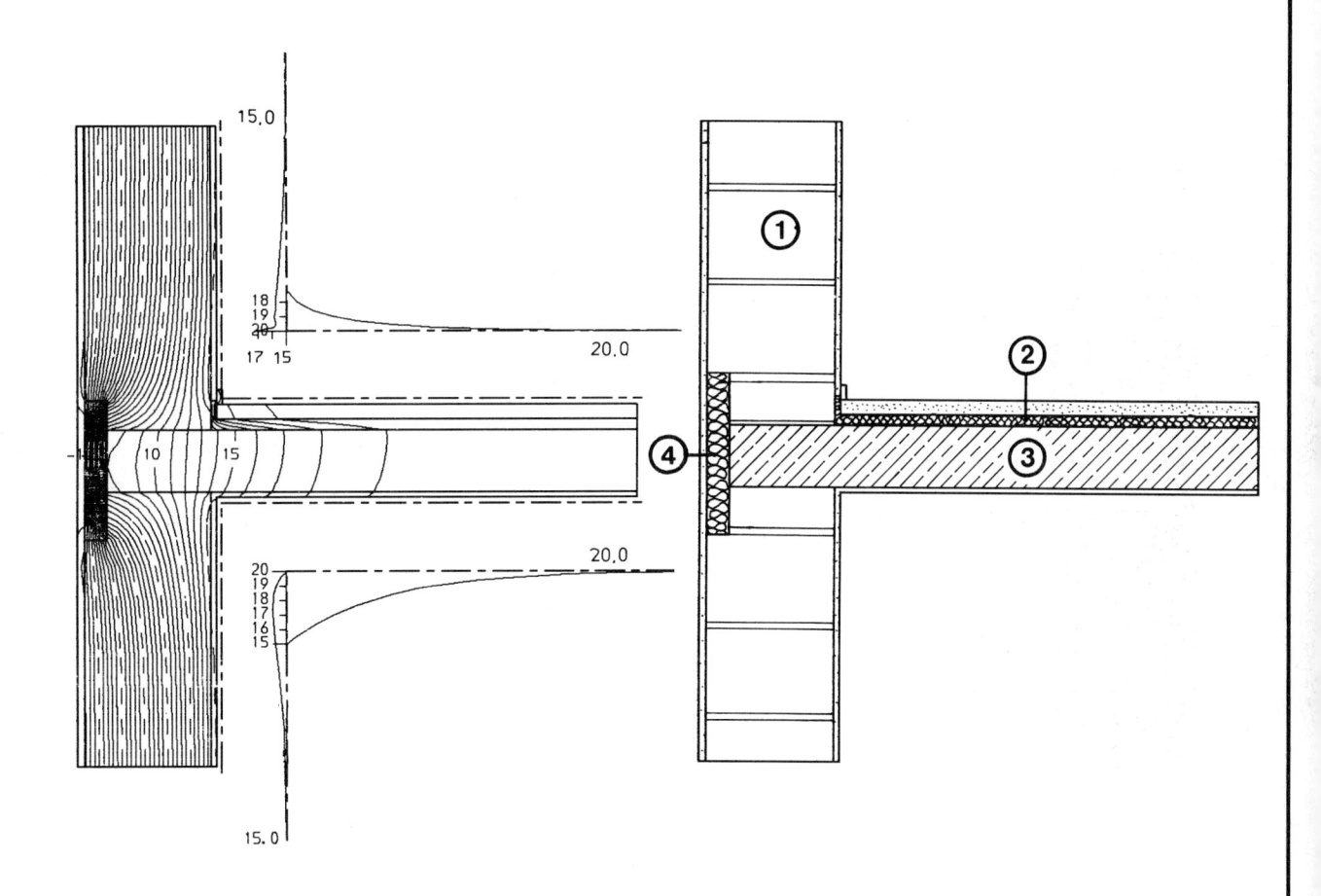

DECKENANSCHLUSS Mauerwerk monolithisch, Decke durchgehend, stirnseitig gedämmt

Erläuterung:
Am günstigsten werden die Verhältnisse dann, wenn der außenseitige Dämmstreifen über die oben bzw. unten anschließenden Mauerstein-Lagen hinweggeführt wird, wie bereits auf Seite 180 ausgeführt. Selbst wenn es sich dabei um Lagen aus 11,5-er Steinen handelt, so wird in der Kante praktisch schon die Temperatur erreicht, die im ungestörten Bereich der Wand herrscht. An der Wand selbst fällt die Temperatur unterhalb der Decke um maximal 1 K ab.

DECKENANSCHLUSS Mauerwerk monolithisch, Decke eingebunden, stirnseitig gedämmt							
Code	Art	Typ	Material		Dicke	Schicht	E r g e b n i s
Wärme-brücke	5.3 Einlassung						$k = 0{,}72$ W/m²K
unge-störte Bau-teile	2.2 Außenwand 4.2 Innendecke	1 2n	4.1.5 1Hlz (0,33) 5.5.1 PS-Schaum 2.1 Beton 5.5.1 PS-Schaum		365 30 175 20	1 2 3 4	$k_l = 0{,}34$ W/m K $\Delta l = 0{,}43$ m $\min \vartheta = 14{,}0$ °C

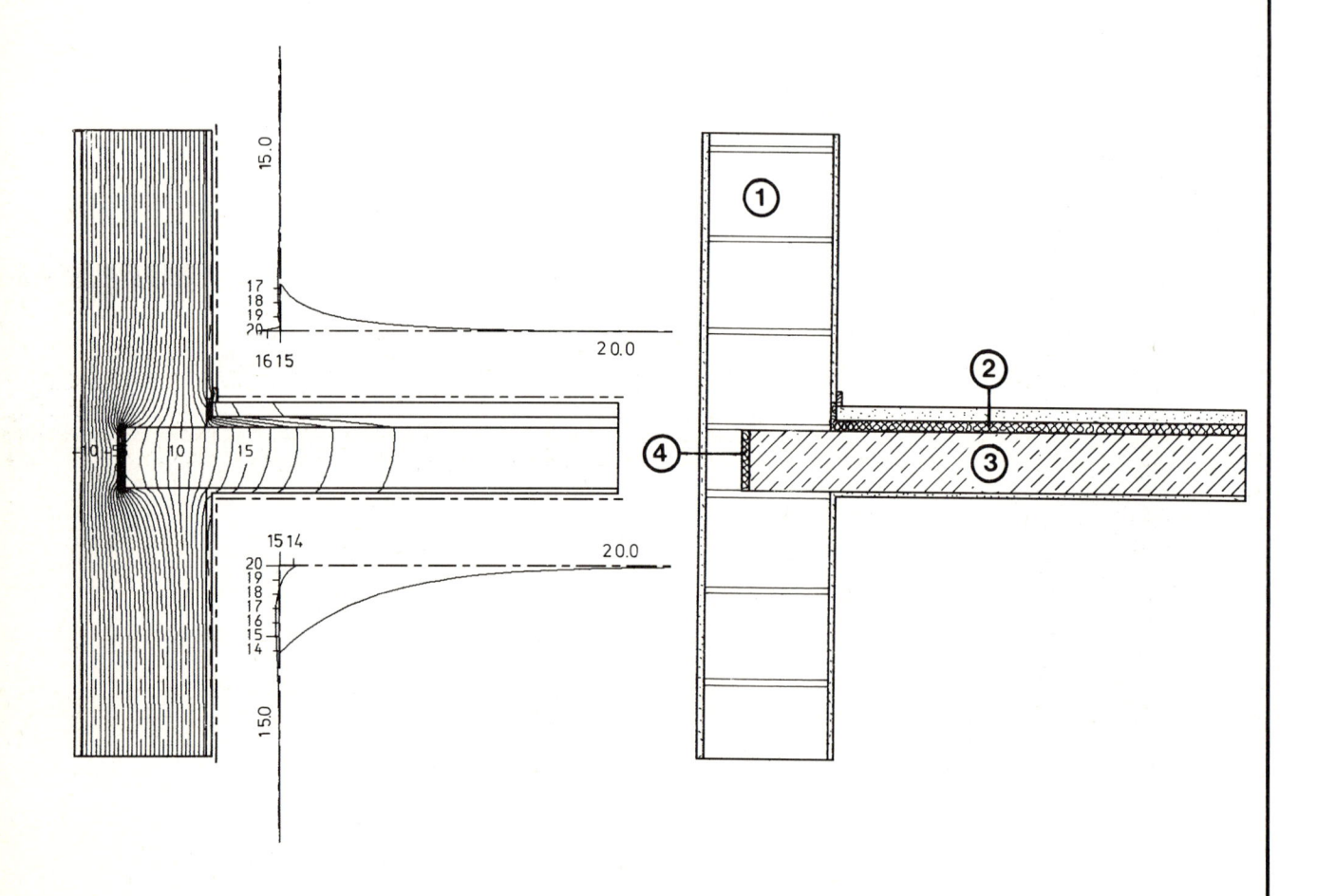

Erläuterung:
Auch bei höherwertigem Mauersteinmaterial hat die Lösung mit einer Steinverblendung vor der Deckenstirn ihre Anhänger. Der Vergleich mit Seite 186 zeigt überdies, daß sie wärmetechnisch günstiger ist.

\multicolumn{6}{l	}{DECKENANSCHLUSS Mauerwerk monolithisch, Decke eingebunden}	
Code	Art	Typ	Material	Dicke	Schicht	Ergebnis
Wärme-brücke	5.3 Einlassung					$k = 0{,}71$ W/m²K
unge-störte Bau-teile	2.2 Außenwand 4.2 Innendecke	1 2n	4.1.5 1Hlz (0,33) 5.5.1 PS-Schaum 2.1 Beton 5.5.1 PS-Schaum	365 30 175 20	1 2 3 4	$k_l = 0{,}25$ W/m K $\Delta l = 0{,}35$ m $\min \vartheta = 14{,}7$ °C

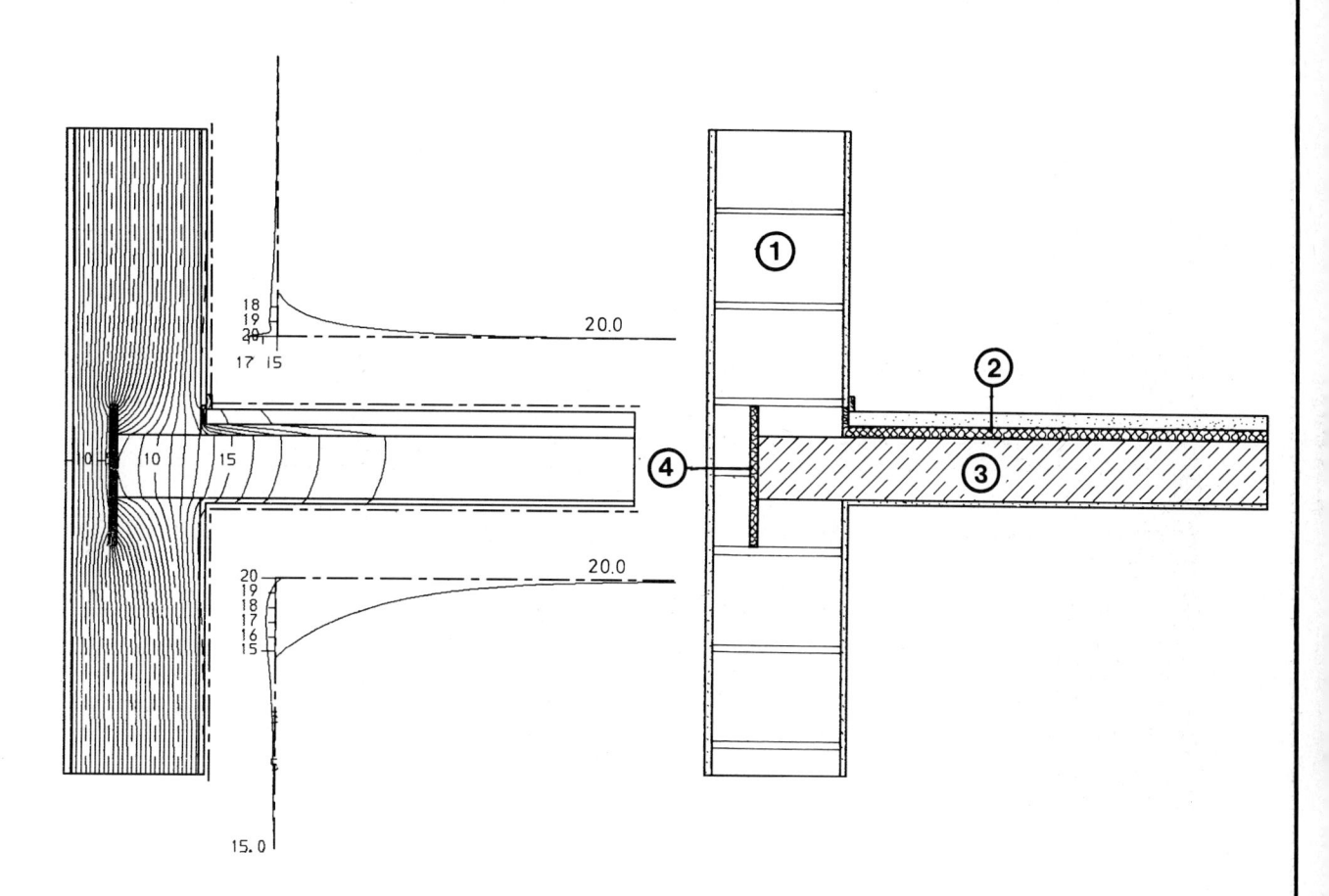

Erläuterung:
Verbreitert man den hinter der Steinverblendung liegenden Dämmstreifen, so erreicht man hier mit 20 mm Dämmstoffdicke dasselbe, was bei Außendämmung (siehe Seite 187) mit 60 mm erreicht wird. Es empfiehlt sich allerdings auch hier, einen innenseitig mit Pappe kaschierten Dämmstreifen oder eine andere, geeignete Dampfbremse auf der Innenseite des Dämmstreifens anzubringen. Das gilt erst recht, wenn die Dicke des Dämmstreifens vergrößert wird.

Code	Art	Typ	Material	Dicke	Schicht	Ergebnis
Wärme-brücke	5.3 Einlassung					k = 0,76 W/m²K
unge-störte Bau-teile	2.2 Außenwand 4.2 Innendecke	2a 2n	4.2 KS-Mauerwerk 5.5.1 PS-Schaum 5.5.1 PS-Schaum 2.1 Beton 5.5.1 PS-Schaum	365 20 30 175 20	1 2 3 4 5	k_l = 0,25 W/m K Δl = 0,33 m $\min \vartheta$ = 14,8 °C

DECKENANSCHLUSS Mauerwerk außengedämmmt, Decke durchgehend, stirnseitig gedämmt

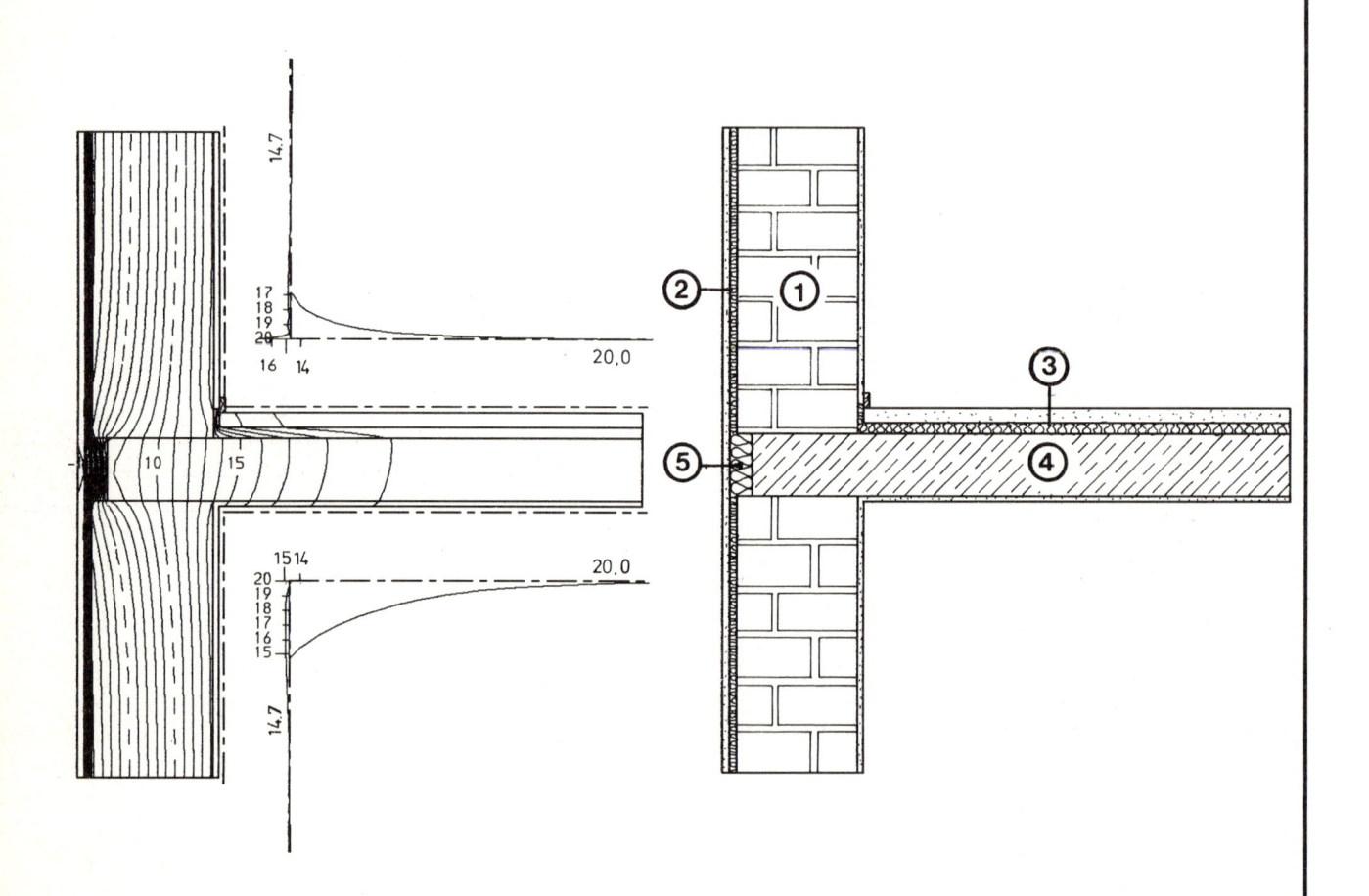

Erläuterung:
Wenn man bei Kalksandsteinmauerwerk schon eine außenseitige Volldämmung vorsieht, wird man sie entsprechend wirksam, d.h. mindestens 40 mm dick wählen. Dann gibt es keine Wärmebrückenprobleme an Deckenauflagern mehr, so daß dieser Fall im hier behandelten Zusammenhang ohne Interesse ist. Hier wird gezeigt, was eine örtliche Verstärkung der Dämmschicht vor der Deckenstirn bewirkt, wenn die Außendämmung nicht so hochwertig ausgebildet sein sollte.

DECKENANSCHLUSS Mauerwerk innengedämmmt, Decke stirnseitig gedämmt							
Code	Art	Typ	Material		Dicke	Schicht	Ergebnis
Wärme-brücke	5.3 Einlassung						$k = 0{,}77$ W/m²K
unge-störte Bau-teile	2.2 Außenwand	2i	5.5.1	PS-Schaum	20	1	$k_1 = 0{,}40$ W/m K
			4.2	KS-Mauerwerk	365	2	$\Delta l = 0{,}52$ m
	4.2 Innendecke	2n	5.5.1	PS-Schaum	30	3	$\min \vartheta = 12{,}1$ °C
			2.1	Beton	175	4	
			5.5.1	PS-Schaum	60	5	

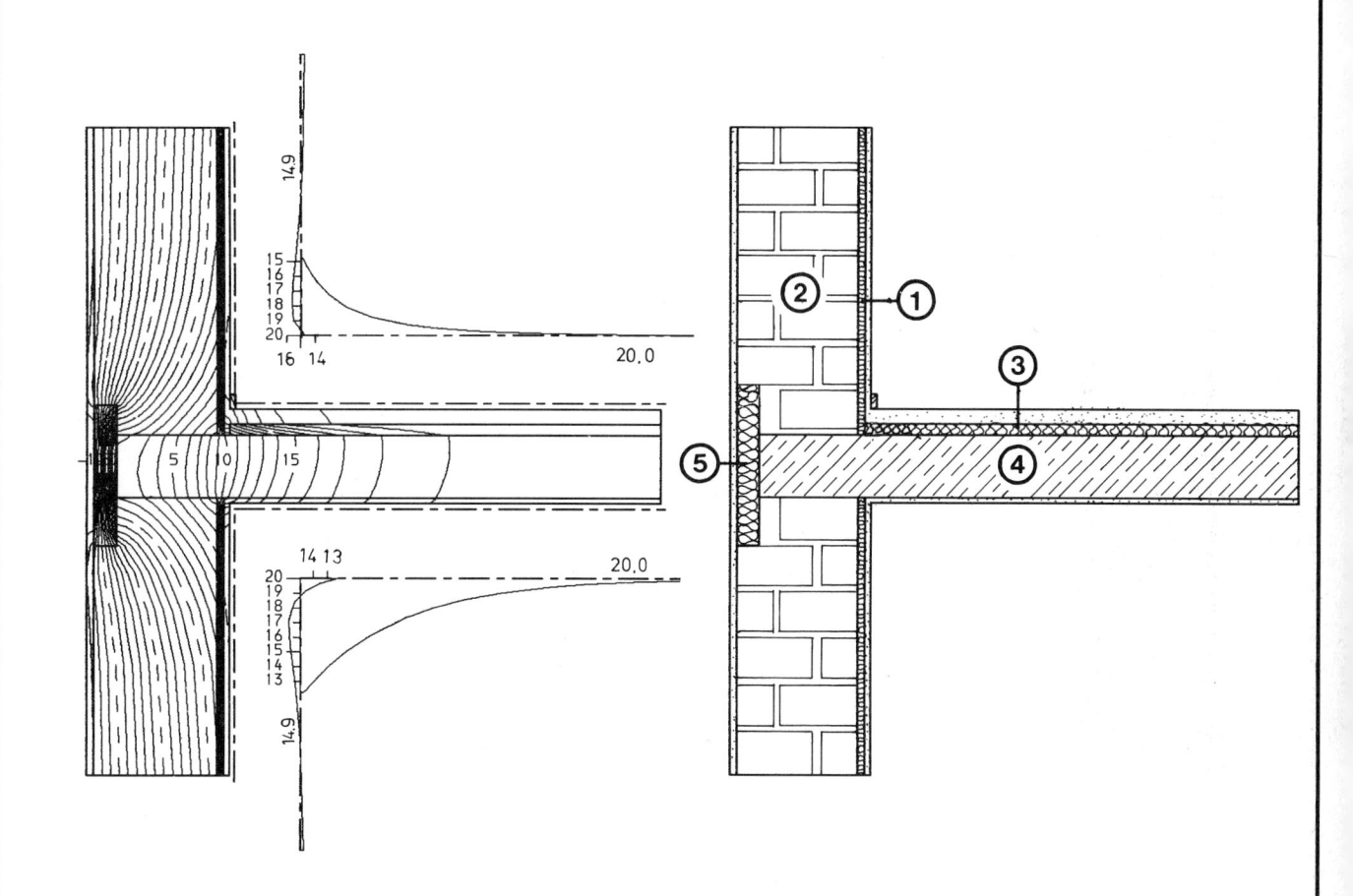

Erläuterung:
Die durch die Deckeneinbindung entstehende Schwachstelle kann durch einen vor der Deckenstirn angebrachten Dämmstreifen entschärft werden, was um so wirkungsvoller ist, je breiter dieser Dämmstreifen ausgebildet wird. Derartige Dämmstreifen sind auch bei bestehenden Bauten eigentlich schon die Regel. Bei Kalksandsteinwänden entsteht aber auch mit 36,5er Mauerwerk ein nur sehr bescheidener Wärmeschutz. Hier kann durch eine nachträglich angebrachte Innendämmung (plus Dampfsperre!) eine Verbesserung herbeigeführt werden. Man sieht, daß dann auch die Schwachstelle "Deckeneinbindung" gänzlich verschwindet.

DECKENANSCHLUSS Mauerwerk innengedämmmt, Decke durchgehend							
Code	Art	Typ	Material	Dicke	Schicht	\multicolumn{2}{c}{E r g e b n i s}
Wärme-brücke	5.3 Einlassung					k =	0,77 W/m²K
unge-störte Bau-teile	2.2 Außenwand	2i	5.5.1 PS-Schaum 4.2 KS-Mauerwerk	20 365	1 2	k_l = Δl =	0,62 W/m K 0,80 m
	4.2 Innendecke	2n	5.5.1 PS-Schaum 2.1 Beton	30 175	3 4	min$^\vartheta$=	9,4 °C

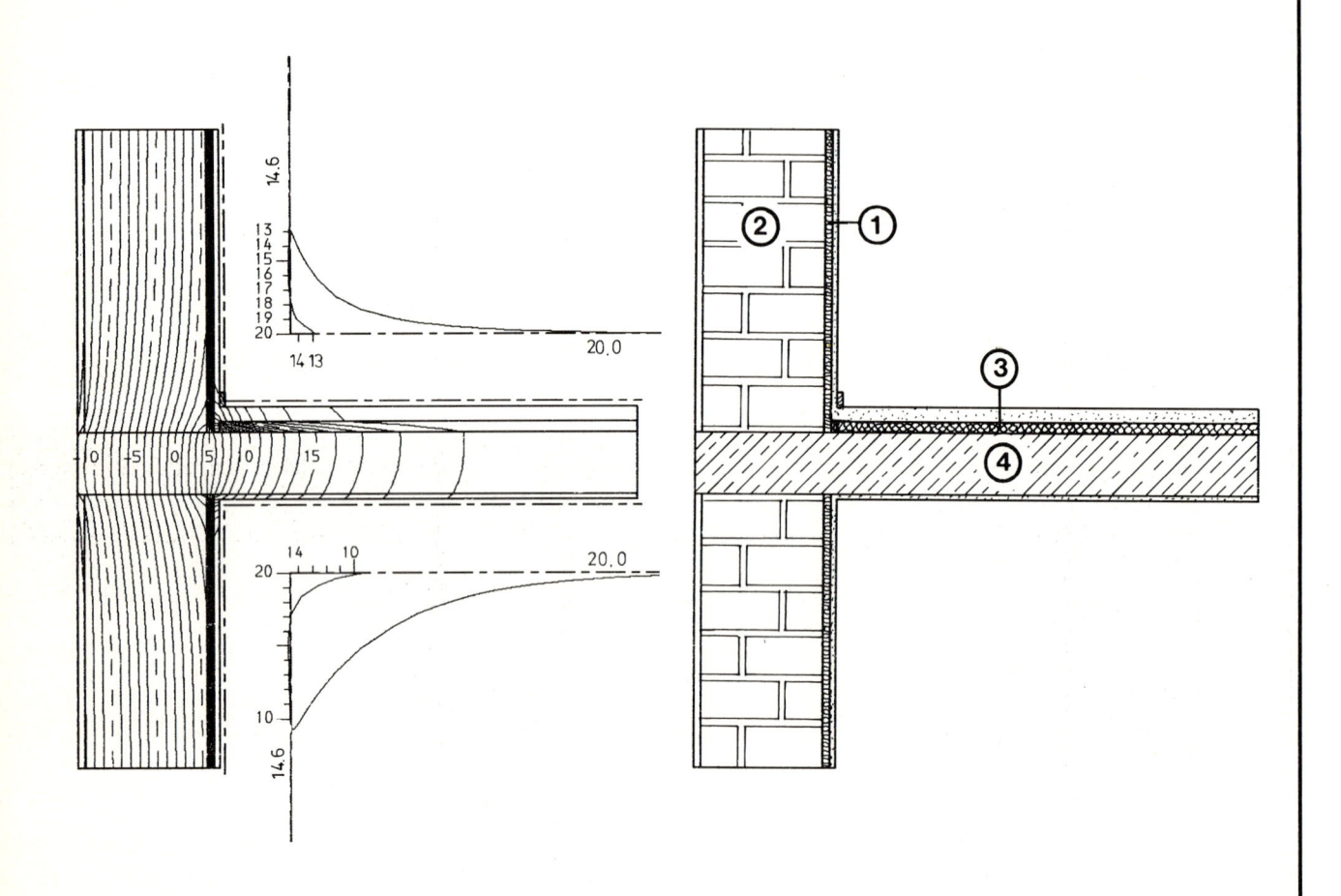

Erläuterung:
Hier wird der Fall einer zusätzlichen Innendämmung ins Auge gefaßt. (Z.B. einer Sanierung. Die Phänomene bei 24-er oder 30-er Mauerwerk sind ja die gleichen). Der Vergleich mit Seite 176 zeigt, daß durch die Innendämmung die Wandinnentemperatur von 11,3 °C auf 14,6 °C angehoben wird. An der kritischen Stelle aber sind die Temperaturverhältnisse nicht besser als ohne die zusätzliche Innendämmung. Hier sollte daher eine zusätzliche Verbesserung vorgenommen werden.

DECKENANSCHLUSS Mauerwerk innengedämmmt, Decke eingezogen, unterseitig gedämmt							
Code	Art	Typ	Material	Dicke	Schicht	\multicolumn{2}{l	}{Ergebnis}
Wärme-brücke	5.3 Einlassung					k =	0,77 W/m²K
unge-störte Bau-teile	2.2 Außenwand 4.2 Innendecke	2i 2n	5.5.1 PS-Schaum 4.2 KS-Mauerwerk 5.5.1 PS-Schaum 2.1 Beton 5.5.1 PS-Schaum	20 365 30 175 60	1 2 3 4 5	k_l = Δl = $\min \vartheta$ =	0,47 W/m K 0,60 m 15,0 °C

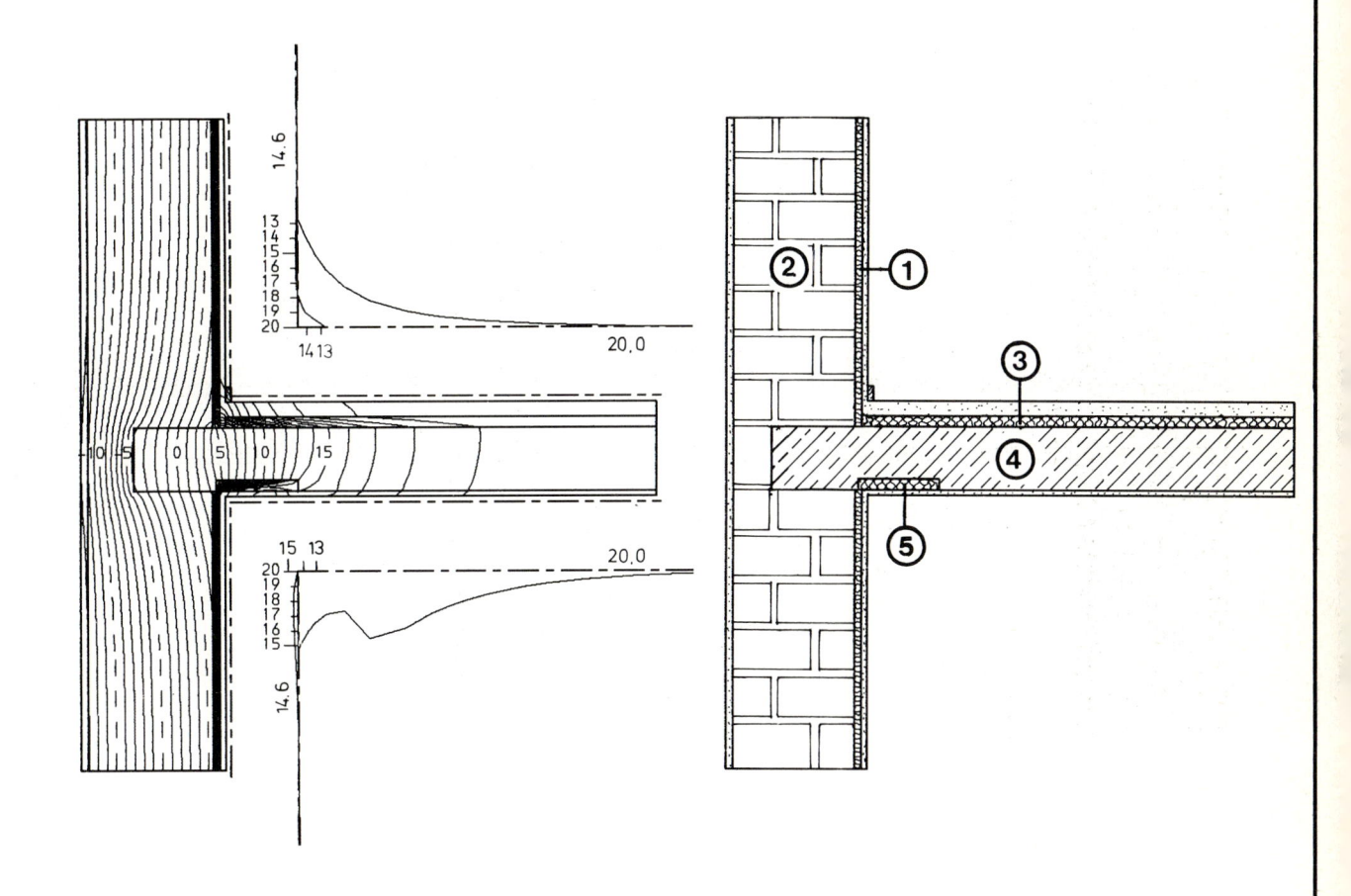

Erläuterung:
Insbesondere wenn es um eine Sanierung geht, kann man noch einen Dämmstreifen unter der Decke anbringen. Wie man sieht, hat er hier eine beträchtliche Wirkung.

DECKENANSCHLUSS Mauerwerk kerngedämmt, Decke durchgehend							
Code	Art	Typ	Material		Dicke	Schicht	Ergebnis
Wärme-brücke	5.3 Einlassung						k = 0,49 W/m²K
unge-störte Bau-teile	2.2 Außenwand	3s	4.2	KS-Mauerwerk	115	1	k_l = 0,62 W/m K
			5.6	Min.-Wolle	50	2	Δl = 1,28 m
			4.2	KS-Mauerwerk	175	3	
	4.2 Innendecke	2n	5.5.1	PS-Schaum	30	4	min ϑ = 16,6 °C
			2.1	Beton	175	5	

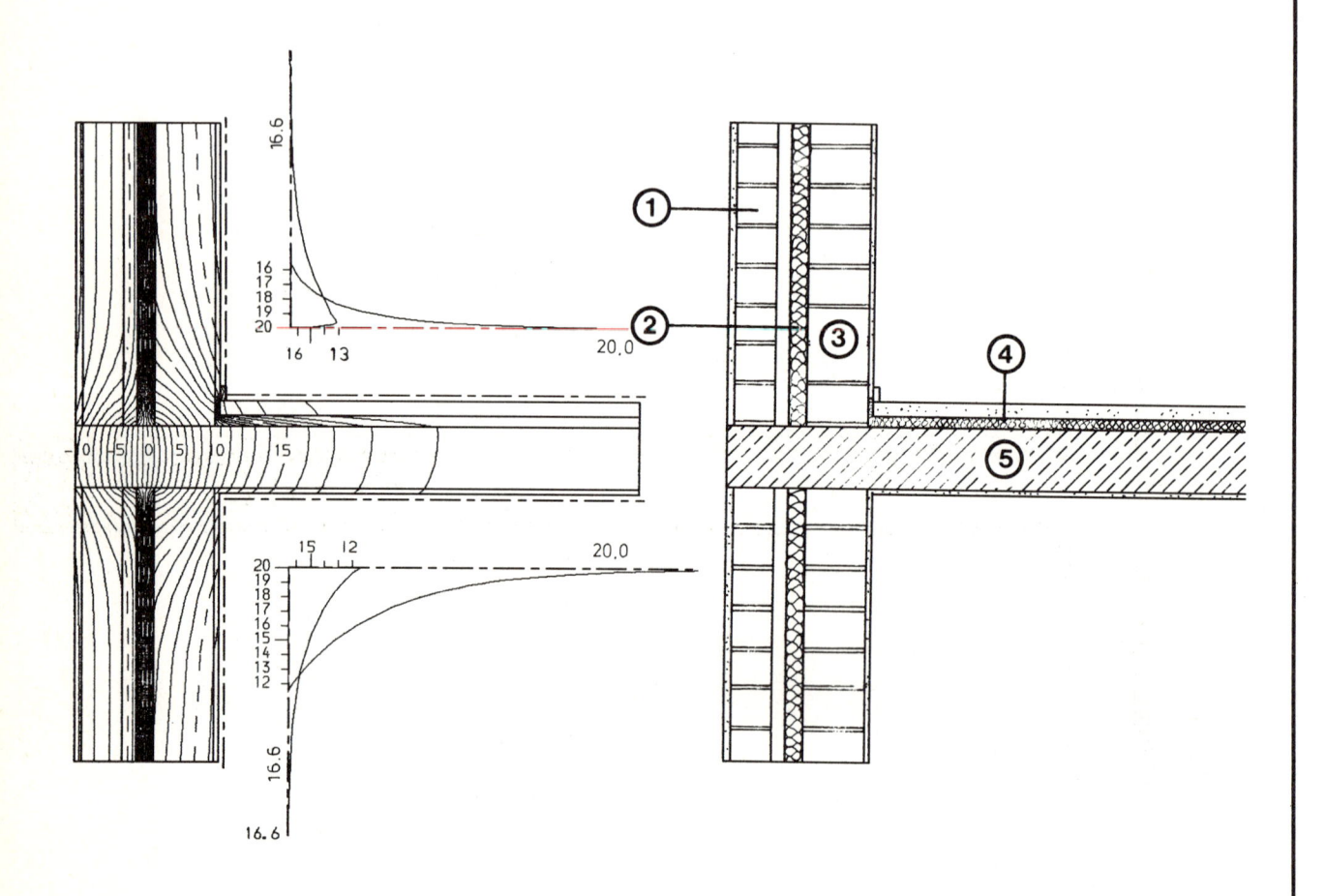

Erläuterung:
Eine derartige Lösung kann durch DIN 1053 Ziff. 5.2.1 Absatz f bedingt sein. Die Decke hat hier die Aufgabe, die Last der Außenschale abzufangen. Allerdings läßt der o.a. Absatz zu, vor die Deckenstirn einen Dämmstreifen zu bringen. Auch eine Innendämmung der Deckenunterseite kann hier als Verbesserungsmaßnahme infrage kommen. Diesbezüglich wird auf die Seiten 177, 178, 184 und 185 verwiesen.

DECKENANSCHLUSS Mauerwerk kerngedämmt, Decke eingezogen							Ergebnis
Code	Art	Typ	Material	Dicke	Schicht	
Wärme-brücke	5.3 Einlassung					$k = 0{,}49$ W/m²K
unge-störte Bau-teile	2.2 Außenwand	3s	4.2 KS-Mauerwerk 5.6 Min.-Wolle 4.2 KS-Mauerwerk	115 50 175	1 2 3	$k_l = 0{,}19$ W/m K $\Delta l = 0{,}39$ m
	4.2 Innendecke	2n	5.5.1 PS-Schaum 2.1 Beton	30 175	4 5	$\min \vartheta = 17{,}0$ °C

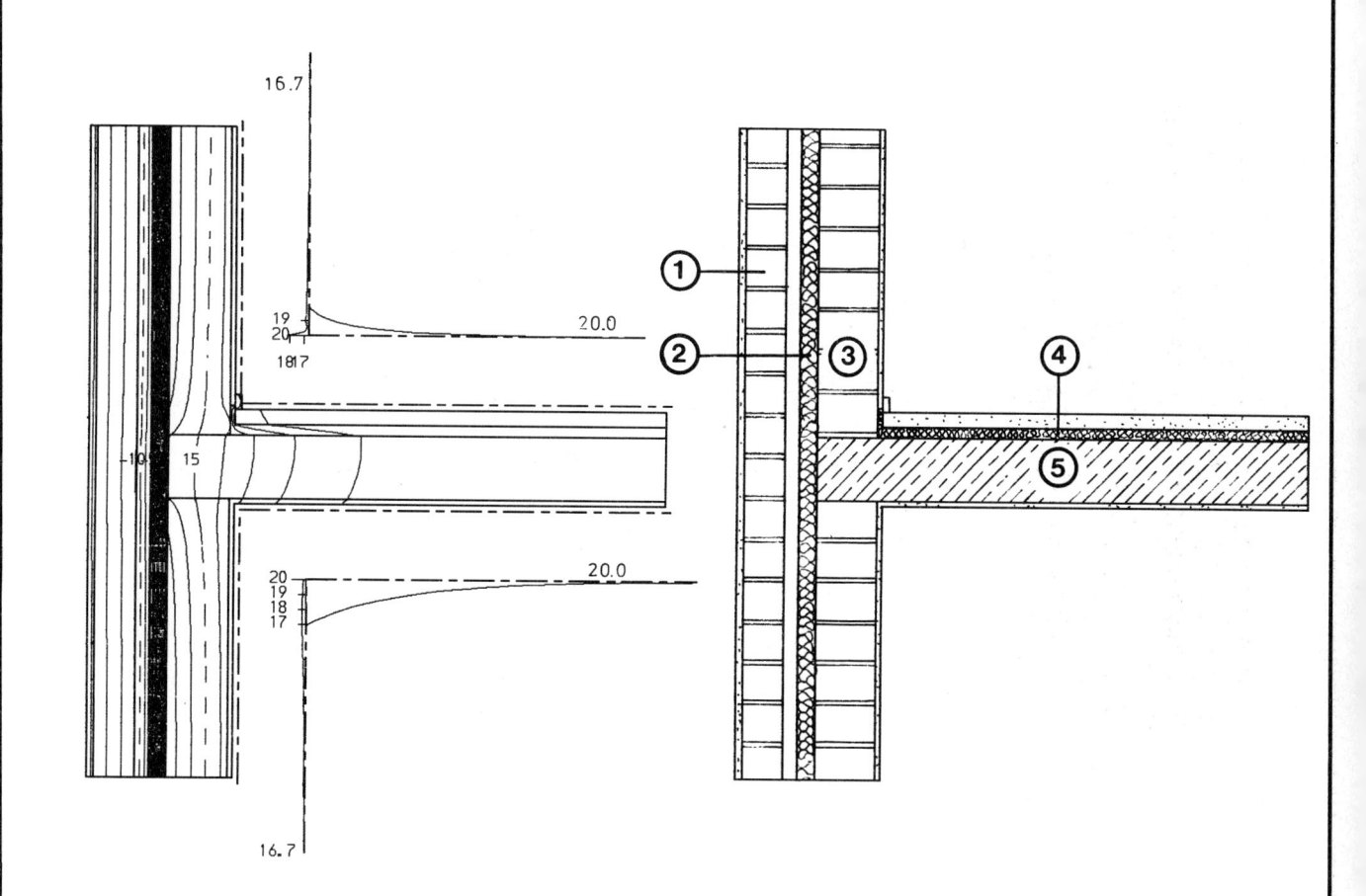

Erläuterung:
Im Gegensatz zu Seite 194 endet die Betondecke hier hinter der Kerndämmung. Wie man sieht, entstehen dadurch erwartungsgemäß optimale Verhältnisse.

DECKENANSCHLUSS Beton-Sandwich

Code	Art	Typ	Material	Dicke	Schicht	Ergebnis
Wärmebrücke	5.3 Einlassung					$k = 0{,}66$ W/m²K
ungestörte Bauteile	2.2 Außenwand	3s	2.1 Beton 5.6 Min.-Wolle 2.1 Beton	60 50 140	1 2 3	$k_l = 0{,}36$ W/m K $\Delta l = 0{,}55$ m
	4.2 Innendecke	2n	5.5.1 PS-Schaum 2.1 Beton 5.6 Min.-Wolle	30 175 20	4 5 6	$\min \vartheta = 13{,}5$ °C

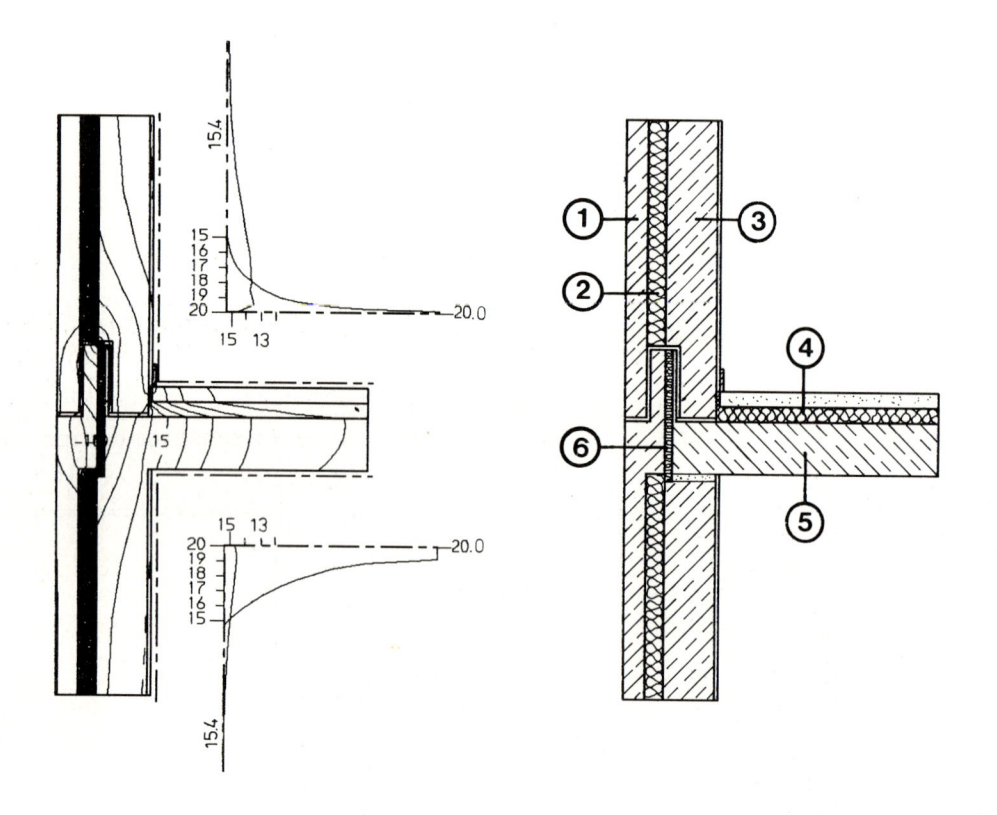

Erläuterung:
Hier handelt es sich um einen für den Großtafelbau typischen Deckenknoten. Aus konstruktiven Gründen muß hier die Dämmung im Knotenbereich meist reduziert werden. Wie ersichtlich ist die Auswirkung dieser Störung erträglich.

Code	Art	Typ	Material	Dicke	Schicht	Ergebnis
BALKONPLATTE Wand monolithisch, mindestgedämmt							
Wärme-brücke	5.4 Durchdringung					$k = 1{,}25$ W/m²K
						$k_l = 0{,}66$ W/m K
unge-störte Bau-teile	2.2 Außenwand 4.5 Balkonplatte 4.2 Innendecke	1 1 2n	4.2 KS-Mauerwerk 2.1 Beton 5.5.2 PS-Schaum 2.1 Beton	365 150 30 170	1 2 3 4	$\Delta l = 0{,}53$ m $\min \vartheta = 9{,}0$ °C

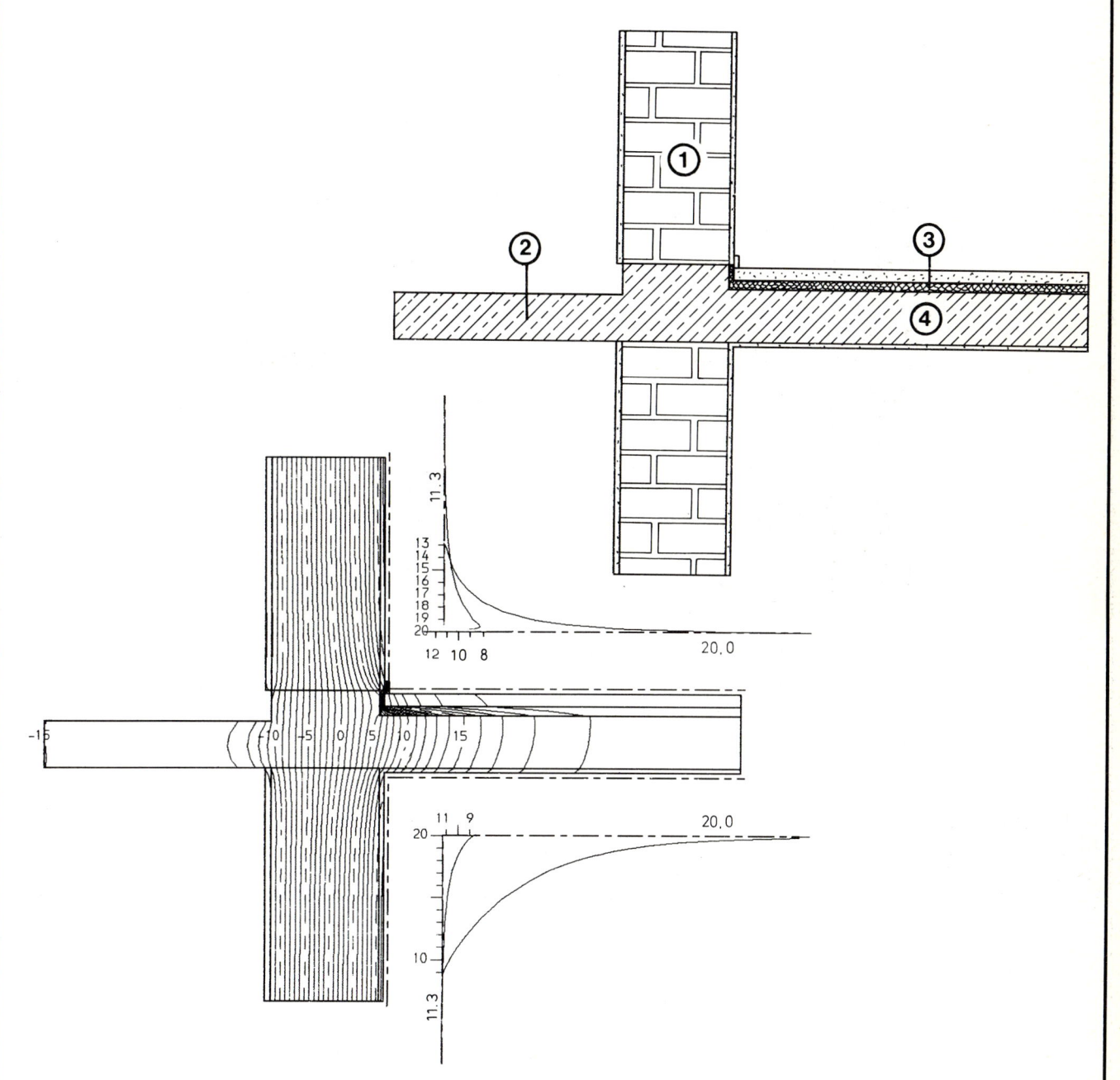

Erläuterung:
Der Beton der auskragenden Betonplatte leitet im Verhältnis zu den übrigen verwendeten Baustoffen sehr gut und führt die Wärme nach außen. Die Dämmung des schwimmenden Estriches verhindert zwar ein Auskühlen des Fußbodens. An der kritischen Stelle (innere, untere Kante zwischen Wand und Decke) beträgt die Temperatur aber nur 9 °C. Ohne zusätzliche Dämmaßnahmen muß hier deshalb mit Tauwasser gerechnet werden.

BALKONPLATTE Wand außengedämmt						
Code	Art	Typ	Material	Dicke	Schicht	Ergebnis
Wärme- brücke	5.4 Durchdringung					k = 0,82 W/m²K
unge- störte Bau- teile	2.2 Außenwand	2n	5.5.1 PS-Schaum 4.2 KS-Mauerwerk	20 365	1 2	k_l = 0,72 W/m K Δl = 0,88 m
	4.5 Balkonplatte	1	2.1 Beton	150	3	min ϑ = 10,4 °C
	4.2 Innendecke	2n	5.5.2 PS-Schaum 2.1 Beton	30 170	4 5	

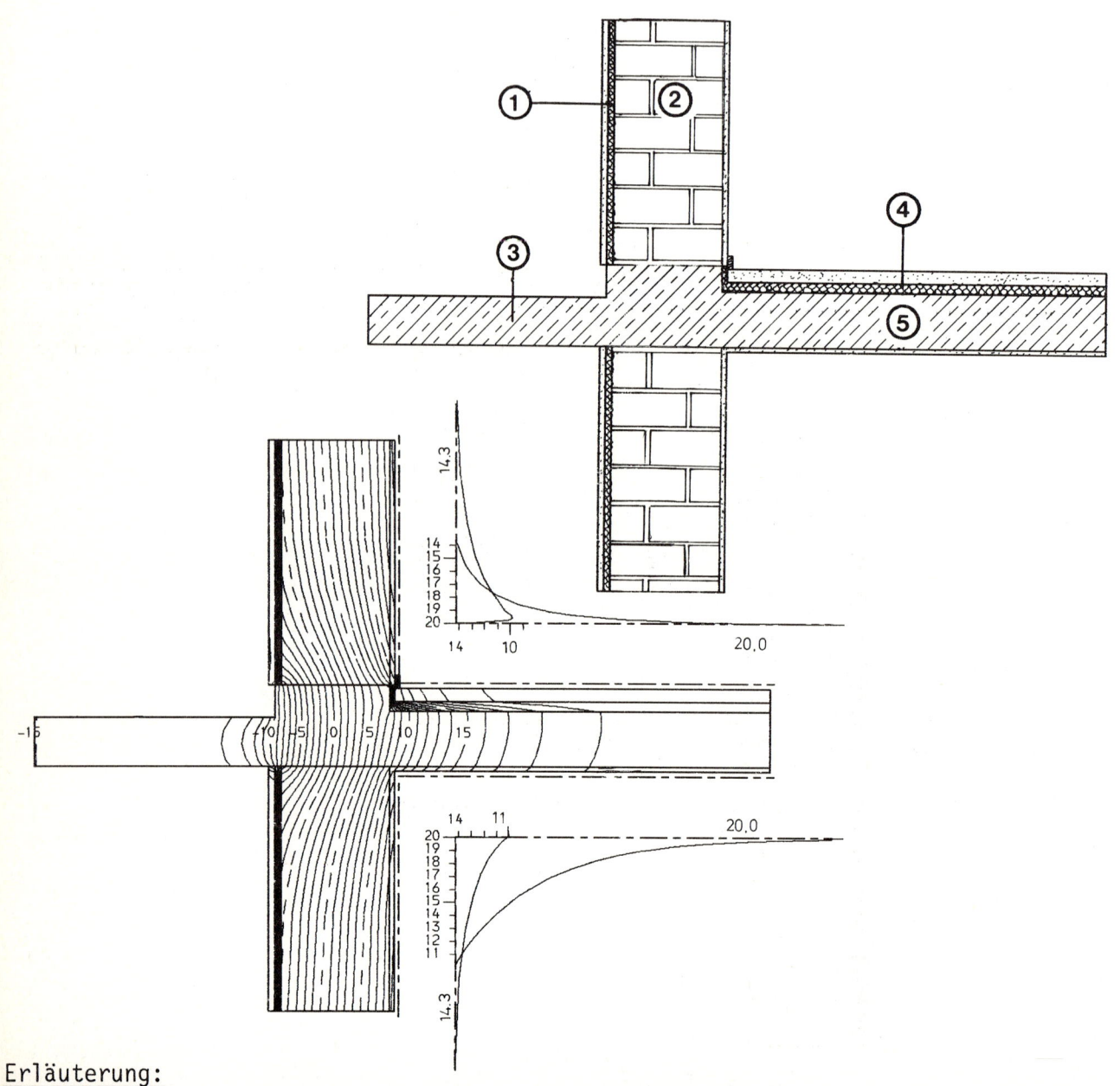

Erläuterung:
Die Wärmedämmung einer 36,5-er Kalksandsteinwand liegt an der unteren Grenze des Zulässigen. Es liegt daher nahe, ihre Dämmwirkung zu verbessern, z.B. durch eine sog. "Thermohaut", im Prinzip durch eine zusätzliche Außendämmung. Sie bewirkt eine Verdichtung der Isothermen in der Nähe des Balkonanschnitts und damit eine Anhebung der kritischen Temperatur auf 10,4 °C. Die Wärmeverluste durch die Wärmebrücke werden allerdings etwas größer.

BALKONPLATTE Wand außengedämmt, hinterlüftet						
Code	Art	Typ	Material	Dicke	Schicht	Ergebnis
Wärme-brücke	5.4 Durchdringung					$k = 0{,}56$ W/m²K
unge-störte Bau-teile	2.2 Außenwand	3h	Außenhaut 5.6 Min.-Wolle 4.2 KS-Mauerwerk	50 300	1 2 3	$k_l = 0{,}62$ W/m K $\Delta l = 1{,}11$ m
	4.5 Balkonplatte 4.2 Innendecke	1 2n	2.1 Beton 5.5.2 PS-Schaum 2.1 Beton	150 30 170	4 5 6	$\min \vartheta = 12{,}1$ °C

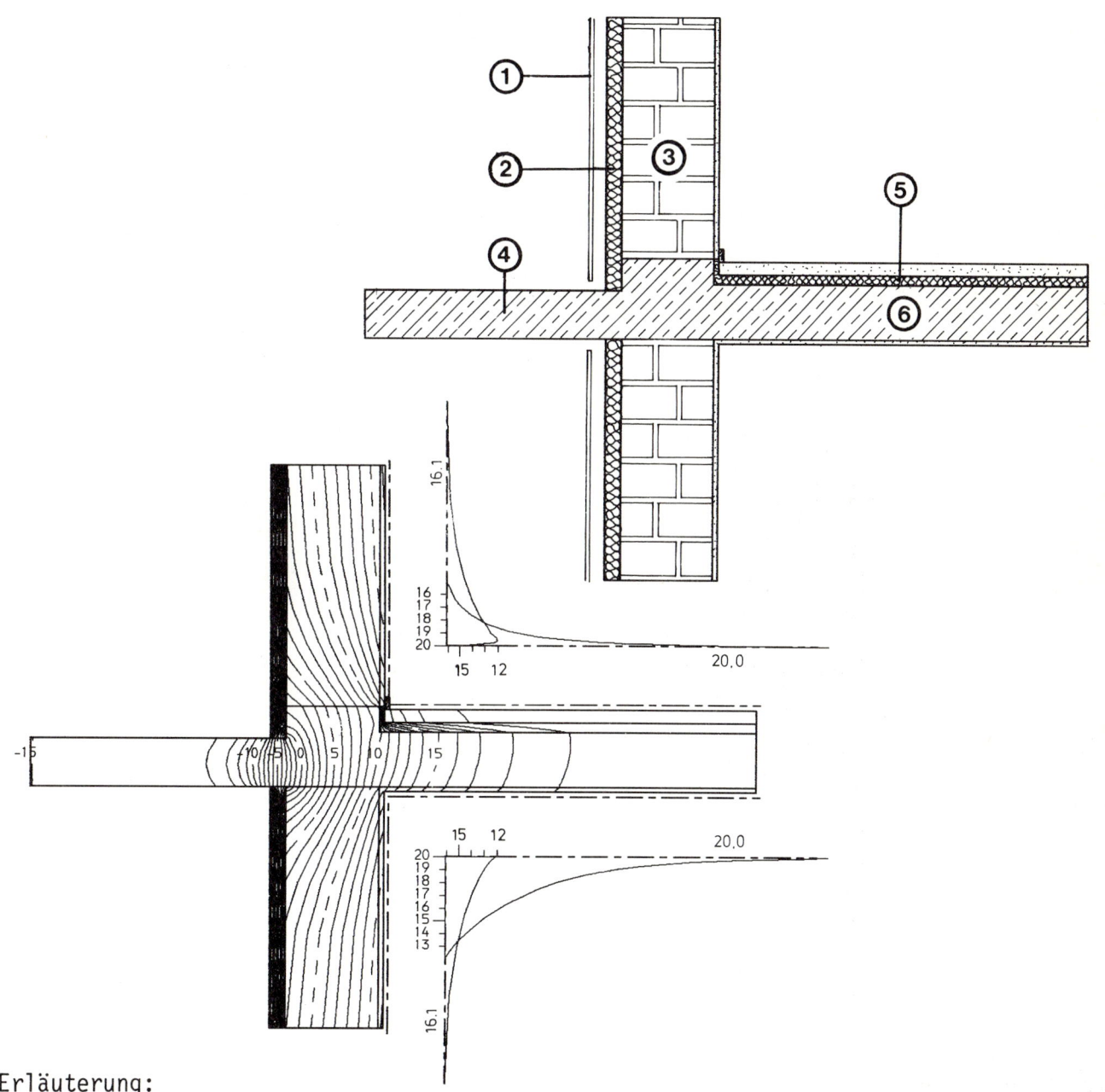

Erläuterung:
Hier wird eine Wandbauweise vorgestellt, die den heutigen Anforderungen an den Wärmeschutz weitgehend entspricht. Die durch die Balkonplatte gebildete Wärmebrücke bleibt jedoch eine Schwachstelle. Zwar liegt die Temperatur an der kritischen Stelle schon bei 12 °C, aber die Wärmeverluste sind beträchtlich.

BALKONPLATTE Wand außengedämmt, hinterlüftet, Leichtbetonbalken

Code	Art	Typ	Material		Dicke	Schicht	Ergebnis
Wärme-brücke	5.4 Durchdringung		2.2	Leichtbeton		0	$k = 0{,}56$ W/m²K
unge-störte Bau-teile	2.2 Außenwand	3h		Außenhaut		1	$k_l = 0{,}36$ W/m K
			5.6	Min.-Wolle	50	2	$\Delta l = 0{,}65$ m
			4.2	KS-Mauerwerk	300	3	$\min \vartheta = 14{,}7$ °C
	4.5 Balkonplatte	1	2.1	Beton	150	4	
	4.2 Innendecke	2n	5.5.2	PS-Schaum	30	5	
			2.1	Beton	170	6	

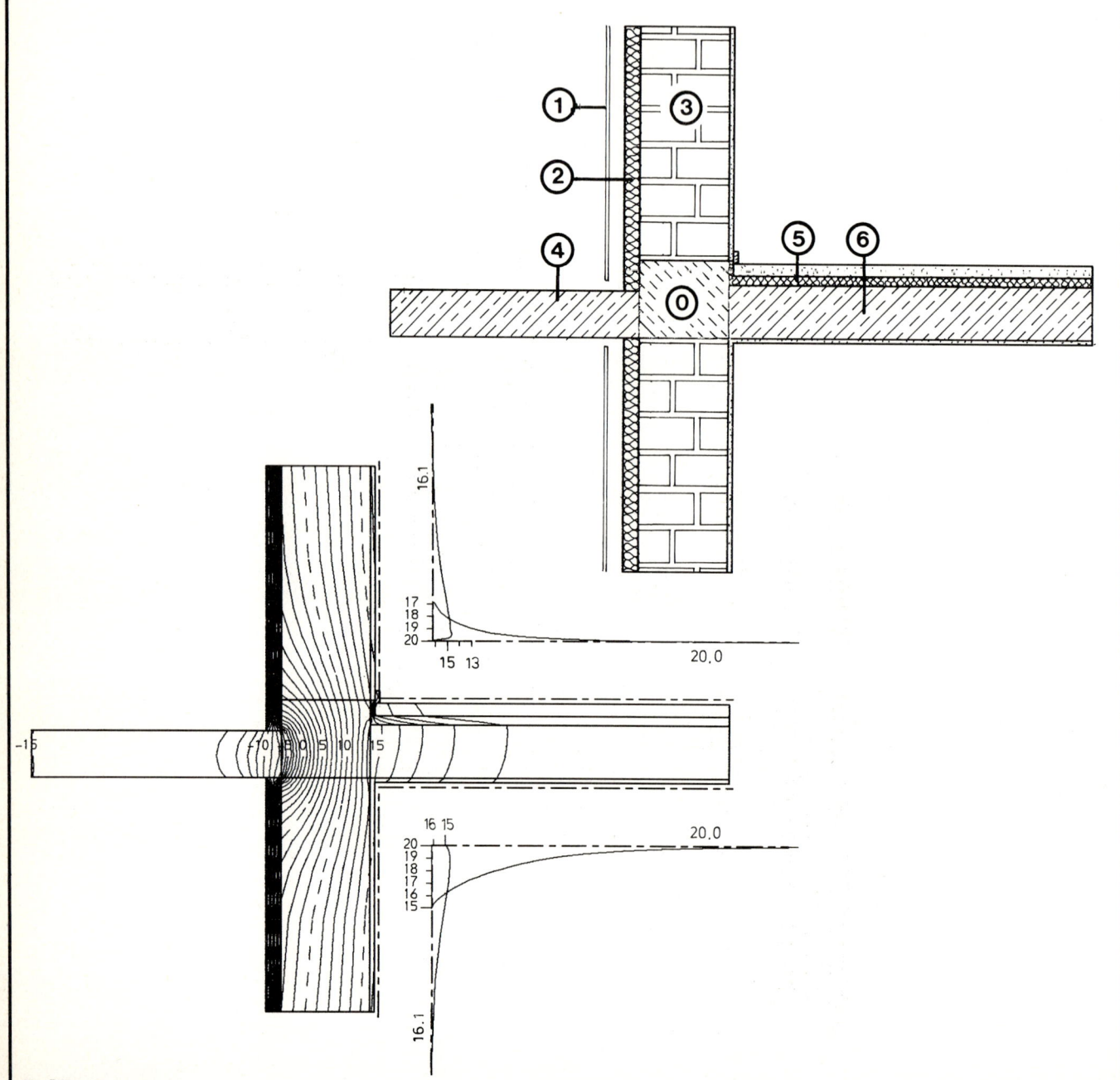

Erläuterung:
Eine Neuentwicklung zur Beseitigung der durch die auskragende Balkonplatte gebildeten Wärmebrücke ist der sog. "QUINTING-THERMOBALKEN". Er stellt ein in der Wanddicke vorgefertigtes Bauelement aus Leichtbeton LB 25 dar, in welches die nach beiden Seiten austretende Kragbewehrung einbetoniert ist.
Dieser "QUINTING - THERMOBALKEN" ist hier in einer 30-er Kalksandsteinwand mit Vorsatzschale und Außendämmung dargestellt. Auch da erweist er sich als äußerst wirksam (vergl. Seite 206). Die Kanten-Temperatur liegt auch hier über 14° C.

Code	Art	Typ	Material		Dicke	Schicht
Wärme-brücke	5.4 Durchdringung					
unge-störte Bauteile	2.2 Außenwand	3s	4.2	KS-Mauerwerk	115	1
			5.6	Min.-Wolle	50	2
			4.2	KS-Mauerwerk	175	3
	4.5 Balkonplatte	1	2.1	Beton	150	4
	4.2 Innendecke	2n	5.5.2	PS-Schaum	30	5
			2.1	Beton	170	6

BALKONPLATTE Wand kerngedämmt

Ergebnis

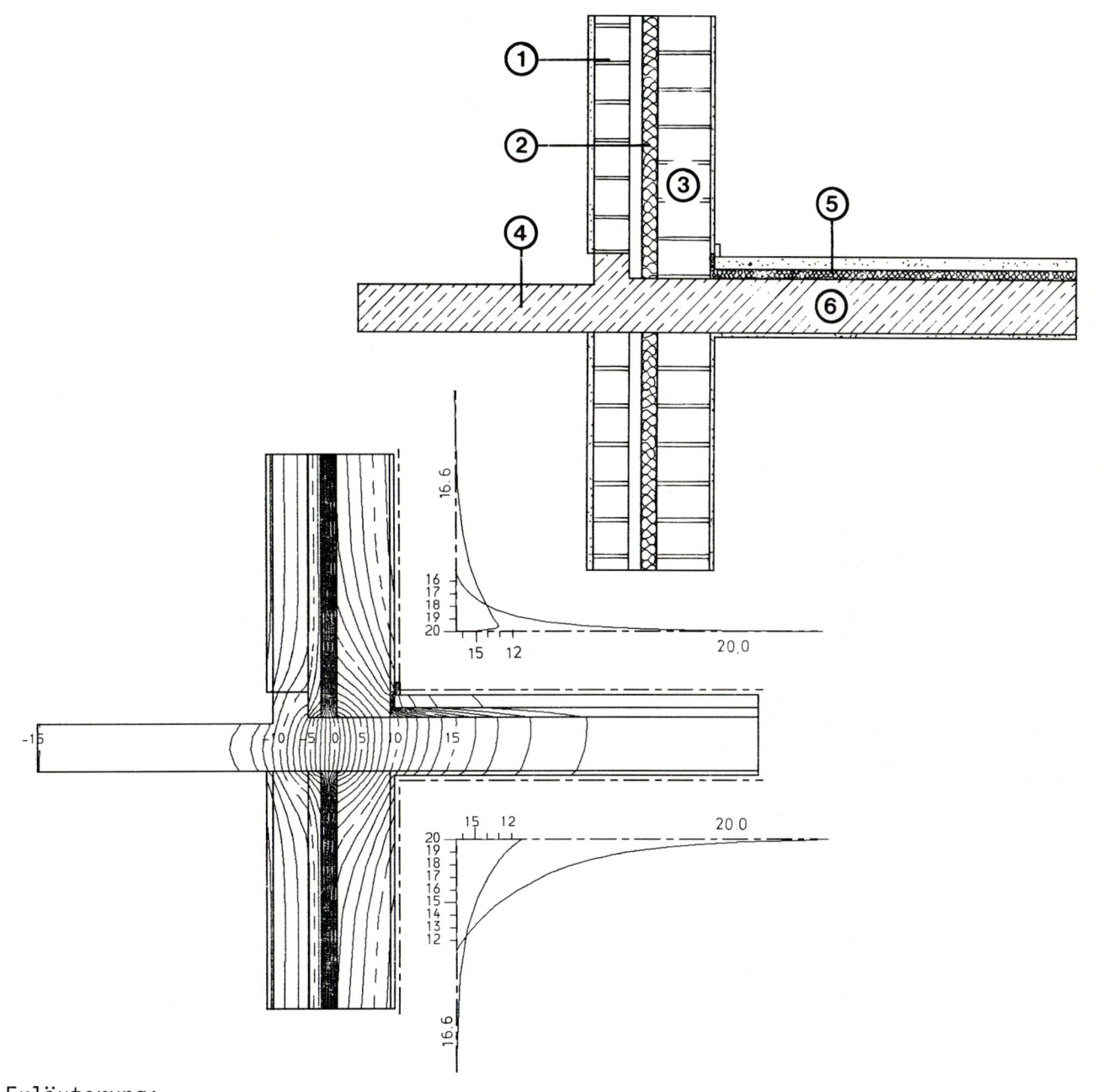

$k = 0{,}5$ W/m²K
$k_l = 0{,}67$ W/m K
$\Delta l = 1{,}34$ m
$\min \vartheta = 11{,}0$ °C

Erläuterung:
Der Vergleich mit Seite 200 zeigt, daß die zweischalige Bauweise sich im Bereich der Balkon-Wärmebrücke ungünstiger verhält als die einschalige Bauweise mit gleichwertiger Außendämmung. Das liegt daran, daß die Wand der im Inneren vorhandenen Dämmschicht wegen tiefer auskühlt, was sich auf die Decke im Durchdringungsbereich überträgt.

BALKONPLATTE Wand kerngedämmt, Leichtbetonbalken							Ergebnis
Code	Art	Typ	Material	Dicke	Schicht	
Wärme-brücke	5.4 Durchdringung		2.2 Leichtbeton		0	k = 0,49 W/m²K
unge-störte Bau-teile	2.2 Außenwand	3s	4.2 KS-Mauerwerk	115	1	k_l = 0,31 W/m K
			5.6 Min.-Wolle	50	2	Δl = 0,65 m
			4.2 KS-Mauerwerk	175	3	min ϑ = 15,5 °C
	4.5 Balkonplatte	1	2.1 Beton	150	4	
	4.2 Innendecke	2n	5.5.2 PS-Schaum	30	5	
			2.1 Beton	170	6	

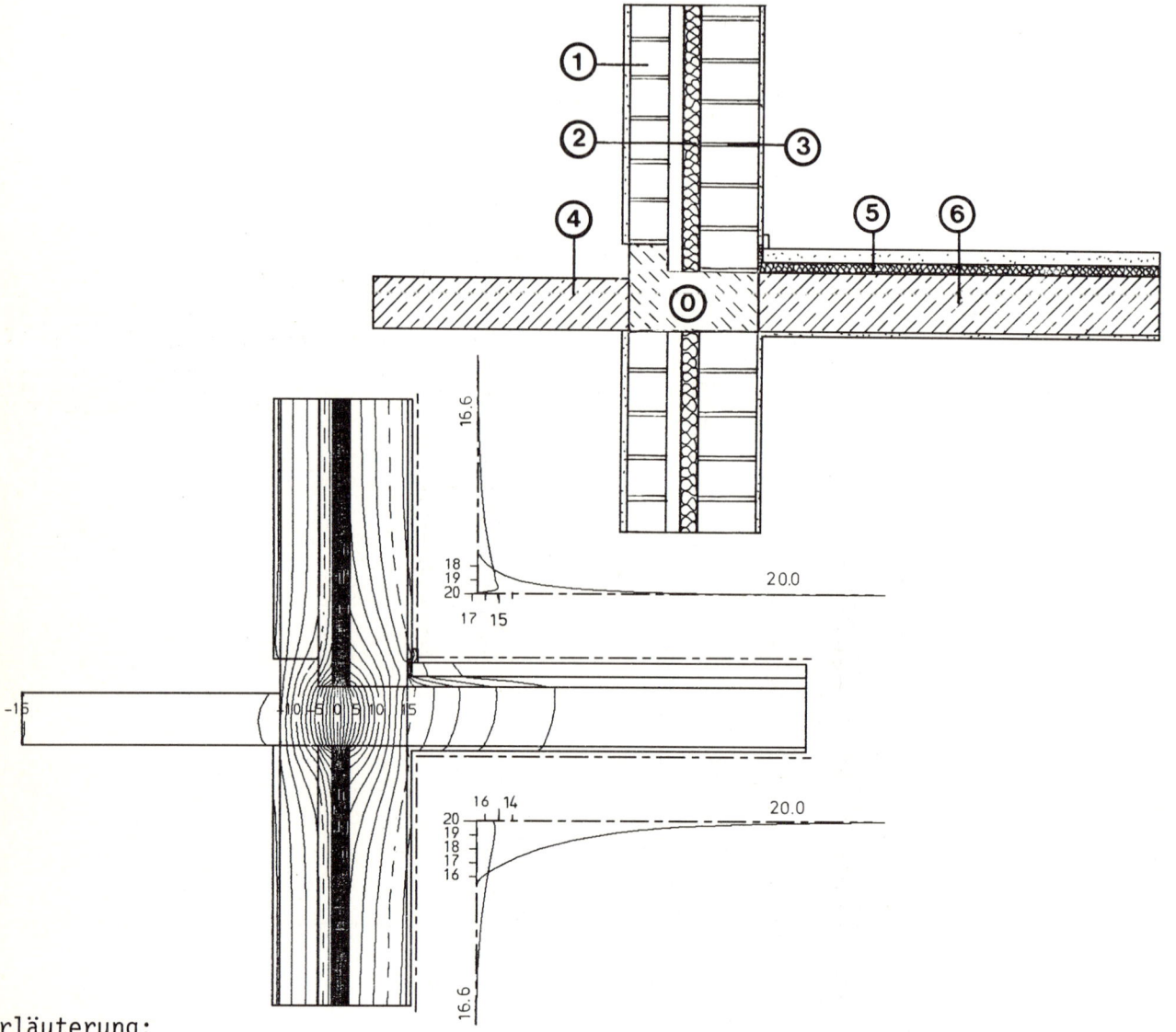

Erläuterung:
Die zweischalige, belüftete Wand mit Kerndämmung erweist sich rechnerisch einer aus gleichem Material und gleichen Materialdicken bestehenden, einschaligen Wand etwas überlegen, da die Luftschicht als mitwirkend gerechnet werden darf. (Deshalb hier 16,6° C statt 16,1° C wie auf Seite 200). Der "QUINTING - THERMOBALKEN" tat ein übriges, um die Temperaturen in der kritischen Ecke auf ansehnlicher Höhe zu halten. Bei einer solchen Kerndämmung wäre allerdings der sog. "SCHÖCK - ISOKORB" (vgl. Seite 203) geeigneter, weil dann eine durchgehende Dämmschicht auch im Deckenbereich vorhanden wäre.
Bei Innendämmung von Kalksandsteinmauerwerk wären die Verhältnisse aber auch bei Verwendung des "QUINTING - THERMOBALKENS" unbefriedigend, weil der Temperaturnullpunkt in der Wand dicht an die Dämmschicht heranrückt, was dann auch bei Vorhandensein eines "Thermobalkens" zutrifft.

BALKONPLATTE Wand kerngedämmt, thermische Trennung							
Code	Art	Typ	Material	Dicke	Schicht	Ergebnis
Wärme-brücke	5.4 Durchdringung		"Iso-Korb"		0	$k = 0,49$ W/m²K
unge-störte Bau-teile	2.2 Außenwand 4.5 Balkonplatte 4.2 Innendecke	3s 1 2n	4.2 KS-Mauerwerk 5.6 Min.-Wolle 4.2 KS-Mauerwerk 2.1 Beton 5.5.2 PS-Schaum 2.1 Beton	115 50 175 150 30 170	1 2 3 4 5 6	$k_l = 0,34$ W/m K $\Delta l = 0,70$ m $\min \vartheta = 14,8$ °C

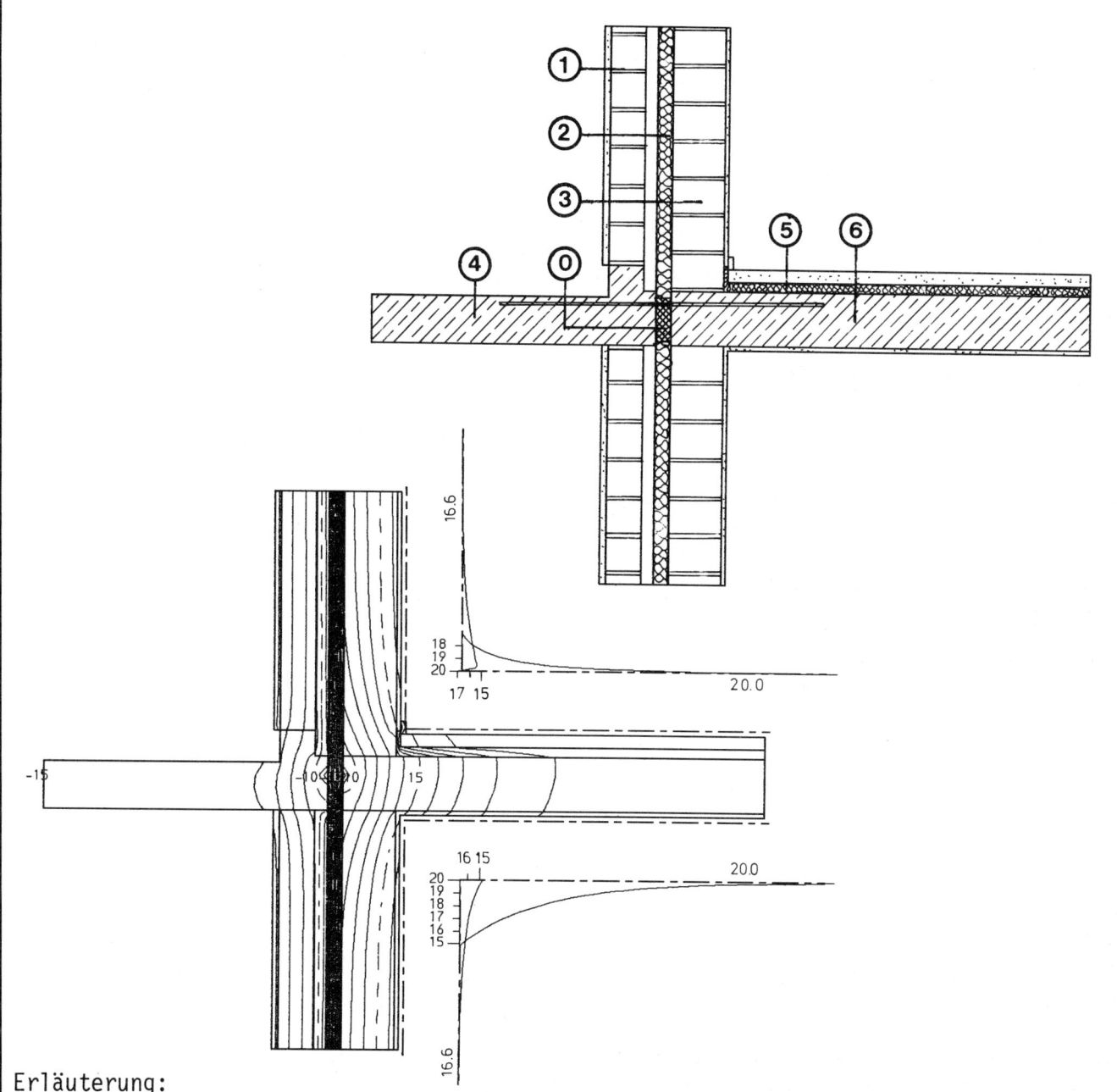

Erläuterung:

Bei dieser neuartigen Baumethode mit "SCHÖCK - ISOKORB" erfolgt eine wärmetechnische Trennung der auskragenden Balkon- von der Deckenplatte, die nur von Edelstahlteilen als Verbindungsbewehrung durchquert wird. Auf diese Weise wird die Wärmebrücke fast ganz beseitigt.
In der Berechnung wurde die Bewehrung als "über die Tiefe verschmiert" berücksichtigt, um das Problem eben rechnen zu können.

Code	Art	Typ	Material	Dicke	Schicht	Ergebnis
Wärme-brücke	5.4 Durchdringung					$k = 0{,}76$ W/m²K
unge-störte Bau-teile	2.2 Außenwand	2i	4.2 KS-Mauerwerk 5.5.1 PS-Schaum	365 20	1 2	$k_l = 0{,}67$ W/m K $\Delta l = 0{,}88$ m
	4.5 Balkonplatte	1	2.1 Beton	150	3	$\min \vartheta = 8{,}2$ °C
	4.2 Innendecke	2n	5.5.2 PS-Schaum 2.1 Beton	30 170	4 5	

BALKONPLATTE Wand innengedämmt

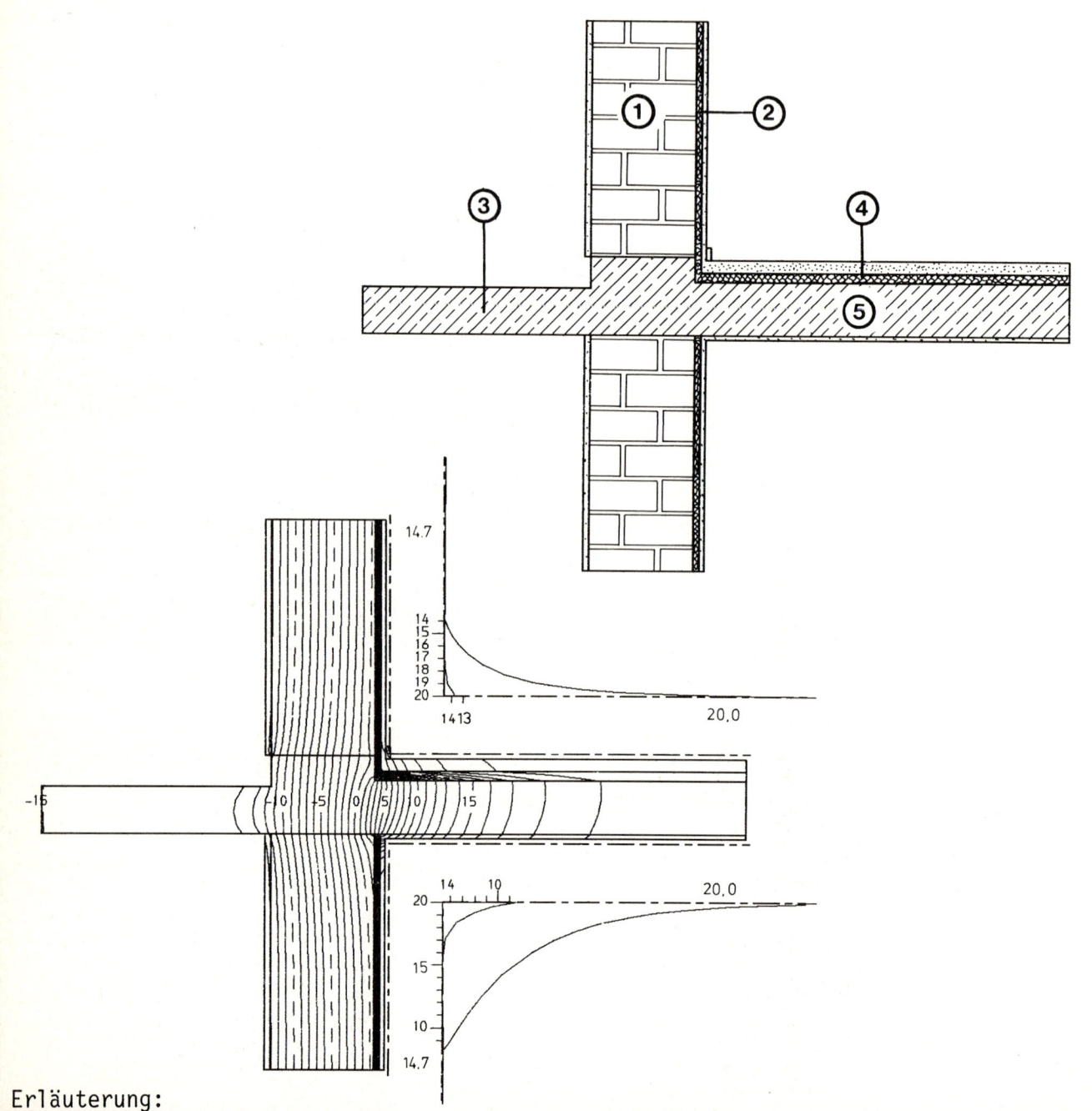

Erläuterung:
Vergleicht man diese zusätzlich innengedämmte Wand mit der gleich dicken, ungedämmten Wand (Seite 197), so fällt auf, daß die Temperatur an der unteren Innenecke niedriger ist, als bei der ungedämmten Wand! Das ist darauf zurückzuführen, daß die Innendämmung erheblich tiefere Temperaturen in der Wand, insbesondere unmittelbar hinter der Dämmschicht zur Folge hat. Dementsprechend niedrig sind dann auch die Temperaturen der Deckenplatte an der Stelle des Durchtritts durch die Dämmschicht. Innendämmung bei Balkonplatten ist mithin ungünstig.

Code	Art	Typ	Material	Dicke	Schicht	Ergebnis
Wärme-brücke	5.4 Durchdringung					$k = 0{,}72$ W/m²K
unge-störte Bau-teile	2.2 Außenwand 4.5 Balkonplatte 4.2 Innendecke	1 1 2n	4.1.5 !Hlz (0,33) 2.1 Beton 5.5.2 PS-Schaum 2.1 Beton	365 150 30 170	1 2 3 4	$k_l = 0{,}69$ W/m K $\Delta l = 0{,}96$ m $\min \vartheta = 9{,}8$ °C

BALKONPLATTE Wand monolithisch

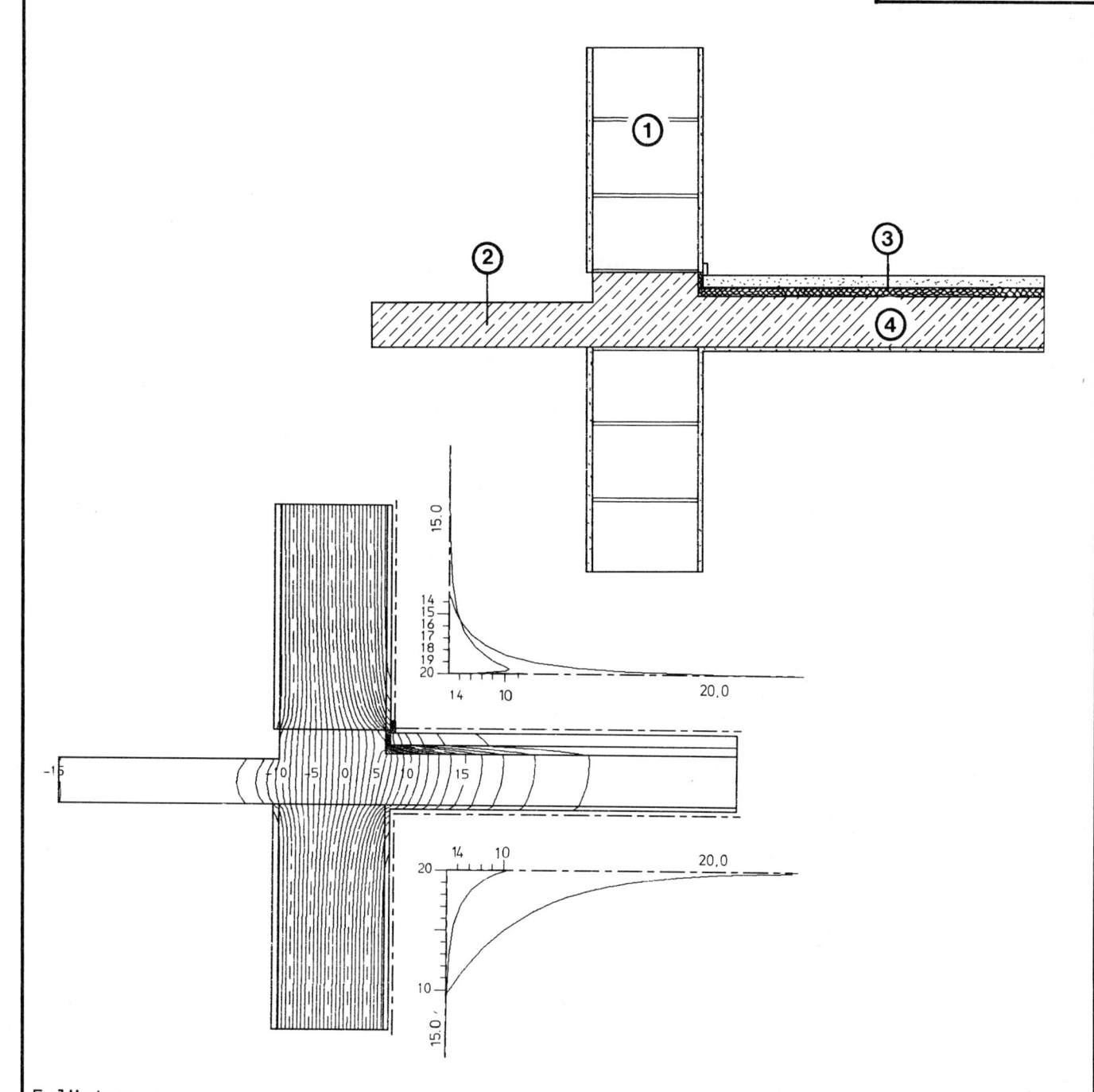

Erläuterung:
Hier handelt es sich um die Balkon-Wärmebrücke in einer 36,5-er Leichthochlochzie-gelwand. Vergleicht man diese Anordnung mit der auf Seite 197 (Kalksandsteinmauerwerk) so sieht man, daß nicht nur die Temperatur der inneren Wandoberfläche im ungestörten Bereich wesentlich höher liegt, sondern daß die Temperatur an der kritischen Stelle statt 9,0 °C nunmehr 9,8 °C beträgt. Sie ist damit aber noch zu niedrig. Verbesse-rungsmaßnahmen, z.B. eine zusätzliche Dämmung an der Deckenunterseite sind daher zu empfehlen.

- 206 -

BALKONPLATTE Wand monolithisch, Leichtbetonbalken							
Code	Art	Typ	Material		Dicke	Schicht	E r g e b n i s
Wärme-brücke	5.4 Durchdringung		2.2	Leichtbeton		0	$k = 0{,}72$ W/m²K
unge-störte Bau-teile	2.2 Außenwand	1	4.1.5	1Hlz (0,33)	365	1	$k_l = 0{,}31$ W/m K
	4.5 Balkonplatte	1	2.1	Beton	150	2	$\Delta l = 0{,}44$ m
	4.2 Innendecke	2n	5.5.2	PS-Schaum	30	3	$\min \vartheta = 14{,}5$ °C
			2.1	Beton	170	4	

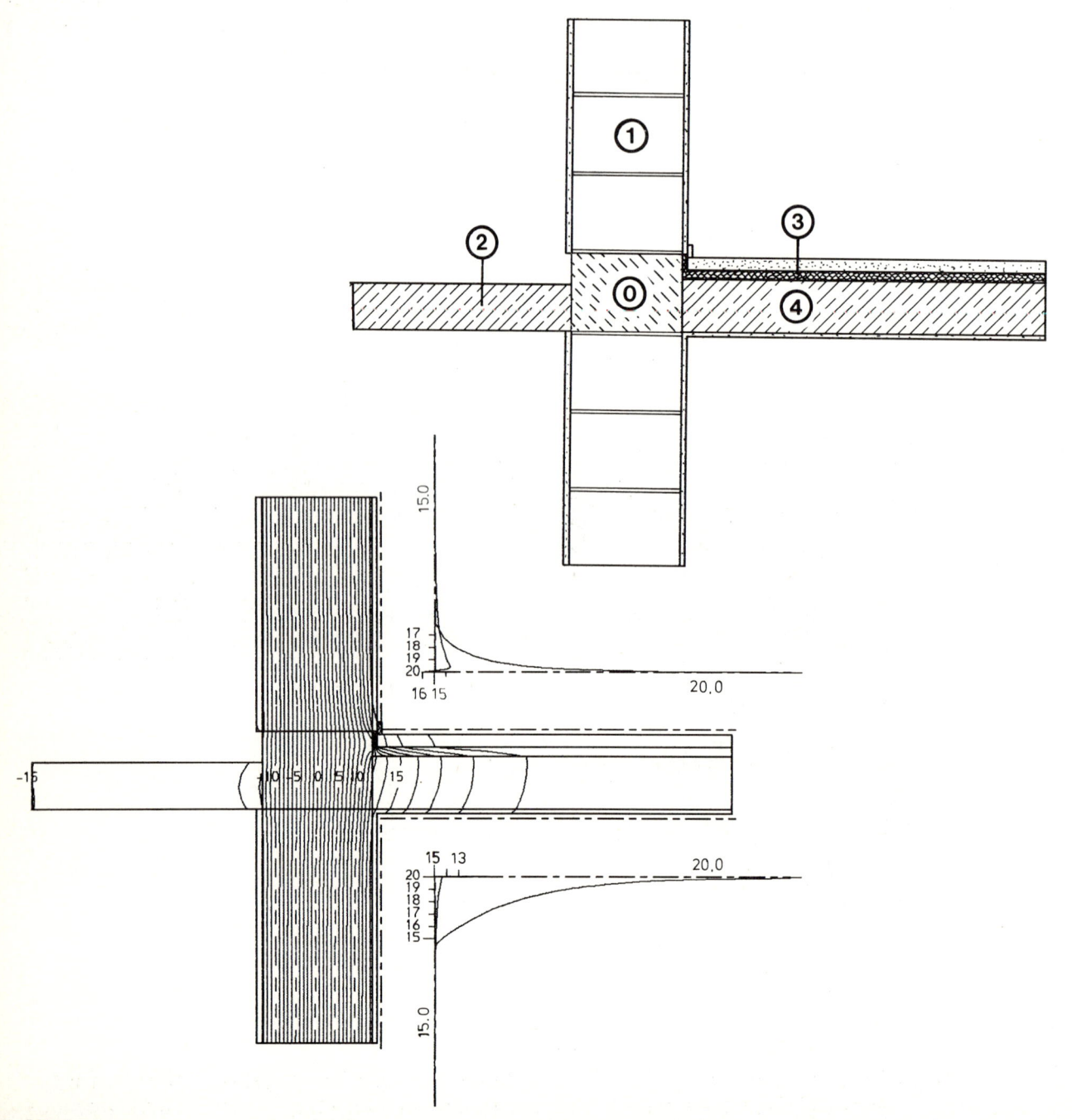

Erläuterung:
Die durch eine auskragende Balkonplatte gebildete Wärmebrücke ist schon seit geraumer Zeit Anlaß zum Nachdenken über Abhilfemaßnahmen. Eine gute Lösung stellt der sog. "QUINTING - THERMOBALKEN" dar. Dabei handelt es sich um ein in Wanddicke vorgefertigtes Bauelement aus Leichtbeton B 25 mit eingebauter Anschlußbewehrung nach innen und nach außen. Man erkennt, daß bei Einfügen eines solchen Balkens in 36,5-er Leichthochlochziegel-Mauerwerk sehr günstige Verhältnisse entstehen.

| BALKONPLATTE leichtes Außenpaneel ||||||||
Code	Art	Typ	Material	Dicke	Schicht	\multicolumn{2}{c}{E r g e b n i s}
Wärme-brücke	5.4 Durchdringung					$k =$	0,49 W/m²K
						$k_l =$	1,08 W/m K
unge-störte Bau-teile	2.2 Außenwand	3s	3.1 AZ-Platte 5.6 Glaswolle 3.3 AZ-Platte 6.1.1 Holz	4 70 4	1 2 3 4	$\Delta l =$ $min^\vartheta =$	2,22 m 3,5 °C
	4.5 Balkonplatte 4.2 Innendecke	1 2n	2.1 Beton 5.5.2 PS-Schaum 2.1 Beton	150 30 170	5 6 7	\multicolumn{2}{l}{Minimaltemperatur an der Decken-unterseite}

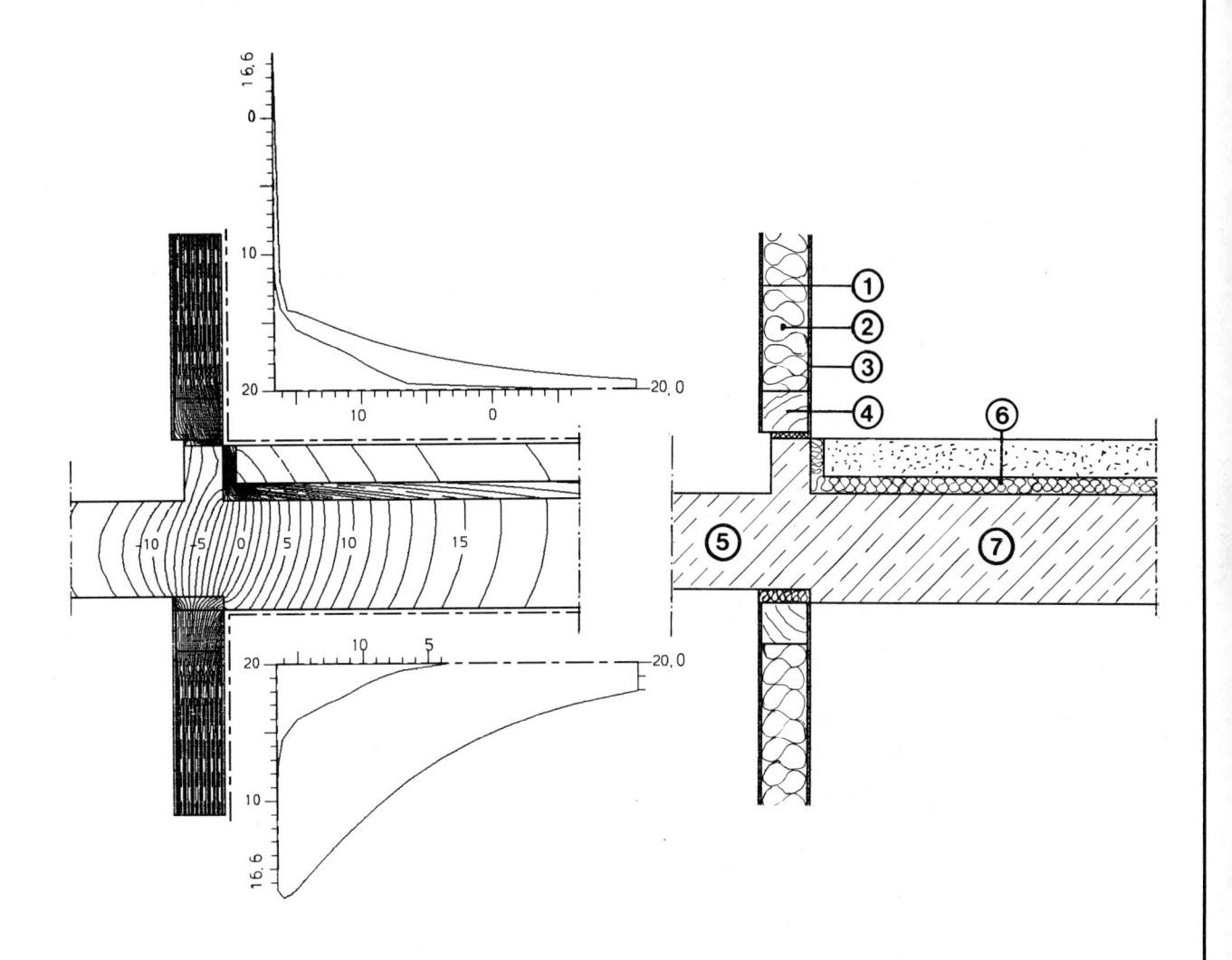

Erläuterung:
Hier ist ein leichtes, aber gut dämmendes Außenwandpaneel vorgegeben. Die geringe Dicke dieses Außenwandelementes führt dazu, daß die Temperatur an der Kante Decken-unterseite - Außenwand auf 3,5 °C absinkt. Noch bedenklicher sind die Verhältnisse an der Deckenoberseite. Dort beträgt die Temperatur - 6 °C ! Das ist allerdings weitest-gehend auf den dort vorhandenen Betonsockel zurückzuführen. Hier wäre unbedingt ein anderes, schlecht leitendes Material unter Berücksichtigung der entstehenden Abdich-tungsprobleme einzusetzen.
Um die Temperaturen an der Kante Deckenunterseite-Außenwand anzuheben, liegt es nahe, die Deckenunterseite zusätzlich zu dämmen. Der Einfluß unterschiedlicher Dämm-dicken und -breiten ist auf dem folgenden Blatt untersucht.

BALKONPLATTE leichtes Außenpaneel, Deckenunterseite gedämmt							Ergebnis	
Code	Art		Typ	Material	Dicke	Schicht	
Wärme-brücke	5.4 Durchdringung						$k = 0{,}49$ W/m²K
unge-störte Bau-teile	2.2 Außenwand		3s	3.1 AZ-Platte 5.6 Glaswolle 3.3 AZ-Platte 6.1.1 Holz	4 70 4	1 2 3 4	$k_l = 0{,}92$ W/m K $\Delta l = 1{,}89$ m $\min \vartheta = 10{,}0$ °C
	4.5 Balkonplatte		1	2.1 Beton	150	5	Minimaltemperatur
	4.2 Innendecke		2n	5.5.2 PS-Schaum 2.1 Beton 5.5.1 PS-Schaum	30 170 20	6 7 8	an der Decken-unterseite

Parametervariation. Parameter: Länge der unterseitigen Dämmung l_D
Dicke der unterseitigen Dämmung s_D

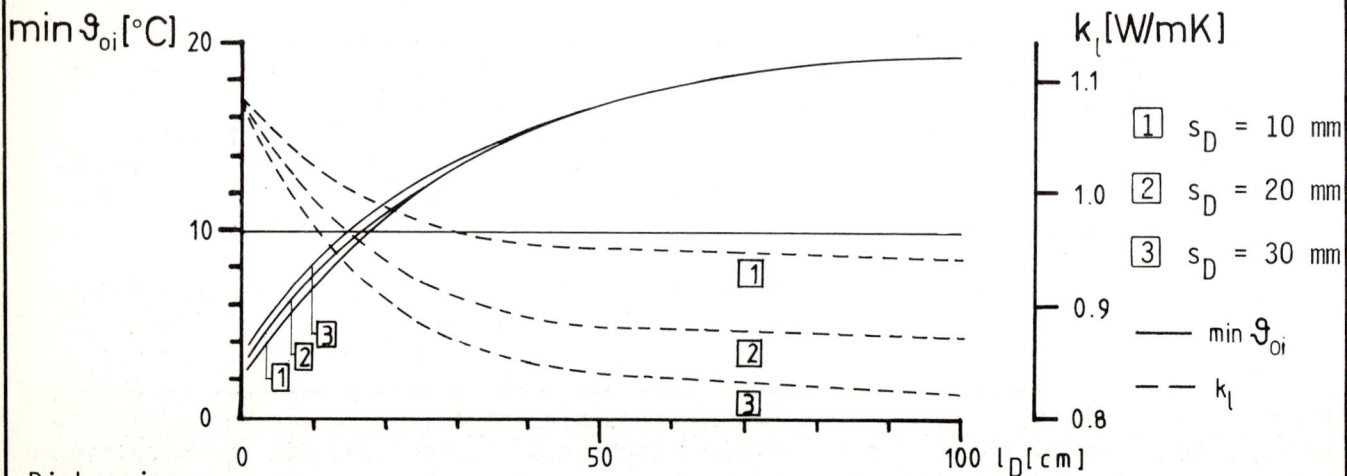

□1 $s_D = 10$ mm
□2 $s_D = 20$ mm
□3 $s_D = 30$ mm
—— $\min \vartheta_{oi}$
– – – k_l

Diskussion:
Die Temperatur $\min \vartheta$ am Ende des Dämmstreifens läßt sich durch eine Breite desselben von ca. 0,5 m erheblich anheben.
Die Temperatur an der Kante dagegen ist von der zusätzlichen Dämmaßnahme praktisch unabhängig (da durch die Wandkonstruktion bedingt).
Die Wärmeverluste sind gekennzeichnet durch k_l-Werte zwischen 0,8 und 1,1 und ober-halb einer Streifenbreite von 0,5 m praktisch konstant.

OBERE RAUMECKE 1. Außenwand: Leichtziegel, 2.Außenwand: leichtes Paneel							
Code	Art	Typ	Material		Dicke	Schicht	E r g e b n i s
Wärme-brücke	5.6 Räuml. Ecke						$k =$ $\quad$ W/m²K
							$k_1 =$ $\quad$ W/m K
unge-störte Bau-teile	2.2 Außenwand	3s	3.1	AZ-Platte	4	1	$\Delta l =$ $\quad$ m
			5.6	Glaswolle	70	2	
			3.3	AZ-Platte	4	3	
			6.1.1	Holz		4	min $\vartheta =$ 0,2 °C
	2.2 Außenwand	1	4.1.5	lHlz 1,2	300	5	
	4.5 Balkonplatte	1	2.1	Beton	150	6	
	4.2 Innendecke	2n	5.5.2	PS-Schaum	30	7	
			2.1	Beton	170	8	

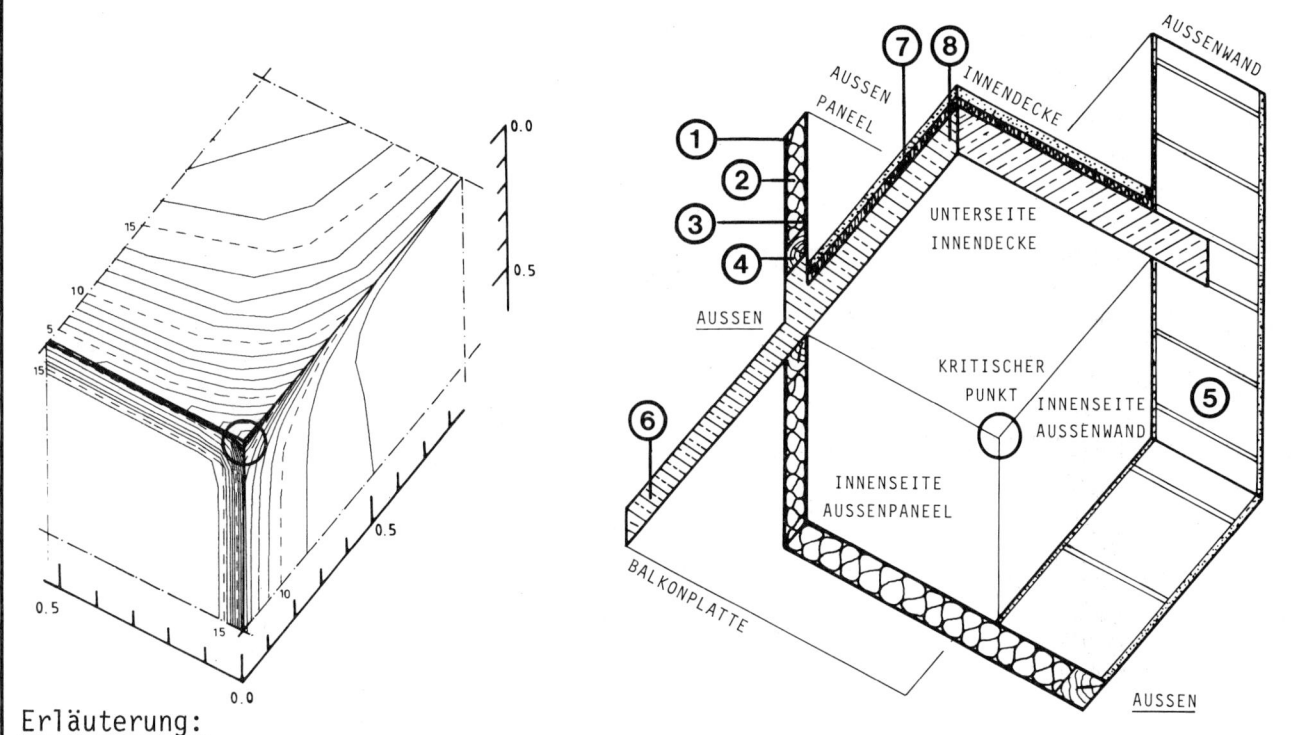

Erläuterung:
Hier wird der obere Eckpunkt zwischen zwei Außenwänden und einer Decke mit auskragender Balkonplatte dargestellt, wobei die Situation im Balkonbereich der Seite 207 entspricht.
Die Überlagerung der drei "Kanteneffekte" führt zu einer nochmaligen Temperaturerniedrigung. Diese kann noch verschärft werden durch einen extrem kleinen α-Wert in der Ecke, der hier nicht berücksichtigt wurde (α = 5 konstant).
Die hier dargestellte monolithische, tragende Außenwand verhält sich schlechter als eine Sandwich- oder außengedämmte Konstruktion aus Beton, da diese unter der schützenden Wärmedämmung wegen der hohen Leitfähigkeit des Betons die Temperaturspitzen ausgleicht und zusätzlich aus dem Raum aufgenommene Wärme in die Ecke leitet.

Parametervariation. Parameter: Aufbau der Außenwand: monolithisch - außengedämmt
$\quad$ k-Wert der Außenwand: monolithisch: λ_z (Ziegel)
$\quad$ außengedämmt: s_D (Dämmung)

monolithisch: Aufbau			außengedämmt: Aufbau			zugehörig k W/m²K
Putz außen	s= 20 λ=0,8	min ϑ_{0i}	Wärmedämmung s_D	λ=0,04	min ϑ_{0i}	
Ziegel	s=300 λ_z					
Putz innen	s= 15 λ=0,08		Beton	s =200 λ=2,1		
lHlz 1,2	λ_z=0,5	0,2	-		-	1,23
lHlz 0,8	λ_z=0,39	1,0	s_D= 30		3,2	1,00
	-	-	s_D= 50		4,0	0,66
	λ_z=0,17	1,8	s_D= 70		4,5	0,5

OBERE RAUMECKE Innenwand: Leichtziegel, Außenwand: leichtes Paneel							
Code	Art	Typ	Material		Dicke	Schicht	Ergebnis
Wärme-brücke	5.6 Räuml. Ecke						$k =$ W/m²K
unge-störte Bau-teile	2.2 Außenwand	3s	3.1	AZ-Platte	4	1	$k_l =$ W/m K
			5.6	Glaswolle	70	2	$\Delta l =$ m
			3.3	AZ-Platte	4	3	
			6.1.1	Holz		4	$\min \vartheta = 3{,}5$ °C
	2.3 Innenwand	1	4.1.5	lHlz 1,2	240	5	
	4.5 Balkonplatte	1	2.1	Beton	150	6	
	4.2 Innendecke	2n	5.5.2	PS-Schaum	30	7	
			2.1	Beton	170	8	

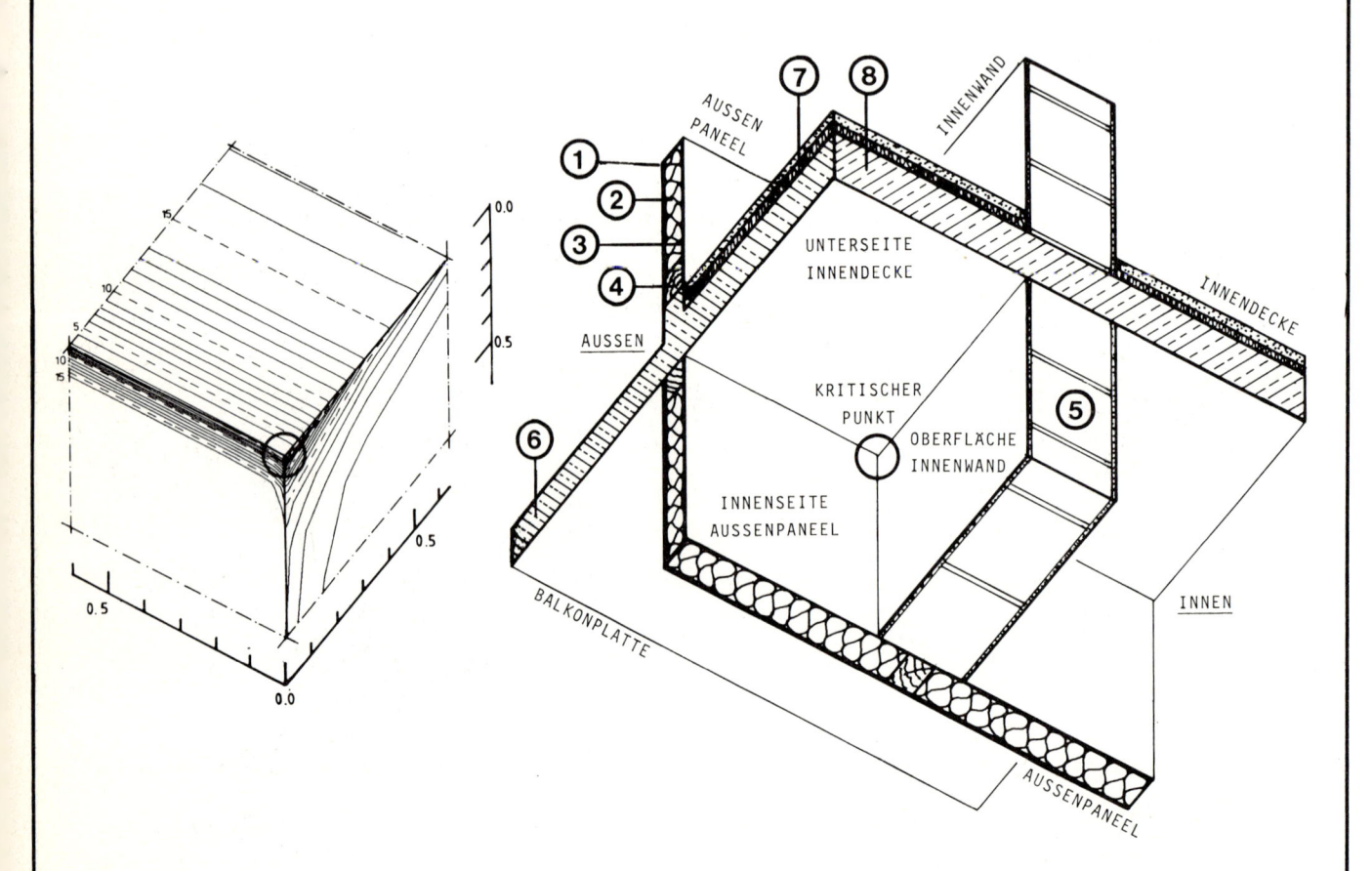

Erläuterung:
Die obere Raumecke wird hier gebildet durch die Verschneidung einer Außenwand aus einem leichten Paneel, einer Innenwand aus gutdämmenden Ziegeln und einer Betondecke mit auskragender Balkonplatte. Die Situation an der Kante zwischen Decke und Außen-paneel entspricht Seite 207.
Die Innenwand hat keinen Einfluß auf das Temperaturfeld der Decke und nur einen geringen im Bereich des Paneelanschlusses.
Die Situation ist vergleichbar mit dem zweidimensionalen Problem auf Seite 154.

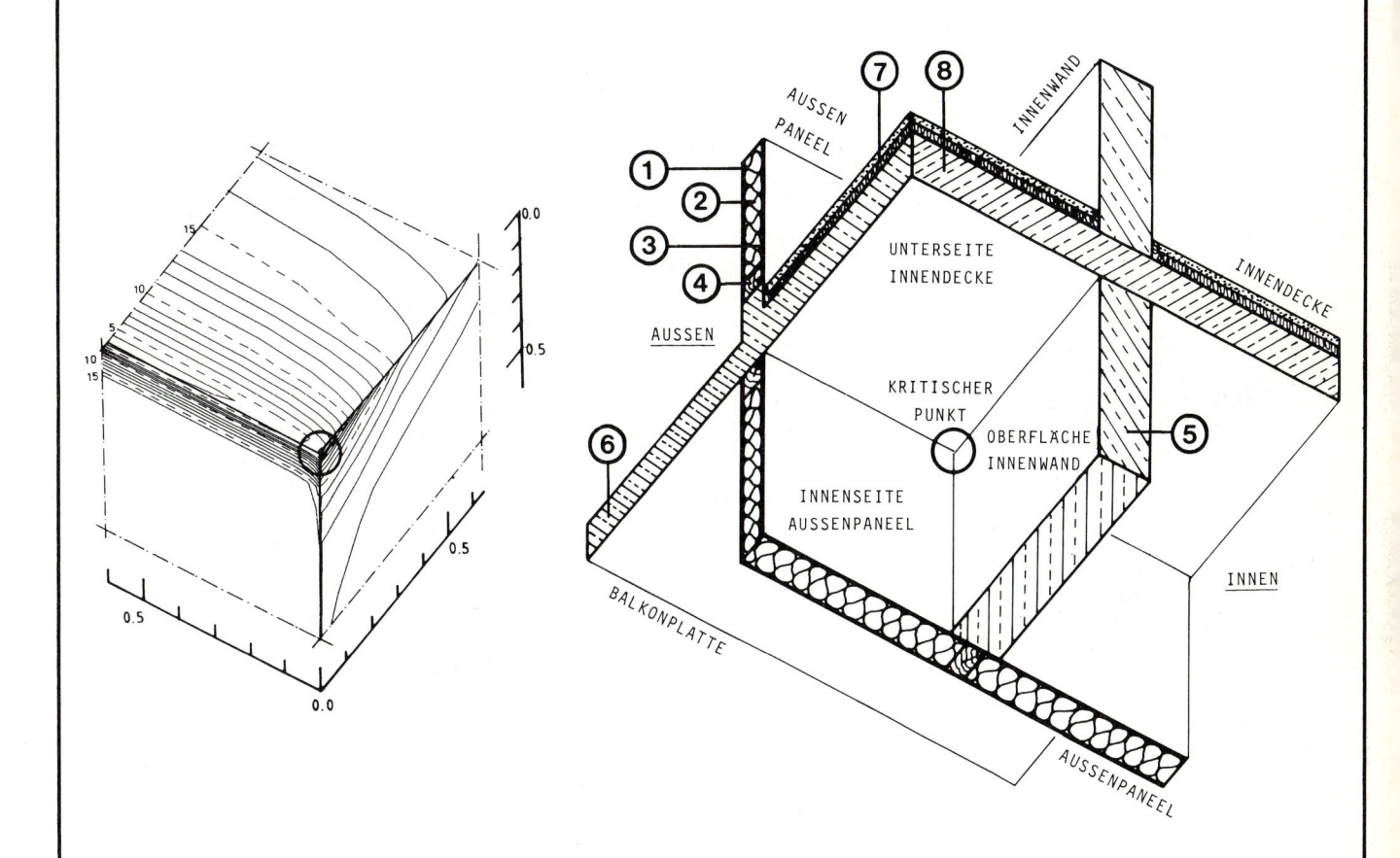

OBERE RAUMECKE Innenwand: Beton, Außenwand: leichtes Paneel							
Code	Art	Typ	Material		Dicke	Schicht	Ergebnis
Wärme-brücke	5.6 Räuml. Ecke						$k =$ W/m²K
unge-störte Bau-teile	2.2 Außenwand	3s	3.1	AZ-Platte	4	1	$k_l =$ W/m K
			5.6	Glaswolle	70	2	$\Delta l =$ m
			3.3	AZ-Platte	4	3	$\min \vartheta = 5{,}7$ °C
			6.1.1	Holz		4	
	2.3 Innenwand	1	2.1	Beton	140	5	
	4.5 Balkonplatte	1	2.1	Beton	150	6	
	4.2 Innendecke	2n	5.5.2	PS-Schaum	30	7	
			2.1	Beton	170	8	

Erläuterung:
Die obere Raumecke wird hier gebildet durch die Verschneidung einer Außenwand aus einem leichten Paneel, einer Innenwand aus Beton und einer Betondecke mit auskragender Balkonplatte. Die Situation an der Kante zwischen Decke und Außenpaneel entspricht Seite 207.
Die relativ hohe Leitfähigkeit des Betons bewirkt, daß die Betoninnenwand Wärme aus dem Raum aufnimmt, sie zur Ecke leitet und diese dadurch um ca. 2 K gegenüber der anschließenden Außendeckenkante erwärmt. Dies kann bedeutsam sein, da in Ecken - wegen der sehr kleinen Übergangszahlen und der fehlenden aufsteigenden Warmluft der Heizkörper - relativ niedrige Temperaturen herrschen, die durch diesen Effekt angehoben werden können.
Die Situation ist vergleichbar mit dem zweidimensionalen Problem auf Seite 155.

- 212 -

Code	Art	Typ	Material	Dicke	Schicht	Ergebnis
Wärme-brücke	6.1 Verstärkung					$k = 0{,}56$ W/m²K
unge-störte Bau-teile	2.5 Brüstung	3s	8.9.4 Aluminium	3	1	$k_l = 0{,}46$ W/m K
			5.5.1 PUR-Schaum	57	2	$\Delta l = 0{,}82$ m
			8.9.4 Aluminium	3	3	$\min \vartheta = -1{,}5$ °C
	1.2 Rahmen	3s	8.9.4 Aluminium	4	4	
			5.5.1 PS-Schaum	15	5	
			8.9.4 Aluminium	2	6	

SPROSSEN   Alu-Paneel

außen

außen

Erläuterung:
Hier ist eine Leichtfassade, bestehend aus Aluminium-Stützen und ausgeschäumten Aluminium-Paneelen dargestellt. Das innere Abdeckprofil ist von der Sprosse getrennt, dazwischen befindet sich eine Wärmedämmung. Trotz der sehr guten Dämmung des Paneels treten an dessen Innenseite sehr niedrige Temperaturen auf. Das liegt an der extrem hohen Wärmeleitfähigkeit des Aluminiums in Verbindung mit dem "Ausbreitungseffekt", vor allem aber an der Wärmebrücke im Punkt "A". Dort besteht Kontakt zwischen der Paneel-Innenschale und einem Schenkel des Stützentragprofils. Man sieht, wie außerordentlich ungünstig sich solche Wärmebrücken bei Aluminiumkonstruktionen auswirken. Eine Verbesserung würde daher in erster Linie Beseitigung dieser Wärmebrücke erfordern. Günstig würde es sich wohl auch auswirken, wenn die Dämmschicht des Paneels sich gewissermaßen in die Nische des Stützenprofils hinein fortsetzen würde. Allgemein läßt sich sagen, daß derartige Aluminiumkonstruktionen ohne genaue Rechnung schwer zu beurteilen und trotz u. U. reichlich erscheinenden Wärmedämmungsmaßnahmen wegen der großen Leitfähigkeit des Materials für Überraschungen gut sind.

SPROSSEN	Fenster Aluminium					
Code	Art	Typ	Material	Dicke	Schicht	E r g e b n i s
Wärme-brücke	6.1 Verstärkung					$k = 1{,}79$ W/m²K
unge-störte Bau-teile	1.1 Fenster 1.2 Rahmen	3s 3s	Glas k = 1,8 8.9.4 Aluminium 5.5.1 PS-Schaum 8.9.4 Aluminium 8.9.1 Schraube V4A 8.9.1 Klip	 4 15 2 6 20	1 2 3 4 5 6	$k_l = 0{,}16$ W/m K $\Delta l = 0{,}09$ m $\min \vartheta = 1{,}5$ °C

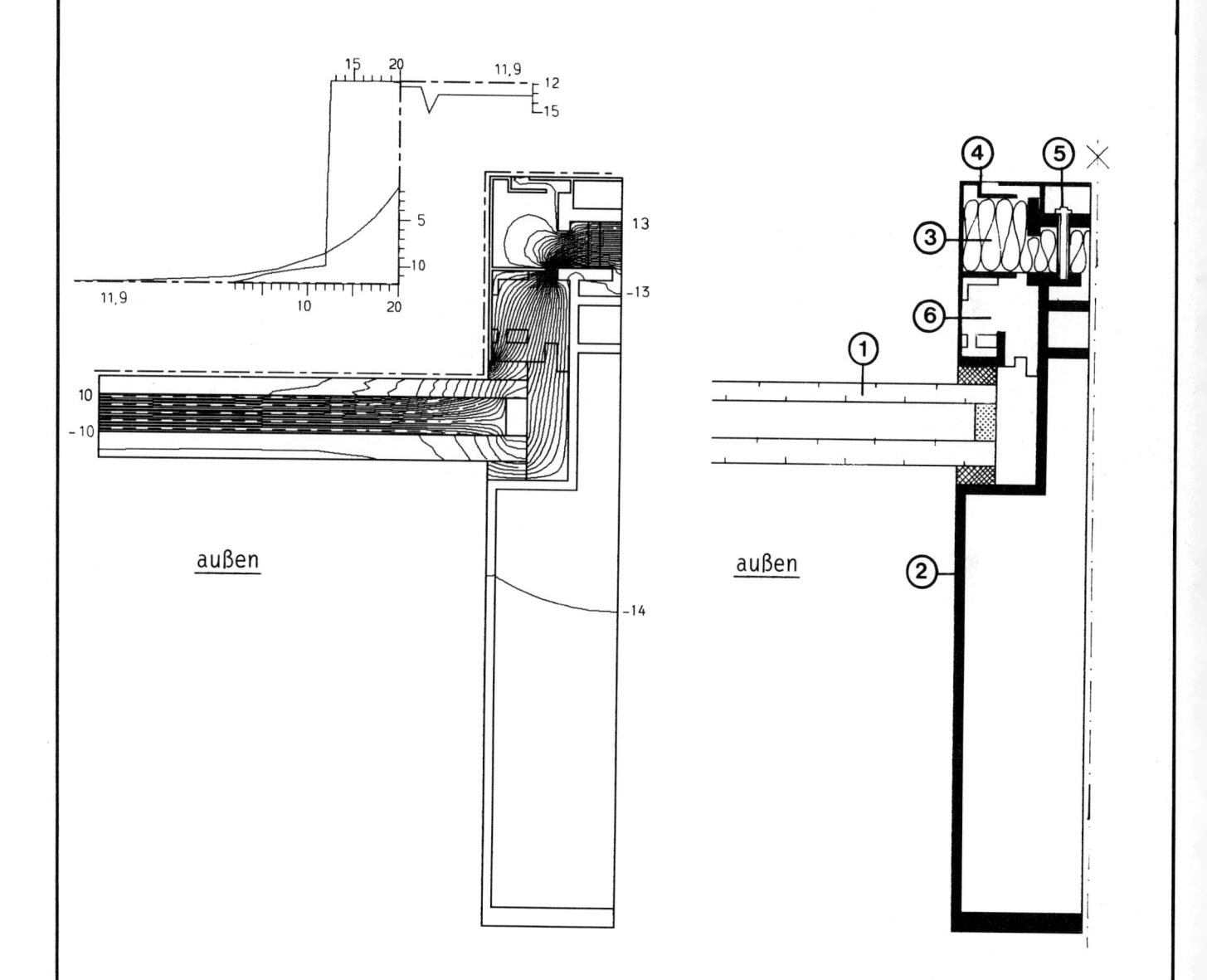

außen

außen

Erläuterung:
Hier ist die Aluminiumfassade im Fensterbereich dargestellt. Bei der Berechnung des Temperaturfeldes wurde die Schraube, die der Befestigung des inneren Abdeckprofils dient, nicht berücksichtigt. Hier fehlt allerdings die auf Seite 212 angesprochene Wärmebrücke zwischen Paneel-Innenschale und einem Schenkel des Stützenprofils. Als Folge lassen sich trotz der geringeren Dämmfähigkeit des Fensters günstigere Temperaturverhältnisse feststellen als bei dem mit 57 mm PUR-Schaum ausgefüllten Paneel. Die geringere Wärmeleitfähigkeit des Glases bedingt auch eine sehr viel raschere Angleichung der Ecktemperatur an die Innentemperatur des Fensters im ungestörten Bereich.

— 214 —

SPROSSEN	Fenster Aluminium, Schraubeneinfluß					
Code	Art	Typ	Material	Dicke	Schicht	Ergebnis
Wärme-brücke	6.1 Verstärkung					$k = 1{,}79$ W/m²K
unge-störte Bau-teile	1.1 Fenster 1.2 Rahmen	3s 3s	Glas k = 1,8 8.9.4 Aluminium 5.5.1 PS-Schaum 8.9.4 Aluminium 8.9.1 Schraube V4A 8.9.1 Klip	 4 15 2 6 20	1 2 3 4 5 6	$k_l = 0{,}50$ W/m K $\Delta l = 0{,}28$ m $\min \vartheta = -4{,}0$ °C

außen

Schnittebene
durch die
Verschraubung

außen

Schnittebene
zwischen den
Verschraubungen

Erläuterung:
Hier handelt es sich um die gleiche Leichtfassade wie auf den Vorseiten und auch hier nur um das Fensterdetail. In einer Skizze ist der Isothermenverlauf dargestellt, wie er sich im Schnitt durch die Schraube zwischen Stützen- und innerem Abdeckprofil ergibt, in der anderen Skizze der Isothermenverlauf in der Schnittebene in der Mitte zwischen zwei Schrauben. Beides wurde gemeinsam als räumliches Problem berechnet, so daß die gegenseitige Überlagerung des Einflusses zweier, im Abstand von 22 cm vorhandener Schrauben erfaßt wurde. Vergleicht man die auf dieser Seite dargestellten Rechenergebnisse mit denen auf Seite 213, so fällt auf, daß die Temperaturen, insbesondere an den Leibungen viel niedriger sind als auf Seite 213. Hier wird wiederum der extreme Einfluß selbst einer punktförmigen Wärmebrücke in einer Aluminiumkonstruktion deutlich. Daß sich bei 22 cm Schraubenabstand der Einfluß zweier Schrauben überlagert und dadurch auch zwischen den Schrauben viel ungünstigere Verhältnisse entstehen läßt als bei gänzlich fehlenden Schrauben, lehrt der Vergleich mit der vorigen Seite ebenfalls. Aber auch zwischen dem Schnitt durch die Schraube und dem Schnitt zwischen zwei benachbarten Schrauben bestehen schon erhebliche Unterschiede.

STREIFENFUNDAMENT							
Code	Art	Typ	Material	Dicke	Schicht	\multicolumn{2}{c}{Ergebnis}
Wärme-brücke	6.1 Verstärkung					$k =$	W/m²K
unge-störte Bau-teile	2.1 Kellerwand 4.6 Decke an Erdreich 7.2 Streifenfund.	1 2i 1	4.1.5 1Hlz 2.1 Beton 5.5.1 PS-Schaum 2.1 Beton		1 2 3 4	$k_1 =$ $\Delta l =$ $\min \vartheta =$	W/m K m °C

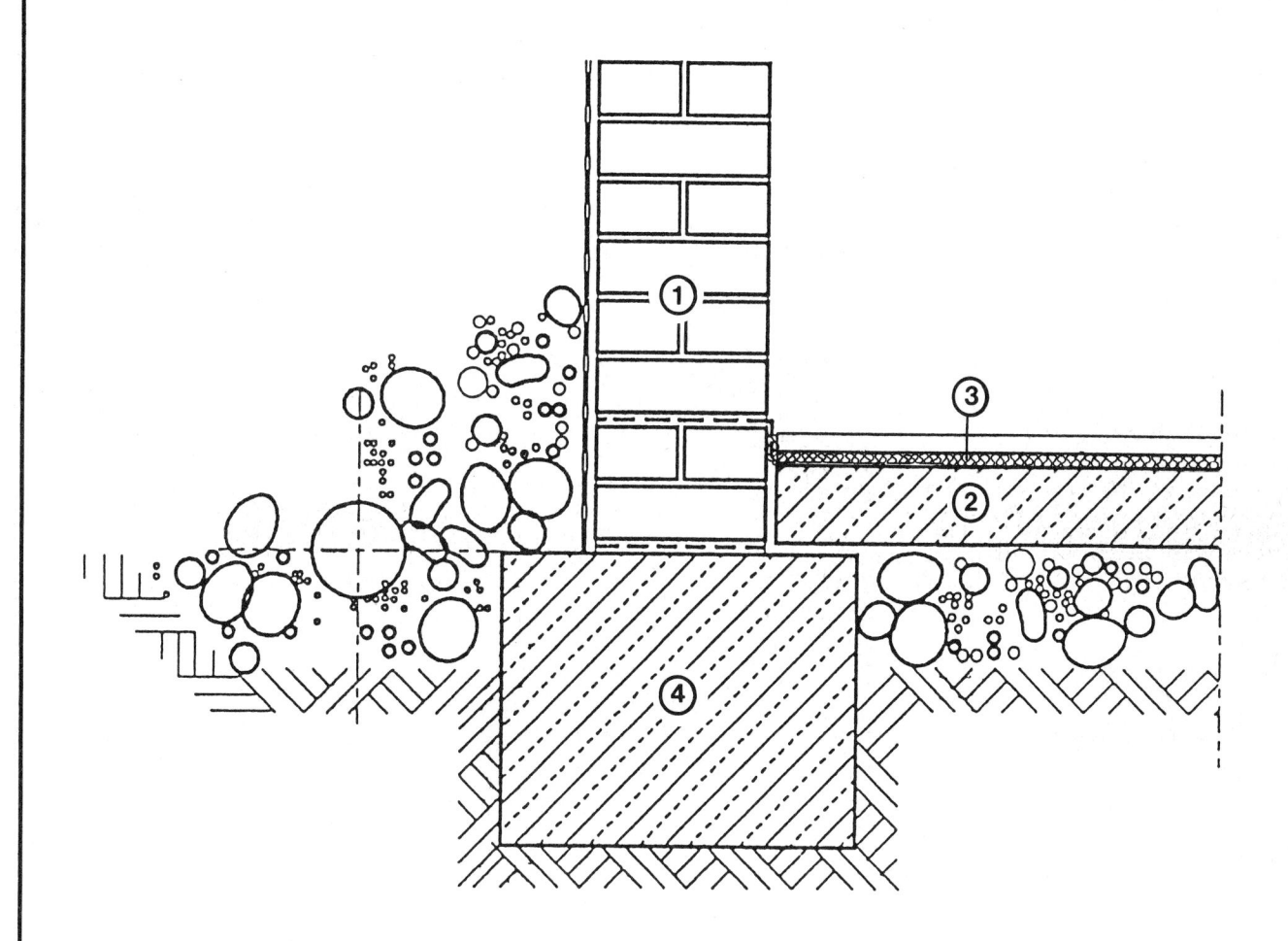

Erläuterung:
In Kellerräumen zeigen sich oft an den Außenwänden über dem Fußboden Feuchtstellen. In der Regel rühren diese von Mängeln der Absperrung gegen Außenfeuchte (und von fehlender oder mangelhafter Außendrainage) her. Besteht die Kellerwand aber aus einem Material mit einer - wenn auch bescheidenen - Dämmwirkung oder ist sie gar zusätzlich gedämmt, so stellt das Fundament eine Wärmebrücke dar. Es kann dann an den o.a. Stellen zu Tauwasserbildung kommen, zumal die relative Feuchte im Keller - besonders im Sommer - vergleichsweise hoch ist (vor allem, wenn man dort tagsüber lüftet, sodaß feuchtehaltige Warmluft eindringen kann).

STÜTZE IM MAUERWERK eingebunden, ungedämmt						
Code	Art	Typ	Material	Dicke	Schicht	E r g e b n i s
Wärme-brücke	6.1 Verstärkung					$k = 0,84$ W/m²K
unge-störte Bau-teile	2.2 Außenwand 3.2 int. Wandstütze	1 2	4.1.5 lHlz 2.1 Beton	300 300	1 2	$k_l = 0,05$ W/m K $\Delta l = 0,05$ m $\min \vartheta = 6,5$ °C

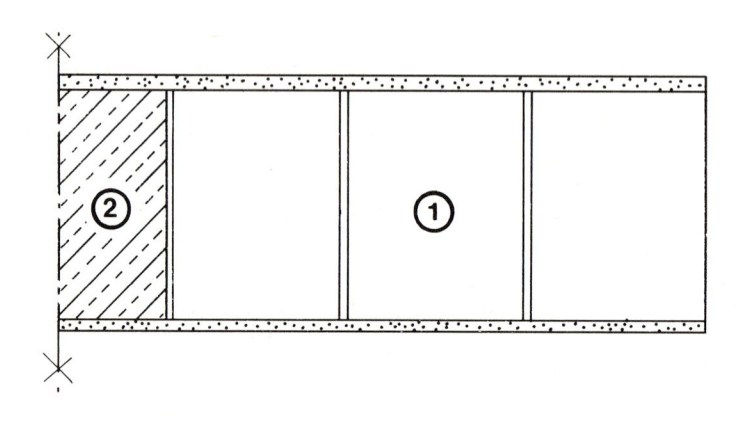

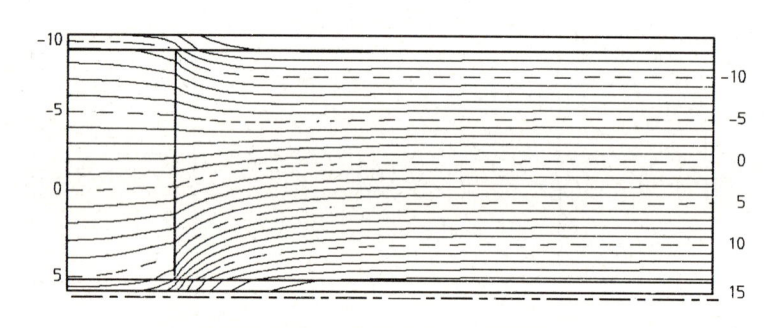

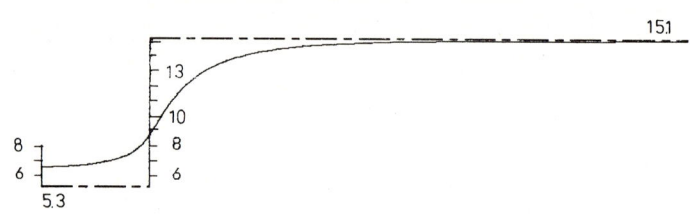

Erläuterung:
Eine, in eine 30-er Leichthochlochziegel-Außenwand eingebettete Betonstütze ohne Wärmedämmung stellt eine ganz gravierende Wärmebrücke dar, die so nicht mehr ausgeführt werden sollte. Die innere Oberflächentemperatur liegt unter 7°C.

STÜTZE IM MAUERWERK eingebunden, innen gedämmt							
Code	Art		Typ	Material	Dicke	Schicht	Ergebnis
Wärme- brücke	6.1 Verstärkung						$k = 0,84$ W/m²K
unge- störte Bau- teile	2.2 Außenwand 3.2 int. Wandstütze		1 2i	4.1.5 1Hlz 2.1 Beton 5.5. PS-Schaum	300 300 60	1 2 3	$k_l = 0,09$ W/m K $\Delta l = 0,11$ m $\min\vartheta = 12,8$ °C

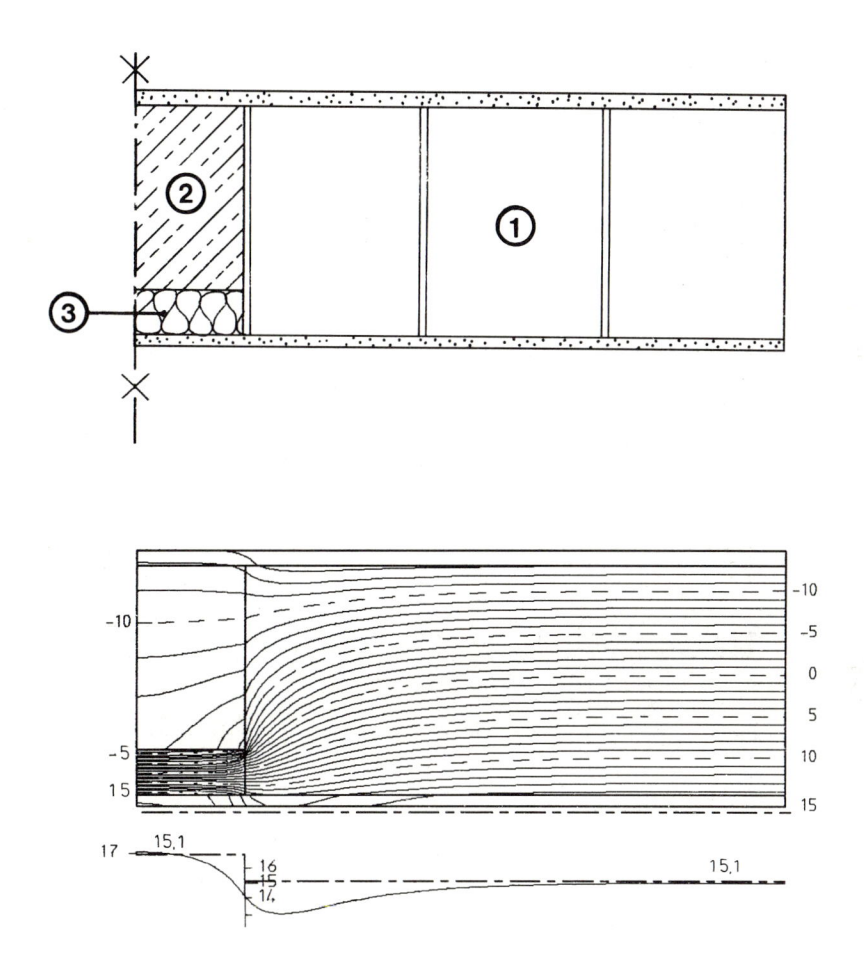

Erläuterung:
Eine innere Wärmedämmschicht von 60 mm Dicke nur im Bereich der Stütze bringt die Innentemperatur in Stützachse auf 16,9° C! Leider bewirkt der bei Innendämmung immer auftretende "Übergangseffekt" eine wesentliche Verschlechterung: An der ungünstigsten Stelle sinkt die Temperatur unter 13°C ab.

Code	Art	Typ	Material	Dicke	Schicht	Ergebnis
STÜTZE IM MAUERWERK eingebunden, außen gedämmt							
Wärme-brücke	6.1 Verstärkung					$k = 0{,}84$ W/m²K
unge-störte Bau-teile	2.2 Außenwand 3.2 int. Wandstütze	1 2n	4.1.5 1Hlz 5.5.1 PS-Schaum 2.1 Beton	300 30 300	1 2 3	$k_1 = 0{,}08$ W/m K $\Delta l = 0{,}09$ m $\min \vartheta = 11{,}5$ °C

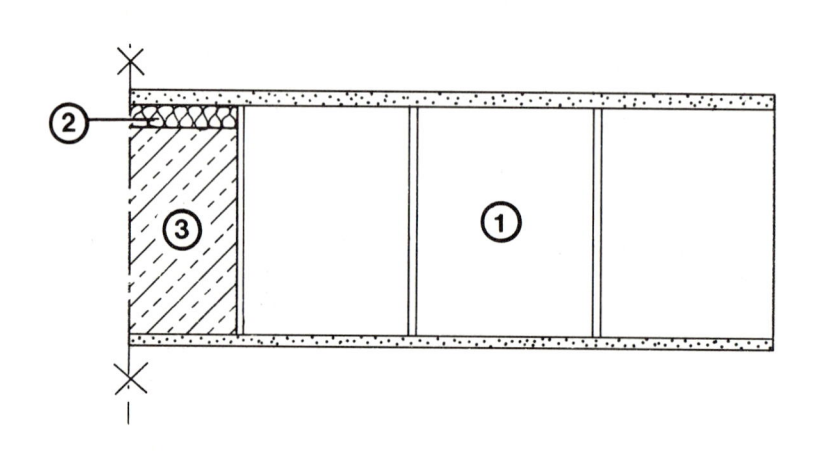

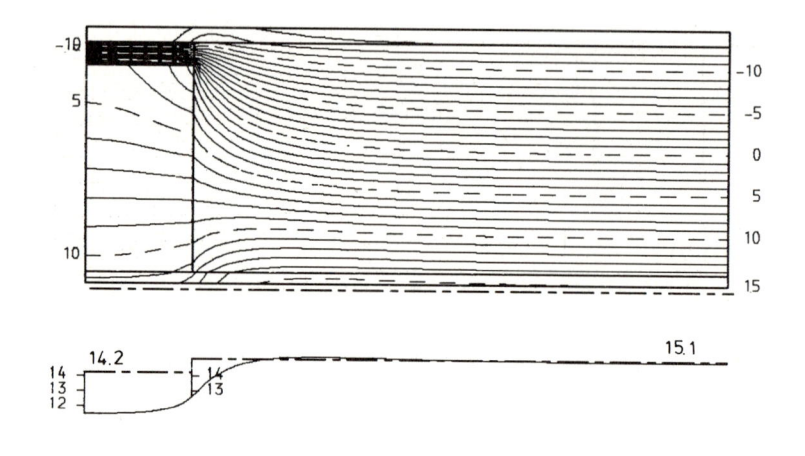

Erläuterung:
Im allgemeinen erzeugt ja eine Außendämmung ausgewogene Verhältnisse. Hier ist eine Dämmschicht von 30 mm Dicke nur vor der Stützenaußenfläche angenommen worden. Die niedrigste Temperatur tritt jetzt in Stützenachse auf und beträgt 11,5° C. Mit der halb so dicken Dämmschicht außen ist hier mithin schon ein brauchbares Ergebnis erzielt worden.

STÜTZE IM MAUERWERK eingebunden, außen überlappend gedämmt							
Code	Art	Typ	Material	Dicke	Schicht	\multicolumn{2}{c}{E r g e b n i s}

Code	Art	Typ	Material	Dicke	Schicht	Ergebnis
Wärme-brücke	6.1 Verstärkung					$k = 0{,}84$ W/m²K
unge-störte Bau-teile	2.2 Außenwand 3.2 int. Wandstütze	1 2n	4.1.5 1Hlz 5.5.1 PS-Schaum 2.1 Beton	300 30 300	1 2 3	$k_l = -0{,}01$ W/m K $\Delta l = -0{,}01$ m $\min \vartheta = 13{,}4$ °C

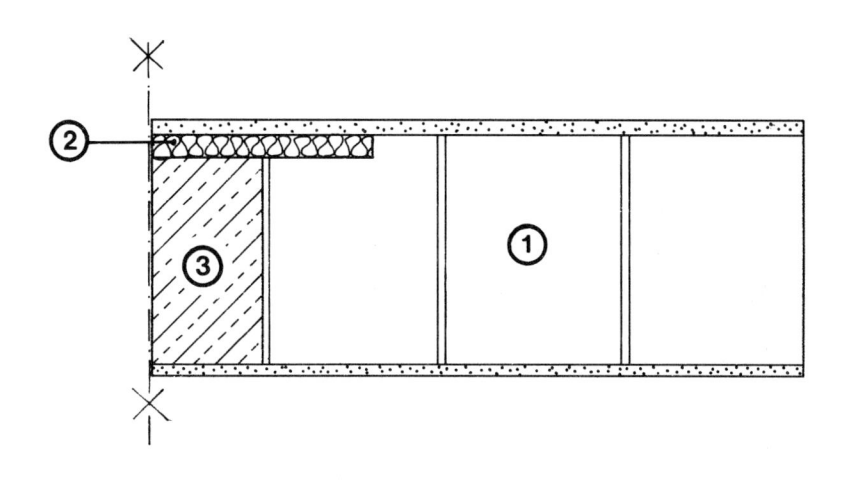

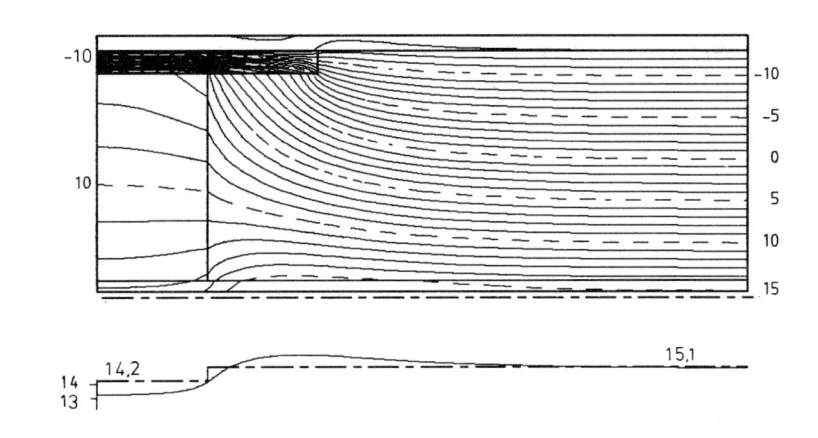

Erläuterung:
Wenn aber die Dämmschicht breiter als die Stütze (etwa doppelt so breit) ausgebildet würde, so ließen sich mit 30 mm dicker Außendämmschicht schon bessere Ergebnisse erzielen als mit 60 mm Dämmung an der Stützeninnenseite. Allerdings ist hier die Ausführung wegen der Anpassung an den Mauerwerksverband schwierig.

STÜTZE IM MAUERWERK eingebunden, außen gedämmt						
Code	Art	Typ	Material	Dicke	Schicht	Ergebnis
Wärme-brücke	6.1 Verstärkung					$k = 0{,}84$ W/m²K
unge-störte Bau-teile	2.2 Außenwand 3.2 int. Wandstütze	1 2n	4.1.5 1Hlz 5.5.1 PS-Schaum 2.1 Beton	300 60 300	1 2 3	$k_1 = 0{,}09$ W/m K $\Delta l = 0{,}11$ m $\min \vartheta = 12{,}8$ °C

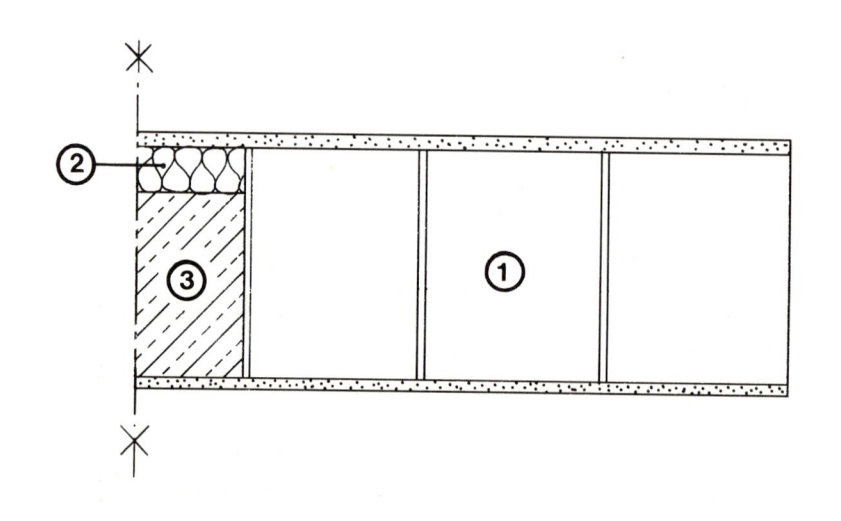

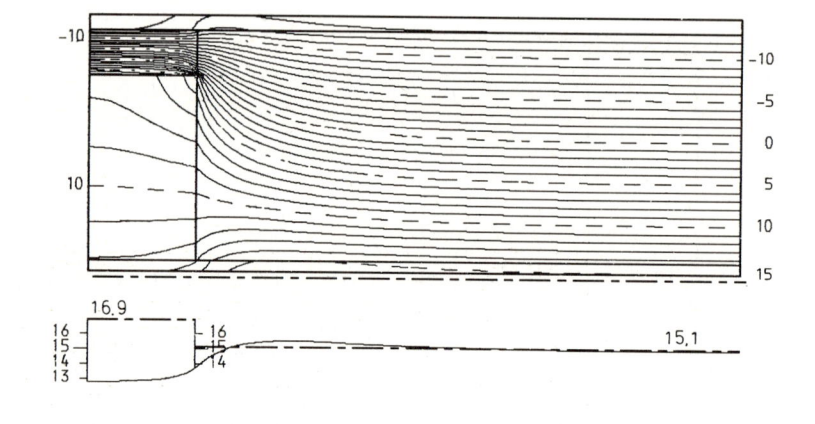

Erläuterung:
Nicht ganz so gute Ergebnisse wie mit verbreiterter, 30 mm dicker Außendämmschicht erzielt man mit 60 mm Außendämmung nur vor der Stützenaußenseite. Sofern die verbleibende Stützenabmessung ausreicht, ist das aber die einfachere und völlig ausreichende Lösung.

Wenn man die Außendämmung in dieser Stärke jedoch auf ca. doppelte Stützenbreite brächte, so stiege $\min \vartheta_{0i}$ auf 15 °C! Die Verbesserung beträgt somit fast 2,5 K. Die Ausführung ist jedoch problematisch.

STÜTZE IM MAUERWERK außen vorstehend, ungedämmt							Ergebnis	
Code	Art	Typ	Material		Dicke	Schicht		
Wärme-brücke	6.1 Verstärkung						k =	0,84 W/m²K
unge-störte Bau-teile	2.2 Außenwand	1	4.1.5	1Hlz	300	1	k_l =	0,11 W/m K
	3.2 int. Wandstütze	1	2.1	Beton	600	2	Δl =	0,13 m
							$\min \vartheta$ =	6,6 °C

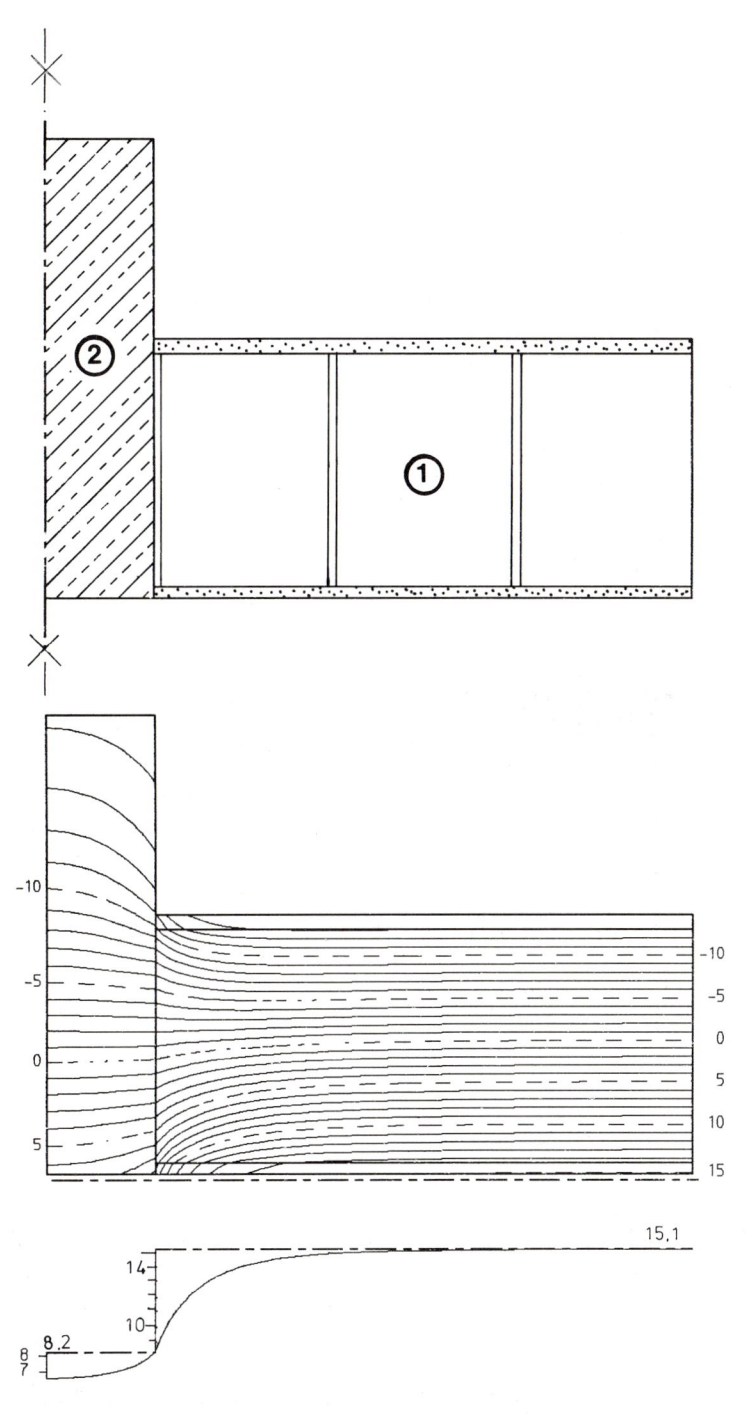

Erläuterung:
Sehr häufig muß die Stützenabmessung senkrecht zur Mauerwerksebene aus statischen Gründen größer als die Mauerwerksdicke gewählt werden. Meist springt der Stützenquerschnitt dann nach außen vor - wie hier -, seltener nach innen, manchmal auch nach beiden Seiten. Bleibt die Stütze ungedämmt, so entstehen unakzeptabel niedrige Innentemperaturen und erhebliche Wärmeverluste.

STÜTZE IM MAUERWERK außen vorstehend, innen gedämmt							
Code	Art	Typ	Material		Dicke	Schicht	Ergebnis
Wärme-brücke	6.1 Verstärkung						$k = 0{,}84$ W/m²K
unge-störte Bau-teile	2.2 Außenwand 3.2 int. Wandstütze	1 2i	4.1.5 2.1 5.5.	1Hlz Beton PS-Schaum	300 600 60	1 2 3	$k_1 = 0{,}09$ W/m K $\Delta l = 0{,}10$ m $\min \vartheta = 13{,}0$ °C

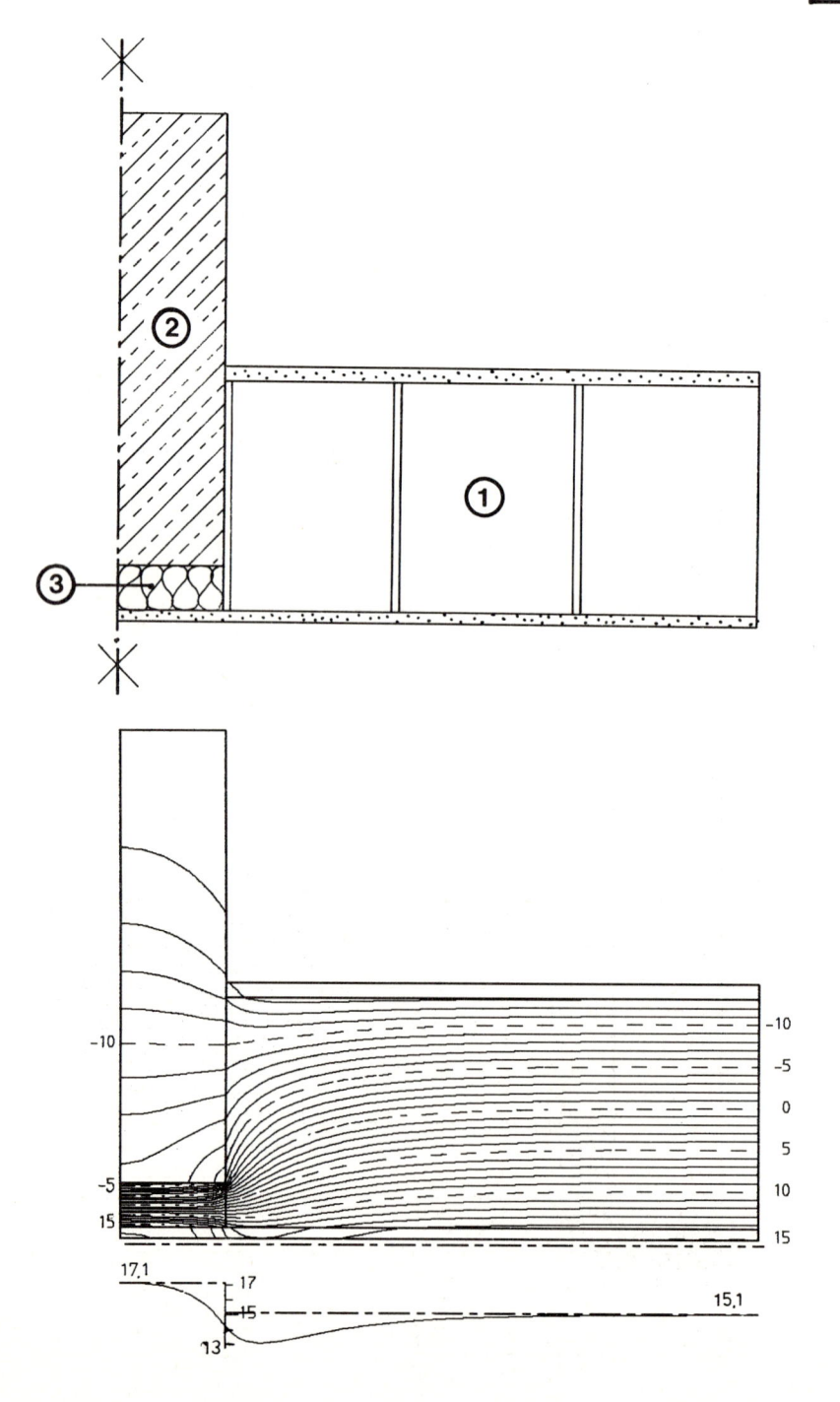

Erläuterung:
Wird eine Innendämmung vorgenommen, so macht sich wieder der Übergangseffekt unangenehm bemerkbar. $\min \vartheta_{0i}$ liegt dann bei 13° C, was aber durchaus akzeptabel ist. Eine Verbreiterung der Innendämmung würde zwar eine Verbesserung ($\min \vartheta_{0i} = 14{,}2°$ C) bewirken, wäre aber schlecht ausführbar.

STÜTZE IM MAUERWERK innen und außen vorstehend, innen gedämmt							
Code	Art		Typ	Material	Dicke	Schicht	Ergebnis
Wärme-brücke	6.1 Verstärkung						$k = 0,84$ W/m²K
unge-störte Bau-teile	2.2 Außenwand 3.2 int. Wandstütze		1 2i	4.1.5 1Hlz 2.1 Beton 5.5. PS-Schaum	300 600 60	1 2 3	$k_1 = 0,15$ W/m K $\Delta l = 0,18$ m $\min \vartheta = 11,6$ °C

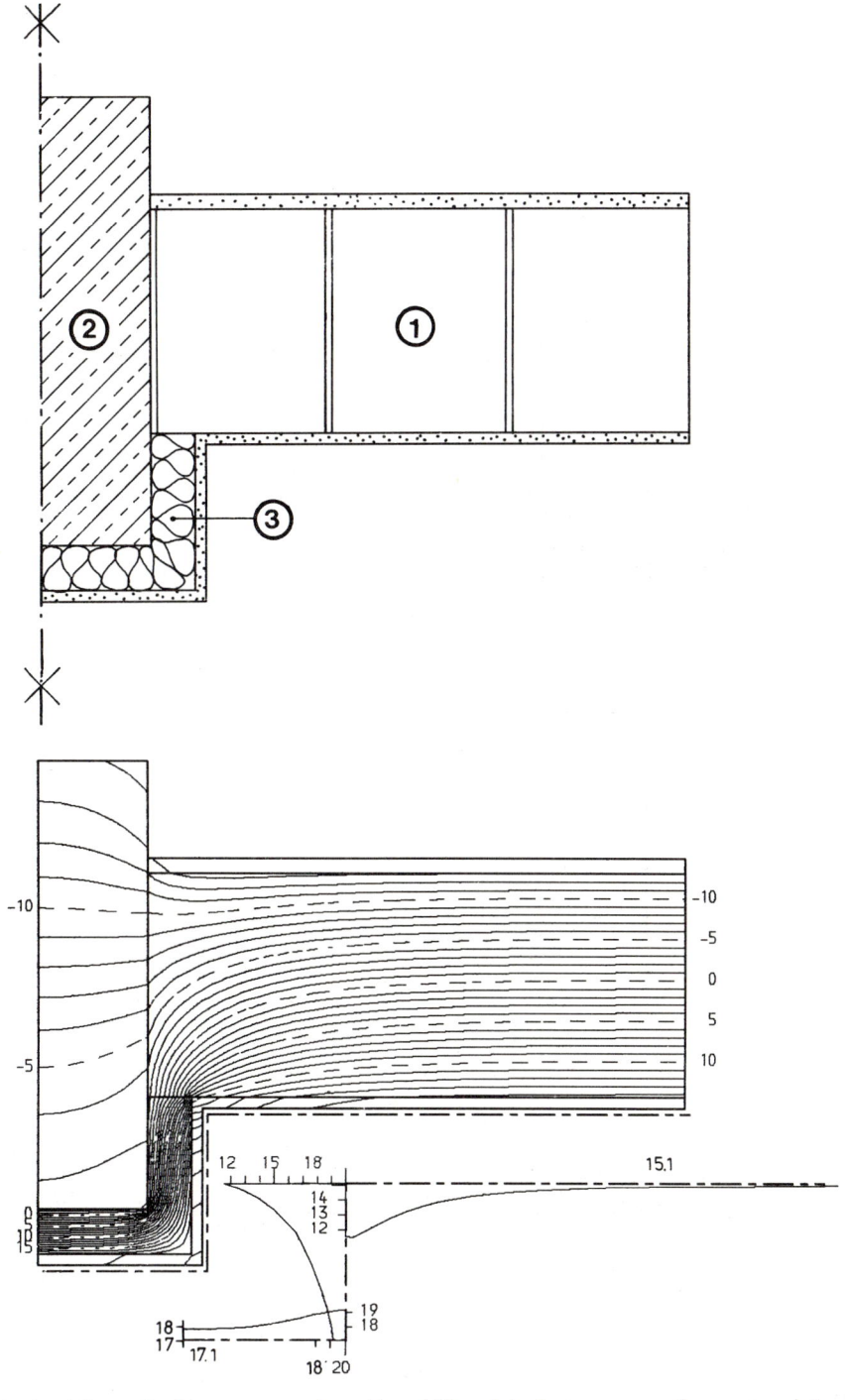

Erläuterung:
Tritt die Stütze nach beiden Seiten aus der Wandflucht heraus und versucht man es hier mit einer Innendämmung, so muß man schon mindestens 60 mm Dämmschichtdicke aufwenden, um eine Ecktemperatur von ca. 11,5° C in der einspringenden Ecke zu erhalten.

STÜTZE IM MAUERWERK außen gedämmt

Code	Art	Typ	Material	Dicke	Schicht	Ergebnis
Wärme-brücke	6.1 Verstärkung					$k = 0{,}84$ W/m²K
unge-störte Bauteile	2.2 Außenwand 3.2 int. Wandstütze	1 2n	4.1.5 1Hlz 5.5.1 PS-Schaum 2.1 Beton	300 60 600	1 2 3	$k_1 = 0{,}13$ W/m K $\Delta l = 0{,}15$ m $\min \vartheta = 11{,}7$ °C

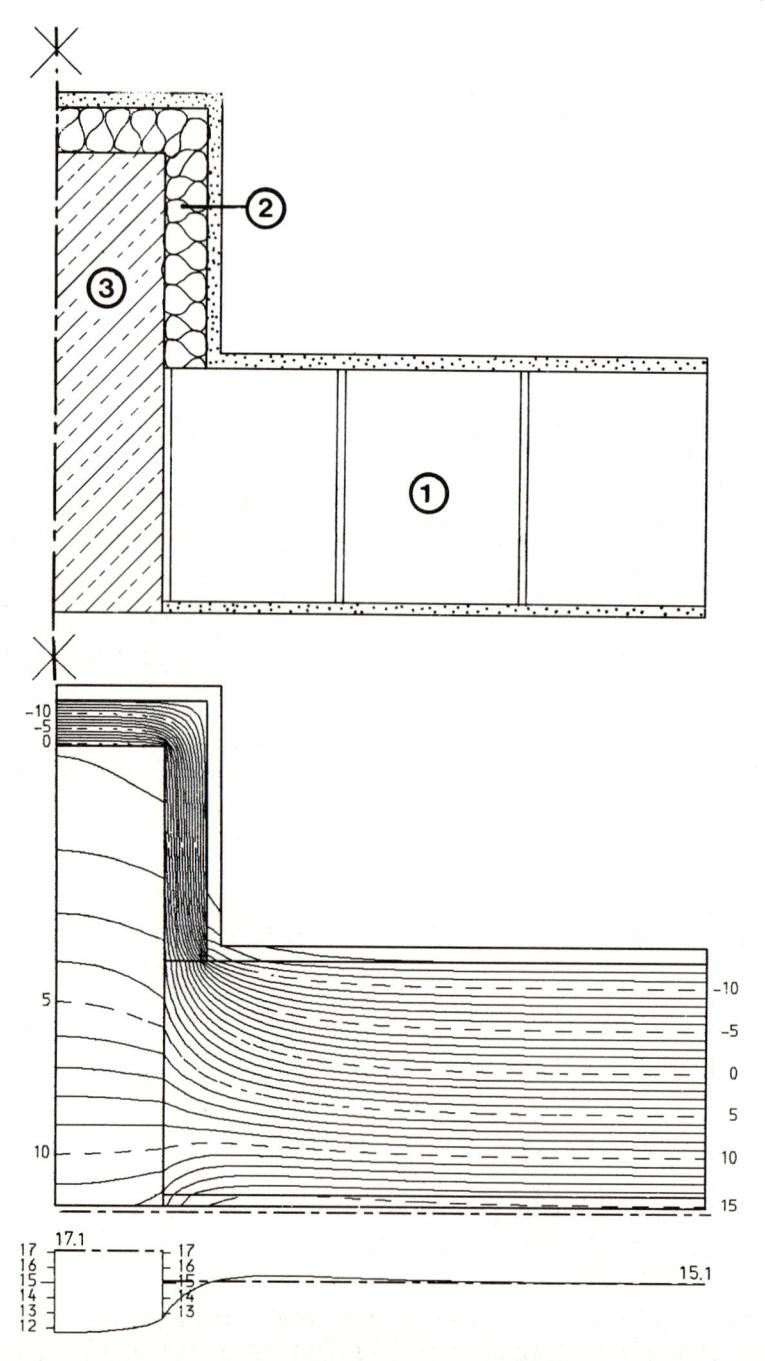

Erläuterung:
Im allgemeinen erweist sich ja eine Außendämmung im Vergleich mit Innendämmung als günstiger. Tritt aber die Stütze weit vor die Außenwandflucht, so bildet sie gewissermaßen eine Kühlrippe, so daß sich auch hier nur eine Niedrigsttemperatur von ca. 11,7° C ergibt. Das ist bei nach innen austretender Stütze nicht der Fall. Hier wäre die Außendämmung zu empfehlen. Bei einer Anordnung, wie auf der vorangehenden Seite dargestellt, dürfte mit Innen- bzw. Außendämmung etwa dasselbe - ausreichende - Ergebnis zu erzielen sein, mit dem Unterschied, daß Innendämmung stets zusätzlich die Anbringung einer Dampfsperre erfordert.

STÜTZE IM MAUERWERK innen vorstehend, außen und seitlich gedämmt							
Code	Art	Typ	Material	Dicke	Schicht	E r g e b n i s
Wärme-brücke	6.1 Verstärkung					$k = 0,79$ W/m²K
unge-störte Bau-teile	2.2 Außenwand 3.2 int. Wandstütze	1 2n	4.1.5 1Hlz 5.5.1 PS-Schaum 2.1 Beton	300 30 350	1 2 3	$k_1 = 0,04$ W/m K $\Delta l = 0,05$ m $\min \vartheta = 15,5$ °C

Parametervariation.   Parameter: Breite der Stütze l_B
                                   Dicke der Wärmedämmung s_D

① $s_D = 10$ mm
② $s_D = 20$ mm
③ $s_D = 30$ mm
④ $s_D = 40$ mm
⑤ $s_D = 50$ mm

Erläuterung:
Stützen, die in der Flucht einer Außenwand stehen, dienen in der Regel auch zu deren Aussteifung. Daher ist eine Dämmung der Flanken in solchen Fällen nur möglich, wenn z. B. mithilfe in die Stütze eingelassener Halfenschienen und in diese eingreifender Anker, eine kraftschlüssige Verbindung zwischen Stütze und Wand geschaffen wird. Diese ist hier nicht berücksichtigt worden, wirkt sich aber aufgrund ihrer Lage und des "Ausbreitungseffektes" auch nicht stärker aus. Man sieht, wie wirksam eine solche Flankendämmung in Verbindung mit einer Außendämmung ist und wie wenig ihre Wirkung ab $s_D \geq 20$ mm von der Stützenabmessung abhängt. Die Flankendämmung bedarf allerdings einer zusätzlichen Dampfsperre.

Code	Art	Typ	Material	Dicke	Schicht	Ergebnis	
Wärme-brücke	6.3 Durchdringung					$k =$	W/m²K
unge-störte Bau-teile	3.4 Decke ü. Luftg.	3b	5.5.1 PS-Schaum	60	1	$k_p =$	W / K
			2.1 Beton	200	2	$\Delta A =$	m²
			5.5.1 PS-Schaum	20	3		
	3.1 Außenstütze	1	2.1 Beton		4	$\min \vartheta =$	°C
			5.5.1 PS-Schaum	60	5		

STÜTZE im Luftgeschoß

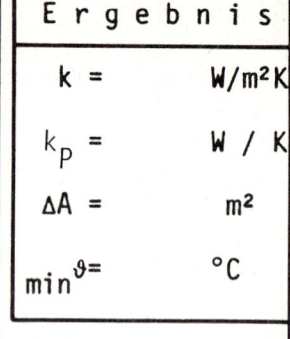

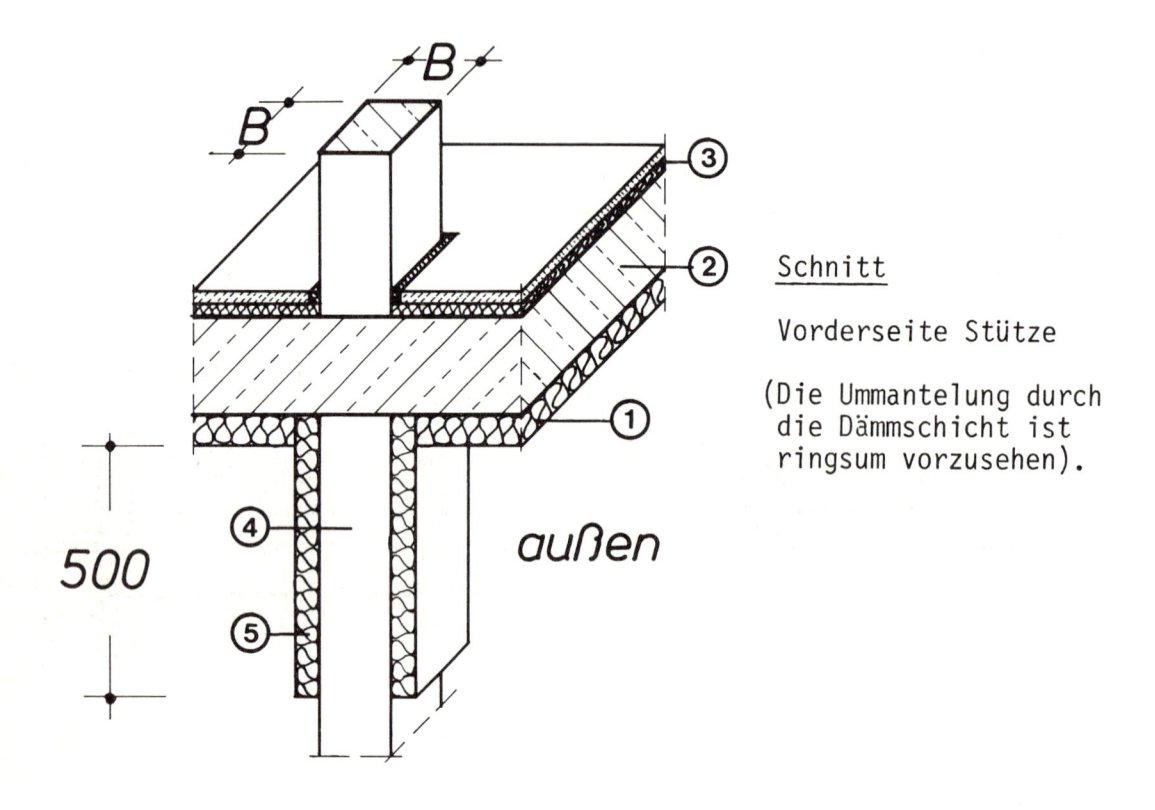

Schnitt

Vorderseite Stütze

(Die Ummantelung durch die Dämmschicht ist ringsum vorzusehen).

Erläuterung:
Frei stehende Außenstützen unter Luftgeschossen kommen nicht selten vor. Bei Innendämmung liegen die gleichen Verhältnisse vor wie auf Seite 101 und 131 beschrieben: Von der Deckenplatte zum Mauerwerk entsteht eine gefährliche Wärmebrücke, deren Wirksamkeit durch die Stütze nicht wesentlich intensiviert wird. Anders bei Außendämmung: Hier bildet die Stütze selbst die Wärmebrücke. Dieser Fall wurde von Cziesielski untersucht. Er fand, daß sich sowohl der Wärmestrom als auch die Oberflächentemperatur der Stütze über dem Fußboden durch eine bereichsweise Dämmung (Ummantelung mit Dämmstoff) unterhalb der Decke erheblich beeinflussen lassen. Die Verhältnisse werden allerdings umso ungünstiger, je dicker die Stütze und je dünner die Decke ist. Die Dämmschichtdicke reicht auch bei dicken Stützen mit 40 mm aus. Die Höhe des zu ummantelnden Bereichs ist mit 0,5 m völlig ausreichend. Durch geschoßhohe Ummantelung wird hinsichtlich der Niedrigsttemperatur praktisch nichts mehr erreicht. Hinsichtlich des zusätzlichen Wärmeverlustes werden damit noch ca. 17-20 % eingespart. Das deckt sich mit eigenen Rechenergebnissen an Balkonplatten bzw. Attiken.

Literatur: Vortrag, gehalten an der Akademie Esslingen 1982 mit dem Thema: "Wärmebrücken im Stahlbeton-Fertigteilbau"

KONSOLEN						Ergebnis
Code	Art	Typ	Material	Dicke	Schicht	
Wärme-brücke	6.3 Durchdringung					k = 0,35 W/m²K
unge-störte Bauteile	2.2 Wand	3h	Hinterlüftung 5.6 Min.-Wolle 2.1 Beton	100 140	1 2 3	k_p = 0,39 W / K ΔA = 1,04 m²
	5.4 Konsole	1	8.9.1 Stahlrohr t=	10	4	min ϑ = 11,6 °C

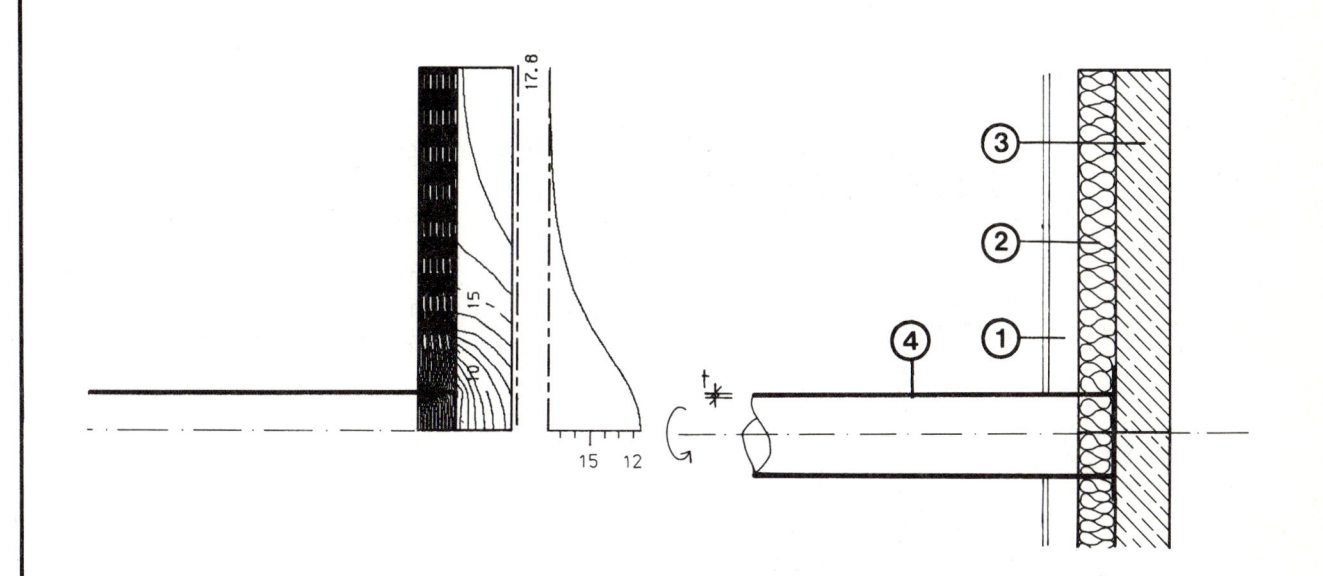

Erläuterung:
Die Skizze soll ein Stahlbauteil darstellen (da die Radialsymmetrie ausgenutzt wurde, ist ein Rohrprofil angenommen worden), das an einer Betonplatte befestigt ist und eine Wärmedämmschicht durchdringt. Es könnte sich um eine Stahlkonsole handeln, die aus einer Wand auskragt (dann sicherlich aber mit anderem Profil!) oder um einen Mast, der auf einer Decke befestigt ist usw.. Es ist die für eine punktförmige Wärmebrücke typische Situation: An der Innenseite des Betonteils tritt eine Temperaturabsenkung ein, die um so geringer aber um so ausgedehnter ist, je dicker das Betonbauteil ausgebildet wird.